NUMERIK 0

Einführung in die Numerische Mathematik

Lecture Notes Mathematik

NUMERIK 0

Einführung in die Numerische Mathematik

Rolf Rannacher

Institut für Angewandte Mathematik
Universität Heidelberg

HEIDELBERG
UNIVERSITY PUBLISHING

Über den Autor

Prof. a. D. für Numerische Mathematik an der Universität Heidelberg; Studium der Mathematik an der Universität Frankfurt am Main – Promotion 1974; Habilitation 1978 in Bonn; 1979/1980 Vis. Assoc. Prof. an der University of Michigan (Ann Arbor, USA), dann Professor in Erlangen und Saarbrücken – in Heidelberg seit 1988; Spezialgebiet „Numerik partieller Differentialgleichungen“, insbesondere „Methode der finiten Elemente“ mit Anwendungen in Natur- und Ingenieurwissenschaften; hierzu über 160 publizierte wissenschaftliche Arbeiten.

Bibliografische Information der Deutschen Nationalbibliothek
Die Deutsche Nationalbibliothek verzeichnet diese Publikation in der Deutschen Nationalbibliografie. Detaillierte bibliografische Daten sind im Internet unter http://dnb.ddb.de abrufbar.

Die Online-Version dieser Publikation ist auf den Verlagswebseiten von HEIDELBERG UNIVERSITY PUBLISHING http://heiup.uni-heidelberg.de dauerhaft frei verfügbar (open access).
urn: urn:nbn:de:bsz:16-heiup-book-206-4
doi: https://doi.org/10.17885/heiup.206.281

ISSN 2512-4455 (Print)

ISBN 978-3-946054-27-6 (PDF)
ISBN 978-3-946054-30-6 (Softcover)

Inhaltsverzeichnis

Literaturverzeichnis

[1] J. Stoer und R. Bulirsch: *Einführung in die Numerische Mathematik*, Teil I (1972, J. Stoer), Teil II (1973, J. Stoer und R. Bulirsch); Springer (Neuauflagen).

[2] G. Hämmerlin und K.-H. Hoffmann: *Numerische Mathematik*; Springer, 1989 (Neuauflagen).

[3] P. Deuflhard und A. Hohmann: *Numerische Mathematik I*; W. de Gruyter, 1991 (Neuauflagen).

[4] A. Quarteroni, R. Sacco und F. Saleri: *Numerische Mathematik 1/2*; Springer (Übersetzung 2002).

[5] R. Schaback und H. Werner: *Praktische Mathematik I/II*; Springer, 1970 (Neuauflagen).

[6] F. Stummel und K. Hainer: *Praktische Mathematik*; B.G. Teubner, 1978 (Neuauflagen).

[7] L. Collatz und W. Wetterling: *Optimierungsaufgaben*; Springer, 1966 (Neuauflagen).

0 Einleitung

Aufgabenstellung der „numerischen“ Mathematik ist die Entwicklung von Methoden, mit denen die Lösungen mathematischer Problemstellungen effektiv berechnet bzw. möglichst mit Fehlerangabe angenähert werden können. Bis in die 50-er Jahre des vorigen Jahrhunderts zeichneten sich erfolgreiche praktische Mathematiker durch ein besonderes Geschick aus, mit großen Formel- und Datenmengen umzugehen. Seit dem Aufkommen der immer leistungsfähigeren elektronischen Rechenanlagen haben sich die Gewichte verschoben. Die „praktische“ Mathematik wurde zur „numerischen“ Mathematik, d. h. der Theorie der auf Digitalrechnern realisierbaren numerischen Algorithmen. Eins der Hauptanwendungsgebiete numerischer Methoden ist in der Simulation komplexer Naturvorgänge auf Rechenanlagen. Man möchte teure Experimente wie z. B. Windkanalversuche bei der Flugzeugkonstruktion oder Festigkeitstests bei Betonkonstruktionen durch beliebig oft und schnell wiederholbare Modellrechnungen ersetzen. Die dabei verwendeten numerischen Verfahren sind dabei aus einer Reihe von einfachen Bausteinen zusammengesetzt (z. B. Integralberechnungen, Lösung linearer Gleichungssysteme, Berechnung von Nullstellen u.s.w.). Diese einführende Vorlesung befasst sich vor allem mit diesen elementaren Bausteinen, deren Ursprünge meist noch in der Vor-Computer-Zeit liegen.

Zur „numerischen Lösung“ eines Problems der Praxis gehört unbedingt auch eine Information über den dabei gemachten Fehler, um das Resultat richtig einschätzen zu können. Der Gesamtfehler setzt sich zusammen aus den „Modellfehlern“:

- Idealisierungsfehler: Zur Beschreibung eines physikalischen Sachverhalts wird ein mathematisches Modell gebildet. Bei der mathematischen Formulierung müssen Vereinfachungen (z. B. Linearisierungen) vorgenommen werden.

- Datenfehler: Die Daten eines mathematischen Modells (z. B. Koeffizienten einer Differentialgleichung) sind aufgrund ungenauer Kenntnis von Materialeigenschaften notwendig mit Fehlern behaftet.

und den „numerischen“ Fehlern:

- Diskretisierungsfehler: Kontinuierliche Prozesse werden durch endliche ersetzt (z. B. Approximation des Riemannschen Integrals durch Riemannsche Summen).

- Abbruchfehler: Unendliche Algorithmen werden nach endlich vielen Schritten abgebrochen (z. B. die Iteration $x_{n+1} = \frac{1}{2}(x_n + a/x_n) \to \sqrt{a} \ (n \to \infty)$).

- Rundungsfehler: Auf der Rechenanlage müssen alle Rechnungen auf einem endlichen Zahlbereich durchgeführt werden (z. B. $1/3 \sim 0,3\dots 3$).

Das Zusammenwirken all dieser Fehlereinflüsse soll anhand des folgenden, einfachen Beispiels demonstriert werden:

Ein Stahlseil der Länge $L = 1$ sei an den Spitzen zweier Masten befestigt, so dass es unter Einwirkung der Schwerkraft (fast) straff gespannt erscheint. Gefragt ist nun nach der Auslenkung des Seils aus dieser Ruhelage, wenn ein Trapezkünstler in seiner Mitte steht.

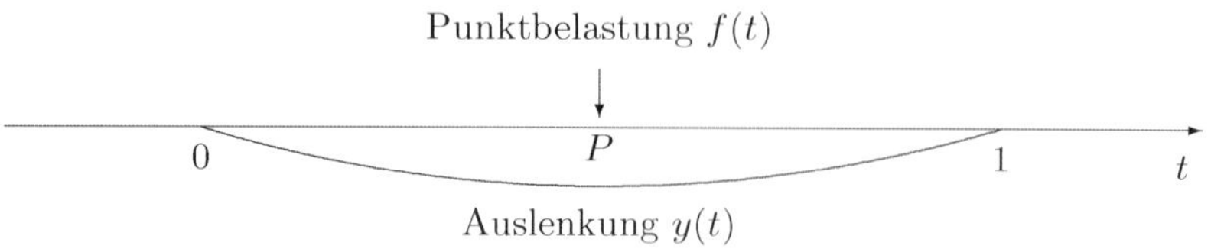

Das physikalische Modell besteht in der (wohl begründeten) Annahme, dass sich die tatsächliche Auslenkung als Graph einer Funktion $y(t)$ beschreiben lässt, für welche die sog. „potentielle Gesamtenergie" (c eine Materialkonstante, $f(t)$ Belastungsdichte)

$$E(y) = \frac{c}{2}\int_0^1 \frac{y'(t)^2}{\sqrt{1+y'(t)^2}}\,dt - \int_0^1 f(t)y(t)\,dt$$

einen minimalen Wert annimmt. Dies sehen wir als das „exakte" mathematische Modell des angegebenen physikalischen Sachverhalts an. Zur Vereinfachung des Problems wird nun angenommen, dass die Belastung $f(t)$ so klein ist, dass nur kleine Auslenkungsgradienten auftreten, d. h.: $|y'(t)| \ll 1$. In diesem Fall kann das Funktional $E(y)$ vereinfacht werden zu

$$\tilde{E}(y) = \frac{c}{2}\int_0^1 y'(t)^2\,dt - \int_0^1 f(t)\,y(t)\,dt\,.$$

Dies ist nun das eigentliche „mathematische" Problem, mit dem der „numerische" Mathematiker konfrontiert ist. Der bis hierher entstandene Modellfehler ist im Augenblick nicht Gegenstand unseres Interesses. Als notwendige (und hinreichende) Bedingung für die Minimalitätseigenschaft der Funktion $y(t)$ erhält man durch den Variationsansatz

$$\frac{d}{d\alpha}\tilde{E}(y+\alpha\varphi)\,|_{\alpha=0} = 0 \quad \forall \text{ „zulässige" } \varphi = \varphi(t)$$

die folgende (lineare) Differentialgleichung mit Randbedingungen:

$$-cy''(t) = f(t)\,, \quad t \in (0,1)\,, \qquad y(0) = y(1) = 0\,.$$

Zur Lösung des Problems wird nun eine Diskretisierung vorgenommen (sog. „zentraler Differenzenquotient 2. Ordnung"):

$$t_i \equiv ih\,,\ i = 0,\dots,N+1\,, \quad f_i \equiv f(t_i)\,, \quad h = 1/(N+1)\,,$$

$$y''(t_i) \approx \frac{1}{h^2}\{y(t_{i+1}) - 2y(t_i) + y(t_{i-1})\}\,,$$

die auf ein lineares Gleichungssystem

$$\frac{c}{h^2}\begin{bmatrix} 2 & -1 & & & 0 \\ -1 & 2 & & & \\ & \ddots & \ddots & \ddots & \\ & & & 2 & -1 \\ 0 & & & -1 & 2 \end{bmatrix} \begin{bmatrix} \eta_1 \\ \\ \vdots \\ \\ \eta_N \end{bmatrix} = \begin{bmatrix} f_1 \\ \\ \vdots \\ \\ f_N \end{bmatrix},$$

bzw. abgekürzt $A\eta = b$, für den Vektor $\eta = (\eta_1, \dots, \eta_N)^T$ der Näherungswerte zu $y(t_i)$ führt. Dieses Gleichungssystem besitzt wegen $\det(A) \neq 0$ eine eindeutige Lösung. Diese kann aufgrund der Identität

$$D\eta = D\eta - A\eta + b\,, \quad D \equiv \frac{c}{h^2}\begin{bmatrix} 2 & & 0 \\ & \ddots & \\ 0 & & 2 \end{bmatrix},$$

ausgehend von einem Startvektor $\eta^{(0)} \in \mathbb{R}^N$ durch die Iteration (sog. „Jacobi-Verfahren")

$$\eta^{(n+1)} = \eta^{(n)} - D^{-1}[A\eta^{(n)} - b]$$

angenähert werden. Man kann zeigen, dass $\eta^{(n)} \to \eta$ $(n \to \infty)$ konvergiert. In der Praxis muss die Iteration aber nach endlich vielen Schritten mit einem Näherungswert $\eta^{(k)}$ abgebrochen werden. Tatsächlich wird aber auf dem Rechner statt $\eta^{(k)}$ eine Näherung $\tilde{\eta}^{(k)}$ geliefert, da alle arithmetischen Operationen auf einem endlichen Zahlbereich durchgeführt werden. Von diesem Ergebnis

$$\tilde{\eta}^{(k)} = (\tilde{\eta}_1^{(k)}, \dots, \tilde{\eta}_n^{(k)})^T$$

sollen nun Rückschlüsse auf die zu erwartende Auslenkung des Stahlseils gewonnen werden. Der dabei aufgetretene Fehler setzt sich zusammen aus

- Diskretisierungsfehler: $\max_{i=1,\dots,N} |\eta_i - y(t_i)|$.
- Abbruchfehler: $\max_{i=1,\dots,N} |\eta_i^{(k)} - \eta_i|$.
- Rundungsfehler: $\max_{i=1,\dots,N} |\tilde{\eta}_i^{(k)} - \eta_i^{(k)}|$.

Gegenstand dieses Textes ist nun der Entwurf von Lösungsverfahren für derartige Probleme aus Analysis und Lineare Algebra und die Untersuchung der bei deren Anwendung auftretenden Fehler. Ähnliche Fragestellungen ergeben sich im Zusammenhang mit der Lösung von Eigenwertaugaben z. B. aus der Schwingungsanalyse:

$$Ay = \lambda y, \quad \lambda \in \mathbb{R}, \quad y \in \mathbb{R}^N,$$

und Aufgaben aus der *linearen* Optimierung:

$$c^T \cdot y \;\to\; \min!, \quad Ay = b, \quad A \in \mathbb{R}^{m\times n},\ c, y \in \mathbb{R}^n,\ b \in \mathbb{R}^m.$$

1 Fehleranalyse

1.1 Zahldarstellung und Rundungsfehler

Bei der Verarbeitung numerischer Algorithmen auf dem „Computer“ treten zwangsläufig Fehler auf, die durch die Endlichkeit des Bereiches der darstellbaren Zahlen bedingt sind. Zur Approximation von reellen (und auch komplexen) Zahlen und der elementaren arithmetischen Operationen zwischen ihnen werden sog. „Maschinenzahlen“ und „Maschinenoperationen“ verwendet, welche auf dem Computer realisierbar sind.

Eine „(normalisierte) Gleitkommazahl“ zur Basis $b \in \mathbb{N}$, $b \geq 2$, ist eine Zahl $x \in \mathbb{R}$ dargestellt in der Form

$$x = \pm\, m \cdot b^{\pm e} \qquad (1.1.1)$$

mit der „Mantisse“ $m = m_1 b^{-1} + \ldots + m_r b^{-r} + \ldots \in \mathbb{R}$, und dem „Exponenten“ $e = e_{s-1} b^{s-1} + \ldots + e_0 b^0 \in \mathbb{N} \cup \{0\}$, wobei $m_i, e_i \in \{0, \ldots, b-1\}$. Für $x \neq 0$ ist diese Darstellung durch die Normierungsvorschrift $m_1 \neq 0$ eindeutig bestimmt. Für $x = 0$ setzt man $m = 0$.

Bemerkung 1.1: Die Verwendung der Gleitkommadarstellung im numerischen Rechnen ist wesentlich, um Zahlen sehr unterschiedlicher Größe verarbeiten zu können; z. B. Ruhemasse Elektron $M_0 = 9.11 \cdot 10^{-28}\,\mathrm{g}$, Lichtgeschwindigkeit $c = 2.998 \cdot 10^{10}\,\mathrm{cm/sec}$.

Auf dem Rechner stehen für die Darstellung von reellen Zahlen nur endlich viele Stellen zur Verfügung:

r Ziffern + 1 Vorzeichen für die Mantisse

s Ziffern + 1 Vorzeichen für den Exponenten.

Die Speicherung einer solchen Zahl

$$x = \pm\, [m_1 b^{-1} + \ldots + m_r b^{-r}] \cdot b^{\pm[e_{s-1} b^{s-1} + \ldots + e_0 b^0]}$$

erfolgt dann in der Form $x : (\pm)\,[m_1 \ldots m_r](\pm)[e_{s-1} \ldots e_0]$. Aus technischen Gründen verwenden moderne Rechner eine Zahldarstellung mit den Basen $b = 2$ (Dualsystem) oder $b = 16$ (Sedezimalsystem) oder Mischungen davon. Die in der obigen Form auf einem Rechner dargestellten (rationalen) Zahlen werden „Maschinenzahlen“ genannt; sie bilden das sog. „numerische Gleitkommagitter“ $A = A(b, r, s)$. Da A endlich ist, gibt es eine größte/kleinste darstellbare Zahl:

$$x_{\max/\min} = \pm\,(b-1)\{b^{-1} + \ldots + b^{-r}\} \cdot b^{(b-1)\{b^{s-1} + \ldots + b^0\}} = \pm\,(1 - b^{-r}) \cdot b^{b^s - 1}$$

sowie eine kleinste positive/größte negative darstellbare Zahl:

$$x_{\mathrm{posmin/negmax}} = \pm\, b^{-1} \cdot b^{-(b-1)\{b^{s-1} + \ldots + b^0\}} = \pm\, b^{-b^s}.$$

Beispiel 1.1: Beim sog. „IEEE-Format“ (üblich auf UNIX-Workstations) werden zur Darstellung von doppelt genauen Zahlen (REAL*8 in FORTRAN) 64 Bits (= 8 Bytes) verwendet:

$$x = \pm m \cdot 2^{c-1022}\,.$$

Dabei stehen 1 Bit für das Vorzeichen, 52 Bits für die Mantisse $m = 2^{-1} + m_2 2^{-2} + \ldots + m_{53} 2^{-53}$ (die erste Mantissenstelle ist aus Normierungsgründen stets 1) und 11 Bits für die sog. „Charakteristik“ $c = c_0 2^0 + \ldots + c_{10} 2^{10} \in [1, 2046]$ zur Verfügung, wobei $m_i\,,\, c_i \in \{0, 1\}$ Dualzahlen sind. Durch die vorzeichenfreie Darstellung des Exponenten in der Form $e = c - 1022$ wird der Zahlbereich um eine Zweierpotenz erweitert. Für REAL*8-Zahlen gilt somit:

$$\begin{array}{llllllllll} x_{\max} & \sim & 2^{1024} & \sim & 1.8 \cdot 10^{308} & , & x_{\min} & \sim & -2^{1024} & \sim & -1.8 \cdot 10^{308} & , \\ x_{\text{posmin}} & = & 2^{-1022} & \sim & 2.2 \cdot 10^{-308} & , & x_{\text{negmax}} & = & -2^{-1022} & \sim & -2.2 \cdot 10^{-308} & . \end{array}$$

Die ausgenommenen Werte $c = 0$ und $c = 2047$ der Charakteristik werden zur Darstellung der Null ($m_2 = \ldots = m_{53} = 0,\ c_0 = \ldots = c_{10} = 0$) sowie einer Sondergröße „nan“ (not a number) verwendet.

Die Ausgangsdaten $x \in \mathbb{R}$ einer numerischen Aufgabe und die Zwischenergebnisse einer Rechnung müssen durch Maschinenzahlen dargestellt werden. Für Zahlen innerhalb des „zulässigen“ Bereiches

$$D := [x_{\min}, x_{\text{negmax}}] \cup \{0\} \cup [x_{\text{posmin}}, x_{\max}]$$

wird eine „Rundungsoperation“ $\mathrm{rd} : \mathrm{D} \to \mathrm{A}$ verwendet, an die man die natürliche Forderung stellt

$$|x - \mathrm{rd(x)}| = \min_{\mathrm{y} \in \mathrm{A}} |\mathrm{x} - \mathrm{y}| \qquad \forall \mathrm{x} \in \mathrm{D}\,. \tag{1.1.2}$$

Dies ist beim IEEE-Format z. B. realisiert durch „natürliche“ Rundung:

$$\mathrm{rd(x)} = \mathrm{sgn(x)} \cdot \begin{cases} 0.m_1 \cdots m_{53} \cdot 2^e\,, & \text{für } m_{54} = 0 \\ (0.m_1 \cdots m_{53} + 2^{-53}) \cdot 2^e\,, & \text{für } m_{54} = 1\,. \end{cases}$$

Andere manchmal vorkommende Rundungsarten, welche (1.1.2) nicht erfüllen, werden im Folgenden nicht betrachtet. Für Zahlen außerhalb des zulässigen Bereiches D (z. B. als Resultat einer Division durch Null) wird von einigen Maschinen Exponentenüberlauf („overflow“ oder „underflow“) registriert und die Verarbeitung abgebrochen, während im IEEE-Format in diesem Fall mit der unbestimmten Variable „nan“ weitergearbeitet wird. Der mit der Rundung verbundene sog. „absolute Rundungsfehler“

$$|x - \mathrm{rd(x)}| \le \tfrac{1}{2}\, \mathrm{b}^{-\mathrm{r}} \mathrm{b}^{\mathrm{e}} \tag{1.1.3}$$

hängt jeweils noch vom Exponenten e von x ab. Dagegen ist der sog. „relative Rundungsfehler“

$$\left|\frac{x - \mathrm{rd(x)}}{x}\right| \le \tfrac{1}{2}\,\frac{b^{-r}b^e}{|m|b^e} \le \tfrac{1}{2}\,b^{-r+1} \tag{1.1.4}$$

für $x \in D,\, x \neq 0$, beschränkt durch die sog. „Maschinengenauigkeit“ $\mathrm{eps} := \frac{1}{2}\,b^{-r+1}$. Für $x \in D$ ist dann offenbar

$$\mathrm{rd(x)} = \mathrm{x}(1+\varepsilon) \quad \text{mit} \quad |\varepsilon| \le \mathrm{eps}\,. \tag{1.1.5}$$

Bei Anwendung des IEEE-Formats ist der maximale relative Rundungsfehler

$$\mathrm{eps}_{\mathrm{REAL}*8} \le \tfrac{1}{2}2^{-52} \sim 10^{-16}\,.$$

Die arithmetischen Grundoperationen $* \in \{+,-,\cdot,/\}$ werden auf der Rechenanlage durch entsprechende „Maschinenoperationen“ $\circledast \in \{\oplus,\ominus,\odot,\oslash\}$ ersetzt, welche Maschinenzahlen wieder in Maschinenzahlen überführen. Dies ist meist für $x,y \in A$ im Falle $x*y \in D$ gemäß

$$x \circledast y = \mathrm{rd(x*y)} = (\mathrm{x*y})(1+\varepsilon)\,, \quad |\varepsilon| \le \mathrm{eps}\,, \tag{1.1.6}$$

realisiert. Dazu werden die Operationen maschinenintern (meist unter Verwendung einer erhöhten Stellenzahl für die Mantisse) ausgeführt, in normalisierte Form gebracht und dann gerundet. Im Fall $x*y \notin D$ erscheint meist eine Fehlermeldung. Bei dem Gebrauch von „IF-Abfragen“ in Programmen ist zu berücksichtigen, dass die Maschinenoperationen $\oplus$ und $\odot$ dem Assoziativgesetz und dem Distributivgesetz nur näherungsweise genügen; i. Allg. ist für $x,y,z \in A$:

$$(x\oplus y)\oplus z \neq x\oplus(y\oplus z)\,, \qquad (x\oplus y)\odot z \neq (x\odot z)\oplus(y\odot z)\,.$$

Insbesondere gilt i. Allg. für Zahlen $x,y \in A$:

$$x \oplus y = x, \quad \text{für} \quad |y| \le \frac{|x|}{b}\mathrm{eps}. \tag{1.1.7}$$

Hieraus lässt sich für einen konkreten Rechner die Größe der Maschinengenauigkeit eps experimentell ermitteln.

1.2 Konditionierung numerischer Aufgaben

Eine numerische Aufgabe (z. B. Bestimmung einer Nullstelle, Lösung eines linearen Gleichungssystems u.s.w.) wird als „gut konditioniert“ bezeichnet, wenn eine kleine Störung der Eingangsdaten auch nur eine kleine Änderung der Ergebnisse zur Folge hat.

Beispiel 1.2: Als Beispiel betrachten wir das lineare Gleichungssystem

$$\begin{bmatrix} 1.2969 & 0.8648 \\ 0.2161 & 0.1441 \end{bmatrix} \begin{bmatrix} x \\ y \end{bmatrix} = \begin{bmatrix} 0.8642 \\ 0.1440 \end{bmatrix}$$

mit der (eindeutig bestimmten) Lösung $(x,y)^T = (2,-2)^T$. Störung der rechten Seite zu $(0.86419999, 0.14400001)^T$ erzeugt die „Näherungslösung“ $(\tilde{x},\tilde{y})^T = (0.9911, -0.4870)^T$ Diese numerische Aufgabe ist offenbar sehr schlecht konditioniert.

Zur Präzisierung des Begriffes „Konditionierung“ müssen wir zunächst den der „numerischen Aufgabe“ definieren. Wir wollen hier unter einer „numerischen Aufgabe“ die Berechnung endlich vieler Größen $y_i\ (i=1,\dots,n)$ aus gewissen Größen $x_j\ (j=1,\dots,m)$ mittels einer funktionalen Vorschrift $y_i = f_i(x_1,\dots,x_m)$ verstehen. Der Einfachheit halber betrachten wir hier nur den Fall, dass die y_i, x_j reelle (oder komplexe) Zahlen sind, und verwenden zur Abkürzung die vektorielle Schreibweise $y = f(x)$ mit

$$x = (x_1,\dots,x_m)^T, \quad y = (y_1,\dots,y_n)^T, \quad f = (f_1,\dots,f_n)^T.$$

Als Beispiel kann die Berechnung eines Vektors $x \in \mathbb{R}^n$ als Lösung eines linearen Gleichungssystems $Ax = b$ dienen, wobei $x = f(A,b) := A^{-1}b$.

Definition 1.1: *Bei Verwendung fehlerhafter Eingangsdaten $x_j + \Delta x_j$ (z. B. aufgrund des Rundungsfehlers) ergeben sich fehlerhafte Resultate $y_i + \Delta y_i$. Wir bezeichnen $|\Delta y_i|$ als den „absoluten“ Fehler und $|\Delta y_i / y_i|$ (für $y_i \neq 0$) als den „relativen“ Fehler.*

Große absolute Fehler können offenbar, „relativ“ gesehen, klein sein und umgekehrt; z. B. mag ein Fehler von $\pm\,100$ km beim Messen der Entfernung Erde-Mond als „klein“ angesehen werden, während derselbe Fehler bezogen auf die Entfernung Heidelberg-Paris sicherlich als „groß“ anzusehen ist.

Wir haben gesehen, dass der relative Rundungsfehler durch die Maschinengenauigkeit eps beschränkt ist. Hier wird uns auch hauptsächlich nur dieser interessieren. Im Folgenden betreiben wir eine sog. „differentielle“ Fehleranalyse, die sich auf die Betrachtung des Einflusses relativ kleiner Datenfehler $|\Delta x_j| \ll |x_j|$ beschränkt. Sind die Funktionen $f_i = f_i(x_1,\dots,x_m)$ stetig partiell differenzierbar nach den Argumenten x_j, so gilt nach dem Taylorschen Satz

$$\Delta y_i = f_i(x+\Delta x) - f_i(x) = \sum_{j=1}^{m} \frac{\partial f_i}{\partial x_j}(x)\,\Delta x_j + R_i^f(x;\Delta x), \quad i = 1,\dots,m, \tag{1.2.8}$$

mit einem Restglied $R_i^f(x;\Delta x)$, welches schneller als $|\Delta x| = \max_{j=1,\dots,m} |\Delta x_j|$ gegen Null geht; wir schreiben dies abgekürzt als $R_i^f(x;\Delta x) = o(|\Delta x|)$. Der Einfachheit halber nehmen wir an, dass sogar $R_i^f(x;\Delta x) = O(|\Delta x|^2)$ gilt, was im Falle der zweimaligen Differenzierbarkeit der Funktion f gesichert ist.

Definition 1.2: *Wir verwenden hier und im Folgenden die sog. „Landauschen[1] Symbole" $O(\cdot)$ und $o(\cdot)$ zur quantitativen Beschreibung von Grenzprozessen. Für Funktionen $g(t)$ und $h(t)$ der Variablen $t \in \mathbb{R}_+$ bedeutet die Schreibweise*

$$g(t) = O(h(t)) \quad (t \to 0),$$

dass für kleine $t \in (0, t_0]$ mit einer Konstanten $c \geq 0$ gilt

$$|\, g(t)\,| \leq c\,|\, h(t)\,|\,.$$

Entsprechend bedeutet $g(t) = o(h(t))$ für $t \to 0$, dass für kleine $t \in (0, t_0]$ mit einer Funktion $c\,(t) \to 0\ (t \to 0)$ gilt

$$|\, g(t)\,| \leq c\,(t)\,|\, h(t)\,|\,.$$

Analoge Schreibweisen verwendet man für Grenzübergänge $t \to \infty$.

Beispiel 1.3: Für eine zweimal stetige differenzierbare Funktion $g\,(t)$ folgt aus

$$g\,(t + \Delta t) = g\,(t) + \Delta t\, g'(t) + \tfrac{1}{2}\Delta t^2\, g''(\tau)\,, \qquad \tau \in (t, t + \Delta t)\,,$$

für den sog. „vorwärts genommenen Differenzenquotienten" die Beziehung

$$\Delta t^{-1} \big\{ g(t + \Delta t) - g(t) \big\} = g'(t) + O(\Delta t)\,.$$

Die obige Formel (1.2.8) besagt, dass der Fehler Δy_i „in erster Näherung", d. h. bis auf eine Größe der Ordnung $O(|\,\Delta x|^2)$, gleich dem ersten Summanden auf der rechten Seite ist; in Symbolen:

$$\Delta y_i \doteq \sum_{j=1}^{m} \frac{\partial f_i}{\partial x_j}(x)\,\Delta x_j\,. \tag{1.2.9}$$

Für den komponentenweisen relativen Fehler gilt dann

$$\frac{\Delta y_i}{y_i} \doteq \sum_{j=1}^{m} \frac{\partial f_i}{\partial x_j}(x)\,\frac{\Delta x_j}{y_i} = \sum_{j=1}^{m} \underbrace{\frac{\partial f_i}{\partial x_j}(x)\,\frac{x_j}{f_i(x)}}_{=:\, k_{ij}(x)}\,\frac{\Delta x_j}{x_j}\,. \tag{1.2.10}$$

[1] Edmund Georg Hermann Landau (1877–1938): Deutscher Mathematiker; seit 1909 Professor in Göttingen (Nachfolger von Minkowski); 1934 wegen seiner jüdischen Abstammung zwangsweise pensioniert; fundamentale Beiträge zur analytischen Zahlentheorie, insbesondere zur Primzahlverteilung, und zur (komplexen) Funktionentheorie.

Dabei verhält sich der vernachlässigte Term wie

$$\Big|\frac{R_i^f(x;\Delta x)}{y_i}\Big| = O\Big(\frac{|\Delta x|^2}{|y_i|}\Big).$$

Unter der Voraussetzung, dass $|\Delta x| = o(|y_i|)$ kann er gegen den führenden $O(|\Delta x|)$-Term vernachlässigt werden. Wir werden im Folgenden stets annehmen, dass sich die auszuwertende Größe und die betrachteten Datenstörungen verhalten wie

$$|\Delta x| = o(|y_i|), \quad i = 1,\dots,n.$$

Andernfalls darf das Restglied nicht vernachlässigt werden.

Definition 1.3: *Die Größen $k_{ij}(x)$ heißen „(relative) Konditionszahlen" der Funktion f im Punkt x. Sie sind ein Maß dafür, wie sich kleine relative Fehler in den Ausgangsdaten im Ergebnis auswirken. Man nennt die Aufgabe, $y = f(x)$ aus x zu berechnen, „schlecht konditioniert", wenn ein $|k_{ij}(x)| \gg 1$ ist; andernfalls „gut konditioniert" oder auch „gutartig". Im Fall $|k_{ij}(x)| < 1$ spricht man von „Fehlerdämpfung" und im Fall $|k_{ij}(x)| > 1$ von „Fehlerverstärkung".*

Die Konditionierung einer numerischen Aufgabe ist eng verknüpft mit der Frage nach berechenbaren Fehlerschranken für zugehörige Näherungslösungen. Beim Problem der direkten Funktionsauswertung $y = f(x)$ ist die relative Fehlerempfindlichkeit beschrieben durch die Relation (1.2.10). Interessanter ist das umgekehrte Problem der Gleichungslösung $x = f^{-1}(y)$, bei dem zu gegebenem y die Lösung der Gleichung $f(x) = y$ gesucht ist. Hierbei wird o.B.d.A. Gleichheit der Dimensionen $n = m$ angenommen. Als Beispiele können wieder die Lösung eines linearen Gleichungssystems oder die Bestimmung der Wurzeln einer quadratischen Gleichung dienen. In diesem Fall liegt es nahe, eine Fehlerabschätzung für irgendeine Näherungslösung $\tilde{x}$ auf dem Weg der „Probe" zu erzielen. Zu diesem Zweck bildet man den sog. „Defekt" $d(\tilde{x}) = f(\tilde{x}) - y$ (Die Größe $r(\tilde{x}) = y - f(\tilde{x}) = -d(\tilde{x})$ wird das „Residuum" von $\tilde{x}$ genannt.). Die Frage ist nun, ob für einen kleinen Defekt auch der tatsächliche Fehler $\Delta x = \tilde{x} - x$ klein ist. Die differentielle Fehleranalyse liefert hierzu

$$\frac{\Delta x_i}{x_i} \doteq \sum_{j=1}^n k_{ij}^{(-1)} \frac{\Delta y_j}{y_j}, \quad k_{ij}^{(-1)} := \frac{\partial f_i^{-1}}{\partial y_j}(y)\frac{y_j}{x_i},$$

mit den Konditionszahlen $k_{ij}^{(-1)}$ der inversen Abbildung $f^{-1}(\cdot)$. Wir fassen die Konditionszahlen zu Matrizen $K = (k_{ij})_{i,j=1}^n$ und $K^{(-1)} = (k_{ij}^{(-1)})_{i,j=1}^n$ zusammen. Für deren Produkt gilt dann

$$(K^{(-1)}K)_{ij} = \sum_{k=1}^n k_{ik}^{(-1)} k_{kj} = \sum_{k=1}^n \frac{\partial f_i^{-1}}{\partial x_k}\frac{x_k}{y_i}\frac{\partial f_k}{\partial x_j}\frac{y_j}{x_k} = \frac{y_j}{y_i}\sum_{k=1}^n \frac{\partial f_i^{-1}}{\partial x_k}\frac{\partial f_k}{\partial x_j} = \delta_{ij},$$

wobei das sog. „Kronecker[2]-Symbol" δ_{ij} für die Alternative $\delta_{ij} = 1$, für $i = j$, bzw. $\delta_{ij} = 0$, für $i \neq j$, steht. Die Matrix $K^{(-1)}$ ist also gerade die Inverse von K.

1.2.1 Arithmetische Grundoperationen

Im Folgenden diskutieren wir die Konditionierung, d. h. die Anfälligkeit gegenüber kleiner Störungen der Eingangsdaten, einiger einfacher Grundaufgaben.

1) Die Addition $y = f(x_1, x_2) = x_1 + x_2$ zweier Zahlen $x_1, x_2 \in \mathbb{R}$, $x_1, x_2 \neq 0$, mit

$$k_1 = \frac{\partial f}{\partial x_1}\frac{x_1}{f} = 1 \cdot \frac{x_1}{x_1 + x_2} = \frac{1}{1 + x_2/x_1}$$
$$k_2 = \frac{\partial f}{\partial x_2}\frac{x_2}{f} = 1 \cdot \frac{x_2}{x_1 + x_2} = \frac{1}{1 + x_1/x_2}$$

ist „schlecht" konditioniert für $x_1/x_2 \sim -1$. Bei der Addition ähnlich großer Zahlen mit unterschiedlichem Vorzeichen kann bei der Fortpflanzung von kleinen Störungen in den Eingangsgrößen sog. „Auslöschung" wesentlicher (dezimaler) Stellen auftreten.

Definition 1.4 (Auslöschung): *Unter „Auslöschung" versteht man den Verlust an wesentlichen Dezimalstellen bei der Subtraktion von Zahlen gleichen Vorzeichens. Dies ist gefährlich im Fall, dass eine oder beide der Zahlen keine Maschinenzahlen sind und vor Ausführung der Operation gerundet werden. Bei der Subtraktion von Maschinenzahlen ist Auslöschung natürlich unschädlich.*

Beispiel 1.4: Dezimale Gleitpunktrechnung mit $r = 4$ und $s = 1$

$$\begin{array}{rclcrcl}
x_1 &=& 0.11258762 \cdot 10^2 & \to & \mathrm{rd}(x_1) &=& 0.1126 \cdot 10^2 \\
x_2 &=& 0.11244891 \cdot 10^2 & \to & \mathrm{rd}(x_2) &=& 0.1124 \cdot 10^2 \\
x_1 + x_2 &=& 0.\underline{22503}653 \cdot 10^2 & , & \mathrm{rd}(x_1) + \mathrm{rd}(x_2) &=& 0.\underline{2250} \cdot 10^2 \\
x_1 - x_2 &=& 0.13871 \cdot 10^{-1} & , & \mathrm{rd}(x_1) - \mathrm{rd}(x_2) &=& 0.2000 \cdot 10^{-1}
\end{array}$$

Im zweiten Fall gilt $k_1 \sim k_2 \sim 810$, d. h. fast 1000-fache Fehlerverstärkung.

2) Die Multiplikation $y = f(x_1, x_2) = x_1 \cdot x_2$ mit

$$k_1 = \frac{\partial f}{\partial x_1}\frac{x_1}{f} = x_2 \frac{x_1}{x_1 \cdot x_2} = 1, \qquad k_2 = \ldots = 1,$$

ist generell „gut" konditioniert. Dasselbe gilt auch für die Division (Übungsaufgabe).

[2]Leopold Kronecker (1823–1891): Deutscher Mathematiker; wirkte in Berlin als „Privatgelehrter"; betrieb die Arithmetisierung der Mathematik; wichtiger Vertreter des „Konstruktivismus", welcher die generelle Verwendung des Widerspruchsbeweises und des „aktual Unendlichen" in Form z. B. der allgemeinen reellen Zahlen ablehnt.

1.2.2 Lösung quadratischer Gleichungen

Für Zahlen $p, q \in \mathbb{R}$ wird die folgende quadratische Gleichung betrachtet:

$$y^2 - py + q = 0 \quad (\text{o.b.d.A. } q \neq 0).$$

Für die Wurzeln y_1 und y_2 gilt $y_{1,2} = y_{1,2}(p,q) = p/2 \pm \sqrt{p^2/4 - q}$ sowie $p = y_1 + y_2$, $q = y_1 \cdot y_2$ (Vietascher[3] Wurzelsatz). Damit erhält man:

$$\left.\begin{aligned} \frac{\partial y_1}{\partial p} + \frac{\partial y_2}{\partial p} &= 1 \\ \frac{\partial y_1}{\partial p} y_2 + y_1 \frac{\partial y_2}{\partial p} &= 0 \end{aligned}\right\} \Rightarrow \qquad \frac{\partial y_2}{\partial p} = \frac{y_2}{y_2 - y_1}, \quad \frac{\partial y_1}{\partial p} = \frac{y_1}{y_2 - y_1}$$

$$\left.\begin{aligned} \frac{\partial y_1}{\partial q} + \frac{\partial y_2}{\partial q} &= 0 \\ \frac{\partial y_1}{\partial q} y_2 + y_1 \frac{\partial y_2}{\partial q} &= 1 \end{aligned}\right\} \Rightarrow \qquad \frac{\partial y_1}{\partial q} = \frac{1}{y_1 - y_2} = -\frac{\partial y_2}{\partial q}$$

$$k_{11} = \frac{\partial y_1}{\partial p}\frac{p}{y_1} = \frac{y_1}{y_2 - y_1}\frac{p}{y_1} = \frac{y_1 + y_2}{y_1 - y_2} = \frac{1 + y_2/y_1}{1 - y_2/y_1}$$

$$k_{12} = \frac{\partial y_1}{\partial q}\frac{q}{y_1} = \frac{1}{y_1 - y_2}\frac{q}{y_1} = \frac{y_2}{y_1 - y_2} = \frac{1}{1 - y_2/y_1}$$

Für k_{21} und k_{22} gilt Analoges. Die Berechnung von y_1, y_2 ist schlecht konditioniert für $y_1/y_2 \sim 1$, d. h. wenn die Wurzeln relativ dicht beeinander liegen.

Beispiel 1.5: $p = 4$, $q = 3.999$, $y_{1,2} = 2 \pm 0.01$,

$$k_{12} = \frac{1}{1 - y_1/y_2} = 99.5 \quad \Rightarrow \quad \text{fast 100-fache Fehlerverstärkung.}$$

1.3 Stabilität numerischer Algorithmen

Gegeben sei wieder eine numerische Aufgabe der Art $y = f(x)$ mit einer Abbildung $f : \mathbb{R}^m \to \mathbb{R}^n$. Unter einem „Verfahren“ (oder „Algorithmus“) zur gegebenenfalls näherungsweisen Berechnung von y aus x verstehen wir eine endliche (oder auch abzählbar unendliche) Folge von „elementaren“ Abbildungen $\varphi^{(k)}$, die durch sukzessive Anwendung einen Näherungwert $\tilde{y}$ zu y liefern:

$$x = x^{(0)} \to \varphi^{(1)}(x^{(0)}) = x^{(1)} \to \ldots \to \varphi^{(k+1)}(x^{(k)}) = x^{(k+1)} \to \ldots \tilde{y}.$$

[3]Francois Viete, lat. Franciscus Vieta (1540–1603): Französischer Mathematiker; Arbeiten über algebraische Gleichungen und sphärische Trigonometrie; gab trigonometrische Tafeln heraus und führte die systematische Buchstabenrechnung ein.

Im einfachsten Fall sind die $\varphi^{(k)}$ arithmetische Grundoperationen.

Definition 1.5: *Bei der Durchführung des Algorithmus auf einer Rechenanlage treten in jedem Schritt Fehler auf (z. B. Rundungsfehler, Auswertungsfehler von transzendenten Funktionen, u.s.w.), die sich bis zum Ende der Rechnung akkumulieren können. Der Algorithmus wird „stabil" (oder auch „gutartig") genannt, wenn die im Verlaufe der Ausführung akkumulierten Fehler den durch die Konditionierung der Aufgabe* $y = f(x)$ *bedingten unvermeidbaren Problemfehler nicht übersteigen.*

Eine der Hauptaufgaben der numerischen Mathematik ist es, für die in den Anwendungen auftretenden Aufgaben stabile Lösungsalgorithmen zu finden. Wir diskutieren im folgenden einige elementare Beispiele.

1.3.1 Lösung quadratischer Gleichungen

Wir betrachten die Auflösung einer quadratischen Gleichung der Form

$$y^2 - py + q = 0 \quad (0 \neq q < p^2/4)\,, \quad y_{1,2} = f(p,q) = p/2 \pm \sqrt{p^2/4 - q}\,.$$

Für $|y_1/y_2| \gg 1$, d. h. für $q \ll p^2/4$, ist die Aufgabe gut konditioniert. Der Algorithmus zur Berechnung der Wurzeln könnte wie folgt aussehen:

$$u = p^2/4\,, \quad v = u - q\,, \quad w = \sqrt{v} \quad (\geq 0)\,.$$

Im Fall $p < 0$ wird zur Vermeidung von Auslöschung zunächst $\tilde{y}_2 = p/2 - w$ berechnet mit der akzeptablen Fehlerfortpflanzung

$$\left|\frac{\Delta y_2}{y_2}\right| \stackrel{\cdot}{\leq} \underbrace{\left|\frac{1}{1 - 2w/p}\right|}_{\approx 1} \left|\frac{\Delta p}{p}\right| + \underbrace{\left|\frac{1}{1 - p/(2w)}\right|}_{\approx 1} \left|\frac{\Delta w}{w}\right|.$$

Die zweite Wurzel könnte dann auf folgenden Wegen bestimmt werden:

Variante A	Variante B
$\tilde{y}_1 = p/2 + w$	$\tilde{y}_1 = q/y_2$ (wegen $q = y_1 y_2$)

Für $q \ll p^2/4$ ist $w \approx -p/2$, d. h. bei Variante A tritt zwangsläufig Auslöschung ein. Die Rundungsfehler in p und w übertragen sich auf y_1 wie

$$\left|\frac{\Delta y_1}{y_1}\right| \stackrel{\cdot}{\leq} \underbrace{\left|\frac{1}{1 + 2w/p}\right|}_{\gg 1} \underbrace{\left|\frac{\Delta p}{p}\right|}_{\leq \text{eps}} + \underbrace{\left|\frac{1}{1 + p/(2w)}\right|}_{\gg 1} \underbrace{\left|\frac{\Delta w}{w}\right|}_{\approx \text{eps}}.$$

Dieser Algorithmus ist offenbar im vorliegenden Fall $q \ll p^2/4$ sehr instabil. Bei Variante B gilt dagegen

$$\left|\frac{\Delta y_1}{y_1}\right| \dot{\leq} \underbrace{\left|\frac{\Delta q}{q}\right|}_{\leq \text{eps}} + \underbrace{\left|\frac{\Delta y_2}{y_2}\right|}_{\approx \text{eps}}.$$

d. h. dieser Algorithmus ist stabil.

Regel 1.1: *Bei der Lösung quadratischer Gleichungen sollten nicht beide Wurzeln aus der Lösungsformel berechnet werden.*

Beispiel 1.6: $p = -4, \quad q = 0.01$ (vierstellige Rechnung)

$$\left.\begin{array}{lcl} u & = & 4 \\ v & = & 3.99 \\ w & = & \underline{1.997}4984\ldots \\ \tilde{y}_2 & = & \underline{-3.997}4984\ldots \end{array}\right\} \qquad \tilde{y}_1 = \left\{\begin{array}{lcl} \text{exakt} & : & -0.0025015\ldots \\ \text{A} & : & -0.0030 \quad (\text{rel. Fehler} \quad 0.2) \\ \text{B} & : & -0.0025 \end{array}\right.$$

1.3.2 Auswertung arithmetischer Ausdrücke

Im Folgenden bedienen wir uns einer sog. „Vorwärtsrundungsfehleranalyse", bei welcher die Akkumulation des Rundungsfehlers ausgehend vom Startwert abgeschätzt wird. Wir beginnen mit der Auswertung eines einfachen arithmetischen Ausdrucks der Art

$$y = f(x_1, x_2) = x_1^2 - x_2^2 = (x_1 + x_2) \cdot (x_1 - x_2).$$

Der Problemfehler durch Rundung der Ausgangsdaten verhält sich wie

$$\left|\frac{\Delta y}{y}\right| \dot{\leq} \sum_{j=1}^{2} \left|\frac{\partial f}{\partial x_j}\frac{x_j}{f}\right| \left|\frac{\Delta x_j}{x_j}\right| \leq \left|2x_1 \frac{x_1}{x_1^2 - x_2^2}\right| + \left|2x_2 \frac{x_2}{x_1^2 - x_2^2}\right| = 2\left|\frac{(x_1/x_2)^2 + 1}{(x_1/x_2)^2 - 1}\right| \text{eps}.$$

Für $|x_1/x_2| \approx 1$ liegt also schlechte Konditionierung vor. Zur algorithmischen Auswertung dieses Ausdrucks gibt es zwei Alternativen, wobei die Ausgangsdaten $x_1, x_2 \in A$ als *Maschinenzahlen* gegeben seien.

Algorithmus A:	Algorithmus B:
$u = x_1 \odot x_1$	$u = x_1 \oplus x_2$
$v = x_2 \odot x_2$	$v = x_1 \ominus x_2$
$\tilde{y} = u \ominus v$	$\tilde{y} = u \odot v$

Zur Rundungsfehleranalyse beachten wir, dass für die Maschinenoperationen $\circledast$ auf der Menge A der Maschinenzahlen gilt:

$$a \circledast b = \text{rd}(a * b) = (a * b)(1 + \varepsilon) \quad \text{mit} \quad |\varepsilon| \leq \text{eps}.$$

Unter Verwendung dieser Beziehung erhalten wir für den ersten Algorithmus:

$$\begin{aligned}
\text{(A)}\qquad & u = x_1^2\,(1+\varepsilon_1)\,, \quad v = x_2^2\,(1+\varepsilon_2)\\
& \tilde{y} = [x_1^2\,(1+\varepsilon_1) - x_2^2\,(1+\varepsilon_2)]\,(1+\varepsilon_3)\\
& \quad = \underbrace{x_1^2 - x_2^2}_{=y} + x_1^2\varepsilon_1 - x_2^2\varepsilon_2 + \underbrace{(x_1^2 - x_2^2)}_{-y}\,\varepsilon_3 + O(\text{eps}^2)
\end{aligned}$$

$$\left|\frac{\Delta y}{y}\right| \stackrel{.}{\le} \text{eps}\,\frac{x_1^2 + x_2^2 + |x_1^2 - x_2^2|}{|x_1^2 - x_2^2|} = \text{eps}\,\left\{1 + \left|\frac{(x_1/x_2)^2 + 1}{(x_1/x_2)^2 - 1}\right|\right\}.$$

Der Rundungsfehlereinfluss wird groß für $|x_1/x_2| \sim 1$, übersteigt aber nicht den Problemfehleranteil, d. h.: Der Algorithmus A ist nach unserer Definition durchaus stabil.

Für den zweiten Algorithmus gilt:

$$\begin{aligned}
\text{(B)}\qquad & u = (x_1 + x_2)\,(1+\varepsilon_1)\,, \quad v = (x_1 - x_2)\,(1+\varepsilon_2)\\
& \tilde{y} = (x_1 + x_2)\,(1+\varepsilon_1)\,(x_1 - x_2)\,(1+\varepsilon_2)\,(1+\varepsilon_3)\\
& \quad = \underbrace{x_1^2 - x_2^2}_{=y} + \underbrace{(x_1^2 - x_2^2)}_{=y}\,(\varepsilon_1 + \varepsilon_2 + \varepsilon_3) + O(\text{eps}^2)
\end{aligned}$$

$$\left|\frac{\Delta y}{y}\right| \stackrel{.}{\le} |\varepsilon_1 + \varepsilon_2 + \varepsilon_3| \le 3\,\text{eps}\,.$$

Algorithmus B ist offenbar i. Allg. stabiler als Algorithmus A. Es sei nochmals betont, dass hierbei von bereits gerundeten Ausfgangsdaten in A ausgegangen wird. An diesem Beispiel kann man bereits eine einfache Regel ablesen, die allgemein gültigen Charakter hat. Die Auswirkung dieser Regel wird anhand des nächsten Beispiels noch klarer werden.

Regel 1.2: *Bei der Durchführung einer numerischen Rechnung sollte man die numerisch schlechter konditionierten Operationen möglichst frühzeitig ansetzen.*

1.3.3 Auswertung von Polynomen

Gegeben sei ein allgemeines Polynom in der üblichen Monomdarstellung:

$$y = p(x) = a_0 + a_1 x + \ldots + a_n x^n\,.$$

Als Modellfall betrachten wir zunächst das Polynom

$$p(x) = a_1 x + a_2 x^2 = x(a_1 + a_2 x)\,.$$

Zu seiner Auswertung in einem Punkt ξ bietet sich der Algorithmus

$$\text{A)}\quad u = \xi \odot \xi\,, \quad v = a_2 \odot u\,, \quad w = a_1 \odot \xi\,, \quad \tilde{y} = v \oplus w\,,$$

und, bei Berücksichtigung der obigen Faustregel, der Algorithmus

$$\text{B)}\quad u = a_2 \odot \xi\,,\quad v = a_1 \oplus u\,,\quad \tilde{y} = \xi \odot v\,,$$

an. Bei Algorithmus B spart man offensichtlich eine arithmetische Operation. Die zugehörige Rundungsfehleranalyse sieht wie folgt aus:

$$\begin{aligned}
\text{(A)}\qquad & u = \xi^2(1+\varepsilon_1),\quad v = a_2\xi^2(1+\varepsilon_1)(1+\varepsilon_2),\quad w = a_1\xi(1+\varepsilon_3)\\
& \tilde{y} = [a_2\xi^2(1+\varepsilon_1)(1+\varepsilon_2) + a_1\xi(1+\varepsilon_3)](1+\varepsilon_4)\\
& \quad = a_2\xi^2 + a_1\xi + (a_2\xi^2 + a_1\xi)\varepsilon_4 + a_2\xi^2(\varepsilon_1+\varepsilon_2) + a_1\xi\varepsilon_3 + O(\text{eps}^2)\\
& \quad = y + y\varepsilon_4 + a_2\xi^2(\varepsilon_1+\varepsilon_2) + a_1\xi\varepsilon_3 + O(\text{eps}^2)
\end{aligned}$$

$$\left|\frac{\Delta y}{y}\right| \mathrel{\dot{\le}} \varepsilon_4 + \frac{a_1\xi\varepsilon_3 + a_2\xi^2(\varepsilon_1+\varepsilon_2)}{a_1\xi + a_2\xi^2} = \varepsilon_4 + \varepsilon_3 + \frac{\xi}{a_1/a_2+\xi}(\varepsilon_1+\varepsilon_2-\varepsilon_3)$$

$$\begin{aligned}
\text{(B)}\qquad & u = a_2\xi(1+\varepsilon_1),\quad v = [a_1 + a_2\xi(1+\varepsilon_1)](1+\varepsilon_2)\\
& \tilde{y} = \xi[a_1 + a_2\xi(1+\varepsilon_1)](1+\varepsilon_2)(1+\varepsilon_3)\\
& \quad = y + a_1\xi(\varepsilon_2+\varepsilon_3) + a_2\xi^2(\varepsilon_1+\varepsilon_2+\varepsilon_3) + O(\text{eps}^2)
\end{aligned}$$

$$\left|\frac{\Delta y}{y}\right| \doteq \varepsilon_2 + \varepsilon_3 + \frac{\xi}{a_1/a_2+\xi}\varepsilon_1\,.$$

Für $\xi \sim -a_1/a_2$ (d. h. wenn ξ nahe bei einer Nullstelle von $p(x)$ liegt) ist Algorithmus B offensichtlich etwas stabiler als Algorithmus A.

Dieses Resultat legt zur Auswertung des allgemeinen Polynoms n-ter Ordnung, ausgehend von der Darstellung

$$p(x) = a_0 + x(a_1 + x(a_2 + \ldots + x(a_{n-1} + xa_n)\ldots))\,,$$

den folgenden Algorithmus nahe:

Definition 1.6: *Das sog. „Horner[4]-Schema“*

$$b_n = a_n,\quad k = n-1,\ldots,0:\quad b_k = a_k + \xi b_{k+1}, \tag{1.3.11}$$

liefert den Funktionswert $p(\xi) = b_0$ *des Polynoms* $p(x)$.

Zur Auswertung eines Polynoms in der allgemeineren Darstellung

$$p(x) = a_0 + a_1(x-x_0) + a_2(x-x_0)(x-x_1) + \ldots + a_n(x-x_0)\ldots(x-x_{n-1})$$

[4]William George Horner (1786–1837): Irischer Mathematiker; Betreiber verschiedener Schulen; bekannt durch das „Horner-Schema“ (1830) zur Auswertung algebraischer Gleichungen; dessen Prinzip war aber bereits vorher anderen Autoren bekannt (früheste Quelle ist Zhu Shijie im China des 13. Jahrh.).

mit gewissen Zahlen x_i, $i = 0, \ldots, x_{n-1}$, wird das Horner Schema wie folgt modifizert:

$$b_n = a_n, \quad k = n-1, \ldots, 0: \quad b_k = a_k + (\xi - x_k) b_{k+1}, \quad p(\xi) = b_0. \tag{1.3.12}$$

Regel 1.3: *Die Auswertung von (gegebenen) Polynomen sollte mit Hilfe des Horner-Schemas erfolgen.*

Bei der Auswertung von Polynomen mit Hilfe des Horner Schemas spielt auch die Einsparung von arithmetischen Operationen eine Rolle. Dies wird hier und in vielen ähnlich gelagerten Fällen besonders wichtig, wenn die algorithmische Komponente sehr häufig wiederholt werden soll. Den Rechenaufwand zählt man dabei üblicherweise in Form von sog. „arithmetischen Operationen“ (abgekürzt „a. Op.“). Eine a. Op. setzt sich zusammen aus jeweils einer Addition und einer Multiplikation. Die Unterschiedliche Betrachtung von Addition und Multiplikation geschah bisher aus technischen Gründen, da auf den älteren Prozessoren eine Multiplikation deutlich mehr Zeit in Anspruch nahm als eine Addition. Inzwischen hat sich dieser Unterschied aber nivelliert, so dass Addition und Multiplikation als praktisch gleich schnell im Verhältnis zur etwas langsameren Division angesetzt werden müssten.

Beispiel 1.7: Ausführungszeiten von jeweils 10^9 a. Op.:

1) („Antiker“) Prozessor 68040 von Motorola (Macintosh Quadra 700):

Addition 1220 Sek., Multiplikation 1320 Sek., Division 2540 Sek.

2. Alter 32 Bit-Prozessor Atlon 1.4 GHz (Standard PC):

Addition 4, 5 Sek., Multiplikation 4, 5 Sek., Division 6 Sek.

3. Späterer 64 Bit-Prozessor Atlon 3500+ (High-end PC):

Addition 2, 5 Sek., Multiplikation 2, 5 Sek., Division 4, 5 Sek.

Moderne Prozessoren sind aber noch wesentlich schneller. Bei solchen Leistungsmessungen spielt die verwendete Optimierungsstufe des Compilers eine nicht unwesentliche Rolle. Diese Werte sind erreichbar sowohl mit FORTRAN, C/C++ als auch mit MATLAB.

1.4 Übungsaufgaben

Übung 1.1: Man schreibe die folgenden Ausdrücke in der Form $f(h) = O(h^p)$, für $h \searrow 0$ mit möglichst großem $p \in \mathbb{N}$, bzw. $g(n) = O(n^q)$ für $n \nearrow \infty$ mit möglichst kleinem $q \in \mathbb{N}$:

$$a) \quad f(h) = 4(h^2+h)^2 - 4h^4, \qquad b) \quad g(n) = 4(n^2+n)^2 - 4n^4,$$

$$c) \quad f(h) = \frac{e^h - e^{-h}}{2h} - 1, \qquad d) \quad g(n) = \sup_{x>0} \frac{1-e^{-nx}}{1-e^{-x}}.$$

e) Wie lässt sich das asymptotische Verhalten von $f(h) = 1/\ln(h)$ beschreiben?

Übung 1.2: Man untersuche die Konditionierung der folgenden Rechenoperationen:

$$a) \quad f(x_1, x_2) = \frac{x_1}{x_2} \quad (x_2 \neq 0), \qquad b) \quad f(x_1, x_2) = x_1^{x_2} \quad (x_1 > 0).$$

Sind die einfachen Operationen $f(x) = 1/x$ und $f(x) = \sqrt{x}$ gut konditioniert?

Übung 1.3: Die Ausdrücke

$$a(x) = \frac{1-x}{1+2x} - \frac{1-2x}{1+x}, \qquad b(x) = \frac{3x^2}{(1+2x)(1+x)}$$

stellen für $x > 0$ dieselbe Funktion $f(x)$ dar.

a) Wie sieht es mit der Konditionierung der jeweiligen numerischen Aufgaben, $f(x)$ für $0 < |x| \ll 1$ aus diesen Darstellungen zu berechnen?

b) Wie würde man bei der praktischen Auswertung von $f(x)$ für $0 < |x| \ll 1$ zur Gewährleistung guter numerischer Stabilität vorgehen?

Übung 1.4: Man gebe einen Weg an zur experimentellen Bestimmung der Maschinengenauigkeit

$$\text{eps} := \max_{x \in D, x \neq 0} \left| \frac{\text{rd}(x) - x}{x} \right|.$$

Dabei kann verwendet werden, dass für die Maschinenoperationen $\circledast$ gilt:

$$x \circledast y = (x * y)(1 + \varepsilon), \quad x, y \in A, \quad |\varepsilon| \leq \text{eps}.$$

Übung 1.5 (Praktische Aufgabe):
a) Man bestimme mit einem Testprogramm die Maschinengenauigkeit des benutzten Rechners (in der jeweils verwendeten Programmiersprache).

b) Man schreibe ein (MATLAB-)Programm zur Berechnung der Exponentialfunktion e^x mit Hilfe ihrer Taylor-Summen

$$T_n(x) = \sum_{k=0}^{n} \frac{x^k}{k!}.$$

Man plotte für $n \in [0, 20]$ den relativen Fehler für die Argumente $x \in \{10, 1, -1, -10\}$. Man erkläre die schlechten Ergebnisse für negative Argumente und gebe eine Modifikation an, mit deren Hilfe negative wie positive Argumente gleich gut behandelt werden können.

Übung 1.6: Man schreibe die folgenden Ausdrücke in der Form $f(h) = O(h^m)$ bzw.

$f(h) = o(h^m)$ für $h \in \mathbb{R}_+$, $h \to 0$, mit einem möglichst großen $m \in \mathbb{N}$:

$$a)\quad f(h) = \frac{\sin(1+h) - 2\sin(1) + \sin(1-h)}{h^2} + \sin(1);$$

$$b)\quad f(h) = \frac{h}{\ln(h)}.$$

Übung 1.7: Wie groß ist in erster Näherung der relative Fehler bei der Bestimmung der Molmenge m eines idealen Gases (mit Gaskonstante $\gamma = 0,082$) aus der Formel

$$m(P,V,T) = \frac{PV}{\gamma T},$$

wenn die Temperatur T mit $200 \pm 0,5$ Grad, der Druck P mit $2 \pm 0,01$ atm und das Volumen V mit $10 \pm 0,2$ l bestimmt wurden. Welche Messung muss verfeinert werden, um den Fehler unter 1% zu drücken?

Übung 1.8: In vielen Fällen kann die Konvergenzordnung eines Grenzprozesses

$$a(h) \to a \quad (h \to 0), \qquad a(h) - a = O(h^\alpha),$$

nur experimentell bestimmt werden. Dazu werden bei bekanntem Limes a für zwei Werte h und $h/2$ die Fehler $a(h) - a$ und $a(h/2) - a$ berechnet und dann die Ordnung α über den formalen Ansatz $a(h) - a = ch^\alpha$ aus der folgenden Formel ermittelt:

$$\alpha = \frac{1}{\log(2)} \log\left(\left| \frac{a(h) - a}{a(h/2) - a} \right| \right).$$

a) Man rekapituliere die Rechtfertigung dieser Formel und überlege, wie man vorgehen könnte, wenn kein exakter Limes a bekannt ist.

b) Man bestimme die inhärenten Konvergenzordnungen für die folgenden, von Funktionen $a(h)$ und $b(h)$ abgegriffenen Werte:

h	$a(h)$	$b(h)$
2^{-1}	7.188270827204928	8.89271737217539
2^{-2}	7.095485351135761	8.971800326329658
2^{-3}	7.047858597600531	8.992881146463981
2^{-4}	7.023726226390662	8.998220339291473
2^{-5}	7.011579000356371	8.999559782988968
2^{-5}	7.005485409034109	8.999895247704067
Limes	$a(0) = 7.0$	$b(0) = ?$

Übung 1.9: Man betrachte die Funktion

$$f(x) = \frac{1 - \cos(x)}{x}.$$

a) Für welche x ist die Auswertung von $f(x)$ gut bzw. schlecht konditioniert?

b) Man gebe für $|x| \ll 1$ einen stabilen Algorithmus zur Berechnung von $f(x)$ an. Dabei sei angenommen, dass $\cos(x)$ mit Maschinengenauigkeit berechnet wird. (Hinweis: Die Darstellung von f kann mit Hilfe der Rechenregeln für trigonometrische Funktionen umgeformt werden.)

Übung 1.10 (Praktische Aufgabe): Man berechne Näherungswerte

$$\sum_{k=0}^{n} \frac{x^k}{k!} \approx e^x$$

für $x = -5,5$ mit $n = 1, 2, \ldots, 30$, auf die folgenden drei Arten:

1) mit der obigen Formel;

2) mit der Umformung $e^{-5,5} = 1/e^{5,5}$ und der obigen Formel;

3) mit der Umformung $e^{-5,5} = (e^{-0,5})^{11}$ und der obigen Formel.

Der exakte Wert ist $e^{-5,5} = 0,0040867714\ldots$. Wie sind die beobachteten Effekte zu interpretieren? Dies ist ein Beispiel dafür, dass scheinbar kleine Modifikationen in numerischen Algorithmen gravierende Konsequenzen für die Approximationsgenauigkeit haben können. Welche Ergebnisse ergeben sich, wenn die Auswertung der Taylor-Polynome mit Hilfe des Horner-Schemas erfolgt?

Übung 1.11: Sei $A \in \mathbb{R}^{n \times n}$ beliebig gegeben. Man gebe einen Algorithmus an zur Auswertung des Matrixpolynoms

$$p(A) = \sum_{i=0}^{m} a_i A^i$$

mit Koeffizienten $a_i \in \mathbb{R}$, der möglichst wenig Speicherplatz und arithmetische Operationen (1 a. Op. = 1 Mult. + 1 Add.) benötigt.

Übung 1.12: Es seien die Nullstellen eines Polynoms $p(x) = \sum_{i=0}^{m} a_i x^i$ zu bestimmen. Man zeige, dass für eine Näherung $\tilde{z}$ zu einer einfachen Nullstelle $z \neq 0$ in erster Näherung die folgende Abschätzung gilt:

$$\left|\frac{\tilde{z} - z}{z}\right| \dot{\leq} \left|\frac{p(\tilde{z})}{p'(z)z}\right|.$$

Dies motiviert die Genauigkeitskontrolle bei der Berechnung von Nullstellen von Polynomen in der übernächsten praktischen Aufgabe. (Hinweis: Die Aufgabe ist leichter als sie aussieht; Taylor-Entwicklung.)

Übung 1.13: Die Funktion $f(x) = x + 1$ stelle eine physikalische Größe dar, von der Werte $\tilde{f}(x_i) \approx f(x_i)$ an äquidistant verteilten Punkten

$$x_i = ih, \quad 0 \le i \le n := 10^3, \quad h = 10^{-3},$$

mit einem maximalen Fehler von $0,1\%$ gemessen werden. Man zeige, dass bei der Approximation der Ableitungswerte $f'(x_i)$ mit dem zentralen Differenzenquotienten

$$f'(x_i) \approx \frac{\tilde{f}(x_{i+1}) - \tilde{f}(x_{i-1})}{2h}, \quad i = 1, \dots, n-1$$

aus diesen Werten ein relativer Fehler von 100% auftreten kann. Dies zeigt die Fragwürdigkeit der Approximation von Ableitungen durch Differenzenquotienten. (Hinweis: Man konstruiere spezielle Störungen.)

Übung 1.14 (Praktische Aufgabe): Man schreibe ein Programm zur Berechnung der reellen Lösungen der quadratischen Gleichung

$$p(x) = ax^2 + bx + c = 0,$$

zu gegebenen $a, b, c \in \mathbb{R}$. Es sollen alle möglichen Fälle der Degenerierung (z. B.: $a = 0$) berücksichtigt und der Einfluß des Rundungsfehlers minimiert werden. Man erprobe das Programm anhand der folgenden Fälle:

$a:$	0	0	0	0	2	2	2	4	1	1	1	-1	-1	-4	-1	-4	-1	-1	$2,5 \cdot 10^9$
$b:$	0	0	1	2	0	0	0	2	2	2	2	0	0	0	2	8	2	2	-10^5
$c:$	0	1	0	1	0	1	-4	0	-3	1	2	0	-1	2	0	12	-1	-5	1

Die berechneten Lösungen sollen akzeptiert werden, wenn das folgende heuristische Kriterium erfüllt ist (s. Aufgabe 2):

$$\left| \frac{p(\tilde{z})}{p'(\tilde{z})\tilde{z}} \right| < 10^{-12}.$$

2 Interpolation und Approximation

Ein Grundproblem der numerischen Praxis ist die Darstellung und Auswertung von Funktionen. Dabei ergeben sich folgende Aufgabenstellungen:

(i) Eine Funktion $f(x)$ ist nur in einer diskreten Menge von Argumenten $x_0, \dots, x_n$ bekannt und soll mit dieser Information rekonstruiert werden (z. B. zur graphischen Darstellung oder zur Auswertung an Zwischenstellen).

(ii) Eine analytisch gegebene Funktion $f(x)$ soll auf der Rechenanlage so dargestellt werden, dass jederzeit Funktionswerte zu beliebigem Argument x leicht berechnet werden können (z. B. trigonometrische Funktionen).

In beiden Fällen hat man ein System mit unendlich vielen Freiheitsgraden, nämlich die funktionale Abhängigkeit $y = f(x)$, durch einen endlichen Datensatz zu simulieren. Hierzu bedient man sich gewisser Klassen P von einfach strukturierten Funktionen; z. B.:

$$
\begin{array}{ll}
\text{Polynome:} & p(x) = a_0 + a_1 x + \ldots + a_n x^n, \\
\text{rationale Funktionen:} & r(x) = \dfrac{a_0 + a_1 x + \ldots + a_n x^n}{b_0 + b_1 x + \ldots + b_m x^m}, \\
\text{trigonometrische Polynome:} & t(x) = \tfrac{1}{2} a_0 + \sum\limits_{k=1}^{n} \{a_k \cos(kx) + b_k \sin(kx)\}. \\
\text{Exponentialsummen:} & e(x) = \sum\limits_{k=1}^{n} a_k \exp(b_k x).
\end{array}
$$

Definition 2.1: *Geschieht die Zuordnung eines Elementes $g \in P$ zur Funktion f durch Fixieren von Funktionswerten*

$$g(x_i) = y_i := f(x_i), \qquad i = 0, \dots, n,$$

so spricht man von „Interpolation“. Ist $g \in P$ als in einem gewissen Sinne „beste“ Darstellung von f zu bestimmen, z. B.:

$$\max_{a \le x \le b} |f(x) - g(x)| \quad \text{minimal für} \quad g \in P,$$

oder

$$\Big(\int_a^b |f(x) - g(x)|^2 \, dx \Big)^{1/2} \quad \text{minimal für} \quad g \in P,$$

so spricht man allgemein von Äpproximation“. Die jeweilige Wahl der Konstruktion von $g \in P$ hängt von der zu erfüllenden Aufgabe ab. Offenbar ist die Interpolation eine spezielle Art der Approximation mit

$$\max_{i=0,\dots,n} |f(x_i) - g(x_i)| \quad \text{minimal für} \quad g \in P.$$

2.1 Polynominterpolation

Wir bezeichnen mit P_n den Vektorraum der Polynome vom Grad kleiner oder gleich n:

$$P_n := \{p(x) = a_0 + a_1 x + \ldots + a_n x^n \,|\, a_i \in \mathbb{R},\ i = 0, \ldots, n\}.$$

Definition 2.2: *Die sog. „Langrange[1]-Interpolationsaufgabe“ besteht darin, zu $n+1$ paarweise verschiedenen Stützstellen (auch „Knoten“ genannt) $x_0, \ldots, x_n \in \mathbb{R}$ und gegebenen Knotenwerten $y_0, \ldots, y_n \in \mathbb{R}$ ein Polynom $p \in P_n$ zu bestimmen mit der Eigenschaft*

$$p(x_i) = y_i, \quad i = 0, \ldots, n. \tag{2.1.1}$$

Satz 2.1 (Langrange-Interpolation): *Die Langrange-Interpolationsaufgabe ist eindeutig lösbar.*

Beweis: Wir zeigen zunächst die Eindeutigkeit. Sind $p_1, p_2 \in P_n$ zwei Lösungen, so gilt für $p := p_1 - p_2 \in P_n$: $p(x_i) = 0,\ i = 0, \ldots, n$, d. h.: p hat $n+1$ Nullstellen, und ist folglich identisch Null (folgt mit Hilfe des Satzes von Rolle[2]). Zur Existenz betrachten wir die Gleichungen $p(x_i) = y_i, i = 0, \ldots, n$. Dies kann man interpretieren als ein lineares Gleichungssystem mit $n+1$ Gleichungen für die $n+1$ unbekannten Koeffizienten $a_0, \ldots, a_n$ von $p \in P_n$. Wegen der Eindeutigkeit von p muss dieses System dann notwendig eine Lösung haben. Q.E.D.

Zur Konstruktion des Interpolationspolynoms $p \in P_n$ verwendet man etwa die sog. „Lagrange-Basispolynome“

$$L_i^{(n)}(x) := \prod_{j=0, j\neq i}^{n} \frac{x - x_j}{x_i - x_j} \in P_n, \qquad i = 0, \ldots, n.$$

Dass der Satz von Polynomen $\{L_i^{(n)}, i = 0, \ldots, n\}$ tatsächlich eine Basis von P_n ist, wird als Übungsaufgabe gestellt. Offenbar ist

$$L_i^{(n)}(x_k) = \left\{ \begin{array}{ll} 1, & \text{falls } i = k \\ 0, & \text{falls } i \neq k \end{array} \right\} =: \delta_{ik} \quad \text{(Kronecker-Symbol)}.$$

Definition 2.3: *Das Polynom*

$$p := \sum_{i=0}^{n} y_i L_i^{(n)} \in P_n \tag{2.1.2}$$

[1] Joseph Louis de Lagrange (1736–1813): Französischer Mathematiker; 1766-87 Direktor der mathem. Klasse der Berliner Akademie, dann Professor in Paris; bahnbrechende Arbeiten zur Variationsrechnung, zur komplexen Funktionentheorie sowie zur theor. Mechanik und Himmelsmechanik.

[2] Michel Rolle (1652–1719): Französischer Mathematiker und Autodidakt; wirkte in Paris und leistete Beiträge zur Analysis, Algebra und Geometrie; der nach ihm benannten Satz wurde 1691 publiziert.

hat dann die gewünschten Eigenschaften $p(x_j) = y_j$ *. Es wird die „Lagrange-Darstellung" des Interpolationspolynoms zu den Stützpunkten* $(x_0, y_0), \dots, (x_n, y_n)$ *genannt (abgekürzt „Lagrange-Interpolationspolynom").*

Die Lagrange-Darstellung des Interpolationspolynoms hat den Nachteil, dass sich die verwendeten Basisfunktionen von P_n bei Hinzunahme eines weiteren Stützpunkts (x_{n+1}, y_{n+1}) völlig ändern. Dies wird vermieden bei Verwendung der sog. „Newton[3]-Basispolynome"

$$N_0(x) := 1 ; \qquad i = 1, \dots, n : \quad N_i(x) := \prod_{j=0}^{i-1} (x - x_j).$$

Aus diesen lässt sich das Interpolationspolynom systematisch aufbauen. Für den Ansatz

$$p(x) = \sum_{i=0}^{n} a_i N_i(x)$$

findet man durch sukzessive Auswertung in $x_0, \dots, x_n$ das gestaffelte Gleichungssystem

$$\begin{aligned}
y_0 &= p(x_0) = a_0 \\
y_1 &= p(x_1) = a_0 + a_1(x_1 - x_0) \\
&\vdots \\
y_n &= p(x_n) = a_0 + a_1(x_n - x_0) + \dots + a_n(x_n - x_0) \dots (x_n - x_{n-1}),
\end{aligned}$$

woraus sich die Koeffizienten a_i rekursiv berechnen lassen. Die Hinzunahme eines weiteren Punktes (x_{n+1}, y_{n+1}) ist nun leicht durch Fortsetzung dieses Prozesses mit der Basisfunktion N_{n+1} zu bewerkstelligen. In der Praxis bestimmt man die a_i jedoch auf eine andere, numerisch stabilere Weise, die im Folgenden beschrieben wird.

Satz 2.2 (Newton-Darstellung): *Das Lagrange-Interpolationspolynom zu den Punkten* $(x_i, y_i), i = 0, \dots, n$, *lässt sich bzgl. der Newton-Polynombasis schreiben in der Form*

$$p(x) = \sum_{i=0}^{n} y[x_0, \dots, x_i] N_i(x). \tag{2.1.3}$$

Dabei bezeichnen $y[x_0, \dots, x_i]$ *die zu den Punkten* (x_i, y_i) *gehörenden sog. „dividierten Differenzen", welche rekursiv definiert sind durch*

$$\begin{aligned}
i = 0, \dots, n : &\qquad y[x_i] := y_i \\
k = 1, \dots, n - i : &\qquad y[x_i, \dots, x_{i+k}] := \frac{y[x_{i+1}, \dots, x_{i+k}] - y[x_i, \dots, x_{i+k-1}]}{x_{i+k} - x_i}.
\end{aligned}$$

[3]Isaac Newton (1643–1727): Englischer Physiker und Mathematiker; Professor an der Universität Cambridge; entwickelte u. a. die Grundlagen der klassischen Mechanik und der Differentialrechnung.

Beweis: Es bezeichne $p_{i,i+k} \in P_k$ das Polynom, das die Punkte $(x_i, y_i), \dots, (x_{i+k}, y_{i+k})$, interpoliert. Speziell ist also $p_{0,n} = p$ das gesuchte Interpolationspolynom. Wir zeigen

$$p_{i,i+k}(x) = y[x_i] + y[x_i, x_{i+1}](x - x_i) + \dots + y[x_i, \dots, x_{i+k}](x - x_i)\dots(x - x_{i+k-1}),$$

was offensichtlich die Aussage des Satzes als Spezialfall beinhaltet. Der Beweis wird durch Induktion bzgl. der Indexdifferenz $k = (i+k) - i$ geführt. Für $k = 0$ ist $p_{i,i} = y_i = y[x_i]$, $i = 0, \dots, n$. Sei die Behauptung richtig für $k - 1 \geq 0$. Konstruktionsgemäß gilt nun

$$p_{i,i+k}(x) = p_{i,i+k-1}(x) + a(x - x_i)\dots(x - x_{i+k-1}).$$

Zu zeigen ist also, dass $a = y[x_i, \dots, x_{i+k}]$. Offenbar ist a der Koeffizient von x^k in $p_{i,i+k}(x)$. Nach Induktionsannahme ist weiter

$$\begin{aligned} p_{i,i+k-1}(x) &= \dots + y[x_i, \dots x_{i+k-1}]x^{k-1}, \\ p_{i+1,i+k}(x) &= \dots + y[x_{i+1}, \dots, x_{i+k}]x^{k-1}, \end{aligned}$$

wobei „…“ für Polynomanteile vom Grad kleiner oder gleich $k - 2$ steht. Wie man leicht verifiziert, interpoliert das durch

$$\begin{aligned} q(x) &= \frac{(x - x_i)p_{i+1,i+k}(x) - (x - x_{i+k})p_{i,i+k-1}(x)}{x_{i+k} - x_i} \\ &= p_{i,i+k-1}(x) + (x - x_i)\frac{p_{i+1,i+k}(x) - p_{i,i+k-1}(x)}{x_{i+k} - x_i} \end{aligned}$$

gegebene Polynom $q \in P_k$ die $k + 1$ Stützpunkte (x_j, y_j), $j = i, \dots, i + k$. Wegen der Eindeutigkeit des Interpolationspolynoms ist dann notwendig $q \equiv p_{i,i+k}$. Der führende Koeffizient in $p_{i,i+k}(x)$ ist demnach

$$a = \frac{y[x_{i+1}, \dots, x_{i+k}] - y[x_i, \dots, x_{i+k-1}]}{x_{i+k} - x_i} = y[x_i, \dots, x_{i+k}],$$

was den Beweis vervollständigt. Q.E.D.

Korollar 2.1: *Die Aussage von Satz 2.2 impliziert eine wichtige Invarianzeigenschaft der dividierten Differenzen. Der führende Koeffizient* $y[x_0, \dots, x_n]$ *des Lagrange-Interpolationspolynoms ist gleichzeitig der Koeffizient des Monoms* x^n *in seiner Standarddarstellung. Da dieser unabhängig von der Reihenfolge in der Anordnung der Punkte* $x_0, \dots, x_n$ *ist, gilt dasselbe folglich auch für die dividierte Differenz, d. h.: Es gilt*

$$y[\tilde{x}_0, \dots, \tilde{x}_n] = y[x_0, \dots, x_n] \tag{2.1.4}$$

für jede beliebige Permutation $\tilde{x}_0, \dots, \tilde{x}_n$ *dieser Punkte.*

Die im Beweis von Satz 2.2 verwendete Beziehung zwischen den Polynomen $p_{i,i+k}$ kann direkt zur rekursiven Berechnung des Interpolationspolynoms $p = p_{0,n}$ verwendet werden.

Definition 2.4: *Das durch die Rekursion* $p_{i,i}(x) = y_i,\ i = 0,\dots,n$, *und*

$$p_{i,i+k}(x) = p_{i,i+k-1}(x) + (x - x_i)\frac{p_{i+1,i+k}(x) - p_{i,i+k-1}(x)}{x_{i+k} - x_i}, \tag{2.1.5}$$

für $k = 1,\dots,n,\ i = 0,\dots,n-k$, *erzeugte Polynom* $p_{0,n}$ *ist die sog. „Neville*[4]*-Darstellung“ des Interpolationspolynoms zu den Stützpunkten* $(x_0, y_0),\dots,(x_n, y_n)$.

Bei der praktischen Berechnung der Neville-Darstellung geht man nach folgendem Schema vor:

x_0	y_0	$p_{0,1}(x)$	$p_{0,2}(x)$	$p_{0,3}(x)$	$\dots$	$p_{0,n-1}(x)$	$p_{0,n}(x)$
x_1	y_1	$p_{1,2}(x)$	$p_{1,3}(x)$	$p_{1,4}(x)$	$\dots$	$p_{1,n}(x)$	
x_2	y_2	$p_{2,3}(x)$	$p_{2,4}(x)$	$p_{2,5}(x)$	$\dots$		
$\vdots$	$\vdots$	$\vdots$	$\vdots$	$\vdots$			
x_{n-1}	y_{n-1}	$p_{n-1,n}(x)$					
x_n	y_n						

Auch hier ist die Hinzunahme eines weiteren Stützpunktes (x_{n+1}, y_{n+1}) problemlos. Die Neville-Darstellung des Interpolationspolynoms bietet eine sehr effiziente und numerisch stabile Möglichkeit zur Berechnung einzelner Funktionswerte $p(\xi)\,(\xi \neq x_i)$ ohne vorherige Bestimmung der Koeffizienten in der Newton-Darstellung. Dazu setzt man im obigen Neville-Schema einfach $x = \xi$ und verwendet zur Berechnung von $p_{i,k} := p_{i,k}(\xi)$ (aus Stabilitätsgründen) die Rekursionsformeln $p_{i,i} = y_i,\ i = 0,\dots,n$, und

$$\begin{aligned} p_{i,i+k} &= p_{i,i+k-1} + (\xi - x_i)\frac{p_{i+1,i+k} - p_{i,i+k-1}}{x_{i+k} - x_i} \\ &= p_{i,i+k-1} + \frac{p_{i,i+k-1} - p_{i+1,i+k}}{(\xi - x_{i+k})/(\xi - x_i) - 1} \end{aligned} \tag{2.1.6}$$

für $k = 1,\dots,n,\ i = 0,\dots,n-k$.

2.1.1 Auswertung von Polynomen

Ist ein Polynom $p \in P_n$ in der Form $p(x) = a_0 + a_1x + \dots + a_nx^n$ gegeben, so werden einzelne Werte $p(\xi)$ mit Hilfe des „Horner-Schemas“ berechnet (siehe Kapitel 1):

$$b_n = a_n; \qquad k = n-1,\dots,0: \quad b_k \equiv a_k + \xi b_{k+1}; \qquad p(\xi) = b_0.$$

Zu $p_n := p \in P_n$ wird durch

$$p_{n-1}(x) := b_1 + b_2x + \dots + b_nx^{n-1}$$

[4]Eric Harold Neville (1889–1961): Englischer Mathematiker; Professor an der Universität in Reading, England (1919–1954); Beiträge zur numerischen Mathematik, u. a. zur praktischen Polynominterpolation.

ein Polynom $p_{n-1} \in P_{n-1}$ definiert. Wegen $a_k = b_k - \xi b_{k+1}$ gilt offenbar

$$p(x) = (x-\xi)p_{n-1}(x) + r_0, \qquad r_0 = p(\xi) = b_0,$$

d. h.: Das Horner-Schema leistet unter anderem die Abspaltung des Linearfaktors $x - \xi$ vom Polynom $p(x)$ (euklidischer Algorithmus). Weiter ist dann

$$\frac{p(x) - p(\xi)}{x - \xi} = p_{n-1}(x), \qquad x \neq \xi,$$

d. h.: Für $x \to \xi$ folgt die Beziehung $p'(\xi) = p_{n-1}(\xi)$. Zur Berechnung von $p'(\xi)$ wird das Horner-Schema auf das Polynom p_{n-1} angewendet. Dies liefert Koeffizienten c_k, $k = 2, \dots, n$, sowie ein Polynom $p_{n-2} \in P_{n-2}$ mit der Eigenschaft

$$p_{n-1}(x) = (x-\xi)p_{n-2}(x) + r_1, \qquad r_1 = p_{n-1}(\xi) = c_1.$$

Durch fortgesetzte Abspaltung des Linearfaktors $x - \xi$ erhält man so eine (endliche) Folge von Polynomen $p_n, p_{n-1}, p_{n-2}, \dots, p_0$ mit der Eigenschaft

$$p_{n-j}(x) = (x-\xi)p_{n-j-1}(x) + r_j, \quad j = 0, \dots, n-1; \qquad p_0 = r_n,$$

und damit die Darstellung

$$p_n(x) = r_0 + r_1(x-\xi) + \dots + r_n(x-\xi)^n. \tag{2.1.7}$$

Vergleicht man dies mit der Taylor-Entwicklung von p an der Stelle ξ, so findet man

$$r_j = \frac{1}{j!}p^{(j)}(\xi), \qquad j = 0, \dots, n. \tag{2.1.8}$$

Die Koeffizienten des Polynoms p_{n-j} seien mit $a_k^{(j)}$ bezeichnet:

$$p_{n-j}(x) = a_j^{(j)} + a_{j+1}^{(j)}x + \dots + a_n^{(j)}x^{n-j}, \qquad j = 0, \dots, n.$$

Sie werden berechnet durch die rekursive Vorschrift

$$\begin{aligned} j = 0, \dots, n: &\quad a_n^{(j+1)} = a_n^{(j)}, \\ k = n-1, \dots, j: &\quad a_k^{(j+1)} = a_k^{(j)} + \xi a_{k+1}^{(j+1)}, \end{aligned}$$

und es gilt $p^{(j)}(\xi) = j! a_j^{(j+1)}$, $j = 0, \dots, n$.

Die Koeffizienten $a_k^{(j)}$ bilden das sog. „vollständige Horner-Schema“ zur Auswertung des Polynoms p im Punkt ξ.

Das Horner-Schema kann leicht zur Auswertung eines Polynoms

$$p(x) = a_0 + a_1(x-x_0) + \dots + a_n(x-x_0)\dots(x-x_{n-1})$$

in allgemeiner Newton-Darstellung modifiziert werden:

$$b_n = a_n; \qquad k = n-1, \dots, 0: \quad b_k \equiv a_k + (\xi - x_k) b_{k+1}; \qquad p(\xi) = b_0.$$

Ist man an den Ableitung $p^{(j)}(\xi)$ eines in Newton-Form gegebenen Polynoms interessiert, so ist dies weitgehend äquivalent mit dem Problem, zu einer gegebenen Darstellung

$$p(x) = a_0 + a_1(x - x_0) + \dots + a_n(x - x_0) \dots (x - x_{n-1})$$

die Koeffizienten b_k, $k = 0, \dots, n$, in der Darstellung

$$p(x) = b_0 + b_1(x - y_0) + \dots + b_n(x - y_0) \dots (x - y_{n-1})$$

bzgl. anderer (paarweise verschiedener) Punkte y_k, $k = 0, \dots, n-1$, zu bestimmen. Dies wird durch das folgende „verallgemeinerte Horner-Schema" geleistet:

$$\begin{aligned} k &= 0, \dots, n: & & a_k^{(0)}; \\ j &= 0, \dots, n-1: & & a_n^{(j+1)} = a_n^{(j)}; \\ k &= n-1, \dots, j: & & a_k^{(j+1)} = a_k^{(j)} + (y_j - x_{k-j}) a_{k+1}^{(j+1)}, \quad b_j = a_j^{(j+1)}. \end{aligned}$$

2.1.2 Interpolation von Funktionen

Wir betrachten nun den Fall, dass die Knotenwerte y_i durch eine Funktion f auf einem die Stützpunkte x_i enthaltenden Intervall $[a, b]$ gegeben sind:

$$y_i = f(x_i), \quad x_i \in [a, b], \quad i = 0, \dots, n.$$

Zunächst stellt sich die Frage, wie gut das zugehörige Interpolationspolynom $p \in P_n$ die Funktion f auf $[a, b]$ approximiert. Im Folgenden bezeichne $\overline{(x_0, \dots, x_n)}$ das kleinste Intervall, das alle in den Klammern eingeschlossenen Punkte enthält. Ferner bezeichnet $C[a, b]$ den Vektorraum der über $[a, b]$ *stetigen* Funktionen und analog $C^k[a, b]$ den Vektorraum der über $[a, b]$ *k-mal stetig differenzierbaren* Funktionen.

Satz 2.3 (Interpolationsfehler 1): *Sei* $f \in C^{n+1}[a, b]$. *Dann gibt es zu jedem* $x \in [a, b]$ *ein* $\xi_x \in \overline{(x_0, \dots, x_n, x)}$, *so dass gilt:*

$$f(x) - p(x) = \frac{f^{(n+1)}(\xi_x)}{(n+1)!} \prod_{j=0}^{n} (x - x_j). \tag{2.1.9}$$

Beweis: Für $x \in \{x_0, \dots, x_n\}$ ist alles klar. Sei also $x \in [a, b] \setminus \{x_0, \dots, x_n\}$. Wir setzen

$$l(t) := \prod_{j=0}^{n} (t - x_j), \qquad c(x) := \frac{f(x) - p(x)}{l(x)}.$$

Die Funktion $F(t) = f(t) - p(t) - c(x)l(t)$ besitzt dann mindestens die $n+2$ Nullstellen $x_0, \dots, x_n, x$ in $[a, b]$. Durch wiederholte Anwendung des Satzes von Rolle erschließt man, dass dann die Ableitung $F^{(n+1)}$ eine Nullstelle $\xi_x \in \overline{(x_0, \dots, x_n, x)}$ hat. Mit

$$0 = F^{(n+1)}(\xi_x) = f^{(n+1)}(\xi_x) - p^{(n+1)}(\xi_x) - c(x)l^{(n+1)}(\xi_x) = f^{(n+1)}(\xi_x) - c(x)(n+1)!$$

folgt die Behauptung. Q.E.D.

Satz 2.4 (Interpolationsfehler 2): *Sei $f \in C^{n+1}[a, b]$. Dann gestattet der Fehler bei der Polynominterpolation für $x \in [a, b] \setminus \{x_0, \cdots, x_n\}$ die Darstellung*

$$f(x) - p(x) = f[x_0, \dots, x_n, x] \prod_{j=0}^{n} (x - x_j), \tag{2.1.10}$$

mit der Notation $f[x_i, \dots, x_{i+k}] := y[x_i, \dots, x_{i+k}]$, und es ist

$$f[x_0, \dots, x_n, x] = \int_0^1 \int_0^{t_1} \dots \int_0^{t_{n-1}} \int_0^{t_n} f^{(n+1)} \big(x_0 + t_1(x_1 - x_0) + \dots + t_n(x_n - x_{n-1}) + t(x - x_n)\big)\, dt dt_n \dots dt_2 dt_1.$$

Beweis: Der Beweis wird durch Induktion nach der Anzahl der Stützstellen (in der Reihung $x_0, x_1, x_2, \dots$) geführt. Für $n = 0$ gilt trivialerweise

$$f(x) - p_0(x) = f(x) - f(x_0) = \begin{cases} f[x_0, x](x - x_0), \\ (x - x_0) \int_0^1 f'(x_0 + t(x - x_0))\, dt. \end{cases}$$

Sei die Behauptung nun richtig für $n - 1 \geq 0$. Dann ist

$$\begin{aligned} f(x) - p_n(x) &= f(x) - \sum_{i=0}^{n} f[x_0, \dots, x_i] \prod_{j=0}^{i-1} (x - x_j) \\ &= f(x) - p_{n-1}(x) - f[x_0, \dots, x_n] \prod_{j=0}^{n-1} (x - x_j) \\ &= f[x_0, \dots, x_{n-1}, x] \prod_{j=0}^{n-1} (x - x_j) - f[x_0, \dots, x_n] \prod_{j=0}^{n-1} (x - x_j) \\ &= \frac{f[x_0, \dots, x_{n-1}, x] - f[x_0, \dots, x_n]}{x - x_n} \prod_{j=0}^{n} (x - x_j), \end{aligned}$$

und somit, wegen $f[x_0, \dots, x_{n-1}, x] = f[x, x_0, \dots, x_{n-1}]$, unter Ausnutzung der Definition der dividierten Differenzen:

$$f(x) - p_n(x) = f[x_0, \dots, x_n, x] \prod_{j=0}^{n} (x - x_j).$$

Ferner ist nach Induktionsvoraussetzung

$$\begin{aligned}
&f[x_0,\dots,x_{n-1},x] - f[x_0,\dots,x_n] \\
&= \int_0^1 \int_0^{t_1} \dots \int_0^{t_{n-1}} \big\{ f^{(n)}(x_0 + t_1(x_1 - x_0) + \dots + t_n(x - x_{n-1})) \\
&-f^{(n)}(x_0 + t_1(x_1 - x_0) + \dots + t_n(x_n - x_{n-1}))\big\}\, dt_n \dots dt_1 \\
&= \int_0^1 \int_0^{t_1} \dots \int_0^{t_n} \underbrace{\frac{d}{dt} f^{(n)}(x_0 + \dots + t_n(x_n - x_{n-1}) + t(x - x_n))}_{f^{(n+1)}(\dots)(x-x_n)}\, dt dt_n \dots dt_1
\end{aligned}$$

und folglich, nach Definition der dividierten Differenzen,

$$f[x_0,\dots,x_n,x] = \int_0^1 \int_0^{t_1} \dots \int_0^{t_{n-1}} \int_0^{t_n} f^{(n+1)}(\dots)\, dt dt_n \dots dt_1 .$$

Dies vervollständigt den Beweis. Q.E.D.

Die obige Integraldarstellung der dividierten Differenzen $f[x_0,\dots,x_n]$ gestattet ihre stetige Fortsetzung für den Fall, daß einige der Stützstellen zusammenfallen:

$$f[x_0,\dots,x_r,x_r,\dots,x_n] := \lim_{\varepsilon\to 0} f[x_0,\dots,x_r,x_r+\varepsilon,\dots,x_n].$$

Im Extremfall $x_0 = \dots = x_n$ wird

$$f[x_0,\dots,x_n] = \int_0^1 \int_0^{t_1} \dots \int_0^{t_{n-1}} f^{(n)}(x_0)\, dt_n \dots dt_2 dt_1 = \frac{1}{n!} f^{(n)}(x_0) ,$$

und das Newton-Interpolationspolynom geht über in das Taylor-Polynom n-ten Grades von f in x_0:

$$p_n(x) = \sum_{i=0}^n f[x_0,\dots,x_i] \prod_{j=0}^{i-1} (x - x_j) = \sum_{i=0}^n \frac{1}{i!} f^{(i)}(x_0)(x - x_0)^i .$$

Ferner sehen wir, dass sich die dividierten Differenzen einer hinreichend oft differenzierbaren Funktion durch Zwischenwerte der entsprechenden Ableitungen ausdrücken lassen:

$$f[x_0,\dots,x_n,x] = \frac{1}{(n+1)!} f^{(n+1)}(\xi_x), \tag{2.1.11}$$

mit einer Zwischenstelle $\xi_x \in \overline{(x_0,\dots,x_n,x)}$.

Wir wollen nun allgemein den Fehler bei der Lagrange-Interpolation diskutieren:

$$f(x) - p(x) = \frac{f^{(n+1)}(\xi_x)}{(n+1)!} \prod_{j=0}^n (x - x_j). \tag{2.1.12}$$

Für großes n wird $1/n!$ sehr klein, und das Produkt wird klein, wenn die Stützstellen immer dichter zusammenrücken. Sind die Ableitungen von f beschränkt auf $[a,b]$, so gilt also sicher

$$\max_{a\le x\le b} |f(x)-p(x)| \to 0 \quad (n\to\infty)\,.$$

Meist haben die Ableitungen der zu interpolierenden Funktionen jedoch ein zu starkes Wachstum für $n\to\infty$, z. B.:

$$f(x)=(1+x^2)^{-1}, \qquad |f^{(n)}(x)| \approx 2^n n!\, O(|x|^{-2-n})\,,$$

so dass gleichmäßige Konvergenz des Approximationsprozesses nicht mehr zu erwarten ist.

Beispiel 2.1: Für die Funktion $f(x)=|x|$, $x\in[-1,1]$, ergibt die Lagrange-Interpolation in den Stützstellen $x_i=-1+ih$, $i=0,\dots,2m$, mit $h=1/m$ und $x\notin\{x_i, i=0,\dots,2m\}$ das Verhalten

$$p_m(x) \not\to f(x) \quad (m\to\infty).$$

Dieser Effekt ist nicht auf nicht differenzierbare Funktionen beschränkt, wie das obige Beispiel $f(x)=(1+x^2)^{-1}$, $x\in[-5,5]$ zeigt (s. Übungsaufgabe).

Bemerkung 2.1: Der Approximationssatz von Weierstrass[5] besagt, dass jede Funktion $f\in C[a,b]$ beliebig gut gleichmäßig auf $[a,b]$ durch Polynome approximiert werden kann. Die Vermutung, dass dies mit Lagrange-Interpolationspolynomen geschehen kann, ist jedoch i. Allg. falsch.

Ein weiterer Defekt der Lagrange-Interpolation besteht in ihrer großen Fehlerempfindlichkeit. Fehlerhafte Daten $y_i+\Delta y_i$ wirken sich auf die Gestalt des Polynoms nicht nur lokal bei der Stützstelle x_i aus, sondern verändern den Verlauf auch relativ dramatisch über dem ganzen Intervall.

Beispiel 2.2: $x_i=-1+ih\,,\ i=0,\dots,2m\,,\ h=1/m\,;\ y_i=0$ für $i\neq m\,,\ y_m=\varepsilon\,;$

$$p(x)=\varepsilon\prod_{\substack{j=0\\ j\neq m}}^{2m}\frac{x-x_j}{x_j} \qquad \text{(Lagrange-Polynom zum Aufpunkt } x_m=0)$$

Dies liegt daran, dass auch für „gutartige“ Funktionen der Term $|\prod_{j=0}^{n}(x-x_j)|$ für $x\notin \overline{(x_0,\dots,x_n)}$ sehr schnell anwächst. Die Verwendung der Polynominterpolation zur weitreichenden „Extrapolation“ ist also nur bedingt zu empfehlen. Hierfür erweist sich die Interpolation mit *rationalen* Funktionen als wesentlich geeigneter.

[5]Karl Theodor Weierstrass (1815–1897): Deutscher Mathematiker; ab 1856 Profssor in Berlin; begründete die moderne, strenge Analysis.

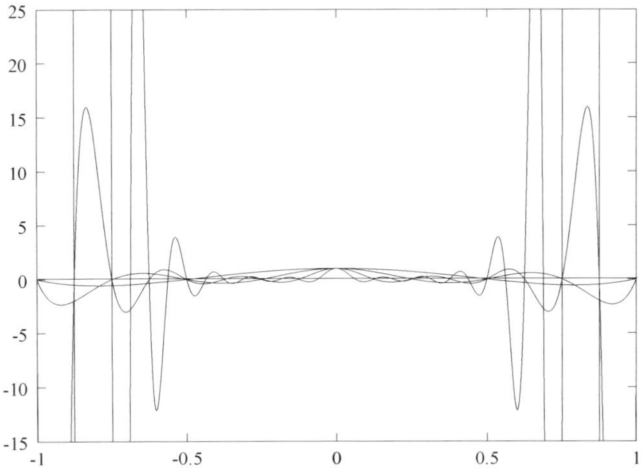

Abbildung 2.1: *Störungsverlauf bei wachsendem Polynomgrad*

2.1.3 Hermite-Interpolation

Die Aufgabenstellung der Lagrange-Interpolation lässt sich verallgemeinern zur sog. „Hermite[6]-Interpolation“:.

Definition 2.5: *Die Hermite-Interpolationsaufgabe lautet wie folgt:*

Gegeben: $x_i, \quad i = 0, \dots, m \quad$ *(paarweise verschieden)*

$\qquad y_i^{(k)}, \quad i = 0, \dots, m \quad k = 0, \dots, \mu_i \quad (\mu_i \geq 0)\,.$

Gesucht: $p \in P_n, \quad n = m + \sum_{i=0}^{m} \mu_i : \quad p^{(k)}(x_i) = y_i^{(k)}\,.$

Die Punkte x_i *werden als* $(\mu_i + 1)$ *-fache Stützstellen bezeichnet.*

Analog zu Satz 2.1 beweist man:

Satz 2.5 (Hermite-Interpolation): *Die Hermite-Interpolationsaufgabe besitzt eine eindeutige Lösung.*

Sind die Knotenwerte $y_i^{(k)} = f^{(k)}(x_i)$ durch eine Funktion f gegeben, so gilt:

---

[6]Charles Hermite (1822–1901): Französischer Mathematiker; Professor an der École Polytechnique und der Sorbonne in Paris; Beiträge zur Zahlentheorie und zur Theorie elliptischer Funktionen.

Satz 2.6 (Interpolationsfehler): *Ist* $f \in C^{n+1}[a,b]$, *so gibt es zu jedem* $x \in [a,b]$ *ein* $\xi_x \in (x_0,\dots,x_m,x)$, *so dass für die Lösung* $p \in P_n$ *der Hermite-Interpolationsaufgabe gilt:*

$$\begin{aligned} f(x) - p(x) &= f[x_0,\dots,x_0,\dots,x_m,\dots,x_m,x] \prod_{i=0}^{m} (x-x_i)^{\mu_i+1} \\ &= \frac{1}{(n+1)!} f^{(n+1)}(\xi_x) \prod_{i=0}^{m} (x-x_i)^{\mu_i+1}. \end{aligned} \tag{2.1.13}$$

Beweis: Analog zu Satz 2.3 bzw. Satz 2.4. Q.E.D.

Aus Stetigkeitsgründen besitzt das Hermite-Interpolationspolynom einer Funktion $f \in C^{n+1}[a,b]$ die Darstellung

$$\begin{aligned} p(x) = \sum_{i=0}^{m} \sum_{r=1}^{\mu_i+1} f[\underbrace{x_0,\dots,x_0}_{(\mu_0+1)\text{-mal}},\dots,\underbrace{x_{i-1},\dots,x_{i-1}}_{(\mu_{i-1}+1)\text{-mal}},\underbrace{x_i,\dots,x_i}_{r\text{-mal}}] \times \\ \times \prod_{j=0}^{i-1} (x-x_j)^{\mu_j+1} (x-x_i)^{r-1}. \end{aligned}$$

Die dividierten Differenzen $f[\dots]$ sind durch ein zur Lagrange-Interpolation analoges Rekursionsschema bestimmt, wobei immer dann, wenn Differenzen wegen des Zusammenfallens von Stützpunkten nicht nach der Definitionsformel gebildet werden können, sinngemäß die Stützwerte *höherer Ordnung* einzusetzen sind; z. B.:

$$\begin{aligned} y[x_i,x_i] &= y_i^{(1)}, & y[x_i,x_i,x_{i+1}] &= \frac{y[x_i,x_{i+1}] - y_i^{(1)}}{x_{i+1}-x_i}, \\ y[x_i,x_i,x_i] &= \frac{1}{2} y_i^{(2)}, & y[x_i,x_i,x_i,x_{i+1}] &= \frac{y[x_i,x_i,x_{i+1}] - \frac{1}{2} y_i^{(2)}}{x_{i+1}-x_i}. \end{aligned}$$

Eine weitere Verallgemeinerung der Lagrange- und Hermite-Interpolation ist die sog. „Hermite/Birkhoff[7]-Interpolation“, bei der Funktions- bzw. Ableitungswerte in verschiedenen Punkten beliebig gemischt vorgegeben werden, z. B.:

$$p \in P_3: \qquad p(0) = 1, \quad p'(1) = 2, \quad p(2) = 0, \quad p'(3) = 3.$$

Die Frage nach der Lösbarkeit der allgemeinen Hermite/Birkhoff- Interpolationsaufgabe ist noch nicht vollständig geklärt. Es können im Gegensatz zur Lagrange- und Hermite-Aufgabe alle Fälle von „eindeutig lösbar“ über „unendlich mehrdeutig lösbar“ bis „unlösbar“ auftreten (Übungsaufgabe).

[7]George David Birkhoff (1884–1944): US-Amerikanischer Mathematiker; Professor an der Harvard University, Boston, USA; Beiträge zu sehr verschiedenen Gebieten der Mathematik: dynamische Systeme (Ergoden-Satz), Differentialgleichungen, Gravitationstheorie und Mathematik der Ästhetik.

2.2 Extrapolation zum Limes

Eine wichtige Anwendung der Polynominterpolation ist die sog. „Richardson[8]-Extrapolation (zum Limes)“. Ein numerischer Prozess liefere für jeden Wert eines positiven Parameters $h \in \mathbb{R}_+$ $(h \to 0)$ einen Wert $a(h)$. Gesucht ist die nicht direkt berechenbare Größe

$$a(0) = \lim_{h \to 0} a(h). \tag{2.2.14}$$

Zur Annäherung von $a(0)$ berechnet man $a(h_i)$ für gewisse Werte h_i, $i = 0, \dots, n$, und nimmt den Wert $p_n(0)$ des zugehörigen Interpolationspolynoms zu $(h_i, a(h_i))$ als Schätzung für $a(0)$.

Beispiel 2.3: Wir betrachten die numerische Realisierung der Regel von l'Hopital[9]. Zur Berechnung von

$$a(0) := \lim_{x \to +0} \frac{\cos(x) - 1}{\sin(x)} \quad (= 0)$$

setzen wir

$$a(x) := \frac{(\cos(x) - 1)}{\sin(x)}$$

und interpolieren $a(x)$ an einigen Stützstellen h_i nahe bei 0:

$$\begin{aligned} h_0 &= \tfrac{1}{8}, & a(h_0) &= -6.258151 \cdot 10^{-2}, \\ h_1 &= \tfrac{1}{16}, & a(h_1) &= -3.126018 \cdot 10^{-2}, \\ h_2 &= \tfrac{1}{32}, & a(h_2) &= -1.562627 \cdot 10^{-2}. \end{aligned}$$

Das interpolierende Polynom ist in Lagrange-Darstellung:

$$p_2(x) = a(h_0)\,\frac{(x - \frac{1}{16})(x - \frac{1}{32})}{(\frac{1}{8} - \frac{1}{16})(\frac{1}{8} - \frac{1}{32})} + a(h_1)\,\frac{(x - \frac{1}{8})(x - \frac{1}{32})}{(\frac{1}{16} - \frac{1}{8})(\frac{1}{16} - \frac{1}{32})} + a(h_2)\,\frac{(x - \frac{1}{8})(x - \frac{1}{16})}{(\frac{1}{32} - \frac{1}{8})(\frac{1}{32} - \frac{1}{16})},$$

und wir erhalten

$$a(0) \sim p_2(0) = -1.02 \cdot 10^{-5}.$$

Numerisch günstiger wäre die Berechnung von $p_2(0)$ mit Hilfe des Neville-Algorithmus nach dem Schema

$$p_{i,i+k}(0) = p_{i,i+k-1}(0) + \frac{p_{i,i+k-1}(0) - p_{i+1,i+k}(0)}{x_{i+k}/x_i - 1}, \qquad k = 1, 2.$$

[8]Lewis Fry Richardson (1881–1953): Englischer Mathematiker und Physiker; wirkte an verschiedenen Institutionen in England und Schottland; typischer „angewandter Mathematiker“; leistete Pionierbeiträge zur Modellierung und Numerik in der Wettervorhersage.

[9]Guilliome F. A. Marquis de l'Hopital (1661–1704): Französischer Mathematiker; Schüler von Johann Bernoulli; veröffentlichte 1696 das erste Lehrbuch der Differentialrechnung, welches auch die nach ihm benannte Regel enthält.

i	x_i	$p_{i,i}(0) = a(h_i)$	$p_{i,i+1}(0)$	$p_{i,i+2}(0)$
0	$x_0 = \frac{1}{8}$	$-6.258151 \cdot 10^{-2}$	$6.115 \cdot 10^{-5}$	$\boxed{-1.02 \cdot 10^{-5}}$
1	$x_1 = \frac{1}{16}$	$-3.126018 \cdot 10^{-2}$	$7.64 \cdot 10^{-6}$	
2	$x_2 = \frac{1}{32}$	$-1.562627 \cdot 10^{-2}$		

Beispiel 2.4: Wir betrachten die numerische Differentiation. Für C^1-Funktionen f ist

$$\lim_{h\to 0} \frac{f(x+h) - f(x)}{h} = f'(x),$$

und für $f \in C^2$ folgt durch Taylor-Entwicklung

$$\frac{f(x+h) - f(x)}{h} = f'(x) + \frac{h}{2} f''(\zeta_x)\,, \quad \zeta_x \in \overline{(x, x+h)}.$$

Im Falle $f \in C^3$ erhält man eine bessere Näherung zu $f'(x)$ durch den zentralen Differenzenquotienten

$$\frac{f(x+h) - f(x-h)}{2h} = f'(x) + \frac{h^2}{6} f'''(\zeta_x)\,, \quad \zeta_x \in \overline{(x+h, x-h)}.$$

Ist f analytisch, so gilt sogar

$$a(h) := \frac{f(x+h) - f(x-h)}{2h} = f'(x) + \sum_{i=1}^{\infty} \frac{f^{(2i+1)}(x)}{(2i)!} h^{2i},$$

d. h.: $a(h)$ ist eine „gerade“ Funktion in h. Zur Extrapolation von $a(h)$ verwendet man daher zweckmäßigerweise auch gerade Polynome, d. h. Polynome in h^2. Als Beispiel betrachten wir $f(x) = \sin(x)$ mit $f'(0) = \cos(0) = 1$ und

$$a(h) \equiv \frac{\sin(h) - \sin(-h)}{2h} = \frac{\sin(h)}{h}.$$

Auswertung von $a(h)$ in

$$h_0 = \tfrac{1}{8}\,, \quad h_1 = \tfrac{1}{16}\,, \quad h_2 = \tfrac{1}{32} \quad (\text{"heimliche" Knoten: } -\tfrac{1}{8}\,, -\tfrac{1}{16}\,, -\tfrac{1}{32})$$
$$a(h_0) = 0.\underline{99}73979\,, \quad a(h_1) = 0.\underline{999}3491\,, \quad a(h_2) = 0.\underline{999}8372\,,$$

ergibt dann

$$p_2(h) = a(h_0) \frac{(h^2 - \frac{1}{16^2})(h^2 - \frac{1}{32^2})}{(\frac{1}{8^2} - \frac{1}{16^2})(\frac{1}{8^2} - \frac{1}{32^2})} + \ldots\,, \quad p_2(0) = 0.\underline{9999999}26\,.$$

Der folgende Satz liefert die theoretische Grundlage der Richardson-Extrapolation.

Satz 2.7 (Extrapolationsfehler): *Für die Funktion* $a(h)$, $h \in \mathbb{R}_+$, *sei bekannt, dass eine asymptotische Entwicklung der Form*

$$a(h) = a_0 + \sum_{j=1}^{n} a_j h^{jq} + a_{n+1}(h) h^{(n+1)q} \tag{2.2.15}$$

gilt, mit einem $q > 0$, *und gewissen Koeffizienten* a_j *und* $a_{n+1}(h) = a_{n+1} + o(1)$ *für* $h \to 0$. *Sei* $(h_k)_{k=0,1,2,\dots}$ *eine monoton fallende Folge positiver Zahlen mit der Eigenschaft*

$$0 < \frac{h_{k+1}}{h_k} \le \rho < 1\,. \tag{2.2.16}$$

Für das Interpolationspolynom $p_n^{(k)} \in P_n$ *(in* h^q*) durch* $(h_k^q, a(h_k)), \dots, (h_{k+n}^q, a(h_{k+n}))$ *gilt dann:*

$$a(0) - p_n^{(k)}(0) = O(h_k^{(n+1)q}) \quad (k \to \infty). \tag{2.2.17}$$

Beweis: Wir setzen zur Abkürzung $z = h^q$ und $z_k = h_k^q$. Das Interpolationspolynom zu den Stützpunkten $(z_{k+i}; a(h_{k+i}))$, $i = 0, \dots, n$, ist in Lagrange-Darstellung:

$$p_n(z) = \sum_{i=0}^{n} a(h_{k+i}) L_{k+i}^{(n)}(z)\,, \qquad L_{k+i}^{(n)}(z) = \prod_{\substack{l=0\\ l\neq i}}^{n} \frac{z - z_{k+l}}{z_{k+i} - z_{k+l}}\,.$$

Aus der Fehlerdarstellung

$$f(x) - p_n(x) = \frac{1}{(n+1)!} f^{(n+1)}(\zeta_x) \prod_{i=0}^{n} (x - x_{k+i})\,, \qquad \zeta_x \in [0, h_0]\,,$$

für $f \equiv 1$ sowie $f(x) = x^r$ liest man ab, dass (Übungsaufgabe)

$$\sum_{i=0}^{n} z_{k+i}^r L_{k+i}^{(n)}(0) = \begin{cases} 1 & , \text{ für } r = 0\,, \\ 0 & , \text{ für } r = 1, \dots, n\,, \\ (-1)^n \prod_{i=0}^{n} z_{k+i} & , \text{ für } r = n+1\,. \end{cases}$$

Damit erschließen wir:

$$\begin{aligned} p_n(0) &= \sum_{i=0}^{n} \Big\{ a_0 + \sum_{j=1}^{n} a_j z_{k+i}^j + a_{n+1}(h_{k+i}) z_{k+i}^{n+1} \Big\} L_{k+i}^{(n)}(0) \\ &= a_0 \sum_{i=0}^{n} L_{k+i}^{(n)}(0) + \sum_{j=1}^{n} a_j \Big\{ \sum_{i=0}^{n} z_{k+i}^j L_{k+i}^{(n)}(0) \Big\} + \\ &\qquad a_{n+1} \sum_{i=0}^{n} z_{k+i}^{n+1} L_{k+i}^{(n)}(0) + \sum_{i=0}^{n} o(1) z_{k+i}^{n+1} L_{k+i}^{(n)}(0), \end{aligned}$$

und somit

$$p_n(0) = a_0 + a_{n+1}(-1)^n \prod_{i=0}^{n} h_{k+i}^q + o(h_k^{(n+1)q}).$$

Hier wurde (2.2.16) benutzt, um die von h_k unabhängige Abschätzung

$$\left|L_{k+i}^{(n)}(0)\right| = \prod_{l=0,l\neq i}^{n} \left|\frac{z_{k+l}}{z_{k+i} - z_{k+l}}\right| = \prod_{l=0,l\neq i}^{n} \left|\frac{1}{z_{k+i}/z_{k+l} - 1}\right| \leq \gamma(n,\rho) \qquad (2.2.18)$$

zu garantieren. Wegen

$$\prod_{i=0}^{n} h_{k+i}^q = O(h_k^{(n+1)q})$$

ergibt sich (2.2.17) gleichmäßig für alle k. Q.E.D.

Üblicherweise wird ein Extrapolationsprozess anhand des folgenden „Extrapolationstableaus“ zur Berechnung der Werte $p_{i,i+k} = p_{i,i+k}(0)$ durchgeführt. Es sei daran erinnert, dass $p_{i,i+k}(h)$ das Polynom (in h^q) ist, welches die Punkte $(h_i^q, a(h_i)), \ldots, (h_{i+k}^q, a(h_{i+k}))$ interpoliert. Die Funktionswerte $p_{i,i+k}$ erhält man nach dem Neville-Algorithmus:

$$p_{i,i+k} = p_{i,i+k-1} + \frac{p_{i,i+k-1} - p_{i+1,i+k}}{x_{i+k}/x_i - 1}.$$

Der Konvention folgend setzen wir $a_{ik} \equiv p_{i-k,i}$:

	$a_{i0} = a(h_i)$					
h_0	a_{00}			Extrapolationstableau		
h_1	a_{10}	$\rightarrow$ a_{11}				
h_2	a_{20}	$\rightarrow$ a_{21}	$\rightarrow$ a_{22}			
$\vdots$	$\vdots$	$\vdots$	$\vdots$	$\ddots$		
h_i	a_{i0}	a_{i1}	a_{i2}	$\cdots$	a_{ii}	

Die Tableaueinträge werden sukzessive nach der folgenden Rekursionsformel berechnet:

$$\begin{aligned} i = 0,1,2,\ldots: &\quad a_{i,0} = a(h_i), \\ i = 1,2,3,\ldots,\ k = 1,2,3,\ldots,i: &\quad a_{ik} = a_{i,k-1} + \frac{a_{i,k-1} - a_{i-1,k-1}}{(h_{i-k}/h_i)^q - 1}. \end{aligned} \qquad (2.2.19)$$

Nach Satz 2.7 gilt dann für festes k:

$$a(0) - a_{ik} = O(h_{i-k}^{(k+1)q}) \quad (i \to \infty), \qquad (2.2.20)$$

vorausgesetzt die Schrittweitenfolge genügt der Bedingung (2.2.16). Gebräuchliche Folgen sind gegeben durch $h_i \equiv h_0/n_i$ mit

i) $n_i = 2^i$, *ii)* $n_i = 2, 4, 6, 8, 12, 16, \ldots$, *iii)* $n_i = 1, 2, 3, \ldots$ (unzulässig).

2.2.1 Fehlerkontrolle

Zur praktischen Durchführung der Extrapolation (zum Limes $h=0$) gehört ein Kriterium, wann der Extrapolationsprozess abzubrechen ist. Sei eine zu erzielende Fehlertoleranz TOL vorgegeben. Der Fehlerdarstellung (siehe den Beweis von Satz 2.7)

$$a_{ik} = a(0) + a_{k+1}(-1)^k \prod_{j=0}^{k} h_{i-k+j}^q + o(h_{i-k}^{(k+1)q})$$

entnehmen wir, dass für festes k und genügend großes i der Fehler $a_{ik} - a(0)$ monoton gegen Null konvergiert (falls $a_{k+1} \neq 0$). Mit den neu definierten Größen

$$b_{ik} \equiv 2a_{i+1,k} - a_{ik}$$

gilt dann im Falle $q \geq 1$:

$$\begin{aligned} b_{ik} - a(0) &= 2\{a_{i+1,k} - a(0)\} - \{a_{ik} - a(0)\} \\ &= 2a_{k+1}(-1)^k \prod_{j=0}^{k} h_{i+1-k+j}^q + o(h_{i+1-k}^{(k+1)q}) - a_{k+1}(-1)^k \prod_{j=0}^{k} h_{i-k+j}^q + o(h_{i-k}^{(k+1)q}) \\ &= \prod_{j=0}^{k} h_{i-k+j}^q \{-a_{k+1}(-1)^k + 2\,(\frac{h_{i+1}}{h_{i-k}})^q\, a_{k+1}(-1)^k\} + o(h_{i-k}^{(k+1)q}). \end{aligned}$$

Wegen $h_{i+1}^q / h_{i-k}^q \ll 1$ gilt also in erster Näherung

$$b_{ik} - a(0) \doteq -(-1)^k\, a_{k+1} \prod_{j=0}^{k} h_{i-k+j}^q,$$

und folglich

$$a_{ik} - a(0) \doteq -\,(b_{ik} - a(0)), \qquad (2.2.21)$$

für festes k und genügend großes i. Wegen der monotonen Konvergenz $a_{ik} - a(0) \to 0$ $(i \to \infty)$ gilt also asymptotisch entweder $a_{ik} \leq a(0) \leq b_{ik}$ oder $a_{ik} \geq a(0) \geq b_{ik}$, und beide Seiten konvergieren monoton gegen $a(0)$ für $i \to \infty$. Dieses Verhalten der Folgen $(a_{ik})_{i\in\mathbb{N}}$ und $(b_{ik})_{i\in\mathbb{N}}$ (für festes k) kann zur Konstruktion eines Abbruchkriteriums herangezogen werden:

$$|a_{ik} - b_{ik}| < \mathrm{TOL} \quad \Rightarrow \quad \mathrm{STOP}\,. \qquad (2.2.22)$$

Bemerkung 2.2: Für die Praxis lohnt es sich, den Extrapolationsprozess vollständig durchzuführen, d. h. die Diagonalelemente a_{ii} des Tableaus zu berechnen. In der Tat kann man zeigen, dass die „Diagonalfolge" $(a_{ii})_{i\in\mathbb{N}}$ schneller gegen $a(0)$ konvergiert als jede der Spaltenfolgen $(a_{ik})_{i\in\mathbb{N}}$, $k \geq 0$; es gilt $a_{ii} - a(0) = o(h_{i-k}^{(k+1)q})$.

2.3 Spline-Interpolation

Die Lagrange-Interpolationspolynome eignen sich nicht besonders gut zur Approximation von (nicht glatten) Funktionen, da sie bei Vermehrung der Stützstellenzahl dazu neigen, zwischen den Stützstellen immer größere Werte anzunehmen. Dies ist eine Folge ihrer „Steifheit" bedingt durch die Forderung von C^∞-Übergängen in den Knoten. Zur Reduzierung dieser Steifheit setzt man die interpolierende Funktion φ nur als „stückweise polynomial" bzgl. der Zerlegung $a = x_0 < x_1 < \ldots < x_n = b$ an. In den Knoten x_i werden dann geeignete Differenzierbarkeitseigenschaften (z. B. $\varphi \in C^2[a,b]$) gefordert.

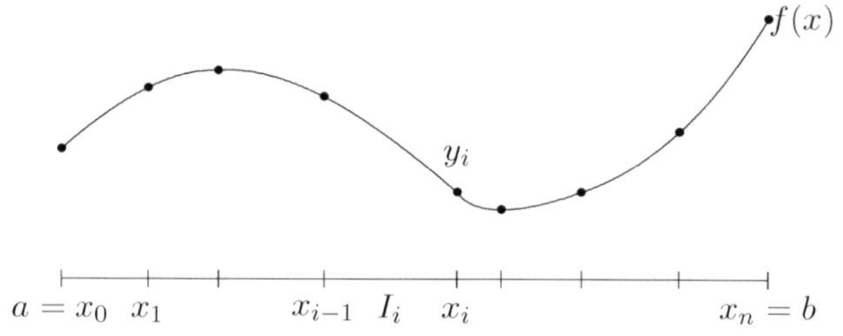

Abbildung 2.2: *Spline-Approximation*

Die Länge des Teilintervalls $I_i = [x_{i-1}, x_i]$ ist $h_i = x_i - x_{i-1}$, und die Feinheit der ganzen Intervallunterteilung wird durch die Größe $h := \max_{i=1,\ldots,n} h_i$ beschrieben. Auf einer solchen Intervallzerlegung werden Vektorräume von stückweise polynomialen Funktionen betrachtet

$$S_h^{(k,r)}[a,b] = \{p \in C^r[a,b],\ p_{|I_i} \in P_k(I_i)\}$$

für $k, r \in \{0, 1, 2, \ldots\}$. Zu einem Satz von Stützwerten in Punkten aus dem Intervall $[a,b]$, die etwa wieder von einer zu interpolierenden Funktion f genommen werden, wird dann eine „Interpolierende" $p \in S_h^{(k,r)}[a,b]$ mit Hilfe von geeigneten Interpolationsbedingungen bestimmt. Wir betrachten im Folgenden einige einfache Beispiele.

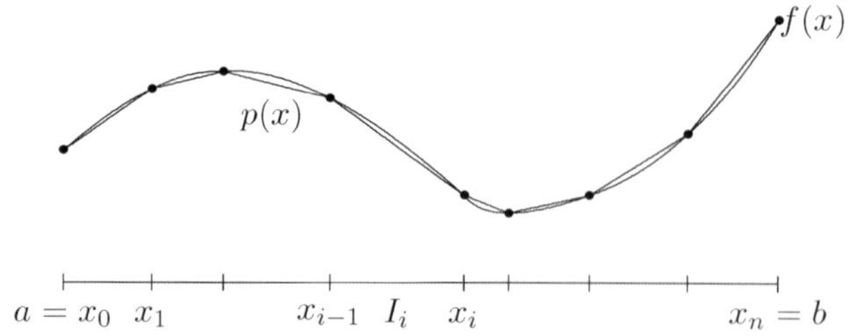

Abbildung 2.3: *Stückweise lineare Interpolation*

Beispiel 2.5: Die stückweise lineare Lagrange-Interpolation (Fall $k=1, r=0$) approximiert eine gegebene Funktion f auf $[a,b]$ durch einen Polygonzug in den Stützstellen x_i, $i=0,\dots,n$:

$$p \in S_h^{(1,0)}[a,b] = \{p \in C[a,b],\, p_{|I_i} \text{ linear}\}, \quad p(x_i) = f(x_i), \quad i = 0,\dots,n.$$

Anwendung der Fehlerabschätzung für die Lagrange-Interpolation separat auf jedem der Teilintervalle I_i ergibt die globale Fehlerabschätzung

$$\max_{x\in[a,b]} |f(x) - p(x)| \le \tfrac{1}{2}h^2 \max_{x\in[a,b]} |f''(x)|.$$

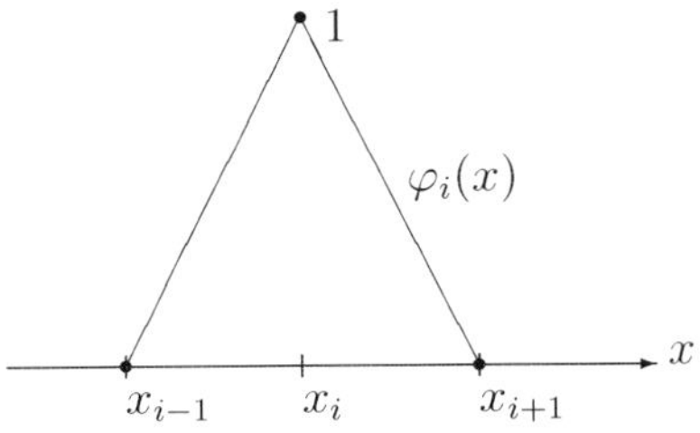

Abbildung 2.4: *„Lineare“ Knotenbasisfunktion*

Für die Konstruktion der Interpolierenden verwendet man die sog. „Knotenbasis“ von $S_h^{(1,0)}[a,b]$ bestehend aus den „Dachfunktionen“ $\varphi_i \in S_h^{(1,0)}[a,b]$, $i=0,\dots,n$, die durch die Bedingung

$$\varphi_i(x_j) = \delta_{ij}$$

eindeutig bestimmt sind. Dass dies tatsächlich eine Basis ergibt, ist durch elementare Argumente einzusehen und sei als Übungsaufgabe gestellt. Die Interpolierende p von f lässt sich dann in der Form

$$p(x) = \sum_{i=0}^{n} f(x_i)\varphi_i(x).$$

darstellen. Diese Konstruktion ist analog zur Lagrange-Darstellung des Lagrange-Interpolationspolynoms. Da die Dachfunktionen φ_i nur in den direkt an den jeweiligen Aufpunkt x_i angrenzenden Teilintervallen von Null verschieden sind, nennt man diese Basis „lokal“. Höhere globale Glattheit als Stetigkeit ist sinnvoll mit stückweise linearen Interpolierenden offensichtlich nicht erzielbar. Dazu benötigt man Polynomansätze höherern Grades.

Beispiel 2.6: Wir betrachten noch die stückweise Interpolation mit kubischen Polynomen ($k=3$, $r=0$ oder $r=1$): $S_h^{(3,0)}[a,b]$ und $S_h^{(3,1)}[a,b]$. Zur Erzielung globaler Stetigkeit

$(r=0)$ verwendet man als Interpolationsbedingungen

$$p(x_i) = f(x_i)\,, \quad p(x_{ij}) = f(x_{ij}),$$

mit jeweils zwei zusätzlichen Interpolationspunkten $x_{ij} \in I_i\,,\ i=1,\dots,n,\ j=1,2$. Durch stückweise kubische Lagrange-Interpolation ist dadurch eindeutig eine global stetige Interpolierende $p \in S_h^{(3,0)}[a,b]$ festgelegt. Analog erhält man durch stückweise kubische Hermite-Interpolation aus den Interpolationsbedingungen

$$p(x_i) = f(x_i), \quad p'(x_i) = f'(x_i), \quad i = 0,\dots,n,$$

eine global stetig differenzierbare Interpolierende $p \in S_h^{(3,1)}[a,b]$. In beiden Fällen folgt aus den jeweiligen Fehlerabschätzungen die globale Fehlerabschätzung

$$\max_{x\in[a,b]} |f(x) - p(x)| \le \tfrac{1}{4!} h^4 \max_{x\in[a,b]} |f^{(4)}(x)|.$$

Analog zum Fall $k = 1$ lassen sich auch hier wieder „lokale" Knotenbasen der Ansatzräume $S_h^{(3,0)}$ und $S_h^{(3,1)}$ angeben. Derartige rein lokale Interpolationsprozesse haben Anwendungen etwa bei der numerischen Lösung von gewöhnlichen und partiellen Differentialgleichungen.

Die Forderung nach höherer globaler Glattheit, etwa Interpolation in $S_h^{(3,2)}$, führt auf die sog. „Spline-Interpolation", welche von großer praktischer Bedeutung z. B. bei der glatten Darstellung von Flächen in der Computergrafik ist. Der Begriff „Spline" stammt aus dem Englischen und bedeutet soviel wie „biegsames Kurvenlineal" („Biegestab"):

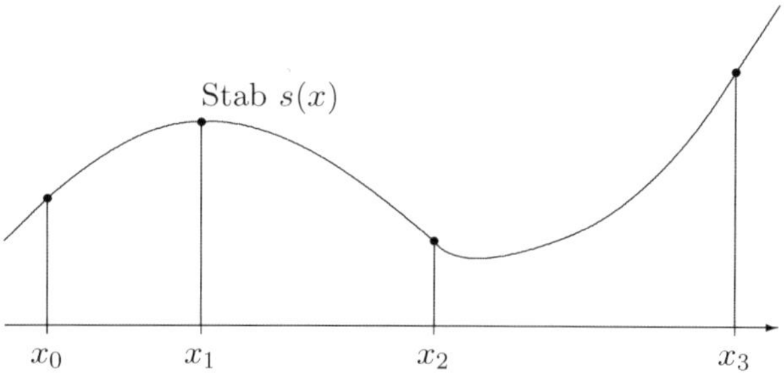

Abbildung 2.5: *(Kubische) Spline-Funktion*

Nach einem Grundgesetz der Mechanik (Prinzip vom Minimum der potentiellen Gesamtenergie) stellt sich der Biegestab so ein, dass die Gesamtkrümmung minimiert wird, d. h. in linearisierter Näherung:

$$\int_{x_0}^{x_n} s''(x)^2\,dx = \min! \qquad (2.3.23)$$

bzgl. aller möglichen interpolierenden (hinreichend glatten) Funktionen. Außerhalb des Interpolationsintervalls $[x_0, x_n]$ kann $s(x)$ als linear angenommen werden, d. h.

$$s''(x_0) = s''(x_n) = 0. \tag{2.3.24}$$

Diese sog. „natürlichen“ Randbedingungen stellen sich also automatisch ein, wenn der Stab nicht willkürlich zu einem anderen Verhalten gezwungen wird („erzwungene“ Randbedingungen: z. B. $s'(x_0) = s'(x_n) = 0$). Wir betrachten hier der Einfachheit halber nur die am häufigsten verwendeten „kubischen“ Spline-Funktionen; sie ergeben sich auf natürliche Weise aus dem obigen Biegestabmodell aufgrund der Forderung (2.3.23).

Definition 2.6: *Eine Funktion $s_n : [a, b] \to \mathbb{R}$ heißt „kubischer Spline“ bzgl. einer Zerlegung $a = x_0 < x_1 < \ldots < x_n = b$, wenn gilt:*

(i) $s_n \in C^2[a, b]$;

(ii) $s_{n|[x_{i-1},x_i]} \in P_3 , \quad i = 1, \ldots, n$.

Gilt zusätzlich

(iii) $s''_n(a) = s''_n(b) = 0$,

so wird der kubische Spline „natürlich“ genannt.

Wir fragen nun nach der Existenz des interpolierenden kubischen Splines zu vorgegebenen Knotenwerten

$$s_n(x_i) = y_i , \quad i = 0, \ldots, n.$$

Satz 2.8 (Spline-Interpolation): *Der interpolierende kubische Spline existiert und ist eindeutig bestimmt durch zusätzliche Vorgabe von $s''_n(a)$ und $s''_n(b)$.*

Beweis: Jeder kubische Spline (bzgl. der Zerlegung $a = x_0 < \ldots < x_n = b$) hat die Form $s(x)_{|[x_{i-1},x_i]} = p_i(x)$, $i = 1, \ldots, n$, mit Polynomen $p_i \in P_3$. Die jeweiligen 4 Koeffizienten dieser n Polynome ergeben $4n$ freie Parameter. Zu ihrer Bestimmung stehen folgende lineare Beziehungen zur Verfügung:

$s(x_i) = y_i , \quad i = 0, \ldots, n$	:	$2n$	Gleichungen
$s' \in C[a, b]$	:	$n - 1$	”
$s'' \in C[a, b]$	:	$n - 1$	”
Zusatzbedingungen	:	2	”
$\sum$	:	$4n$	”

Zum Nachweis der Existenz einer Lösung dieses (quadratischen) Gleichungssystems genügt es wieder zu verifizieren, dass das zugehörige homogene System nur die triviale Lösung hat. Dazu führen wir die folgende Funktionenmenge ein:

$$N \equiv \{w \in C^2[a,b] \mid w(x_i) = 0,\ i = 0,\dots,n\}.$$

Seien nun $s_n^{(1)}, s_n^{(2)}$ zwei interpolierende Splines. Für die Differenz $s \equiv s_n^{(1)} - s_n^{(2)} \in N$ gilt dann mit beliebigem $w \in N$:

$$\begin{aligned}
\int_a^b s''(x)w''(x)\,dx &= \sum_{i=0}^{n-1} \int_{x_i}^{x_{i+1}} s''(x)w''(x)\,dx \\
&= \sum_{i=0}^{n-1} \Big\{ s''w'\,\Big|_{x_i}^{x_{i+1}} - s^{(3)}w\Big|_{x_i}^{x_{i+1}} + \int_{x_i}^{x_{i+1}} s^{(4)}(x)w(x)\,dx \Big\} \\
&= \sum_{i=0}^{n-1} s''w'\,\Big|_{x_i}^{x_{i+1}} = s''(b)w'(b) - s''(a)w'(a) = 0.
\end{aligned}$$

Speziell für $w \equiv s \in N$ ist also

$$\int_a^b |s''(x)|^2\,dx = 0,$$

d. h.: s ist linear. Wegen $s(a) = s(b) = 0$ folgt $s \equiv 0$. Q.E.D.

Die obige Orthogonalitätsbeziehung hat die interessante Konsequenz, dass sich der interpolierende Spline durch eine besonders geringe Oszillation auszeichnet.

Satz 2.9: *Für den interpolierenden, natürlichen, kubischen Spline s_n gilt*

$$\int_a^b |s_n''(x)|^2\,dx \le \int_a^b |f''(x)|^2\,dx \tag{2.3.25}$$

bzgl. aller anderen Funktionen $f \in C^2[a,b]$ mit $f(x_i) = y_i,\ i = 0,\dots,n$.

Beweis: Sei N wieder definiert wie im Beweis von Satz 2.8. Jede interpolierende Funktion $f \in C^2[a,b]$ kann in der Form $f = s_n + w$ mit einem $w \in N$ geschrieben werden. Wir haben (siehe oben)

$$\int_a^b s_n''(x)w''(x)\,dx = 0 \qquad \forall\, w \in N.$$

Wegen der Identität

$$\int_a^b |f''(x)|^2\,dx = \int_a^b |s_n''(x) + w''(x)|^2\,dx$$
$$= \int_a^b |s_n''(x)|^2\,dx + 2\underbrace{\int_a^b s_n''(x)w''(x)\,dx}_{=0} + \underbrace{\int_a^b |w''(x)|^2\,dx}_{\geq 0}$$

folgt die Behauptung. Q.E.D.

Die Aussage von Satz 2.9 lässt sich dahingehend umkehren, dass jede interpolierende Funktion $s \in C^2[a,b]$, $s(x_i) = y_i$, mit der Eigenschaft (2.3.25) notwendig ein natürlicher kubischer Spline ist.

Zur expliziten Berechnung des interpolierenden Splines s_n schreiben wir seine Bestandteile $s_{n|[x_{i-1},x_i]} = p_i \in P_3$ in der Form

$$p_i(x) = a_0^{(i)} + a_1^{(i)}(x - x_i) + a_2^{(i)}(x - x_i)^2 + a_3^{(i)}(x - x_i)^3, \quad i = 1, \ldots, n,$$

und bestimmen die $4n$ Koeffizienten $a_0^{(i)}, \ldots, a_3^{(i)}$. Dies wird im Folgenden für den interpolierenden „natürlichen“ Spline durchgeführt:

- Die Interpolationsbedingung $p_i(x_i) = y_i$, $p_i(x_{i-1}) = y_{i-1}$ impliziert:

  (1) $\quad a_0^{(i)} = y_i\,, \quad i = 1, \ldots, n\,,$

  und mit $h_i = x_i - x_{i-1}$:

  (2) $\quad y_{i-1} - y_i = -a_1^{(i)}h_i + a_2^{(i)}h_i^2 - a_3^{(i)}h_i^3\,, \quad i = 1, \ldots, n\,.$

- Die Randbedingung $p_1''(x_0) = p_n''(x_n) = 0$ impliziert:

  (3) $\quad a_2^{(1)} - 3a_3^{(1)}h_1 = 0\,, \quad a_2^{(n)} = 0\,.$

- Die Stetigkeit der 1. Ableitung $p_i'(x_i) = p_{i+1}'(x_i)$ impliziert:

  (4) $\quad a_1^{(i)} = a_1^{(i+1)} - 2a_2^{(i+1)}h_{i+1} + 3a_3^{(i+1)}h_{i+1}^2\,, \quad i = 1, \ldots, n-1\,.$

- Die Stetigkeit der 2. Ableitung $p_i''(x_i) = p_{i+1}''(x_i)$ impliziert:

  (5) $\quad a_2^{(i)} = a_2^{(i+1)} - 3a_3^{(i+1)}h_{i+1}\,, \quad i = 1, \ldots, n-1\,.$

Damit haben wir $4n$ Gleichungen (1)-(5) für die $a_k^{(i)}$ gefunden. Zunächst werden nun die $a_1^{(i)}$ und $a_3^{(i)}$ durch die $a_2^{(i)}$ ausgedrückt. Zur Vereinfachung wird $a_2^{(0)} := 0$ und $a_2^{(n+1)} := 0$ gesetzt.

Die Gleichungen (3) und (5) ergeben $(i \to i-1)$:

$$(6)\qquad a_3^{(i)} = \frac{a_2^{(i)} - a_2^{(i-1)}}{3h_i}, \qquad i = 1, \ldots, n\,.$$

(2) und (6) ergeben:

$$(7)\qquad \begin{aligned} a_1^{(i)} &= \frac{y_i - y_{i-1}}{h_i} + a_2^{(i)} h_i - a_3^{(i)} h_i^2 \\ &= \frac{y_i - y_{i-1}}{h_i} + h_i\{a_2^{(i)} - \frac{a_2^{(i)} - a_2^{(i-1)}}{3}\} \\ &= \frac{y_i - y_{i-1}}{h_i} + \frac{h_i}{3}\{2a_2^{(i)} + a_2^{(i-1)}\}, \qquad i = 1, \ldots, n\,. \end{aligned}$$

(4), (7) und (6) ergeben:

$$\begin{aligned} &\underbrace{\frac{y_i - y_{i-1}}{h_i} + \frac{h_i}{3}\{2a_2^{(i)} + a_2^{(i-1)}\}}_{= a_1^{(i)}} = \\ &= \underbrace{\frac{y_{i+1} - y_i}{h_{i+1}} + \frac{h_{i+1}}{3}\{2a_2^{(i+1)} + a_2^{(i)}\}}_{= a_1^{(i+1)}} - 2a_2^{(i+1)} h_{i+1} + 3a_3^{(i+1)} h_{i+1}^2 \\ &= \frac{y_{i+1} - y_i}{h_{i+1}} + \frac{h_{i+1}}{3}\{2a_2^{(i+1)} + a_2^{(i)}\} - h_{i+1}\{a_2^{(i+1)} + a_2^{(i)}\}, \qquad i = 1, \ldots, n-1\,. \end{aligned}$$

Dies wird für $i = 1, \ldots, n-1$ umgeschrieben zu

$$h_i a_2^{(i-1)} + 2(h_i + h_{i+1}) a_2^{(i)} + h_{i+1} a_2^{(i+1)} = 3\left\{\frac{y_{i+1} - y_i}{h_{i+1}} - \frac{y_i - y_{i-1}}{h_i}\right\}.$$

Damit haben wir für den $(n-1)$-Vektor $(a_2^{(1)}, \ldots, a_2^{(n-1)})^T$ ein $(n-1) \times (n-1)$-Gleichungssystem aufgestellt; die Koeffizientenmatrix

$$A = \begin{bmatrix} 2(h_1 + h_2) & h_2 & & & 0 \\ h_2 & 2(h_2 + h_3) & \ddots & & \\ & h_3 & \cdots & & \\ & & \ddots & 2(h_{n-2} + h_{n-1}) & h_{n-1} \\ 0 & & & h_{n-1} & 2(h_{n-1} + h_n) \end{bmatrix}$$

ist „symmetrisch“, d. h.: $a_{ij} = a_{ji}$, und „strikt diagonaldominant“, d. h.:

$$\sum_{\substack{j=1 \\ j \neq i}}^{n-1} |a_{ij}| < |a_{ii}|. \qquad (2.3.26)$$

Hieraus folgt nach einem bekannten Satz der Linearen Algebra (s. auch Kapitel 4) ebenfalls die Regularität von A. Durch Lösung dieses Gleichungssystems erhält man zunächst die Koeffizienten $a_2^{(1)}, \dots, a_2^{(n-1)}$; $a_2^{(n)} = 0$ aufgrund der Randbedingungen. Einsetzen der Werte in (7) und (6) liefert dann die anderen Koeffizienten $a_1^{(1)}, \dots, a_1^{(n)}$ sowie $a_3^{(1)}, \dots, a_3^{(n)}$. Zur Lösung des tridiagonalen (symmetrischen) Gleichungssystems kann eine spezielle Variante der Gauß-Elimination verwendet werden (s. Kapitel 4).

Interpolierende Spline-Funktionen besitzen wesentlich bessere Approximationseigenschaften für

$$h := \max_{i=0,\dots,n-1} |x_{i+1} - x_i| \to 0$$

als die Lagrange-Interpolationspolynome. Allgemein konvergiert

$$\max_{a \le x \le b} |f(x) - s_n(x)| \to 0 \quad (h \to 0) \tag{2.3.27}$$

sogar für absolutstetiges f mit $\int_a^b |f'(x)|^2\,dx < \infty$.

Satz 2.10 (Approximationsfehler): *Sei $f \in C^4[a,b]$. Erfüllt der interpolierende kubische Spline $s_n''(a) = f''(a)$ und $s_n''(b) = f''(b)$, so gilt*

$$\max_{a \le x \le b} |f(x) - s_n(x)| \le \tfrac{1}{2} h^4 \max_{a \le x \le b} |f^{(4)}(x)|. \tag{2.3.28}$$

Beweis: Siehe Schaback/Werner [5]. Q.E.D.

Neben den guten Approximationseigenschaften weisen Spline-Funktionen auch eine wesentlich bessere Stabilität gegenüber kleinen Störungen in den Interpolationsdaten y_i auf als Lagrange-Polynome; lokale Störungen klingen nach rechts und links schnell ab.

2.4 Trigonometrische Interpolation

In vielen Anwendungsbereichen treten „periodische" Funktionen, d. h. Funktionen mit der Eigenschaft $f(x+\omega) = f(x)$, $x \in \mathbb{R}$, auf, mit der sog. „Periode" $\omega > 0$. Hier bietet sich die Interpolation mit „trigonometrischen Summen" an:

$$t_n(x) = \tfrac{1}{2}a_0 + \sum_{k=1}^{m} \Big\{ a_k \cos\Big(\frac{kx\,2\pi}{\omega}\Big) + b_k \sin\Big(\frac{kx\,2\pi}{\omega}\Big)\Big\}, \quad n := 2m,$$

welche ebenfalls ω-periodisch sind. O.B.d.A. können wir im Folgenden $\omega = 2\pi$ annehmen. Das Interpolationsintervall ist dann $[0, 2\pi]$, und die Stützstellen werden äquidistant gewählt zu

$$x_k = k\frac{2\pi}{n+1}, \quad k = 0, \dots, n.$$

Beim Arbeiten mit trigonometrischen Summen erweist sich die „komplexe" Schreibweise als vorteilhaft.

Satz 2.11 (Trigonometrische Interpolation): *Zu gegebenen Zahlen* $y_0, \dots, y_n \in \mathbb{C}$ *gibt es genau eine Funktion der Gestalt* ($i = \sqrt{-1}$)

$$t_n^*(x) = \sum_{k=0}^{n} c_k e^{ikx}, \tag{2.4.29}$$

welche den Interpolationsbedingungen $t_n^*(x_j) = y_j$ ($j = 0, \dots, n$) *genügt. Die Koeffizienten sind bestimmt durch*

$$c_k = \frac{1}{n+1} \sum_{j=0}^{n} y_j e^{-ijx_k}, \quad k = 0, \dots, n. \tag{2.4.30}$$

Beweis: Mit den Abkürzungen

$$w = e^{ix}, \quad w_k = e^{ix_k} = e^{ik2\pi/(n+1)}, \quad k = 0, \pm 1, \cdots \pm n,$$

wird

$$t_n^*(x) = p_n(w) = \sum_{k=0}^{n} c_k w^k, \quad p_n(\cdot) \in P_n.$$

Offenbar gilt $w_k^{n+1} = e^{ik2\pi} = 1$, d. h.: Die w_k sind sog. $(n+1)$-te „Einheitswurzeln". Ferner ist

$$w_k^j = e^{j(ik2\pi)/(n+1)} = e^{k(ij2\pi)/(n+1)} = w_j^k.$$

Die trigonometrische Interpolationsbedingung

$$t_n^*(x_k) = y_k, \quad k = 0, \dots, n,$$

ist damit äquivalent zur polynomialen Interpolationsbedingung (im Komplexen)

$$p_n(w_k) = y_k, \quad k = 0, \dots, n,$$

Diese wiederum ist nach Satz 2.1 durch ein eindeutig bestimmtes Polynom $p_n \in P_n$ erfüllbar. Zur Berechnung der zugehörigen Koeffizienten c_k schreiben wir

$$\sum_{j=0}^{n} y_j w_k^{-j} = \sum_{j=0}^{n} p_n(w_j) w_k^{-j} = \sum_{j=0}^{n} \Big(\sum_{l=0}^{n} c_l w_j^l \Big) w_k^{-j} = \sum_{l=0}^{n} c_l \Big(\sum_{j=0}^{n} w_j^{l-k} \Big).$$

Die w_k sind Wurzeln von $w^{n+1} - 1 = (w-1)(w^n + w^{n-1} + \ldots + 1) = 0$. Wegen $w_k \neq 1$ für $k = \pm 1, \dots, \pm n$, muss also $\sum_{j=0}^{n} w_k^j = 0$ sein. Dies ergibt

$$\sum_{j=0}^{n} w_j^{l-k} = \sum_{j=0}^{n} w_{l-k}^j = \begin{cases} n+1, & l = k, \\ 0, & l \neq k. \end{cases}$$

Also ist

$$\sum_{j=0}^{n} y_j w_k^{-j} = c_k(n+1),$$

bzw.

$$c_k = \frac{1}{n+1} \sum_{j=0}^{n} y_j e^{-ijx_k}.$$

Dies vervollständigt den Beweis. Q.E.D.

Für Satz 2.11 ist es unwesentlich, ob n gerade oder ungerade ist. Im Folgenden müssen diese beiden Fälle aber unterschieden werden. Wir wollen zeigen, wie mit Hilfe der Aussagen von Satz 2.11 die gestellte trigonometrische Interpolationsaufgabe gelöst werden kann. Dies führt zur sog. „diskreten Fourier[10]-Analysis".

Satz 2.12 (Diskrete Fourier-Analyse): *Für $n \in \mathbb{N}_0$ gibt es zu gegebenen reellen Zahlen $y_0, \dots, y_n$ genau ein trigonometrisches Polynom der Form*

$$t_n(x) = \tfrac{1}{2}a_0 + \sum_{k=1}^{m} \left\{ a_k \cos(kx) + b_k \sin(kx) \right\} + \tfrac{\theta}{2}\, a_{m+1} \cos((m+1)x)\,,$$

mit $t_n(x_j) = y_j\,,\ j = 0, \dots, n\,,$ wobei

$$\begin{aligned} &\theta = 0\,, \quad m = \tfrac{1}{2}n\,, && \text{falls } n \text{ gerade,} \\ &\theta = 1\,, \quad m = \tfrac{1}{2}(n-1)\,, && \text{falls } n \text{ ungerade.} \end{aligned}$$

Die Koeffizienten sind bestimmt durch

$$a_k = \frac{2}{n+1} \sum_{j=0}^{n} y_j \cos(jx_k), \qquad b_k = \frac{2}{n+1} \sum_{j=0}^{n} y_j \sin(jx_k).$$

Beweis: (i) Sei t_n^* das Interpolationspolynom nach Satz 2.11:

$$t_n^*(x) = \sum_{k=0}^{n} c_k e^{ikx}\,, \quad c_k = \frac{1}{n+1} \sum_{j=0}^{n} y_j e^{-ijx_k}, \quad k = 0, \dots, n.$$

Wegen der 2π-Periodizität von e^{-ix} gilt

$$e^{-ijx_{n+1-k}} = e^{-ij(n+1-k)2\pi/(n+1)} = e^{-ij2\pi + ijx_k} = e^{ijx_k},$$

[10]Jean-Baptiste Baron de Fourier (1768–1830): Französischer Mathematiker und Physiker; Mitglied der Pariser Akademie; lehrte an der École Polytechniqe; begleitete Napoleon auf seinem Feldzug nach Ägypten; zählt zu den bedeutendsten Mathematikern des 19. Jahrhunderts; fand bei seinen Arbeiten zur Theorie der Wärmeleitung die Darstellbarkeit periodischer Funktionen durch trigonometrische Reihen.

und folglich für $k = 1, \dots, m$:

$$c_{n+1-k} = \frac{1}{n+1} \sum_{j=0}^{n} y_j e^{-ijx_{n-1-k}} = \frac{1}{n+1} \sum_{j=0}^{n} y_j e^{ijx_k} =: c_{-k}.$$

Mit dieser Bezeichnung setzen wir

$$a_k := c_k + c_{-k}, \quad b_k := i\,(c_k - c_{-k}), \quad k = 1, \dots, m,$$

und $a_{m+1} := 2c_{m+1}$ im Falle $n = 2m+1$ ungerade, und definieren das trigonometrische Polynom

$$t_n(x) := \frac{1}{2}a_0 + \sum_{k=1}^{m} \big\{a_k \cos(kx) + b_k \sin(kx)\big\} + \frac{\theta}{2} a_{m+1} \cos((m+1)x).$$

(ii) Wir wollen zeigen, dass $t_n^*(x_j) = t_n(x_j) = y_j$, $j = 0, \dots, n$, ist. Zunächst gilt

$$\begin{aligned} t_n(x_j) &= c_0 + \sum_{k=1}^{m} \big\{(c_k + c_{-k}) \cos(kx_j) + i\,(c_k - c_{-k}) \sin(kx_j)\big\} + \\ &\quad + \theta c_{m+1} \cos((m+1)x_j) \\ &= c_0 + \sum_{k=1}^{m} c_k \big\{ \cos(kx_j) + i \sin(kx_j)\big\} + \sum_{k=1}^{m} c_{-k}\{\cos(kx_j) - \\ &\quad - i \sin(kx_j)\} + \theta\, c_{m+1}\{\cos((m+1)x_j) + i \sin((m+1)x_j)\big\}. \end{aligned}$$

Da $\sin((m+1)x_j) = 0$ (wegen $(m+1)x_j = j\pi$ für $n = 2m+1$ ungerade), folgt bei Beachtung von $e^{iz} = \cos(z) + i \sin(z)$

$$t_n(x_j) = c_0 + \sum_{k=1}^{m} c_k e^{ikx_j} + \sum_{k=1}^{m} c_{-k} e^{-ikx_j} + \theta c_{m+1} e^{i(m+1)x_j}.$$

Mit Hilfe von $c_{-k} = c_{n+1-k}$ und $e^{-ikx_j} = e^{ikj2\pi/(n+1)} = e^{i(n+1-k)j2\pi/(n+1)} = e^{i(n+1-k)x_j}$ ergibt sich wie gewünscht

$$t_n(x_j) = \sum_{k=0}^{n} c_k e^{ikx_j} = y_j.$$

Das trigonometrische Polynom $t_h(\cdot)$ erfüllt also die Interpolationsbedingungen.

(iii) Als nächstes betrachten wir die Koeffizienten a_k und b_k. Unter Verwendung der Beziehungen

$$\sin(z) = \frac{1}{2i}\,(e^{iz} - e^{-iz}), \quad \cos(z) = \frac{1}{2}\,(e^{iz} + e^{-iz}),$$

gilt:

$$a_k = c_k + c_{-k} = \frac{1}{n+1} \sum_{j=0}^{n} y_j \left\{ e^{-ijx_k} + e^{ijx_k} \right\} = \frac{2}{n+1} \sum_{j=0}^{n} y_j \cos(jx_k),$$

$$b_k = i\,(c_k - c_{-k}) = \frac{1}{n+1} \sum_{j=0}^{n} y_j i \left\{ e^{-ijx_k} - e^{ijx_k} \right\} = \frac{2}{n+1} \sum_{j=0}^{n} y_j \sin(jx_k).$$

Dies zeigt die gewünschte Darstellung der Koeffizienten und auch, dass sie reell sind.

(iv) Es bleibt, die Eindeutigkeit des interpolierenden trigonometrischen Polynoms zu zeigen. Die $n+1$ Bedingungen $t_n(x_j) = y_j$, $j = 0, \dots, n$, lassen sich als lineares Gleichungssystem für die $n+1$ unbekannten Koeffizienten a_k, b_k auffassen. Da dieses System nach dem eben Gezeigten für alle rechten Seiten $y_0, \dots, y_n$ lösbar ist, sind die Lösungen auch eindeutig. Q.E.D.

Bei der trigonometrischen Interpolation von (stetigen) Funktionen $f : \mathbb{R} \to \mathbb{R}$ sind in Satz 2.12 die Werte y_j durch $f(x_j)$ zu ersetzen. Ist f allerdings nicht 2π-periodisch, wird es zunächst einmal zu einer 2π-periodischen Funktion $\tilde{f}$ gemacht (s. Abb. 2.6):

$$\tilde{f}(x) := \begin{cases} f(x), & x \in (0, 2\pi), \\ \frac{1}{2}\{f(0) + f(2\pi)\}, & x = 0, \\ 2\pi\text{-periodisch auf } \mathbb{R} \text{ fortgesetzt.} \end{cases}$$

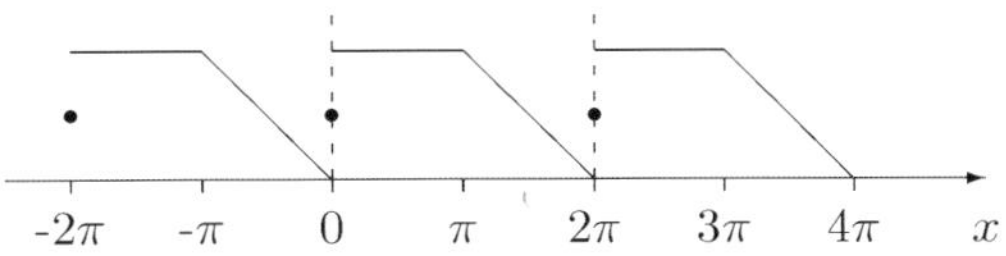

Abbildung 2.6: *Periodische Fortsetzung*

Besitzt f im Intervall $[0, 2\pi]$ eine Unstetigkeitsstelle ζ, so definiert man noch

$$\tilde{f}(\zeta) := \tfrac{1}{2}\{f(\zeta_+) + f(\zeta_-)\}.$$

Dies ist dadurch motiviert, dass bekanntlich die Fourier-Reihe einer stückweise stetigen Funktion in den Unstetigkeitsstellen gerade gegen diesen Mittelwert konvergiert.

In Anwendungen tritt häufig der Fall auf, dass eine Funktion f nur auf dem Intervall $[0, \pi]$ gegeben ist. Ihre 2π-periodische Fortsetzung auf ganz $\mathbb{R}$ würde dann i. Allg. bei $x = \pi$ eine Unstetigkeit in f oder in f' besitzen, welche die Approximationsgüte des trigonometrischen Interpolationspolynoms auf $[0, 2\pi]$ reduziert. Durch geeignete Wahl der Fortsetzung kann dieser Effekt häufig gemildert werden. Ist f auf $[0, \pi]$ gegeben mit

$f(0)=f(\pi)=0$, so wird eine 2π-periodische Fortsetzung von f erklärt durch

$$\tilde{f}(x) := \begin{cases} f(x), & x\in[0,\pi], \\ -f(2\pi-x), & x\in[\pi,2\pi], \\ 2\pi\text{-periodisch auf } \mathbb{R} \text{ fortgesetzt.} \end{cases}$$

Offenbar ist dann $\tilde{f}$ in $x=\pi$ stetig differenzierbar (falls f in $x=\pi$ einseitig differenzierbar war):

$$\lim_{h\to+0}\frac{\tilde{f}(\pi+h)-\tilde{f}(\pi)}{h} = \lim_{h\to+0}\frac{-f(\pi-h)+f(\pi)}{h} = f'(\pi)$$

$$\lim_{h\to+0}\frac{\tilde{f}(\pi)-\tilde{f}(\pi-h)}{h} = \lim_{h\to+0}\frac{f(\pi)+f(\pi-h)}{h} = f'(\pi).$$

Beispiel 2.7: a) Beispiel einer „ungeraden" periodischen Fortsetzung:

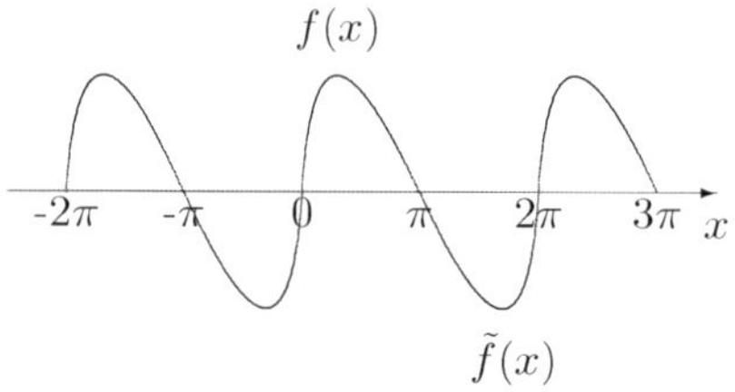

$$\int_0^{2\pi}\tilde{f}(x)\,dx = 0$$

Abbildung 2.7: *Ungerade periodische Fortsetzung*

b) Beispiel einer „geraden" periodischen Fortsetzung:

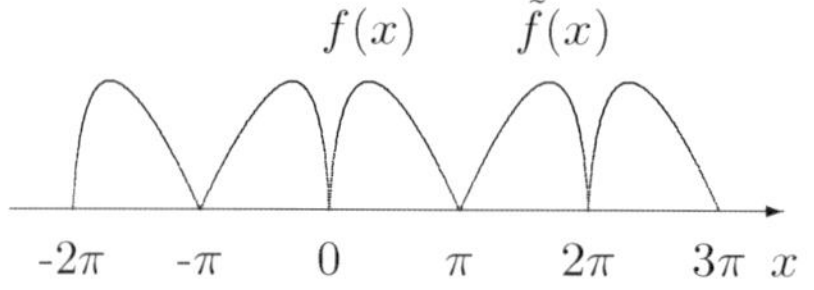

$$\int_0^{2\pi}\tilde{f}(x)\,dx = 2\int_0^{\pi} f(x)\,dx$$

Abbildung 2.8: *Gerade periodische Fortsetzung*

Je nachdem ob $f:[0,\pi]\to\mathbb{R}$ als „ungerade" oder als „gerade" Funktion 2π-periodisch fortgesetzt wird, ergeben sich bei der trigonometrischen Interpolation von f die folgenden Sonderfälle: (Beachte $f(0)=f(\pi)=0$.)

a) Gerade Fortsetzung:

$$x_k = k\,\tfrac{2\pi}{n+1},\quad k=0,\dots,n=2m+1$$

$$y_k = \begin{cases} f(x_k)\,, & k=0,\dots,m\,, \\ f(2\pi-x_k)\,, & k=m+1,\dots,n \end{cases} \quad\Rightarrow\quad y_k=y_{n+1-k},\ k=1,\dots,n\,.$$

Für $k = 1, \ldots, m$ folgt:

$$\begin{aligned}
c_k &= \frac{1}{n+1} \sum_{j=0}^{n} y_j e^{-ijx_k} = \frac{1}{n+1} \sum_{j=0}^{n} y_{n+1-j} e^{-ijx_k} \\
&= \frac{1}{n+1} \sum_{j=0}^{n} y_j e^{-i(n+1-j)x_k} = c_{n+1-k} = c_{-k}, \\
b_k &= i(c_k - c_{-k}) = 0\,, \\
a_k &= 2c_k = \frac{2}{n+1} \sum_{j=0}^{m} y_j e^{-ijx_k} + \frac{2}{n+1} \sum_{j=m+1}^{n} y_j e^{-ijx_k} \\
&= \frac{2}{n+1} \sum_{j=0}^{m} y_j e^{-ijx_k} + \frac{2}{n+1} \sum_{j=1}^{m} \underbrace{y_{n+1-j}}_{=\,y_j} e^{-i(n+1-j)x_k} \\
&= \frac{2}{n+1} \sum_{j=0}^{m} y_j e^{-ijx_k} + \frac{2}{n+1} \sum_{j=1}^{m} y_j e^{ijx_k} \qquad (n = 2m+1) \\
&= \frac{4}{n+1} \sum_{j=1}^{m} y_j \underbrace{\tfrac{1}{2}\left(e^{ijx_k} + e^{-ijx_k}\right)}_{=\,\cos(jx_k)} \qquad (y_0 = y_{m+1} = 0) \\
&= \frac{2}{m+1} \sum_{j=1}^{m} y_j \cos(jx_k).
\end{aligned}$$

Die gerade fortgesetzte Funktion lässt sich also durch eine „Cosinus-Summe" interpolieren:

$$s(x) = \tfrac{1}{2}a_0 + \sum_{k=1}^{m+1} a_k \cos(kx)\,, \qquad a_k = \frac{2}{m+1} \sum_{j=1}^{m} \tilde{f}(x_j) \cos(jx_k).$$

b) Ungerade Fortsetzung:

$$\begin{aligned}
x_k &= k\,\tfrac{2\pi}{n+1}, \qquad k = 0, \ldots, n = 2m+1, \\
y_k &= \begin{cases} f(x_k)\,, & k = 0, \ldots, m \\ -f(2\pi - x_k)\,, & k = m+1, \ldots, n \end{cases} \qquad \Rightarrow \qquad y_k = -y_{n+1-k}\,, \quad k = 1, \ldots, n
\end{aligned}$$

Dies ergibt analog wie im Fall (a):

$$c_k = -c_{-k} \Rightarrow a_k = 0\,, \quad b_k = 2ic_k = \ldots .$$

Die ungerade fortgesetzte Funktion lässt sich also durch eine „Sinus-Summe" interpolieren:

$$s(x) = \sum_{k=1}^{m} b_k \sin(kx)\,, \quad b_k = \frac{2}{m+1} \sum_{j=1}^{m} \tilde{f}(x_j) \sin(jx_k).$$

2.4.1 Diskrete Fourier-Transformation

Wir diskutieren nun noch die effiziente Berechnung des trigonometrischen Interpolationspolynoms.

Definition 2.7: *Die in Satz 2.12 behandelte Aufgabenstellung wird „diskrete Fourier-Analyse“ genannt: Den* $n+1$ *Werten* $y_j = f(x_j)$, $(j=0,\dots,n)$ *einer Funktion* $f : [0,2\pi] \to \mathbb{R}$ *werden (eindeutig) die* $n+1$ *Koeffizienten* a_k, b_k *des trigonometrischen Interpolationspolynoms zugeordnet*

$$t_n(x) = \tfrac{1}{2}a_0 + \sum_{k=1}^{m} \{a_k \cos(kx) + b_k \sin(kx)\} + \tfrac{\theta}{2}\, a_{m+1} \cos((m+1)\,x).$$

Die Abbildung $\{y_j\} \to \{a_k, b_k\}$ *heißt „diskrete Fourier-Transformation“; sie ist offenbar umkehrbar.*

Interpretiert man $\cos(kx)$, $\sin(kx)$ als Grundschwingungsformen eines 2π-periodischen Prozesses $y = f(x)$, so bedeutet eine (diskrete) Fourier-Analyse die Bestimmung der jeweiligen Anteile a_k, b_k dieser Grundschwingungen am Prozeß. Zur Berechnung dieser Koeffizienten a_k, b_k bzw. zur Bestimmung des Polynoms $t_n(\cdot)$ nach den Formeln

$$a_k = c_k + c_{-k}\,, \qquad b_k = i\,(c_k - c_{-k})$$

sind $n+1$ Summen der Form

$$c_k := \frac{1}{n+1}\sum_{j=0}^{n} y_j e^{ijk2\pi/(n+1)} = \sum_{j=0}^{n} \bar{y}_j w^{jk}\,, \qquad k = 0,\dots,n,$$

zu berechnen mit den Abkürzungen (Man beachte, dass $w^{n+1} = 1$ ist.)

$$\bar{y}_j := \tfrac{1}{n+1} y_j\,, \qquad w := e^{-i2\pi/(n+1)}.$$

Das Horner-Schema erfordert dazu jeweils n (komplexe) Operationen (1 komplexe Multiplikation und 1 komplexe Addition), d. h.: Insgesamt sind n^2+n Operationen erforderlich. Für große n und bei mehrfacher Ausführung der Fourier-Analyse bedeutet dies einen beträchtlichen numerischen Aufwand. Im Jahre 1965 gaben Cooley und Tukey[11] einen Algorithmus an, der diese Aufgabe wesentlich effizienter löst, die sog. „Schnelle Fourier-Transformation“ („Fast Fourier Transform“ oder auch kurz „FFT“). Wir erläutern diese für den Spezialfall $n+1 = 2^p$, $p \in \mathbb{N}$:

[11] John Wilder Tukey (1915–2000): US-Amerikanischer Mathematiker; arbeitete seit 1945 an der Princten University, seit 1956 als Direktor der Statistics Research Group; bekannt vor allem durch die gemeinsam mit J. W. Cooley (IBM Cooperation) entwickelte FFT: An algorithm for the machine calculation of complex Fourier series, Math. Comput. 19, 297-301 (1965); wichtige Beiträge auch zur praktischen Statistik.

Idee der FFT: Durch Aufspaltung der Summe

$$\begin{aligned} c_k &= \bar{y}_0 w^{0k} + \bar{y}_1 w^{1k} + \bar{y}_2 w^{2k} + \bar{y}_3 w^{3k} + \ldots + \bar{y}_{2^p-2} w^{(2^p-2)k} + \bar{y}_{2^p-1} w^{(2^p-1)k} \\ &= \{\, \underline{\bar{y}_0 (w^2)^{0k}} + \underline{\bar{y}_1 (w^2)^{0k} w^k} \} + \{\, \underline{\bar{y}_2 (w^2)^{1k}} + \underline{\bar{y}_3 (w^2)^{1k} w^k} \} + \cdots \\ &\quad \cdots + \{\, \underline{\bar{y}_{2^p-2} (w^2)^{(2^{p-1}-1)}} + \underline{\bar{y}_{2^p-1} (w^2)^{(2^{p-1}-1)} w^k} \} \end{aligned}$$

bzgl. gerader („—“) und ungerader („$\cdots$“) Indizes erhält man

$$c_k = \sum_{j=0}^{2^{p-1}-1} \bar{y}_{2j} (w^2)^{jk} + \sum_{j=0}^{2^{p-1}-1} \bar{y}_{2j+1} (w^2)^{jk} w^k.$$

Sei $k_1 \in \{0, 1, \ldots, 2^{p-1}-1\}$ der ganzzahlige Rest bei Division von k durch 2^{p-1}:

$$k \equiv k_1 \pmod{2^{p-1}}.$$

Wegen $w^{2^p} = 1$ gilt mit einem geeigneten $\lambda \in \mathbb{N}$

$$(w^2)^{jk} = (w^2)^{\lambda 2^p j} \, (w^2)^{jk_1} = (w^{2^p})^{\lambda j} \, (w^2)^{jk_1} = (w^2)^{jk_1}.$$

Folglich ist

$$c_k = \sum_{j=0}^{2^{p-1}-1} \bar{y}_{2j} (w^2)^{jk_1} + w^k \sum_{j=0}^{p-1-1} \bar{y}_{2j+1} (w^2)^{jk_1}$$

bzw.

$$c_k = \tilde{c}_{k_1} + w^k \bar{c}_{k_1} \,, \quad k = 0, \ldots, 2^p - 1 \,, k \equiv k_1 \pmod{2^{p-1}},$$

mit den Teilsummen

$$\tilde{c}_{k_1} := \sum_{j=0}^{2^{p-1}-1} \bar{y}_{2j} (w^2)^{jk_1} \,, \quad \bar{c}_{k_1} := \sum_{j=0}^{2^{p-1}-1} \bar{y}_{2j+1} (w^2)^{jk_1} \,, \quad k_1 = 0, \ldots, 2^{p-1} - 1.$$

Zur Berechnung der $n+1 = 2^p$ Größen c_k genügt es also, die $2 \cdot 2^{p-1}$ Größen $\tilde{c}_{k_1}$, $\bar{c}_{k_1}$ zu bestimmen, d. h.: Die Fourier-Analyse mit $n+1 = 2^p$ Termen wird ersetzt durch zwei Fourier-Analysen mit jeweils 2^{p-1} Termen. Anwendung derselben Aufspaltung auf $\tilde{c}_{k_1}$ und $\bar{c}_{k_1}$ ergibt vier Fourier-Analysen mit jeweils 2^{p-2} Termen u.s.w.. Am Schluss verbleiben als Startpunkt des Algorithmus 2^p Fourier-Analysen mit jeweils einem Term. Diese „trivialen“ Fourier-Analysen ordnen den einzelnen Stützpunkten x_k, $(k = 1, \cdots, n)$ gerade die Werte y_k zu, welche die jeweiligen Koeffizienten der trigonometrischen Approximation 0-ter Ordnung durch konstante Funktionen darstellen.

Satz 2.13 (Schnelle Fourier-Transformation): *Im Fall $n+1 = 2^p$ löst die „Schnelle Fourier-Transformation“ das Problem der Berechnung der $n+1$ Fourier-Koeffizienten $\{c_0, \ldots, c_n\}$, mit $2\,(n+1) \log_2(n+1)$ (komplexen) arithmetischen Operationen.*

Beweis: Sei r_p die Anzahl der (komplexen) Operationen zur Berechnung aller Koeffizienten $\{c_0, \dots c_n\}$ im Falle $n+1 = 2^p$. Sind die Größen $\tilde{c}_{k_1}$, $\bar{c}_{k_1}$ $(k_1 = 0, \dots, 2^{p-1}-1)$ bekannt, so erfordert die Berechnung der Potenzen w^k $(k = 1, \dots, n)$ und der Koeffizienten $c_k = \tilde{c}_{k_1} + w^k \bar{c}_{k_1}$ $(k = 0, \dots, n)$ offenbar höchstens $(n-1) + (n+1) = 2n \le 2 \cdot 2^p$ Operationen. (Eine große Ersparnis wäre durch vorausgehende Berechnung und Speicherung der w^k zu erzielen!) Also wird

$$r_p \le 2 \cdot r_{p-1} + 2 \cdot 2^p, \quad p = 1, 2, 3, \dots .$$

Wir wollen zeigen, dass $r_p \le 2p \cdot 2^p$ gilt. Ausgehend von $r_0 = 0$ folgt durch Induktion:

$$r_p \le 2 \cdot r_{p-1} + 2 \cdot 2^p = 2 \cdot \big(2(p-1) \cdot 2^{p-1}\big) \le 2p \cdot 2^p = 2 \log_2(n+1)\,(n+1),$$

was den Beweis vervollständigt. Q.E.D.

Beispiel 2.8: $n = 2^7 - 1 = 127$

$$n^2 + n = 16.256\,, \qquad 2\,(n+1) \underbrace{\log_2(n+1)}_{\sim 7} = 1.792.$$

Implementierung: Bei der konkreten Implementierung der FFT geht man genau entgegengesetzt zu ihrer obigen Herleitung vor. Zunächst werden die 2^p ein-elementigen Fourier-Analysen durchgeführt, welche die gegebenen Stützwerte y_j, $(j = 1, \dots, 2^p - 1)$ verwenden. Danach werden nur noch die rekursiven Formeln

$$c_k = \tilde{c}_{k_1} + w^k \bar{c}_{k_1}\,, \quad k = 0, \dots, 2^p - 1\,, \quad k \equiv k_1 \pmod{2^{p-1}},$$

abgearbeitet.

2.5 Gauß-Approximation

Wir fassen im Folgenden die Menge $C[a,b]$ der über einem Intervall $[a,b]$ stetigen reell- bzw. komplex-wertigen Funktionen als einen (unendlich dimensionalen) Vektorraum über dem Zahlkörper $\mathbb{K} = \mathbb{R}$ oder $\mathbb{K} = \mathbb{C}$ auf.

Bemerkung 2.3: Die Aussagen dieses Abschnitts gelten sinngemäß auch für den Vektorraum $R[a,b]$ der über dem Intervall $[a,b]$ Riemann-integrierbaren Funktionen oder sogar für den Vektorraum $L^2(a,b)$ der über (a,b) im Lebesgue-Sinne quadrat-integrablen Funktionen.

Gegeben sei eine Funktion $f \in C[a,b]$ sowie ein endlich dimensionaler Teilraum $S \subset C[a,b]$, dessen Elemente zur Approximation von f dienen sollen, z. B.: $S = P_n$, Raum der Polynome vom Grad $\leq n$. Im Gegensatz zur Interpolation verwendet die „Gauß-Approximation“ das sog. „quadratische Mittel“

$$\|f\| \equiv \Big(\int_a^b |f(x)|^2\, dx \Big)^{1/2}$$

als Maß für die Güte einer Approximation. d. h.: Gesucht ist ein $g \in S$, so dass

$$\|f - g\| = \min_{\varphi \in S} \|f - \varphi\|. \tag{2.5.31}$$

Ein $g \in S$ mit dieser Eigenschaft heißt dann „Bestapproximation“ von f (in S bzgl. $\|\cdot\|$). Durch $\|\cdot\|$ ist auf $C[a,b]$ eine „Norm“ gegeben, d. h. eine Funktion $\|\cdot\| : C[a,b] \to \mathbb{R}_+$ mit analogen Eigenschaften wie die wohlbekannte euklidische Vektornorm auf dem $\mathbb{K}^n$. Es sei an die folgenden Eigenschaften einer Norm erinnert:

1. Definitheit: $\|f\| \in \mathbb{R}_+, \quad \|f\| = 0 \;\Rightarrow\; f = 0$.
2. Sublinearität: $\|f + g\| \leq \|f\| + \|g\|$ (Dreiecksungleichung),
3. Homogenität: $\|\alpha f\| = |\alpha|\,\|f\|, \quad \alpha \in \mathbb{K}$.

Das Analogon zum euklidischen Skalarprodukt ist in diesem Fall das „L^2-Skalarprodukt“

$$(f,g) \equiv \int_a^b f(t)\overline{g(t)}\, dt\,, \qquad (f,f) = \|f\|^2.$$

Hierfür liegen wieder die für ein „Skalarprodukt“ charakteristischen Eigenschaften vor:

1. Definitheit: $(f,f) \in \mathbb{R}_+, \quad (f,f) = 0 \;\Rightarrow\; f = 0$.
2. Linearität: $(\alpha f + g, h) = \alpha(f,g) + (h,g), \quad \alpha \in \mathbb{K}$,
3. Symmetrie: $(f,g) = \overline{(g,f)}$.

Nicht jede Norm gehört zu einem Skalarprodukt; z. B.: die sog. „L^p-Normen“ $\|\cdot\|_p$ für $p \in [1,\infty) \setminus \{2\}$, sowie die sog. „Maximumnorm“ $\|\cdot\|_\infty$:

$$\|f\|_p := \Big(\int_a^b \|f(x)\|^p\, dx \Big)^{1/p}, \qquad \|f\|_\infty := \max_{a \leq x \leq b} |f(x)|.$$

Wir notieren noch die wichtige „Höldersche[12] Ungleichung“ für Skalarprodukte (auch „Schwarzsche[13] Ungleichung“ im Fall allgemeiner Skalarprodukte)

$$|(f,g)| \leq \|f\|\,\|g\|.$$

[12]Ludwig Otto Hölder (1859–1937): Deutscher Mathematiker; Professor in Tübingen; Beiträge zunächst zur Theorie der Fourier-Reihen und später vor allem zur Gruppentheorie; fand 1884 die nach ihm benannte Ungleichung.

[13]Hermann Schwarz (1843–1921): Deutscher Mathematiker; wirkte in Halle, Göttingen und Berlin; leistete grundlegende Arbeiten zur Funktionentheorie, Differentialgeometrie und Variationsrechnung.

Versehen mit dem L^2-Skalarprodukt wird $C[a,b]$ zu einem sog. „unitären Raum“. Für die Gauß[14]-Approximation in unitären Räumen haben wir die folgende fundamentale Aussage:

Satz 2.14 (Allgemeine Gauß-Approximation): *Seien H ein unitärer Raum und $S \subset H$ ein endlich dimensionaler Teilraum. Dann existiert zu jedem $f \in H$ eine eindeutig bestimmte „beste Approximation“ $g \in S$:*

$$\|f - g\| = \min_{\varphi \in S} \|f - \varphi\|. \tag{2.5.32}$$

Beweis: (i) Wir wollen die Eigenschaft der besten Approximation zunächst durch eine etwas handlichere Bedingung charakterisieren. Sei $g \in S$ eine beste Approximation. Dann besitzt für beliebiges, fest gewähltes $\varphi \in S$ die quadratische Funktion

$$F_\varphi(t) := \|f - g - t\varphi\|^2, \quad t \in \mathbb{R},$$

bei $t = 0$ ein Minimum. Folglich ist

$$\frac{d}{dt} F(t)_{|t=0} = \frac{d}{dt} \|f - g - t\varphi\|^2{}_{|t=0} = 0.$$

Ausgeschrieben bedeutet dies $(f - g - t\varphi, \varphi)_{|t=0} = 0$ und folglich

$$(f - g, \varphi) = 0 \quad \forall \varphi \in S. \tag{2.5.33}$$

Diese Beziehung kann man so interpretieren, dass der Fehler $f - g$ auf dem approximierenden Teilraum S „orthogonal“ ist bzgl. des L^2-Skalarprodukts $(\cdot,\cdot)$.

(ii) Genüge nun umgekehrt $g \in S$ der Bedingung (2.5.33). Dann gilt mit einem beliebigen $\varphi \in S$:

$$\|f - g\|^2 = (f - g, f - g) = (f - g, f - \varphi) + (f - g, \varphi - g) \le \|f - g\|\,\|f - \varphi\|$$

und folglich

$$\|f - g\| \le \inf_{\varphi \in S} \|f - \varphi\|,$$

d. h.: g ist auch beste Approximation.

(iii) Eindeutigkeit der besten Approximation: Seien g_1, $g_2 \in S$ zwei Bestapproximationen. Dann gilt notwendig

$$(f - g_1, \varphi) = 0 = (f - g_2, \varphi) \quad \forall \varphi \in S,$$

und folglich

$$(g_1 - g_2, \varphi) = 0 \quad \forall \varphi \in S.$$

[14]Carl Friedrich Gauß (1777–1855): Bedeutender deutscher Mathematiker, Astronom und Physiker; wirkte in Göttingen; fundamentale Beiträge zur Arithmetik, Algebra und Geometrie, Begründer der modernen Zahlentheorie, Bestimmung von Planetenbahnen durch „Gauß-Ausgleich“, Arbeiten zum Erdmagnetismus und Konstruktion eines elektromagnetischen Telegraphen.

Wählen wir $\varphi := g_1 - g_2 \in S$, ergibt sich $\|g_1 - g_2\|^2 = 0$ und somit $g_1 = g_2$.

(iv) Existenz der besten Approximation: Der endlich dimensionale Teilraum $S \subset H$ besitzt eine Basis $\{\psi_1, \ldots, \psi_n\}$, $n := \dim H$, bzgl. derer sich die gesuchte besten Approximation $g \in S$ darstellen lässt in der following Form:

$$g = \sum_{k=1}^{n} \alpha_k \psi_k.$$

Einsetzen dieses Ansatzes in die notwendige Orthogonalitätsbedingung (2.5.33) ergibt

$$(f - \sum_{i=k}^{n} \alpha_k \psi_i k, \varphi) = (f, \varphi) - \sum_{k=1}^{n} \alpha_k (\psi_k, \varphi) = 0 \quad \forall \varphi \in S.$$

Dies ist bei sukzessiver Wahl von $\varphi := \psi_i$ für $i = 1, \ldots, n$, äquivalent zu dem linearen $n \times n$-Gleichungssystem

$$\sum_{k=1}^{n} (\psi_k, \psi_i)\alpha_k = (f, \psi_i), \quad i = 1, \cdots, n. \tag{2.5.34}$$

Mit der Notation

$$\alpha := (\alpha_k)_{k=1}^n, \quad b := ((f, \psi_i))_{i=1}^n, \quad A := ((\psi_k, \psi_i))_{i,k=1}^n,$$

lässt sich dies in der kompakten Form $A\alpha = b$ schreiben. Die Matrix A ist als „Gramsche Matrix" der Basis $\{\psi_1, \ldots, \psi_n\}$ regulär. Dies ersieht man aus der Beziehung

$$\bar{\alpha}^T A \alpha = \sum_{i,k=1}^{n} \bar{\alpha}_i \alpha_k (\psi_k, \psi_i) = (g, g),$$

welche die Injektivität von A impliziert. Ferner ist A offenbar ßymmetrisch" (im Fall $\mathbb{K} = \mathbb{R}$) bzw. „hermitesch" (im Fall $\mathbb{K} = \mathbb{C}$) und folglich „positiv definit". Das Gleichungssystem $A\alpha = b$ ist also für jede rechte Seite b, d. h. für jedes $f \in H$ eindeutig lösbar. Folglich bestimmt die Orthogonalitätsbedingung (2.5.33) eindeutig ein Element $g \in S$, welches dann notwendig eine Bestapproximation von f ist. Q.E.D.

Zur Konstruktion der besten Approximation $g \in S$ zu einer Funktion $f \in H$ kann zunächst das Gleichungssystem (2.5.34) dienen:

$$\sum_{k=1}^{n} (\psi_k, \psi_i)\alpha_k = (f, \psi_i), \quad i = 1, \cdots, n. \tag{2.5.35}$$

Es besitzt eine besonders einfache Lösung, wenn die Basis $\{\psi_1, \ldots, \psi_n\}$ ein „Orthonormalsystem" („ONS") ist, d. h.: $(\psi_k, \psi_i) = \delta_{ki}$. Dann gilt offenbar

$$\alpha_k = (f, \psi_k), \quad k = 1, \ldots, n,$$

d. h.: Die beste Approximation ist explizit gegeben durch

$$g = \sum_{k=1}^{n} (f, \psi_k)\psi_k. \tag{2.5.36}$$

Hilfssatz 2.1 (Gram-Schmidt-Algorithmus): *Zu jeder Basis* $\{\psi_1, \dots, \psi_n\}$ *von* S *lässt sich ein Orthonormalsystem mit dem „Gram*[15]*-Schmidt*[16]*-Algorithmus“ konstruieren:*

$$\tilde{\varphi}_1 := \psi_1\,, \quad \varphi_1 := \|\tilde{\varphi}_1\|^{-1}\tilde{\varphi}_1,$$

$$k = 2, \dots, n: \qquad \tilde{\varphi}_k := \psi_k - \sum_{i=1}^{k-1} (\psi_k, \varphi_i)\varphi_i\,, \quad \varphi_k := \|\tilde{\varphi}_k\|^{-1}\tilde{\varphi}_k.$$

Das Ergebnis ist ein Orthonormalsystem $\{\varphi_1, \dots, \varphi_n\}$ *in* S.

Beweis: Dies zeigt man durch Induktion nach $n = \dim S$. Im Fall $\psi_1 \neq 0$ ist φ_1 wohldefiniert. Sei nun $\{\varphi_1, \dots, \varphi_{n-1}\}$ wohldefiniert und ONS. Im Fall

$$\tilde{\varphi}_n = \psi_n - \sum_{k=1}^{n-1} (\psi_n, \varphi_k)\varphi_k = 0$$

wäre $\{\psi_1, \dots, \psi_n\}$ linear abhängig, im Widerspruch zur Annahme. Also ist φ_n wohldefiniert. Weiter ist für $k = 1, \dots, n-1$:

$$(\varphi_n, \varphi_k) = (\psi_n, \psi_k) - \sum_{i=1}^{n-1} (\psi_n, \varphi_i) \underbrace{(\varphi_i, \varphi_k)}_{= \delta_{ik}} = 0\,,$$

und $\|\varphi_n\| = 1$ nach Konstruktion. Q.E.D.

Im Folgenden wollen wir die obigen allgemeinen Aussagen zur Gauß-Approximation mit Polynomen anwenden. O.B.d.A. legen wir das Intervall $[a, b] = [-1, 1]$ zugrunde (gegebenenfalls Variablentransformation). Nach Satz 2.14 existiert zu jedem $f \in C[-1, 1]$ die eindeutig bestimmte beste Approximation $g \in S = P_n$. Zu ihrer Berechnung sei zunächst die Basis $\{1, x, \dots, x^n\}$ von P_n herangezogen. Die Koeffizienten in der Darstellung $g = \sum_{k=0}^{n} \alpha_k x^k$ ergeben sich dann als Lösung eines linearen Gleichungssystems mit der Koeffizientenmatrix $A = (a_{ik})_{i,k=0}^{n}$, wobei

[15] Jørgen Pedersen Gram (1850–1916): Dänischer Mathematiker, Mitarbeiter und später Eigentümer einer Versicherungsgesellschaft, Beiträge zur Algebra (Invariantentheorie), Wahrscheinlichkeitstheorie, Numerik und Forstwissenschaft; das u.ṅach ihm benannte Orthogonalisierungsverfahren geht aber wohl auf Laplace zurück und wurde bereits von Cauchy 1836 verwendet.

[16] Erhard Schmidt (1876–1959): Deutscher Mathematiker, Professor in Berlin, Gründer des dortigen Instituts für Angewandte Mathematik 1920, nach dem Krieg Direktor des Mathematischen Instituts der Akademie der Wissenschaften der DDR; Beiträge zur Theorie der Integralgleichungen und der Hilbert-Räume sowie später zur Topologie.

$$A = 2\begin{bmatrix} 1 & 0 & 1/3 & 0 & 1/5 & \cdots \\ 0 & 1/3 & 0 & 1/5 & & \\ 1/3 & 0 & 1/5 & 0 & & \\ 0 & 1/5 & & \ddots & & \\ 1/5 & & & & & \\ \vdots & & & & & \end{bmatrix}.$$

$$a_{ik} = \int_{-1}^{1} x^k x^i\, dx = \begin{cases} 0 & , \text{ falls } i+k \text{ ungerade} \\ \frac{2}{i+k+1} & , \text{ falls } i+k \text{ gerade} \end{cases}$$

Diese Matrix (sog. Hilbert[17]-Matrix) ist zwar regulär, doch ist ihre Invertierung so extrem schlecht konditioniert, dass für große n die Berechnung von g auf diesem Wege unmöglich ist. Statt dessen wird die Basis $\{1,\dots,x^n\}$ bzgl. des (reellen) Skalarprodukts ($\mathbb{K}=\mathbb{R}$)

$$(f,g) := \int_{-1}^{1} f(x)g(x)\, dx$$

orthonormalisiert. Das Ergebnis fassen wir in folgendem Satz zusammen.

Satz 2.15 (Legendre-Polynome): *Durch Orthogonalisierung der natürlichen Monombasis* $\{1,x,...,x^n\}$, $n\in\mathbb{N}$, *mit dem Gram-Schmidt-Algorithmus ergeben sich Polynome* $p_k\in P_k$ *(nicht normalisiert), welche sich in der Form*

$$p_k(x) = \frac{k!}{(2k)!}\frac{d^k}{dx^k}(x^2-1)^k, \quad k=0,1,...,n, \tag{2.5.37}$$

darstellen lassen. Für sie gilt die zweistufige Rekursionsformel

$$\begin{aligned} &p_0(x)\equiv 1, \quad p_1(x)=x, \\ &p_{k+1}(x) = xp_k(x) - \frac{k^2}{4k^2-1}p_{k-1}(x), \quad k=1,2,\dots,n-1. \end{aligned} \tag{2.5.38}$$

sowie

$$\|p_k\| = \frac{k!^2}{(2k)!}\sqrt{\frac{2^{2k+1}}{2k+1}}, \qquad p_k(1) = \frac{2^k k!^2}{(2k)!}. \tag{2.5.39}$$

[17]David Hilbert (1862–1943): Bedeutender deutscher Mathematiker; wirkte in Königsberg und Göttingen; begründete u. a. den axiomatischen Aufbau der Mathematik; zum Wesen der Axiomatik (in der Geometrie) sagte er „Man muss jederzeit anstelle von Punkten, Geraden, Ebenen - Tische, Stühle, Bierseidel sagen können“.

Durch Normierung bei $x = 1$ erhält man die sog. „Legendre[18]-Polynome"

$$L_k(x) := \frac{(2k)!}{2^k k!^2} p_k(x), \quad L_k(1) = 1, \quad k = 0, 1, 2, \dots, n. \tag{2.5.40}$$

Beweis: Wir führen den Beweis in mehreren Schritten, wobei einige Rechnungen als Übungsaufgabe gestellt sind.

(i) Wir zeigen zunächst, dass die durch (2.5.37) definierten Polynome $p_k \in P_k$ bzgl. des Skalarprodukts $(\cdot, \cdot)$ orthogonal sind. Dies ergibt sich durch partielle Integration über dem Intervall $[-1, 1]$ (Übungsaufgabe). Analog erschließen wir die Beziehungen (2.5.39).

(ii) Der führende Term von $p_k(x)$ ist gemäß der Definition x^k. Folglich sind die p_k gerade die durch den Gram-Schmidt-Algorithmus aus der Monombasis erzeugten orth. Polynome.

(iii) Das Polynom $(x^2 - 1)^k$ ist eine gerade Funktion. Seine k-ten Ableitungen sind dann ungerade oder gerade je nachdem, ob k ungerade oder gerade ist. Folglich ist

$$p_k(x) = (-1)^k p_k(-x).$$

(iv) Wegen $p_{k+1}(x) = x^{k+1} + \dots$ ist $p_{k+1}(x) - xp_k(x) = \gamma_k x^k + \gamma_{k-1}x^{k-1} + \dots + \gamma_0$ mit gewissen Koeffizienten $\gamma_k, \dots, \gamma_0$. Ist nun $k+1$ gerade, so ist das Polynom $p_{k+1}(x) - xp_k(x)$ gerade aber x^k ungerade, so dass notwendig $\gamma_k = 0$ sein muss. Es gibt daher eine Darstellung

$$p_{k+1}(x) - xp_k(x) = \sum_{i=0}^{k-1} \gamma_i p_i(x)$$

mit den Polynomen $p_0, \dots, p_{k-1}$, die ja als Orthogonalsystem eine Basis von P_{k-1} bilden. Wegen der Orthogonalität der p_k folgt dann für $j = 0, \dots, k-2$:

$$0 = (p_{k+1} - xp_k, L_j) = \sum_{i=0}^{k-1} \gamma_i (p_i, p_j) = \gamma_j \|p_j\|^2,$$

bzw. $\gamma_0 = \dots = \gamma_{k-2} = 0$. Es besteht also eine zweistufige Rekursion der Form

$$p_{k+1}(x) = xp_k(x) + \gamma_{k-1} p_{k-1}(x).$$

Zur Bestimmung des Koeffizienten γ_{k-1} verwenden wir $p_k(1) = \frac{k!^2}{(2k)!} 2^k$. Es ergibt sich

$$\gamma_{k-1} = \frac{p_{k+1}(1) - p_k(1)}{p_{k-1}(1)} = \frac{\frac{(k+1)!^2}{(2k+2)!} 2^{k+1} - \frac{k!^2}{(2k)!} 2^k}{\frac{(k-1)!^2}{(2k-2)!} 2^{k-1}}$$
$$= \frac{4k^2(k+1)^2 - 2k^2(2k+2)(2k+1)}{(2k+2)(2k+1)2k(2k-1)} = \frac{k(k+1) - k(2k+1)}{(2k+1)(2k-1)} = -\frac{k^2}{4k^2 - 1},$$

wie behauptet. Q.E.D.

[18] Adrien-Marie Legendre (1752–1833): Französischer Mathematiker; Mitglied der Pariser Akademie der Wissensch.; Beiträge zur Himmelsmechanik, Zahlentheorie und Geometrie.

Die Rekursionsformel (2.5.38) für die Polynome p_n ist ein Spezialfall eines allgemeinen Resultats für „orthogonale Polynome“; siehe den folgenden Satz 2.17.

Die Gauß-Approximation mit orthogonalen Polynomen hat den Vorteil der formal einfachen Berechenbarkeit der besten Approximation

$$g(x) = \sum_{k=0}^{n} \Big(\int_{-1}^{1} |p_k(x)|^2 \, dx \Big)^{-1} \Big(\int_{-1}^{1} f(\xi) p_k(\xi) \, d\xi \Big) \, p_k(x).$$

Die Berechnung der Koeffizienten erfordert i. Allg. numerische Quadratur.

Die Maximalabweichung der Gauß-Approxierenden

$$\|f - g\|_\infty = \max_{-1 \le x \le 1} |f(x) - g(x)|$$

wird jedoch i. Allg. groß; insbesondere in der Nähe der Intervallenden treten große Fehler auf. Zur Unterdrückung dieses Defektes verwendet man das gewichtete Skalarprodukt

$$(f, g)_\omega = \int_{-1}^{1} f(x) g(x) \omega(x) \, dx \,, \quad \omega(x) \equiv \frac{1}{\sqrt{1 - x^2}},$$

wodurch eine stärkere Bindung in der zugehörigen Fehlernorm

$$\|f - g\|_\omega = \Big(\int_{-1}^{1} |f(x) - g(x)|^2 \frac{dx}{\sqrt{1 - x^2}} \Big)^{1/2}$$

an den Intervallenden impliziert wird. Zur Anwendung von Satz 2.14 wird die Basis $\{1, x, \dots, x^n\}$ von P_n nun bzgl. dieses neuen Skalarproduktes orthogonalisiert.

Satz 2.16 (Tschebyscheff-Polynome): *Durch Orthogonalisierung der natürlichen Monombasis $\{1, x, ..., x^n\}$, $n \in \mathbb{N}$, bzgl. des gewichteten Skalarprodukts $(\cdot, \cdot)_\omega$ mit dem Gram-Schmidt-Algorithmus ergeben sich Polynome $p_k \in P_k$ (nicht normalisiert), welche sich in der Form*

$$p_0(x) \equiv 1, \quad p_k(x) = 2^{k-1} \cos[k \arccos(x)], \quad k = 1, 2, ..., n, \tag{2.5.41}$$

darstellen lassen. Für sie gilt die zweistufige Rekursionsformel

$$\begin{aligned} p_0(x) &\equiv 1 \,, \quad p_1(x) = x \,, \\ p_{k+1}(x) &= 4x p_k(x) - 4 p_{k-1}(x), \quad k = 1, 2, \dots, n, \end{aligned} \tag{2.5.42}$$

sowie

$$\|p_k\|_\omega = \begin{cases} \sqrt{\pi}, & k = 0 \\ \sqrt{\pi/2}, & k \neq 0, \end{cases} \qquad p_k(1) = 2^{k-1}. \tag{2.5.43}$$

Durch Normierung bei $x = 1$ erhält man die sog. „Tschebyscheff[19]*-Polynome“*

$$T_k(x) = \cos[k \arccos(x)], \quad T_k(1) = 1, \quad k = 0, 1, 2, \dots . \tag{2.5.44}$$

Beweis: Zunächst gilt für die Funktionen $g_k := \cos[k \ \arccos(x)]$ im Fall $k = 0,1$: $g_0 \equiv 1$, $g_1(x) = x$. Weiter folgt aus der Identität

$$\cos((n+1)x) + \cos((n-1)x) = 2\cos(x)\ \cos(nx)$$

die rekursive Beziehung

$$\begin{aligned} g_{k+1}(x) &= \cos[(k+1) \arccos(x)] \\ &= 2\ \cos[\arccos(x)]\ \cos[k\ \arccos(x)] - \cos[(k-1)\ \arccos(x)] \\ &= 2xg_k - g_{k-1}. \end{aligned}$$

Weiter erhält man mit Hilfe der Variablentransformation $x = \cos(\theta)$ mit

$$dx = -\sin\theta\, d\theta = -\sqrt{1-\cos^2(\theta)}\, d\theta = -\sqrt{1-x^2}\, d\theta$$

die Beziehung

$$\int_{-1}^{1} g_k(x) g_j(x) \omega(x)\, dx = -\int_{\pi}^{0} \cos(k\theta)\ \cos(j\theta)\, d\theta = \begin{cases} \pi, & k=j=0 \\ \pi/2, & k=j\neq 0 \\ 0, & k\neq j \end{cases}.$$

Hieraus entnehmen wir, dass die g_k tatsächlich Polynome k-ten Grades über $[-1,1]$ sind, paarweise orthogonal bzgl. $(\cdot,\cdot)_\omega$ sind und den führenden Koeffizienten $g_k(x) = 2^{k-1}x^k + \dots$ haben. Die skalierten Polynome $p_0 \equiv 1$ und $p_k := 2^{k-1}q_k$ haben dann den führenden Koeffizienten $p_k(x) = x^k + \dots$ und genügen der zweistufigen Rekursionsformel

$$p_{k+1}(x) = 4xp_k - 4p_{k-1}.$$

Sie sind also gerade die durch das Gram-Schmidtsche Orthogonalisierungsverfahren erzeugten Polynome. Q.E.D.

Die beste Approximation einer Funktion $f \in C[-1,1]$ in P_n bzgl. des gewichteten Skalarproduktes $(\cdot,\cdot)_\omega$ hat also die Gestalt

$$g = \sum_{k=0}^{n} \alpha_k T_k(x)$$

[19]Pafnuty Lvovich Tschebyscheff (russ.: Chebyshev) (1821–1894): Russischer Mathematiker; Professor in St. Petersburg; Beiträge zur Zahlentheorie, Wahrscheinlichkeitstheorie und vor allem zur Approximationstheorie; entwickelte eine allgemeine Theorie orthogonaler Polynome.

mit den Koeffizienten

$$\alpha_0 = \frac{1}{\pi} \int_{-1}^{1} f(x)\,\omega(x)\,dx\,, \quad \alpha_k = \frac{2}{\pi} \int_{-1}^{1} f(x)T_k(x)\omega(x)\,dx\,, \quad k = 1,\ldots,n\,.$$

Das Bestehen von zweistufigen Rekusionsformeln für die Gauß-Legendre sowie für die Tschebyscheff-Polynome legt nahe, dass dies vielleicht generell für orthogonale Polynomen bzgl. Skalarprodukten der betrachteten Form $(\cdot,\cdot)_\omega$ gilt. Dazu gilt der folgende Satz.

Satz 2.17 (Orthogonale Polynome): *Das allgemeine Skalarprodukt $(\cdot,\cdot)$ auf $C[-1,1]$ habe die auf dem Vektorraum P der Polynome die Symmetrieeigenschaft*

$$(p, xq) = (xp, q) \quad \forall p, q \in P. \tag{2.5.45}$$

Dann genügen die durch das Gram-Schmidt-Verfahren aus der Basis $\{1, x, x^2, \ldots\}$ gewonnenen orthogonalen Polynome p_k, $k = 0, 1, 2, \ldots$ (nicht normalisiert), den folgenden rekursiven Beziehungen beginnend mit $p_0(x) \equiv 1$, $p_1(x) = x - \beta_0$:

$$p_{k+1}(x) = (x - \beta_k)p_k - \gamma_k p_{k-1}, \quad k = 1, 2, 3, \ldots, \tag{2.5.46}$$

mit den Koeffizienten

$$\beta_k = \frac{(xp_k, p_k)}{\|p_k\|^2}, \quad k = 0, 1, 2, \ldots, \quad \gamma_k = \frac{\|p_k\|^2}{\|p_{k-1}\|^2}, \quad k = 1, 2, 3, \ldots.$$

Beweis: Das Gram-Schmidt-Verfahren erzeugt die Polynome p_k nach der Vorschrift

$$p_0 \equiv 1, \quad k = 1, 2, \ldots: \quad p_k = x^k - \sum_{i=0}^{k-1} \frac{(x^k, p_i)}{\|p_i\|^2} p_i.$$

Also ist $p_0 \equiv 1$ und $p_1 = x - \beta_0$. Wir setzen $q_{k+1} := (x - \beta_k)p_k - \gamma_k p_{k-1}$. Dann gilt offenbar wegen $p_k \perp P_{k-1}$ und der Symmetrieeigenschaft von $(\cdot,\cdot)$:

$$(q_{k+1}, p_k) = (xp_k, p_k) - \beta_k \|p_k\|^2 - \gamma_k \underbrace{(p_{k-1}, p_k)}_{=0} = 0,$$

$$(q_{k+1}, p_{k-1}) = (xp_k, p_{k-1}) - \beta_k \underbrace{(p_k, p_{k-1})}_{=0} - \underbrace{\gamma_k \|p_{k-1}\|^2}_{=\|p_k\|^2} = (p_k, \underbrace{xp_{k-1} - p_k}_{\in P_{k-1}}) = 0,$$

sowie für $j = 0, \ldots, k-2$:

$$(q_{k+1}, p_j) = (p_k, \underbrace{xp_j}_{\in P_{k-1}}) - \beta_k \underbrace{(p_k, p_j)}_{=0} - \gamma_k \underbrace{(p_{k-1}, p_j)}_{=0} = 0.$$

Also ist q_{k+1} orthogonal zu $P_k = \operatorname{Span}\{p_0, \ldots, p_k\}$ und hat die Gestalt

$$q_{k+1}(x) = x^{k+1} + r(x), \quad r \in P_k.$$

Entwickelt man r nach $\{p_0, \dots, p_k\}$,

$$r(x) = \sum_{i=0}^{k} (r, p_i) \|p_i\|^{-2} p_i(x),$$

so ergibt sich mit

$$\begin{aligned} q_{k+1}(x) &= x^{k+1} + \sum_{i=0}^{k} \frac{(r, p_i)}{\|p_i\|^2} p_i(x) \\ &= x^{k+1} + \sum_{i=0}^{k} \{ \underbrace{(q_{k+1}, p_i)}_{=0} - (x^{k+1}, p_i) \} \|p_i\|^{-2} p_i(x) = p_{k+1}(x) \end{aligned}$$

schließlich die Behauptung. Q.E.D.

2.6 Tschebyscheff-Approximation

Im Folgenden betrachten wir nur reell-wertige Funktionen. Die Gauß-Approximation hat gewisse Probleme mit der gleichmäßigen Approximation auf dem ganzen zugrunde liegenden Intervall; sie ist aber verhältnismäßig einfach zu realisieren. Die sog. „Tschebyscheff-Approximation“ verwendet direkt die „Maximumnorm“

$$\|f\|_\infty = \max_{a \le x \le b} |f(x)|$$

zur Bestimmung der besten Approximation $g \in S \subset C[a, b]$.

$$\|f - g\|_\infty = \min_{\varphi \in S} \|f - \varphi\|_\infty. \tag{2.6.47}$$

Die Norm $\|\cdot\|_\infty$ auf $C[a, b]$ wird <u>nicht</u> durch ein Skalarprodukt erzeugt; die Existenz der besten Approximation kann also nicht aus Satz 2.12 erschlossen werden. Tatsächlich ist i. Allg. die beste Approximation nicht einmal eindeutig bestimmt. Ihre Existenz ist jedoch allgemein in normierten Räumen gesichert.

Beispiel 2.9: Dieses Beispiel belegt die mögliche Mehrdeutigkeit der „besten“ Tschebyscheff-Approximation.

$$\begin{aligned} &[a, b] = [0, 1], \quad f(x) \equiv 1 \\ &S = \{ g |\, g(x) = \alpha x,\ \alpha \in \mathbb{R} \}, \quad \dim S = 1 \\ &\|f - g\|_\infty \ge 1 \quad \forall g \in S \\ &\|f - g\|_\infty = 1 \quad \forall g = \alpha x, \quad 0 \le \alpha \le 2 \end{aligned}$$

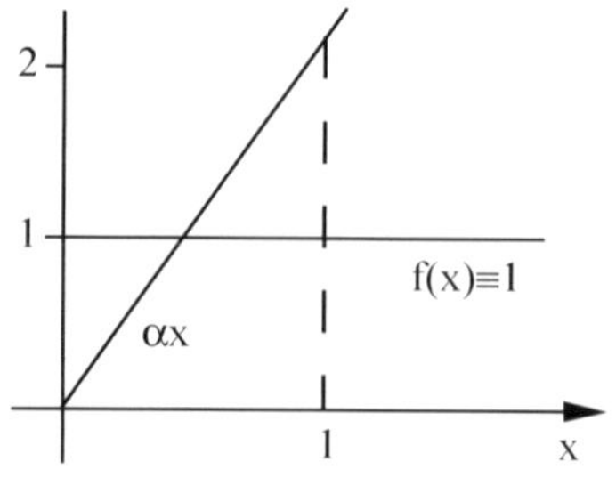

Satz 2.18 (Allgemeine Tschebyscheff-Approximation): *Sei E ein normierter Vektorraum mit Norm $\|\cdot\|$ und $S\subset E$ ein endlich dimensionaler Teilraum. Dann gibt es zu jedem $f\in E$ eine beste Approximation $g\in S$:*

$$\|f-g\| = \min_{\varphi\in S} \|f-\varphi\|. \tag{2.6.48}$$

Beweis: Ein $g_0\in S$ mit $\|g_0\|>2\|f\|$ kann keine beste Approximation sein, da

$$\|f-g_0\| \ge \|g_0\|-\|f\| > \|f\| = \|f-0\| \ge \inf_{\varphi\in S} \|f-\varphi\|.$$

Die optimale Approximation ist also in der beschränkten Teilmenge

$$S_0 := \{\varphi\in S : \|\varphi\| \le 2\|f\|\} \subset S$$

zu suchen. Sie ist abgeschlossen und, da S endlich dimensional ist, kompakt (Satz von Bolzano/Weierstrass). Die auf S stetige Funktion $F(\varphi) := \|f-\varphi\|$ nimmt dann auf S_0 ein Minimum g an, d. h.:

$$\|f-g\| = \min_{\varphi\in S_0} \|f-\varphi\| = \min_{\varphi\in S} \|f-\varphi\|.$$

Q.E.D.

Die Eindeutigkeit der Tschebyscheff-Approximation in $C[a,b]$ wird durch die sog. „Haarsche[20] Bedingung“ (H) an den Ansatzraum $S\subset C[a,b]$ mit $\dim S = n$ garantiert:

Definition 2.8: *(H) Man sagt, dass der (endlich dimensionale) Teilraum $S\subset C[a,b]$ der „Haarschen Bedingung“ genügt, wenn die Lagrange-Interpolationsaufgabe $g(x_i)=y_i$, $i=1,\dots,n$ mit beliebigen Stützstellen $a\le x_1<x_2<\ldots<x_n\le b$ und Werten $y_1,\dots,y_n\in\mathbb{R}$ stets durch ein $g\in S$ lösbar ist.*

Für einen Teilraum $S\subset C[a,b]$ ist die Haarsche Bedingung äquivalent zur *eindeutigen* Lösbarkeit der Lagrange-Interpolationsaufgabe. Dies sieht man wie folgt:

Sei $\{g_1,\dots,g_n\}$ eine Basis von S. Die Existenz eines interpolierenden $g=\sum a_i g_i\in S$ ist äquivalent zur Lösbarkeit des linearen Gleichungssystems

$$\sum_{i=1}^{n} a_i g_i(x_j) = y_j\,, \quad j=1,\dots,n, \tag{2.6.49}$$

für den Koeffizientenvektor $(a_i,\dots,a_n)^T$. Die Haarsche Bedingung ist äquivalent zur Regularität der Matrix $(g_i(x_j))_{i,j=1,\dots,n}$, d. h. zur eindeutigen Lösbarkeit der Interpolationsaufgabe.

[20] Alfréd Haar (1885–1933): Ungarischer Mathematiker; Professor in Kolozsvár (Cluj), Budapest und Szeged; viele wichtige Beiträge zur Approximationstheorie („Haarsche Bedingung“) und Analysis auf Gruppen („Haar measure“).

Beispiel 2.10: Wir geben Beispiele von Systemen S, für welche die Haarsche Bedingung (H) erfüllt ist.

1. Die Polynomräume P_n erfüllen Bedingung (H) auf jedem Intervall $[a, b]$.

2. Der Raum $S = \text{Span}\{x, \ldots, x^n\}$ erfüllt Bedingung (H) nur, wenn $0 \notin [a, b]$ ist:

$$x_1 = 0 \Rightarrow x_1^k = 0\,, \quad k = 1, \ldots, n \quad \Rightarrow \quad \det(x_i^j)_{i,j=1,\ldots,n} = 0.$$

Satz 2.19 (Tschebyscheffscher Alternantensatz): *Für den Teilraum* $S \subset C[a, b]$ *mit* $\dim S = n$ *sei die Haarsche Bedingung (H) erfüllt. Dann ist die Tschebyscheff-Approximation* $g \in S$, *einer Funktion* $f \in C[a, b]$ *durch folgende Eigenschaft charakterisiert:*

(A) Es existieren $m \geq n + 1$ *Stellen* $a \leq x_0 < \ldots < x_m \leq b$ *(sog. „Alternante“, so dass für die Fehlerfunktion* $e(x) = f(x) - g(x)$ *gilt:*

$$|e(x_i)| = \|e\|_\infty\,, \quad e\,(x_i) = -e\,(x_{i+1})\,; \quad i = 1, \ldots, n\,. \tag{2.6.50}$$

Insbesondere ist die beste Approximation eindeutig bestimmt.

Beweis: Für den nicht trivialen Beweis der Alternantenaussage verweisen wir auf die Literatur; z. B.: Schaback/Werner [5] Q.E.D.

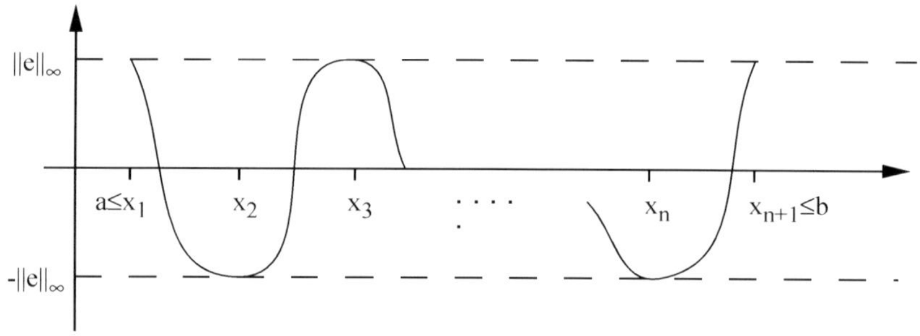

Abbildung 2.9: *Schema der Alternantenregel*

Korollar 2.2: *Der Alternantensatzes impliziert, dass die beste Approximation für den Spezialfall* $S = P_{n-1}$ *eindeutig bestimmt ist.*

Beweis: Seien g_1, g_2 zwei beste Approximationen mit $e_1 = f - g_1$, $e_2 = f - g_2$. Für $\lambda \in (0, 1)$ ist dann $\|\lambda e_2\|_\infty < \|e_1\|_\infty$, so dass der Graph von $\lambda e_2(x)$ den von $e_1(x)$ mindestens n-mal schneidet (siehe Abbildung 2.9). Jede der Funktionen $\varphi_\lambda(x) = e_1(x) - \lambda e_2(x)$ hat also mindestens n Nullstellen. Durch Grenzübergang $\lambda \to 1$ folgt, dass $\varphi_1(x) = e_1(x) - e_2(x) = g_2(x) - g_1(x)$ mindestens n (ihrer Vielfachheit entsprechend oft gezählte) Nullstellen besitzt. Wegen $g_2 - g_1 \in P_{n-1}$ ergibt sich zwangsläufig $g_1 \equiv g_2$.
Q.E.D.

Bemerkung 2.4: Der Alternantensatz ist die Grundlage des sog. „Remez[21]-Algorithmus" zur Konstruktion der Tschebyscheff-Approximation. Wäre eine Alternante $\{x_1, \dots, x_{n+1}\}$ bekannt, so könnte man bei gegebener Basis $\{\varphi_1, \dots, \varphi_n\}$ von S die beste Approximation

$$g = \sum_{i=1}^{n} \alpha_i \varphi_i$$

sowie die Größe $\alpha_{n+1} := \sigma \|f - g\|_\infty$, $\sigma \in \{-1, 1\}$, aus dem linearen Gleichungssystem

$$\sum_{i=1}^{n} \alpha_i \varphi_i(x_k) + (-1)^k \alpha_{n+1} = f(x_k), \quad k = 1, \dots, n+1,$$

berechnen. Der Remez-Algorithmus besteht aus der systematischen iterativen Suche nach der Alternante $\{x_1, \dots, x_{n+1}\}$. In jedem Schritt wird mit der Näherung $\{x_i^{(t)}, \dots, x_{n+1}^{(t)}\}$ das Gleichungssystem für $\alpha_1^{(t)}, \dots, \alpha_n^{(t)}$ und $\alpha_{n+1}^{(t)}$ gelöst und für

$$g(t) = \sum_{i=1}^{n} \alpha_i^{(t)} \varphi_i$$

das Optimalitätskriterium

$$\|f - g^{(t)}\|_\infty = |\alpha_{n+1}^{(t)}|$$

abgefragt. I. Allg. konvergiert $\{x_1^{(t)}, \dots, x_{n+1}^{(t)}\}$ gegen $\{x_1, \dots, x_{n+1}\}$, allerdings nicht in endlich vielen Schritten.

Beispiel 2.11: $f(x) = \cos(x)$, $[a, b] = [0, \pi/2]$, $S = P_1$

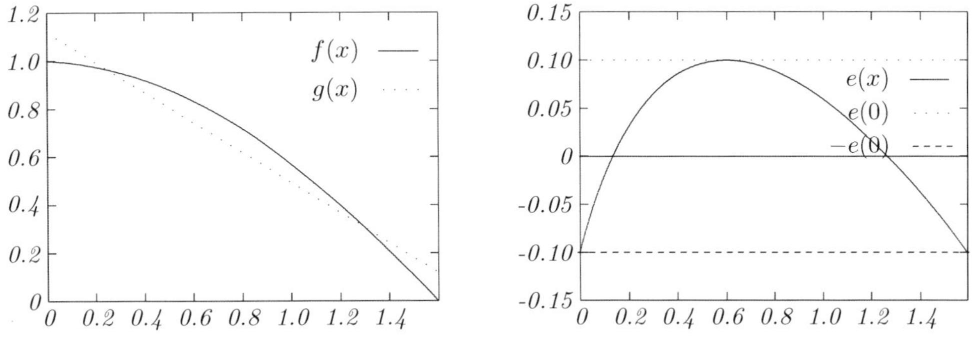

Abbildung 2.10: Anwendung der Alternantenregel

---

[21]Evgeny Yakovlevich Remez (1896–1975): Russischer Mathematiker; Professor an der Universität Kiew (1935); Beiträge zur konstruktiven Approximationstheorie („Remez-Algorithmus") und zur numerischen Lösung von Differentialgleichungen.

2.6.1 „Optimale" Lagrange-Interpolation

Zur Anwendung der Tschebyscheff-Approximation stellen wir die Frage nach der „optimalen" Wahl der Stützstellen bei der Lagrange-Interpolation. Für das Lagrange-Interpolationspolynom $p \in P_n$ einer Funktion $f \in C^{n+1}[a,b]$ zu den Stützstellen $a \leq x_0 < x_1 < \dots x_n \leq b$ gilt nach Satz 2.3 die Fehlerdarstellung

$$f(x) - p_n(x) = \frac{1}{(n+1)!} f^{(n+1)}(\zeta_x) L(x), \quad x \in [x_0, \dots, x_n],$$

wobei $L(x) = \prod_{j=0}^{n} (x - x_j)$. Die Stützstellen $x_0, \dots, x_n$ solle so bestimmt werden, dass

$$\max_{a \leq x \leq b} |L(x)| = \|L\|_\infty \tag{2.6.51}$$

minimal wird. Damit hätte man eine „optimale" Darstellbarkeit von Funktionen aus $C^{n+1}[a,b]$ durch Lagrange-Interpolationspolynome in P_n. Nun ist $L(x) = x^{n+1} - p$ mit einem $p \in P_n$, d. h.: Die Aufgabe „optimale" Stützstellen zu bestimmen, ist äquivalent zur Konstruktion der Tschebyscheff-Approximation zu $f(x) = x^{n+1}$ bzgl. $S = P_n$. Nach dem Alternantensatz hat die Fehlerfunktion $e = x^{n+1} - p$ mindestens $n+1$ Nullstellen im Intervall $[a,b]$.

Satz 2.20 (Optimale Stützstellen): *Auf dem Intervall $[a,b] = [-1,1]$ ist die Tschebyscheff-Approximation $g \in P_n$ zu $f(x) = x^{n+1}$ gegeben durch*

$$g(x) = x^{n+1} - 2^{-n} T_{n+1}(x) \tag{2.6.52}$$

mit dem $(n+1)$-ten Tschebyscheff-Polynom

$$T_{n+1}(x) = \cos[(n+1)\arccos(x)].$$

Die Nullstellen

$$x_k = \cos\Big(\frac{\pi}{2}\,\frac{2k+1}{n+1}\Big), \quad k = 0, \dots, n \tag{2.6.53}$$

von T_{n+1} sind gerade die „optimalen" Stützstellen der Lagrange-Interpolation auf $[-1,1]$.

Beweis: Das Polynom $T_{n+1} \in P_{n+1}$ hat die $n+1$ Nullstellen $x_k = \cos(\frac{\pi}{2}\frac{2k+1}{n+1})$, $k = 0, \dots, n$, und es gilt (Übungsaufgabe)

$$\max_{-1 \leq x \leq 1} \prod_{k=0}^{n} |x - x_k| = 2^{-n}.$$

Der rekursiven Beziehung

$$T_0 \equiv 1, \quad T_1(x) = x, \quad T_{n+1}(x) = 2xT_n(x) - T_{n-1}(x),$$

entnimmt man, dass $T_{n+1}(x) = 2^n x^{n+1} + q(x)$ mit einem $q \in P_n$. Also ist

$$2^{-n} T_{n+1}(x) = \prod_{k=0}^{n} (x - x_k) = L(x).$$

Weiter nimmt $T_{n+1}(x) = \cos((n+1)\arccos(x))$ im Intervall $[-1,1]$ offenbar genau $(n+2)$-mal einen Extremwert an, abwechselnd ± 1 (siehe Abb. 2.11). Diese $n+2$ Extremalstellen bilden dann eine Alternante für die Approximation $g(x) = x^{n+1} - 2^{-n} T_{n+1}(x) \in P_n$ zu x^{n+1}. Nach dem Alternantensatz ist g also die eindeutig beste Approximation zu x^{n+1}. Mit den Nullstellen x_k von $T_{n+1}(x)$ gilt folglich

$$\begin{aligned}
\max_{-1 \le x \le 1} \left|\prod_{k=0}^{n} (x - x_k)\right| &= 2^{-n} \max_{-1 \le x \le 1} |T_{n+1}(x)| \\
&= \max_{-1 \le x \le 1} |x^{n+1} - [x^{n+1} - 2^{-n} T_{n+1}(x)]| \\
&= \min_{p \in P_n} \max_{-1 \le x \le 1} |x^{n+1} - p(x)| \\
&= \min_{-1 \le \zeta_0 < \ldots < \zeta_n \le 1} \max_{-1 \le x \le 1} \left|\prod_{k=0}^{n} (x - \zeta_k)\right|
\end{aligned}$$

und damit die behauptete Optimalitätseigenschaft. Q.E.D.

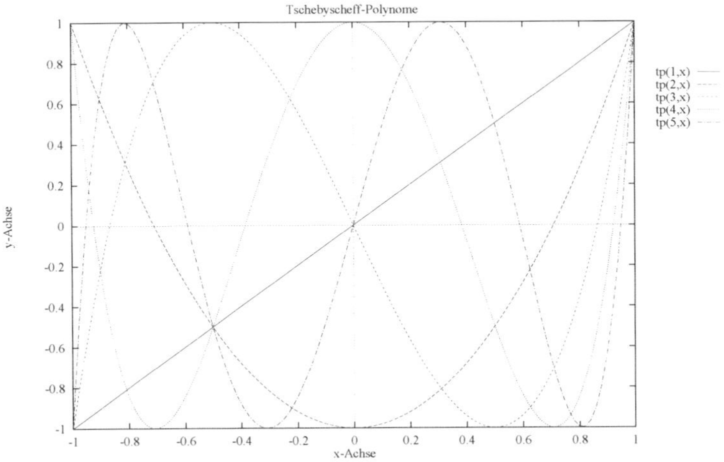

Abbildung 2.11: *Anwendung der Alternantenregel*

Die optimalen Stützstellen der Lagrange-Interpolation auf einem beliebigen Intervall $[a,b]$ gewinnt man aus dem Resultat von Satz 2.20 mit Hilfe der Transformation φ :

$[a, b] \to [-1, 1]:$

$$x = \varphi(y) := \frac{2}{b-a} y - \frac{a+b}{b-a},$$

zu

$$y_k = \frac{b-a}{2} x_k + \frac{a+b}{2}, \quad k = 0, \ldots, n.$$

Für den Interpolationsfehler einer Funktion $f \in C^{n+1}[a, b]$ gilt dann

$$\|f - p_n\|_\infty \le \frac{1}{(n+1)!} \frac{(b-a)^{n+1}}{2^{2n+1}} \|f^{(n+1)}\|_\infty. \tag{2.6.54}$$

2.7 Übungsaufgaben

Übung 2.1: Gegeben seien $n+1$ paarweise verschiedene Punkte $x_i \in \mathbb{R}^1, i = 0, 1, \ldots, n$, und die zugehörigen $n+1$ sog. Lagrange-Polynome

$$L_i^{(n)}(x) = \prod_{j=0, j \ne i}^{n} \frac{x - x_j}{x_i - x_j}, \quad i = 0, \ldots, n.$$

Man zeige, dass die Polynome $\{L_i^{(n)}, i = 0, \ldots, n\}$, eine Basis des Polynomraums P_n (Vektorraum aller Polynome vom Grad kleiner oder gleich n) bilden, und dass die folgenden Beziehungen gelten:

$$i) \quad \sum_{i=0}^{n} L_i^{(n)}(x) = 1, \quad x \in \mathbb{R}^1,$$

$$ii) \quad \sum_{i=0}^{n} x_i^k L_i^{(n)}(0) = 0, \quad k = 1, \ldots, n,$$

$$iii) \quad \sum_{i=0}^{n} x_i^{n+1} L_i^{(n)}(0) = (-1)^n \prod_{i=0}^{n} x_i.$$

(Hinweis: Man verwende die Eindeutigkeit des Lagrange-Interpolationspolynoms und die Darstellung des Fehlers bei der Lagrange-Interpolation.)

Übung 2.2: Für verschiedene Orte wurde an einem bestimmten Tag die folgenden Tageslängen gemessen:

Ort	Tageslänge	Lage
A	17h 28m	$55,7^o$
B	18h 00m	$57,7^o$
C	18h 31m	$59,3^o$
D	19h 56m	$62,6^o$
E	22h 34m	$65,6^o$

Man bestimme die Tageslänge am Ort F bei $61,7^o$ durch Auswertung des zugehörigen Interpolationspolynoms mit Hilfe des Neville-Algorithmus. (Es genügt 4-stellige Dezimalrechnung.)

Übung 2.3: Es soll eine 10-stellige Wertetabelle von

$$f(x) = \int_0^x \sin(t)^2 \, dt, \qquad x \in [0, \pi],$$

erstellt werden (in Festkommadarstellung), so dass kubische Lagrange-Interpolation einen Fehler kleiner als $5 \cdot 10^{-9}$ für jeden Wert von x im Intervall $[0, \pi]$ ergibt. Reichen dazu die Werte zu 250 äquidistant verteilten Stützstellen aus? (Hinweis: Der Auswertungsfehler setzt sich zusammen aus dem absoluten Interpolationsfehler und dem absoluten Rundungsfehler in den zur Interpolation verwendeten Stützwerten.)

Übung 2.4: Gegeben sei die Funktion $f(x) = e^{\lambda x}$, $\lambda \in \mathbb{R}$, auf einem Intervall $[a, b]$. Man zeige, dass in diesem Fall der Fehler $f - p_n$ der Lagrange-Interpolation von f über beliebig verteilten $n + 1$ (paarweise verschiedenen) Stützstellen aus $[a, b]$ für $n \to \infty$ gleichmäßig gegen Null konvergiert:

$$\max_{x \in [a,b]} |f(x) - p_n(x)| \to 0 \quad (n \to \infty).$$

Was unterscheidet diese Funktion von dem in der Vorlesung angegebenen Beispiel $f(x) = (1 + x^2)^{-1}$, für welches die Lagrange-Interpolation für $n \to \infty$ nicht konvergiert (s. Aufgabe 3.5)?

Übung 2.5: Wir betrachten die Hermite-Interpolationsaufgabe, zu (paarweise verschiedenen) Stützstellen x_i $(i = 0, \dots, m)$ und zu gegebenen Werten $y_i^{(0)}$, $y_i^{(1)}$ $(i = 0, \dots, m)$ ein Polynom $p \in P_n$, $n = 2m + 1$, so zu bestimmen, dass

$$p(x_i) = y_i^{(0)}, \quad p'(x_i) = y_i^{(1)} \quad (i = 0, \dots, m).$$

Man zeige:

a) Die Hermite-Interpolationsaufgabe besitzt eine eindeutig bestimmte Lösung.

b) Im Falle der Interpolation einer $(n+1)$-mal differenzierbaren Funktion f, d. h. $p(x_i) = f(x_i)$, $p'(x_i) = f'(x_i)$ $(i = 0, \dots, m)$ gilt die Fehlerdarstellung

$$f(x) - p(x) = \frac{f^{(n+1)}(\xi_x)}{(n+1)!} \prod_{i=0}^{m} (x - x_i)^2$$

mit x-abhängigen Zwischenstellen $\xi_x \in [a, b]$. (Hinweis: Man modifiziere die entsprechende Argumentation der Vorlesung oder des Skriptums für die Lagrange-Interpolation.)

Übung 2.6 (Praktische Aufgabe): Man berechne die Lagrange-Interpolationspolynome der Funktionen

$$f(x) = \frac{1}{1+25x^2}, \qquad g(x) = \sqrt{|x|}, \qquad -1 \le x \le 1,$$

in Neville-Darstellung, jeweils zu den Stützstellen $x_i = -1+ih,\ i = 0,...,n$, mit $h = 2/n$, für $n = 5, 10, 15, 20$. Man stelle die Polynome grafisch dar und vergleiche die Polynomgraphen mit den richtigen Funktionsverläufen.

Übung 2.7: Auf einer Zerlegung $0 = x_0 < x_1 < \ldots < x_{N-1} < x_N = 1$ des Intervalls $I = [0,1]$ werde eine Funktion stückweise quintisch interpoliert, d. h.: Auf jedem der Teilintervalle $I_k = [x_{k-1}, x_k],\ k = 1,\ldots,N$, wird f durch ein Polynom $p_5^{(k)} \in P_5$ interpoliert, wobei jeweils einer der folgenden Sätze an Bedingungen verwendet wird:

(i) $p_5^{(k)}(\xi) = f(\xi), \quad \xi \in \{x_{k-1} + jh_k/5,\ j = 0,\ldots,5\}, \quad h_k = x_k - x_{k-1},$

(ii) $p_5^{(k)}(\xi) = f(\xi)\,,\ (p_5^{(k)})'(\xi) = f'(\xi)\,,\ (p_5^{(k)})''(\xi) = f''(\xi), \quad \xi \in \{x_{k-1}, x_k\}\,.$

Im ersten Fall (Lagrange-Interpolation) ist die resultierende zusammengesetzte Funktion auf dem Intervall I stetig, und im zweiten Fall (Hermite-Interpolation) zweimal stetig differenzierbar. Man zeige, dass für $f \in C^6[0,1]$ in beiden Fällen die Abschätzung gilt:

$$\max_{x\in I} |f(x) - p(x)| \le \frac{h^6}{720} \max_{x\in I} |f^{(6)}(x)|, \quad h := \max_{k=1,\ldots,N} h_k\,.$$

(Hinweis: Man wende die Fehlerdarstellung der Vorlesung für die Lagrange- bzw. die Hermite-Interpolation auf jedem der Teilintervalle I_k an.)

Übung 2.8: Für die Funktion $f(x) = \cosh(x)$ ist die Wertetabelle gegeben

x	$f(x)$
0.52	1,1382741
0.56	1,1609408
0.60	1,1854652
0.64	1,2118867
0.68	1,2402474.

Man bestimme durch Extrapolation eines geeigneten Differenzenquotienten möglichst gute Näherungen zum Ableitungswert $f'(0.6) = 0,63665358\ldots$.

Übung 2.9: Welche von den Indexfolgen

$$(i)\ \ n_i = 2i-1,\ i \in \mathbb{N}, \qquad (ii)\ \ n_i = 3^i,\ i \in \mathbb{N}, \qquad (iii)\ \ n_i = i^2,\ i \in \mathbb{N},$$

für Schrittweiten $h_i = h/n_i$ ist zulässig für die Extrapolation zum Limes?

Übung 2.10: Es bezeichne S_0 den Vektorraum der kubischen, natürlichen Spline-Funktionen zu den Stützstellen $x_0 = 0, x_1 = 1, x_2 = 2$.

a) Sind die folgenden Funktionen in S_0?

$$\begin{aligned} (i) \quad & f(x) = x^3 - x^2, \\ (ii) \quad & f(x) = x^2(x-6) - (x-2)^3, \\ (iii) \quad & f(x) = \max\{0, x-1\}^3 - \tfrac{1}{2}x^3. \end{aligned}$$

b) Man bestimme den interpolierenden Spline $s_2 \in S_0$ für $f(x) = x^3$. Wie lautet das Ergebnis, wenn die *natürlichen* Randbedingungen durch $s_2''(x_0) = f''(x_0)$, und $s_2''(x_2) = f''(x_2)$ ersetzt werden.

Übung 2.11 (Praktische Aufgabe): Zur Bestimmung des halben Umfangs

$$\pi = 3,1415\,92653\,58979\,32384\,62643\ldots$$

des Einheitskreises verwendeten schon die „alten Griechen“ den Umfang einbeschriebener regulärer Polygone. Mit Hilfe des 96-seitigen Polygons fand z. B. Archimedes den Wert $\pi \approx 3,142$. Die allgemeine Formel für den Umfang T_n des n-seitigen einbeschriebenen, regulären Polygons ist

$$(*) \qquad T_n = 2n\sin(\pi/n) \quad \to \quad 2\pi \quad (n \to \infty).$$

Man kann die T_n für $n = 6 \cdot 2^i$ mit Hilfe der Rekursionsformel (nachprüfen!)

$$T_6 = 6, \quad T_{2n} = 2\sqrt{2n^2 - n\sqrt{4n^2 - T_n^2}},$$

ohne Auswertung des Sinus berechnen.

i) Man bestimme mit Hilfe der Richardson-Extrapolation aus den Stützwerten

$$\{T_n,\ n = 6 \cdot 2^i,\ i = 0, \ldots, k\},$$

für $k = 1, \ldots, 30$, Approximationen für π und plotte den resultierenden Fehler in Abhängigkeit von k. (Hinweis: Man setze $x_n = 1/n$ und $T(x_n) := T_n$ und extrapoliere die Funktion $T(x) := 2/x\sin(\pi x)$ nach $x = 0$.)

ii) Man wiederhole die Rechnung mit den Stützwerten $\{T_i,\ i = 3, 4, \ldots, k\}$ für $k = 4, \ldots, 33$, wobei die benötigten Werte T_i direkt aus der Definitionsformel $(*)$ bestimmt werden sollen. Wie sind die beobachteten Phänomene zu erklären?

Übung 2.12: Man zeige, dass die Funktionen

$$\varphi_0(x) = 1/\sqrt{2x}, \quad \varphi_k(x) = \frac{1}{\sqrt{\pi}}\cos(kx), \quad \psi_k(x) = \frac{1}{\sqrt{\pi}}\sin(kx), \quad k = 1, \ldots, n,$$

ein Orthonormalsystem des Teilraums $T_n \subset C[-\pi, \pi]$ der trigonometrischen Polynome vom Grad kleiner oder gleich n bzgl. des L^2-Skalarprodukts über dem Intervall $[-\pi, \pi]$ bilden und bestimme die beste Approximation der Funktion $f(x) = x$ in T_n.

Übung 2.13: Man zeige, dass die durch

$$\varphi_k(x) = \frac{k!}{(2k)!} \frac{d^k}{dx^k}(x^2-1)^k, \quad k = 0, 1, \ldots, n,$$

definierten Polynome orthogonal bzgl. des L^2-Skalarprodukts über $[-1,1]$ sind, und dass

$$\|\varphi_k\| = \frac{k!^2}{(2k)!}\sqrt{\frac{2^{2k+1}}{2k+1}}, \qquad \varphi_k(1) = \frac{k!^2}{(2k)!}2^k.$$

Durch Normierung erhält man hieraus die sog. Gauß-Legendre-Polynome

$$L_k(x) := \frac{(2k)!}{k!^2 2^k}\varphi_k(x), \qquad L(1) = 1.$$

(Hinweis: Man verwende partielle Integration, leite für die Integrale $I_k := \int_{-1}^{1}(1-x^2)^k\,dx$ eine einstufige Rekursionsformel her und differenziere die Funktion $(x^2-1)^k$.)

Übung 2.14: Man zeige die folgenden Eigenschaften einer Norm $\|\cdot\|$ auf einem Vektorraum E (nicht notwendig endlich dimensional):

a) $\|x-y\| \ge \big|\|x\| - \|y\|\big|, \quad x, y \in E$.

b) Die Funktion $N(\cdot) = \|\cdot\| : E \to \mathbb{R}$ ist stetig.

c) Ist E endlich dimensional, so sind alle Normen auf E äquivalent, d. h.: Zu je zwei Normen $\|\cdot\|_1, \|\cdot\|_2$ auf E gibt es stets Konstanten $M \ge m > 0$, so dass

$$m\|x\|_1 \le \|x\|_2 \le M\|x\|_1, \quad x \in E.$$

(Hinweis: Für eine Basis $\{e^1,\ldots,e^n\}$ von E betrachte man die Funktion $F(\alpha_1,\ldots,\alpha_n) := \|\sum_{i=1}^n \alpha_i e^i\|$ auf der Einheitssphäre des $\mathbb{R}^n$.)

Übung 2.15: Man bestimme die Gauß-Approximationen der Funktion $f(x) = \sqrt{x}$ bzgl. der L^2-Norm über dem Intervall $[0,1]$ in den Polynomräumen P_0, P_1 und P_2. Man stelle die Ergebnisse graphisch dar.

Übung 2.16: (Praktische Aufgabe) Man berechne rekursiv die Gauß-Legendre- und die Tschebyscheff-Polynome L_k und T_k auf dem Intervall $[-1,1]$ aus den Beziehungen

$$a) \qquad L_k(x) := \frac{(2k)!}{2^k k!^2}\varphi_k(x), \quad k = 0, 1, 2, \ldots,$$
$$\varphi_0(x) = 1,\ \varphi_1(x) = x, \quad \varphi_{k+1}(x) = x\varphi_k(x) - \frac{k^2}{4k^2-1}\varphi_{k-1},$$

$$b) \qquad T_0(x) = 1,\ T_1(x) = x, \quad T_{k+1}(x) = 2xT_k(x) - T_{k-1}(x),$$

für $k = 0, 1, 2, \ldots, 10$ und stelle sie grafisch dar.

3 Numerische Integration

Die Berechnung bestimmter Integrale kann in der Praxis meist nur näherungsweise mit Hilfe von sog. „Quadraturformeln“ erfolgen. Dazu macht man für eine Funktion $f \in C[a,b]$ den Ansatz

$$I(f) = \int_a^b f(x)\,dx \sim I^{(n)}(f) = \sum_{i=0}^{n} \alpha_i f(x_i)$$

mit Stützstellen $a \le x_0 < \ldots < x_n \le b$ und Gewichten $\alpha_i \in \mathbb{R}$. Ein einfaches Beispiel ist die sog. „(summierte) Rechteckregel“:

$$I(f) \approx \sum_{i=0}^{n-1} (x_{i+1} - x_i) f(x_i).$$

3.1 Interpolatorische Quadraturformeln

Ein naheliegender Weg zur Konstruktion von Quadraturformeln ist der über die Polynominterpolation. Zu den (paarweise verschiedenen) Stützstellen $a \le x_0 < \ldots < x_n \le b$ wird das Lagrange-Interpolationspolynom gebildet

$$p_n(x) = \sum_{i=0}^{n} f(x_i) L_i^{(n)}(x)$$

und dann gesetzt

$$I^{(n)}(f) := \int_a^b p_n(x)\,dx = \sum_{i=0}^{n} f(x_i) \underbrace{\int_a^b L_i^{(n)}(x)\,dx}_{=:\,\alpha_i}. \tag{3.1.1}$$

Die Quadraturgewichte α_i hängen offenbar nur von $[a,b]$ und den Stützstellen $x_0, \ldots, x_n$ ab. Der Quadraturfehler einer solchen sog. „interpolatorischen“ Quadraturformel lässt sich leicht angeben:

Satz 3.1 (Lagrange-Quadratur): *Für interpolatorische Quadraturformeln gilt:*

$$I(f) - I^{(n)}(f) = \int_a^b f[x_0, \ldots, x_n, x] \prod_{j=0}^{n} (x - x_j)dx. \tag{3.1.2}$$

Beweis: Die allgemeine Darstellung des Quadraturfehlers folgt aus der Restglieddarstellung der Lagrange-Interpolation in Satz 2.4. Q.E.D.

Aus der Fehlerdarstellung (3.1.2) folgt, dass die interpolatorische Quadraturformel $I^{(n)}(\cdot)$ „exakt“ ist für Polynome $p \in P_n$; dies ergibt sich ja bereits aus ihrer Konstruktion.

Definition 3.1: *Eine Quadraturformel $I^{(n)}(\cdot)$ wird „(mindestens) von der Ordnung m“ genannt, wenn durch sie alle Polynome aus P_{m-1} exakt integriert werden.*

Die interpolatorischen Quadraturformeln $I^{(n)}(\cdot)$ zu $n+1$ Stützstellen sind also mindestens von der Ordnung $n+1$.

Ein wichtiger Spezialfall sind die auf äquidistant verteilten Stützstellen basierenden sog. „Newton-Cotes[1]-Quadraturformeln“:

(a) „abgeschlossene“ Newton-Cotes-Formeln (a, b sind Stützstellen)

$$x_i = a + iH\,, \quad i = 0, \dots, n\,, \quad H = \frac{b-a}{n}\,,$$

(b) „offene“ Newton-Cotes-Formeln (a, b sind keine Stützstellen)

$$x_i = a + (i+1)H\,, \quad i = 0, \dots, n\,, \quad H = \frac{b-a}{n+2}\,,$$

Zur Berechnung der Gewichte α_i geht man z. B. im Fall der abgeschlossenen Formeln wie folgt vor: Jedes $x \in [a, b]$ ist darstellbar als $x = a + tH$ mit einem $t \in [0, n]$. Durch Koordinatentransformation $x \to t = (x-a)/H$ erhält man

$$L_i^{(n)}(x) = \prod_{\substack{j=0\\ j\neq i}}^{n} \frac{x - x_j}{x_i - x_j} = \prod_{\substack{j=0\\ j\neq i}}^{n} \frac{a + tH - a - jH}{a + iH - a - jH} = \prod_{\substack{j=0\\ j\neq i}}^{n} \frac{t-j}{i-j}.$$

Also ist

$$\alpha_i = \int_a^b L_i^{(n)}(x)\,dx = H \int_0^n \prod_{\substack{j=0\\ j\neq i}}^{n} \frac{t-j}{i-j}\,dt\,, \quad i = 0, \dots, n.$$

Diese Gewichte werden ein für allemal berechnet und tabelliert. Für die offenen Newton-Cotes-Formeln verfährt man analog.

[1]Roger Cotes (1682–1716): Englischer Mathematiker; Professor für Astronomy an der Universität Cambridge (1706) (zusammen mit Newton); Beiträge zu vielen konkreten Fragen der reellen Analysis, insbesondere zur Numerik, Interpolation und Integraltafelnberechnung).

Beispiel 3.1: Als abgeschlossene Newton-Cotes-Formel für $n = 2$, $H := (b-a)/2$:

$$a_0 = H\int_0^2 \frac{t-1}{0-1}\,\frac{t-2}{0-2}\,dt = \frac{H}{2}\int_0^2 (t^2-3t+2)\,dt = \frac{1}{3}H$$
$$a_1 = H\int_0^2 \frac{t-0}{1-0}\,\frac{t-2}{1-2}\,dt = -H\int_0^2 (t^2-2t)\,dt = \frac{4}{3}H$$
$$a_2 = H\int_0^2 \frac{t-0}{2-0}\,\frac{t-1}{2-1}\,dt = \frac{H}{2}\int_0^2 (t^2-t)\,dt = \frac{1}{3}H$$

ergibt sich die sog „Simpson[2]-Regel“:

$$I^{(2)}(f) = \frac{H}{3}\Big(f(a) + 4f\Big(\frac{a+b}{2}\Big) + f(b)\Big).$$

Beispiel 3.2: Wir geben im Folgenden einige der einfachsten Newton-Cotes-Formeln an:

(a) Abgeschlossene Formeln $(n = 1,2,3,4)$: $\quad H := (b-a)/n$

$$I^{(1)}(f) = \frac{b-a}{2}\,\{f(a) + f(b)\} \quad \text{(„Trapezregel“ bzw. „Sehnen-Trapezregel“)}$$
$$I^{(2)}(f) = \frac{b-a}{6}\,\Big\{f(a) + 4f\Big(\frac{a+b}{2}\Big) + f(b)\Big\} \quad \text{(„Simpson-Regel“)}$$
$$I^{(3)}(f) = \frac{b-a}{8}\,\{f(a) + 3f(a+H) + 3f(b-H) + f(b)\} \quad \text{(„}\tfrac{3}{8}\text{-Regel)“}$$
$$I^{(4)}(f) = \frac{b-a}{90}\,\Big\{7f(a) + 32f(a+H) + 12f\Big(\frac{a+b}{2}\Big) + 32f(b-H) + 7f(b)\Big\}.$$

(b) Offene Formeln $(n = 0,1,2,3)$ $\quad H := (b-a)/n$

$$I^{(0)}(f) = (b-a)f\Big(\frac{a+b}{2}\Big) \quad \text{(„Mittelpunktsregel“ bzw. „Tangenten-Trapezregel“)}$$
$$I^{(1)}(f) = \frac{b-a}{2}\,\{f(a+H) + f(b-H)\}$$
$$I^{(2)}(f) = \frac{b-a}{3}\,\Big\{2f(a+H) - f\Big(\frac{a+b}{2}\Big) + 2f(b-H)\Big\}$$
$$I^{(3)}(f) = \frac{b-a}{24}\,\{11f(a+H) + f(a+2H) + f(b-2H) + 11f(b-H)\}.$$

[2]Thomas Simpson (1710–1761): Englischer Mathematiker; seit 1743 Professor an der Royal Military Academny at Woolwich; neben der nach ihm benannten Quadraturformel Beiträge zur Geometrie, Trogonometrie, Wahrscheinlichkeitstheorie und Astronomie; auf ihn gehen die heutige üblichen Bezeichnungen Sinus, Cosinus, Tangens und Cotangens zurück, auch die differentielle Form des Newton-Verfahrens wurde von ihm 1740 eingeführt.

Bemerkung 3.1: Im Gegensatz zu den Newton-Cotes-Formeln verwenden die sog. „Besselschen[3] Formeln" auch Stützstellen außerhalb von $[a,b]$; z. B.:

$$I^{(3)}(f) = \frac{b-a}{24}\big\{-f(2a-b) + 13f(a) + 13f(b) - f(2b-a)\big\}.$$

Die sog. „Hermiteschen Formeln" verwenden Ableitungswerte; z. B.:

$$I^{(3)}(f) = \frac{b-a}{2}\big\{f(a) + f(b)\big\} + \frac{(b-a)^2}{12}\big\{f'(a) - f'(b)\big\}.$$

Sie basieren auf dem Hermite-Interpolationspolynom zu $n+1 = 2m+2$ Stützstellen $a \le x_0 < \ldots < x_m \le b$ und Stützwerten $f(x_i), f'(x_i),\ i = 0, \ldots, m$.

Wir wollen nun für die drei einfachsten Newton-Cotes-Formeln, die Trapezregel, die Simpson-Regel und die Mittelpunktsregel, die Restglieddarstellungen ableiten.

Satz 3.2 (Quadraturrestglieder): *Es gelten die folgenden Restglieddarstellungen*
(i) *für die Trapezregel:*

$$I(f) - \frac{b-a}{2}\big\{f(a) + f(b)\big\} = -\frac{(b-a)^3}{12} f''(\zeta), \quad f \in C^2[a,b],$$

(ii) *für die Simpson-Regel:*

$$I(f) - \frac{b-a}{6}\Big\{f(a) + 4f\Big(\frac{a+b}{2}\Big) + f(b)\Big\} = -\frac{(b-a)^5}{2880} f^{(4)}(\zeta), \quad f \in C^4[a,b],$$

(iii) *für die Mittelpunktsregel:*

$$I(f) - (b-a)f\Big(\frac{a+b}{2}\Big) = \frac{(b-a)^3}{24} f''(\zeta), \quad f \in C^2[a,b],$$

mit gewissen Zwischenstellen $\zeta \in [a,b]$.

Beweis: (i) Wegen $(x-a)(x-b) \le 0$ in $[a,b]$ gilt

$$I(f) - I^{(1)}(f) = \frac{f''(\zeta)}{2} \int_a^b (x-a)(x-b)\,dx = -\frac{(b-a)^3}{12} f''(\zeta).$$

(ii) Da $(x-a)(x-\frac{a+b}{2})(x-b)$ in $[a,b]$ einen Vorzeichenwechsel hat, kann der in (i) verwendete trick nicht direkt angewendet werden. Mit der Newton-Form des Interpolationsrestglieds gilt:

[3]Friedrich Wilhelm Bessel (1784–1846): Deutscher Astromom und Mathematiker; Direktor des Observatoriums in Königsberg und Mitglied der Berliner Akademie; grundlegende Beiträge zur mathematischen Fehlerkorrektur bei astronomischen Beobachtungen und zur Sternpositionierung.

$$\begin{aligned}
I(f) - I^{(2)}(f) &= \int_a^b f[a, \tfrac{a+b}{2}, b, x](x - Bernoullia)(x - \tfrac{a+b}{2})(x-b)\,dx \\
&= \int_a^b \frac{f[a, \frac{a+b}{2}, b, x] - f[a, \frac{a+b}{2}, b, \frac{a+b}{2}]}{x - \frac{a+b}{2}} \underbrace{(x-a)(x - \tfrac{a+b}{2})^2(x-b)}_{\leq 0}\,dx + \\
&\quad + f[a, \tfrac{a+b}{2}, b, \tfrac{a+b}{2}] \underbrace{\int_a^b (x-a)(x - \tfrac{a+b}{2})(x-b)\,dx}_{=0}.
\end{aligned}$$

Nach dem verallgemeinerten Mittelwertsatz der Integralrechnung folgt

$$\begin{aligned}
I(f) - I^{(2)}(f) &= \int_a^b f[a, \tfrac{a+b}{2}, \tfrac{a+b}{2}, b, x](x-a)(x - \tfrac{a+b}{2})^2(x-b)\,dx \\
&= \frac{f^{(4)}(\zeta)}{4!} \int_a^b (x-a)(x - \tfrac{a+b}{2})^2(x-b)\,dx.
\end{aligned}$$

(iii) Da $x - \frac{a+b}{2}$ in $[a,b]$ einen Vorzeichenwechsel hat, verwenden wir eine analoge Schlussweise wie in (ii):

$$\begin{aligned}
I(f) - I^{(0)}(f) &= \int_a^b f[\tfrac{a+b}{2}, x](x - \tfrac{a+b}{2})\,dx \\
&= \int_a^b \frac{f[\frac{a+b}{2}, x] - f[\frac{a+b}{2}, \frac{a+b}{2}]}{x - \frac{a+b}{2}} \underbrace{(x - \tfrac{a+b}{2})^2}_{\geq 0}\,dx + f'(\tfrac{a+b}{2}) \underbrace{\int_a^b (x - \tfrac{a+b}{2})\,dx}_{=0} \\
&= \int_a^b f[\tfrac{a+b}{2}, \tfrac{a+b}{2}, x](x - \tfrac{a+b}{2})^2\,dx = \frac{f''(\zeta)}{2} \int_a^b (x - \tfrac{a+b}{2})^2\,dx.
\end{aligned}$$

Analog lassen sich die Restglieddarstellungen der Newton-Cotes-Formeln höherer Ordnung herleiten. Q.E.D.

Bemerkung 3.2: Besitzen die in den Restgliedern auftretenden Ableitungen von f auf $[a,b]$ festes Vorzeichen, so gestattet der Vergleich der abgeschlossenen und offenen Formeln (unter Vernachlässigung des Rundungsfehlers) eine Einschließung des Integralwertes. Zum Beispiel ergibt sich für „konvexe" Funktionen f (mit $f'' \geq 0$) mit der (Sehnen)-Trapezregel und der (Tangenten)-Trapezregel (Mittelpunktsregel):

$$(b-a)f\Big(\frac{a+b}{2}\Big) \leq I(f) \leq \frac{b-a}{2}\big\{f(a) + f(b)\big\}. \tag{3.1.3}$$

Bei den abgeschlossenen Newton-Cotes-Formeln treten ab $n = 7$ und bei den offenen ab $n = 2$ *negative* Gewichte α_i auf. Dadurch erhöht sich die Rundungsfehleranfälligkeit dieser Formeln (Auslöschungsgefahr). Außerdem kann i. Allg. keine Konvergenz

$$I^{(n)}(f) \to I(f) \quad (n \to \infty)$$

erwartet werden, da die Lagrange-Interpolation kein generell konvergenter Prozess ist. Man wendet daher zur Berechnung von $I(f)$ die Quadraturformeln nur auf Teilintervalle der Länge h an und summiert die Einzelbeiträge zu den sog. „summierten" Quadraturformeln.

$$I_h^{(n)}(f) := \sum_{i=0}^{N-1} I^{(n)}_{[x_i,x_{i+1}]}(f), \quad h = \frac{b-a}{N}. \tag{3.1.4}$$

Gilt für die verwendete Quadraturformel die Fehlerdarstellung

$$I_{[x_i,x_{i+1}]}(f) - I^{(n)}_{[x_i,x_{i+1}]}(f) = \omega_n\, h^{m+2} f^{(m+1)}(\zeta_i)\,, \quad \zeta_i \in [x_i, x_{i+1}],$$

mit einem $m \geq n$, so ergibt sich mit dem Zwischenwertsatz für den Fehler die Darstellung

$$I(f) - I_h^{(n)}(f) = \sum_{i=0}^{N-1} \omega_n\, h^{m+2} f^{(m+1)}(\zeta_i) = \omega_n\, h^{m+2}\, N\, f^{(m+1)}(\zeta),$$

mit einem $\zeta \in [a,b]$. Wegen $N = \frac{b-a}{h}$ folgt also

$$I(f) - I_h^{(n)}(f) = \omega_n (b-a)\, h^{m+1}\, f^{(m+1)}(\zeta)\,, \quad \zeta \in [a,b]\,. \tag{3.1.5}$$

Beispiel 3.3: Wir geben die Restglieder für die einfachsten Formeln an:

(1) Summierte Trapezregel $(m = 1)$

$$I_h^{(1)}(f) = \sum_{i=0}^{N-1} \frac{x_{i+1}-x_i}{2}\{f(x_i) + f(x_{i+1})\} = \frac{h}{2}\Big\{f(a) + 2\sum_{i=1}^{N-1} f(x_i) + f(b)\Big\}.$$

$$I(f) - I_h^{(1)}(f) = -\frac{b-a}{12}\, h^2 f''(\zeta)\,, \quad \zeta \in [a,b]. \tag{3.1.6}$$

(2) Summierte Simpson-Regel $(m = 3)$

$$\begin{aligned} I_h^{(2)}(f) &= \sum_{i=0}^{N-1} \frac{x_{i+1}-x_i}{6}\Big\{f(x_i) + 4f\Big(\frac{x_i+x_{i+1}}{2}\Big) + f(x_{i+1})\Big\} \\ &= \frac{h}{6}\Big\{f(a) + 2\sum_{i=1}^{N-1} f(x_i) + 4\sum_{i=0}^{N-1} f\Big(\frac{x_i+x_{i+1}}{2}\Big) + f(b)\Big\}. \end{aligned}$$

$$I(f) - I_h^{(2)}(f) = -\frac{b-a}{2880}\, h^4\, f^{(4)}(\zeta)\,, \quad \zeta \in [a,b]. \tag{3.1.7}$$

(3) Summierte Mittelpunktsregel $(m = 1)$

$$I_h^{(0)}(f) = \sum_{i=0}^{N-1} (x_{i+1} - x_i) f\Big(\frac{x_i + x_{i+1}}{2}\Big) = h \sum_{i=0}^{N-1} f\Big(\frac{x_i + x_{i+1}}{2}\Big).$$

$$I(f) - I_h^{(0)}(f) = \frac{b-a}{24}\, h^2\, f''(\zeta), \quad \zeta \in [a,b]. \tag{3.1.8}$$

3.2 Gaußsche Quadraturformeln

Die interpolatorischen Quadraturformeln

$$I^{(n)}(f) = \sum_{i=0}^{n} \alpha_i f(x_i) \tag{3.2.9}$$

zu den Stützstellen $x_0, \dots, x_n \in [a,b]$ sind nach Konstruktion mindestens von der Ordnung $n+1$, d. h.: Für ihr Restglied gilt:

$$R^{(n)}(p) \equiv I(p) - I^{(n)}(p) = 0, \qquad p \in P_n. \tag{3.2.10}$$

Für den Spezialfall der Newton-Cotes-Formeln mit geradem $n > 0$ haben wir gesehen (Übungsaufgabe), dass sogar Polynome aus P_{n+1} exakt integriert werden. Es stellt sich nun die Frage, die Stützstellen $x_0, \dots, x_n$ und die Gewichte $\alpha_0, \dots, \alpha_n$ so zu wählen, dass Polynome möglichst hohen Grades exakt integriert werden.

Hilfssatz 3.1: *Eine obere Grenze für die Ordnung einer Quadraturformel der Art $I^{(n)}(\cdot)$ ist $2n+2$.*

Beweis: Wäre $I^{(n)}(\cdot)$ von höherer Ordnung, d. h. insbesondere also exakt für das Polynom

$$p(x) = \prod_{i=0}^{n} (x - x_i)^2 \in P_{2n+2},$$

so ergäbe sich der Widerspruch

$$0 < \int_a^b p(x)\, dx = I^{(n)}(p) = 0.$$

Q.E.D.

Wir wollen im Folgenden zeigen, dass es tatsächlich interpolatorische Quadraturformeln zu $n+1$ Stützstellen gibt, welche die Maximalordnung $2n+2$ haben. Sie heißen „Gauß-Quadraturformeln“. Seien $p_n \in P_n$ und $p_{2n+1} \in P_{2n+1}$ die Lagrange-Interpolationspolynome einer Funktion $f \in C[a,b]$ zu den $n+1$ bzw. $2n+2$ Stützstellen $x_0,\dots,x_n,x_{n+1},\dots,x_{2n+1} \in [a,b]$. Für die zugehörigen Quadraturformeln $I^{(n)}(\cdot)$ bzw. $I^{(2n+1)}(\cdot)$ gilt dann

$$\begin{aligned} I(f) - I^{(2n+1)}(f) &= I(f) - \sum_{i=0}^{2n+1} f[x_0,\dots,x_i] \int_a^b \prod_{j=0}^{i-1}(x-x_j)\,dx \\ &= I(f) - I^{(n)}(f) - \sum_{i=n+1}^{2n+1} f[x_0,\dots,x_i] \int_a^b \prod_{j=0}^{i-1}(x-x_j)\,dx. \end{aligned}$$

Wir schreiben für $i = n+1,\dots,2n+1$:

$$\int_a^b \prod_{j=0}^{i-1}(x-x_j)\,dx = \int_a^b \underbrace{\prod_{j=0}^{n}(x-x_j)}_{\in P_{n+1}} \underbrace{\prod_{j=n+1}^{i-1}(x-x_j)}_{\in P_n}\,dx.$$

Die $n+1$ Polynome

$$\Big\{1,\ x-x_{n+1},\ (x-x_{n+1})(x-x_{n+2}),\ \dots,\ \prod_{j=n+1}^{2n}(x-x_j)\Big\}$$

bilden eine Basis von P_n. Wählen wir nun die ersten $n+1$ Stützstellen $x_0,\dots,x_n \in [a,b]$ so, dass

$$\int_a^b \prod_{j=0}^{n}(x-x_j)q(x)\,dx = 0 \quad \forall\, q \in P_n, \tag{3.2.11}$$

so folgt

$$I(f) - I^{(n)}(f) = I(f) - I^{(2n+1)}(f),$$

d. h.: Die interpolatorische Quadraturformel $I^{(n)}(\cdot)$ ist exakt für Polynome aus P_{2n+1}, also von der Ordnung $2n+2$.

Auf dem Funktionenraum $C[a,b]$ verwenden wir im Folgenden wieder das übliche L^2-Skalarprodukt und die zugehörige Norm

$$(f,g) := \int_a^b f(x)g(x)\,dx, \quad \|f\| := (f,f)^{1/2}.$$

Die obige Bedingung (3.2.11) besagt dann, dass das Polynom

$$p(x) \equiv \prod_{j=0}^{n}(x-x_j) = x^{n+1} + r(x), \quad r \in P_n,$$

bzgl. des Skalarprodukts $(\cdot,\cdot)$ „orthogonal“ zum Teilraum $P_n[a,b] \subset C[a,b]$ ist. Zur Konstruktion von p und damit seiner Nullstellen $x_0,\dots,x_n$ wenden wir das Gram-Schmidt-Verfahren auf die Monombasis $\{1,x,\dots,x^{n+1}\}$ von $P_{n+1}[a,b]$ an:

$$p_0(x) := 1, \quad k = 1,\dots,n+1: \quad p_k(x) := x^k - \sum_{j=0}^{k-1} \frac{(x^k,p_j)}{\|p_j\|^2}\, p_j(x). \tag{3.2.12}$$

Dann ist $\{p_0,\dots,p_{n+1}\}$ ein „Orthogonalsystem“ in $P_{n+1}[a,b]$. Offenbar ist

$$p_{n+1}(x) = x^{n+1} + r(x)\,, \quad r \in P_n,$$

so dass wir $p(x) := p_{n+1}(x)$ setzen können. Die $n+1$ Nullstellen $\lambda_0,\dots,\lambda_n$ von $p(x)$ sind dann mögliche Kandidaten für „optimale“ Integrationspunkte.

Wir legen im Folgenden ein Skalarprodukt der allgemeineren Gestalt

$$(f,g)_\omega := \int_a^b f(x)g(x)\omega(x)\,dx$$

mit einer integrablen Gewichtsfunktion $\omega(x) \ge 0,\ x \in (a,b)$, mit höchstens endlich vielen Nullstellen in $[a,b]$, zugrunde. Seien dann p_n, $n = 0,1,2,\dots,$ die mit Hilfe des Gram-Schmidt-Verfahren aus $\{1,x,x^2,\dots,\}$ gewonnenen bzgl. $(\cdot,\cdot)_\omega$ orthogonalen Polynome.

Satz 3.3 (Nullstellen orthogonaler Polynome): *Die bzgl. des Skalarproduktes* $(\cdot,\cdot)_\omega$ *orthogonalen Polynome* p_n *besitzen lauter reelle, einfache Nullstellen, die alle im Innern des Intervalls* $[a,b]$ *liegen.*

Beweis: Wir definieren die Menge

$$N_n := \{\lambda \in (a,b) \,|\, \lambda \text{ Nullstelle } \textit{ungerader} \text{ Vielfachheit von } p_n\}$$

und setzen

$$q(x) := 1 \quad \text{für } N_n = \emptyset,$$
$$q(x) := \prod_{i=1}^m (x-\lambda_i) \quad \text{für } N_n = \{\lambda_1,\dots,\lambda_m\}.$$

Dann ist $p_n \cdot q \in P_{n+m}$ reell und hat in (a,b) keinen Vorzeichenwechsel. Es gilt

$$(p_n,q)_\omega = \int_a^b p_n(x)q(x)\omega(x)\,dx \neq 0.$$

Für $m < n$ ist dies ein Widerspruch zu $p_n \perp P_{n-1}$. Q.E.D.

Die orthogonalen Polynome p_n bzgl. des Skalarprodukts $(\cdot,\cdot)$ auf $[-1,1]$ sind Vielfache der „Legendre-Polynome“ $L_n(x)$. Aufgrund von Satz 3.3 können wir nun die Nullstellen $\lambda_0, \dots, \lambda_n$ des $(n+1)$-ten Legendre-Polynoms L_{n+1} als Stützstellen einer interpolatorischen Quadraturformel auf dem Intervall $[-1,1]$ verwenden:

$$I^{(n)}(f) = \sum_{i=0}^{n} \alpha_i f(\lambda_i), \quad \alpha_i = \int_{-1}^{1} \prod_{\substack{j=0\\ j\neq i}}^{n} \frac{x-\lambda_j}{\lambda_i-\lambda_j}\, dx. \tag{3.2.13}$$

Wir fassen die Ergebnisse dieser Vorüberlegungen in folgendem Satz zusammen.

Satz 3.4 (Gaußsche Quadraturformeln): *Es gibt genau eine interpolatorische Quadraturformel zu $n+1$ paarweise verschiedenen Stützstellen über dem Intervall $[-1,1]$ mit der (optimalen) Ordnung $2n+2$. Ihre Stützstellen sind gerade die Nullstellen $\lambda_0, \dots, \lambda_n \in (-1,1)$ des $(n+1)$-ten Legendre-Polynoms $L_{n+1} \in P_{n+1}$, und ihre Gewichte genügen der Beziehung*

$$\alpha_i = \int_{-1}^{1} \prod_{\substack{j=0\\ j\neq i}}^{n} \Big(\frac{x-\lambda_j}{\lambda_i-\lambda_j}\Big)^2 dx > 0, \quad i = 0, \dots, n. \tag{3.2.14}$$

Für $f \in C^{2n+2}[-1,1]$ besitzt ihr Restglied die Darstellung

$$R^{(n)}(f) = \frac{f^{(2n+2)}(\xi)}{(2n+2)!} \int_{-1}^{1} \prod_{j=0}^{n} (x-\lambda_j)^2\, dx\,, \quad \xi \in (-1,1). \tag{3.2.15}$$

Beweis: (i) Das orthogonale Polynom p_{n+1} ist orthogonal zu $P_n[-1,1]$ und hat mit seinen (reellen) Nullstellen $\lambda_0, \dots, \lambda_n \in (-1,1)$ die Darstellung

$$p_{n+1}(x) = \prod_{i=0}^{n} (x-\lambda_i) = x^{n+1} + \dots .$$

Aufgrund der obigen Vorbetrachtung ist die zugehörige interpolatorische Quadraturformel dann von $(2n+2)$-ter Ordnung. Zur Bestimmung der Gewichte α_i setzen wir

$$l_i(x) := \prod_{\substack{j=0\\ j\neq i}}^{n} \frac{x-\lambda_j}{\lambda_i-\lambda_j}, \quad i = 0, \dots, n,$$

und erhalten wegen $l_i^2 \in P_{2n}$

$$0 < \int_{-1}^{1} l_i(x)^2\, dx = \sum_{j=0}^{n} \alpha_j \underbrace{l_i(\lambda_j)^2}_{\delta_{ij}} = \alpha_i.$$

(ii) Zum Beweis der Eindeutigkeit der Gauß-Quadraturformel sei angenommen, es gäbe eine zweite Formel

$$\tilde{I}^{(n)}(f) = \sum_{i=0}^{n} \tilde{\alpha}_i\, f(\tilde{\lambda}_i)$$

der Ordnung $2n+2$. Mit den analog gebildeten Polynomen $\tilde{l}_i \in P_n$ folgte dann ebenfalls $\tilde{\alpha}_i > 0$. Also wäre

$$0 = \int_{-1}^{1} \frac{1}{\tilde{\alpha}_i} \underbrace{\tilde{l}_i(x)}_{\in P_n} p_{n+1}(x)\, dx = \sum_{j=0}^{n} \frac{\tilde{\alpha}_j}{\tilde{\alpha}_i} \underbrace{\tilde{l}_i(\tilde{\lambda}_j)}_{= \delta_{ij}} p_{n+1}(\tilde{\lambda}_j) = p_{n+1}(\tilde{\lambda}_i).$$

Wegen der eindeutigen Bestimmtheit der Nullstellen λ_i von p_{n+1} bzw. L_{n+1} folgte damit $\lambda_i = \tilde{\lambda}_i$ sowie $\alpha_i = \tilde{\alpha}_i$.

(iii) Es bleibt, die Restglieddarstellung herzuleiten. Nach Satz 2.5 und 2.6 gibt es ein Polynom $h \in P_{2n+1}$, welches die Hermite-Interpolationsaufgabe

$$h(\lambda_i) = f(\lambda_i), \quad h'(\lambda_i) = f'(\lambda_i), \quad i = 0, \ldots, n,$$

löst und für $f \in C^{2n+2}[-1,1]$ die Restglieddarstellung hat:

$$f(x) - h(x) = f[\lambda_0, \lambda_0, \lambda_1, \lambda_1, \ldots, \lambda_n, \lambda_n, x] \prod_{i=0}^{n} (x - \lambda_i)^2.$$

Anwendung der Gauß-Quadraturformel auf $h(x)$ ergibt dann wegen der Identität $I^{(n)}(h) = I(h)$:

$$\begin{aligned} I(f) - I^{(n)}(f) &= I(f-h) - I^{(n)}(f-h) \\ &= \int_{-1}^{1} f[\lambda_0, \lambda_0, \ldots, \lambda_n, \lambda_n, x] \prod_{i=0}^{n} \underbrace{(x-\lambda_i)^2}_{\geq 0} dx - \sum_{i=0}^{n} \alpha_i \underbrace{\{f(\lambda_i) - h(\lambda_i)\}}_{=0} \\ &= \frac{f^{(2n+2)}(\xi)}{(2n+2)!} \int_{-1}^{1} \prod_{i=0}^{n} (x-\lambda_i)^2\, dx. \end{aligned}$$

Dies vervollständigt den Beweis. Q.E.D.

Die Legendre-Polynome $L_n \in P_n$ bzw. ihre Vielfachen p_n lassen sich auf $[-1,1]$ in der Form

$$p_n(x) = \frac{n!}{(2n)!} \frac{d^n}{dx^n} (x^2-1)^n \quad (0! := 1)$$

schreiben und genügen der rekursiven Beziehung

$$p_0(x) \equiv 1, \quad p_1(x) \equiv x, \quad p_{n+1}(x) = x p_n(x) - \frac{n^2}{4n^2-1} p_{n-1}(x), \quad n \geq 1.$$

Ihre Nullstellen werden analytisch bzw. (für $n > 4$) numerisch bestimmt und können Tabellenwerken entnommen werden; z. B.:

$$\begin{aligned} p_2(x) &= x^2 - \tfrac{1}{3}: \quad \lambda_0 = -\sqrt{1/3}, \quad \lambda_1 = \sqrt{1/3} \\ p_3(x) &= x^3 - \tfrac{3}{5}x: \quad \lambda_0 = -\sqrt{3/5}, \quad \lambda_1 = 0, \quad \lambda_2 = \sqrt{3/5}. \end{aligned}$$

Die Gewichte der zugehörigen Quadraturformeln bestimmt man gemäß

$$\alpha_i = \int_{-1}^{1} \prod_{\substack{j=0\\ j\neq i}}^{n} \frac{x-\lambda_j}{\lambda_i-\lambda_j}\,dx = \frac{1}{p'_{n+1}(\lambda_i)p_n(\lambda_i)} \cdot \frac{(n!)^4\,2^{2n+1}}{(2n)!^3(2n+1)},$$

und für die Restglieder gilt

$$R^{(n)}(f) = \frac{2^{2n+3}\,[(n+1)!]^4}{(2n+3)[(2n+2)!]^3}\, f^{(2n+2)}(\zeta)\,, \quad \zeta\in(-1,1).$$

Für $n=1$ und $n=2$ ergeben sich also die Quadraturformeln

$$I^{(1)}(f) = f\big(-\sqrt{1/3}\big) + f\big(\sqrt{1/3}\big) = \int_{-1}^{1} f(x)\,dx - \frac{1}{135}\, f^{(4)}(\zeta)\,,$$

$$I^{(2)}(f) = \frac{1}{9}\{5f\big(-\sqrt{3/5}\big) + 8f(0) + 5f\big(\sqrt{3/5}\big)\}$$

$$= \int_{-1}^{1} f(x)\,dx - \frac{1}{15.750}\, f^{(6)}(\zeta)\,, \quad \zeta\in(-1,1)\,.$$

Gauß-Quadraturformeln über einem beliebigen (beschränkten) Intervall $[a,b]$ gewinnt man durch Anwendung der Koordinatentransformation $\varphi:[-1,1]\to[a,b]$,

$$y=\varphi(x) = \frac{b-a}{2}\,x + \frac{b+a}{2}. \tag{3.2.16}$$

Es ist dann

$$\int_a^b f(y)\,dy = \frac{b-a}{2}\int_{-1}^{1} f(\varphi(x))\,dx$$

$$= \frac{b-a}{2}\sum_{i=0}^{n} \alpha_i\, f(\varphi(\lambda_i)) + \frac{b-a}{2}\, R^{(n)}(f(\varphi(\cdot))),$$

wobei

$$R^{(n)}(f(\varphi(\cdot))) = \frac{2^{(2n+3)}\,(n+1)!^4}{(2n+3)(2n+2)!^3}\Big(\frac{b-a}{2}\Big)^{2n+2} f^{(2n+2)}(\varphi(\zeta)),$$

d. h.: Die Stützstellen und Gewichte der Quadraturformel $(2n{+}2)$-ter Ordnung über $[a,b]$,

$$I^{(n)}(f) = \sum_{i=0}^{n} \tilde\alpha_i f(\tilde\lambda_i),$$

sind gegeben durch

$$\tilde\lambda_i = \tfrac{1}{2}(b-a)\,\lambda_i + \tfrac{1}{2}(b+a)\,, \quad \tilde\alpha_i = \tfrac{1}{2}(b-a)\,\alpha_i\,, \quad i=0,\dots,n.$$

Für $n=1$ und $n=2$ erhalten wir mit $c=\frac{b+a}{2}$ und $h=\frac{b-a}{2}$ die folgenden Quadraturformeln:

$$I^{(1)}(f) = \frac{b-a}{2}\{f(c-\sqrt{1/3}h) + f(c+\sqrt{1/3}h)\},$$
$$I^{(2)}(f) = \frac{b-a}{18}\{5f(c-\sqrt{3/5}h) + 8f(c) + 5f(c+\sqrt{3/5}h)\}.$$

Die zugehörigen summierten Gauß-Quadraturformeln haben die Gestalt $(x_j = a+jh\,,\ h = (b-a)/N)$:

$$I_h^{(1)}(f) = \frac{h}{2}\sum_{j=0}^{N-1}\{f(x_j+h') + f(x_{j+1}-h')\}$$

mit $h' = (\frac{1}{2} - \frac{1}{2\sqrt{3}})h \sim 0.2113249\,h$,

$$I^{(2)}(f) = \frac{h}{18}\sum_{j=0}^{N-1}\{5f(x_j+h') + 8f(x_j+\tfrac{1}{2}h) + 5f(x_{j+1}-h')\}$$

mit $h' = \big(\frac{1}{2} - \frac{1}{2}\sqrt{\frac{3}{5}}\big)\,h \sim 0{,}1127012\,h$.

Satz 3.5 (Konvergenz der Gauß-Quadratur): *Seien $I^{(n)}(f)$ die $(n+1)$-punktigen Gauß-Formeln zur Berechnung von*

$$I(f) = \int_{-1}^{1} f(x)\,dx.$$

Für jede Funktion $f \in C[-1,1]$ konvergiert dann

$$I^{(n)}(f) \to I(f)\ (n \to \infty).$$

Beweis: Für die Gewichte der Gauß-Formel gilt

$$I^{(n)}(f) = \sum_{i=0}^{n} \alpha_i^{(n)} f(\lambda_i^{(n)}), \qquad \alpha_i^{(n)} > 0\,, \quad \sum_{i=0}^{n}\alpha_i^{(n)} = 2.$$

Sei $\varepsilon > 0$ beliebig vorgegeben. Nach dem Approximationssatz von Weierstraß gibt es ein $p_\varepsilon \in P_m$ (m hinreichend groß), so dass

$$\max_{-1\le x\le 1} |f(x) - p_\varepsilon(x)| \le \tfrac{\varepsilon}{4}.$$

Es ist $R^{(n)}(p_\varepsilon) = 0$ für $2n+2 > m$ hinreichend groß. Für solche n ist also

$$|I(f) - I^{(n)}(f)| \le |\underbrace{I(f-p_\varepsilon)}_{\le \frac{\varepsilon}{4}\cdot 2}| + |\underbrace{I(p_\varepsilon) - I^{(n)}(p_\varepsilon)}_{=0}| + |\underbrace{I^{(n)}(p_\varepsilon - f)}_{\le \frac{\varepsilon}{4}\cdot 2}| \le \varepsilon\,.$$

Wegen der beliebigen Wahl von $\varepsilon > 0$ muß $I^{(n)}(f) \to I(f)$ konvergieren für $n \to \infty$.

Q.E.D.

Die Methode zur Gewinnung der Gauß-Formeln zur „optimalen“ Berechnung von $I(f)$ lässt sich übertragen auf den Fall von Integralen

$$I(f\omega) = \int_a^b f(x)\omega(x)\,dx$$

mit einer (uneigentlich) R-integrabierbaren Gewichtsfunktion $\omega(x) \geq 0$ mit höchstens endlich vielen Nullstellen auf (a, b). Hierbei verwendet man als Stützstellen gerade die Nullstellen der bzgl. des gewichteten Skalarprodukts

$$(p, q)_\omega = \int_a^b p(x)q(x)\omega(x)\,dx$$

orthogonalen Polynome, was durch Satz 3.3 gesichert ist; Satz 3.4 gilt dann sinngemäß.

Beispiel 3.4: Wir betrachten den Fall

$$[a, b] = [-1, 1], \qquad \omega(x) = \frac{1}{\sqrt{1 - x^2}}.$$

Die orthogonalen Polynome $p_n \in P_n[-1, 1]$ sind in diesem Fall Vielfache der „Tschebyscheff-Polynome“ $T_n(x) \in P_n[-1, 1]$ und sind durch die rekursive Beziehung

$$p_0(x) = 1\,, \quad p_1(x) = x\,, \quad p_{n+1}(x) = 2xp_n(x) - p_{n-1}(x)\,, \quad n \geq 1,$$

bestimmt. Die Stützstellen und Gewichte der zugehörigen Quadraturformeln sind

$$\lambda_i = \cos\Big(\frac{\pi}{2}\,\frac{2i + 1}{n + 1}\Big), \quad \alpha_i = \frac{\pi}{n + 1}, \quad i = 0, \dots, n.$$

Die Restglieder haben die Form

$$R^{(n)}(f) = \frac{2\pi}{2^{2n+2}(2n + 2)!}\, f^{(2n+2)}(\zeta)\,, \quad \zeta \in (-1, 1).$$

Fall $n = 2$:

$$\int_{-1}^1 f(x)\omega(x)dx = \frac{\pi}{3}\Big\{f\big(-\tfrac{1}{2}\sqrt{3}\big) + f(0) + f\big(\tfrac{1}{2}\sqrt{3}\big)\Big\} + \frac{\pi}{23.040}\, f^{(6)}(\zeta),$$

mit einem Zwischenwert $\zeta \in (-1, 1)$.

3.3 Das Romberg-Verfahren

Die zusammengesetzten Quadraturformeln mit Schrittweite $h = \frac{b-a}{N}$ legen es nahe, das Prinzip der „Extrapolation zum Limes“ $h = 0$ zu verwenden. Die dazu nötige häufige Anwendung der Quadraturformeln erfordert solche mit einfacher Struktur und einer möglichst geringen Anzahl von Funktionsauswertungen. Wir beschränken uns daher im Folgenden auf die zusammengesetzte Trapezregel. Das durch Extrapolation der Trapezregel gewonnene Integrationsverfahren geht auf Romberg[4] (1955) zurück und trägt daher auch seinen Namen. Wir setzen $h = (b-a)/N$ und $x_j = a + jh,\ j = 0,\ldots,N$. Für die zusammengesetzte Trapezregel gilt dann:

$$\int_a^b f(x)\,dx \leq h\left\{\frac{1}{2}f(a) + \sum_{j=1}^{N-1} f(x_j) + \frac{1}{2}f(b)\right\} - h^2\,\frac{b-a}{12}f''(\zeta). \tag{3.3.17}$$

Ist $f \in C[a,b]$, so konvergiert bekanntlich

$$a(h) = h\sum_{j=0}^{N-1} f(x_j) + \underbrace{\frac{h}{2}\{f(b)-f(a)\}}_{\to 0} \to \int_a^b f(x)\,dx \quad (h \to 0).$$

Die Grundlage der Berechnung von $\lim_{h\to 0} a(h)$ durch Extrapolation ist wieder eine asymptotische Entwicklung von $a(h)$ nach Potenzen der Gitterweite h.

Satz 3.6 (Euler-Maclaurinsche Summenformel): *Für $f \in C^{2m+2}[a,b]$ gilt die sog. „Euler[5]-Maclaurinsche[6] Summenformel“*

$$\begin{aligned} a(h) = &\int_a^b f(x)\,dx + \sum_{k=1}^{m} h^{2k}\frac{B_{2k}}{(2k)!}\left\{f^{(2k-1)}(b) - f^{(2k-1)}(a)\right\} + \\ &+ h^{2m+2}\,\frac{b-a}{(2m+2)!}\,B_{2m+2}f^{(2m+2)}(\zeta), \quad \zeta \in [a,b], \end{aligned} \tag{3.3.18}$$

mit den sog. Bernoulli-Zahlen B_{2k}.

Beweis: Siehe z. B. Stoer [1]. Q.E.D.

---

[4] Werner Romberg (1909–2003): Deutscher Mathematiker; emigrierte 1937 aus polit. Gründen nach Russland und später nach Norwegen; 1950-1968 Professor in Trondheim und 1968-1977 Inhaber des Lehrstuhls für Mathematische Methoden der Naturwissensch. und Numerik in Heidelberg; Beiträge zur Numerik von Differentialgleichungen und numerischen Integration („Rombergsches Extrapolationsverfahren“).

[5] Leonhard Euler (1707–1783), geb. in Basel: Universeller Mathematiker und Physiker; bedeutendster und produktivster Mathematiker seiner Zeit; wirkte in Berlin und St. Petersburg; Arbeiten zu allen mathemischen Gebieten seiner Zeit.

[6] Colin Maclaurin (1698-1746): Schottischer Mathematischer; Professor an den Universitäten Aberdeen (1717) und Edinburgh (1725); Beiträge zur damals „neuen“ Differentialrechnung von Newton (erste systematische Darstellung des zugehörigen „Kalküls“ und Entwicklung der nach ihm benannten Integralformel (1742)), zur klassischen Mechanik, Geometrie und Algebra.

Die Bernoulli[7]-Zahlen sind z. B. bestimmt als die Koeffizienten in der Potenzreihe

$$\frac{x}{e^x - 1} = \sum_{k=0}^{\infty} \frac{B_k}{k!} x^k, \tag{3.3.19}$$

und genügen der Rekursionsformel

$$B_k = -\sum_{j=0}^{k-1} \frac{k!}{j!(k-j+1)!} B_j, \quad k = 1, \dots . \tag{3.3.20}$$

$$B_0 = 1, \quad B_1 = -\tfrac{1}{2}, \quad B_2 = \tfrac{1}{6}, \quad B_4 = -\tfrac{1}{30}, \quad B_6 = \tfrac{1}{42}, \quad B_8 = -\tfrac{1}{30}, \dots .$$

Für ungerade Indizes gilt $B_{2j+1} = 0$, und für $k \to \infty$ wachsen die Bernoulli-Zahlen sehr schnell an wie

$$B_{2k} \approx (2k)!/(2\pi)^{2k}.$$

Die summierte Trapezregel besitzt also eine Entwicklung nach geraden Potenzen der Schrittweite h. Dieser Umstand macht die Extrapolation mit geraden Polynomen, d. h. solchen in h^2, besonders effizient. Zur Berechnung von

$$\lim_{h \to 0} a(h) = \int_a^b f(x)\, dx$$

geht man nach dem Extrapolationsprinzip wie folgt vor:

1. Für eine Folge von Schrittweiten $h_0 > h_1 > h_2 > \ldots > h_m$ wird $a(h_k)$ berechnet. Dabei verwendet man in der Regel die sog. „Romberg-Folge“ $h_k = h/2^k$. Diese bietet den Vorteil der Wiederverwendbarkeit der schon berechneten Funktionswerte, führt aber auf eine rasch anwachsende Zahl von Stützstellen.

2. Das Interpolationspolynom in h^2 zu den Stützpunkten $(h_i^2, a(h_i))$, $i = 0, \dots, m$ wird an der Stelle $h = 0$ nach dem Neville-Schema ausgewertet:

$$\begin{aligned} a_{i0} &= a(h_i), \quad i = 0, \dots, m, \\ k = 1, \dots, m: & \\ a_{ik} &= a_{i,k-1} + \tfrac{a_{i,k-1} - a_{i-1,k-1}}{(h_{i-k}/h_i)^2 - 1}, \quad i = k, \dots, m. \end{aligned}$$

[7]Bernoulli: Schweizer Mathematiker Familie; Jakob Bernoulli (1655–1705) lehrte in Basel; verwendete bereits die vollständige Induktion; Entdecker der „Bernoulli-Zahlen“ und Mitbegründer der Wahrscheinlichkeitsrechnung; sein jüngerer Bruder Johann Bernoulli (1667–1748) wirkte zuletzt in Basel und galt nach dem Tode seines Bruders Jakob als führender Mathematiker seiner Zeit; er leistete Beiträge über Reihen und Differentialgleichungen; sein Sohn Daniel Bernoulli (1700–1782) setzte diese Arbeiten fort; er wirkte in St. Petersburg und Basel und leistete wichtige Beiträge zur Hydromechanik und Gasdynamik.

Dies ist das sog. „Integrationsverfahren von Romberg“. Es baut also sukzessive folgendes Extrapolationstableau auf:

k	0	1	2		$m-1$	m
h_0	$\boxed{a_{00}}$					
h_1	a_{10}	$\boxed{a_{11}}$				
h_2	a_{20}	a_{21}	$\boxed{a_{22}}$			
$\vdots$	$\vdots$	$\vdots$	$\vdots$	$\ddots$		
h_{m-1}	$a_{m-1,0}$	$a_{m-1,1}$	$a_{m-1,2}$	$\cdots$	$\boxed{a_{m-1,m-1}}$	
h_m	$a_{m,0}$	$a_{m,1}$	$a_{m,2}$	$\cdots$	$a_{m,m-1}$	$\boxed{a_{m,m}}$

Die Diagonalelemente $a_{k,k}$ sind gerade die Näherungen zu $a(0)$, die man durch Extrapolation der Stützpunkte $(h_i^2, a(h_i))$, $i = 0, \ldots, k$, gewinnt.

Als Folgerung aus dem allgemeinen Satz 2.7 erhält man die Konvergenzaussage:

Satz 3.7 (Romberg-Integration): *Es sei $f \in C^{2m+2}[a,b]$. Der für die Schrittweitenfolge $h_k = h/2^k$, $k = 0, \ldots, m$, berechnete extrapolierte Wert $a_{m,m}$ konvergiert gegen $a(0)$ für $h \to 0$ mit der Fehlerordnung*

$$a(0) - a_{m,m} = O(h^{2m+2}). \tag{3.3.21}$$

Bemerkung 3.3: Sei $f \in C^{2m+2}(-\infty, \infty)$ mit der Periode $[a,b]$. Dann ist $f^{(k)}(a) = f^{(k)}(b)$, und Satz 3.6 ergibt

$$a(h) = \int_a^b f(x)\,dx + O(h^{2m+2}).$$

Ist sogar $f \in C^\infty(-\infty, \infty)$, so konvergiert die zusammengesetzte Trapezregel schneller als jede Potenz von h gegen das Integral von f über ein ganzes Periodenintervall. Wegen $f(a) = f(b)$ ist in diesem Fall

$$a(h) = h \sum_{j=0}^{N-1} f(x_j), \tag{3.3.22}$$

d. h.: Die Trapezregel fällt mit der summierten Rechteckregel zusammen. Diese einfachste Quadraturregel konvergiert also bereits besser als jede Potenz von h, so dass die Anwendung komplizierter Formeln eher schädlich wäre.

3.4 Praktische Aspekte der Integration

Das Hauptproblem bei der numerischen Integration ist die Gewinnung realistischer Schätzungen für den Fehler. Die z. B. für die summierten Newton-Cotes-Formeln hergeleitete *a prio-*

ri Fehlerabschätzung (n ungerade)

$$|I(f) - I_h^{(n)}(f)| \le \omega_n (b-a) \max_{a\le x\le b} |f^{(k)}(x)|\, h^k$$

ist dazu in der Regel ungeeignet, da höhere Ableitungen $f^{(k)}$ des Integranden nur schwer zu berechnen sind. (Man berechne z. B. die 4-te Ableitung von $f(x) = (1+x^2)^{-1/2}\tan(x)$!) Die Verwendung der numerischen Differentiation scheidet wegen des damit verbundenen großen Rundungsfehlers und des erneuten Bedarfs von Fehlerabschätzungen aus.

Bei Quadraturformeln, die wie die summierten Newton-Cotes-Formeln von einem Schrittweitenparameter h abhängen, kann das Restglied näherungsweise aus den tatsächlich berechneten Werten durch eine sog. „*a posteriori*" Fehlerabschätzung bestimmt werden. Für eine Quadraturformel $I_h(f)$ zur Schrittweite h gelte

$$I(f) = I_h(f) + \omega_f h^k + r(f;h)h^{k+1}. \tag{3.4.23}$$

Zur Bestimmung des Restgliedkoeffizienten ω_f berechnet man für ein gewisses h zusätzlich zu $I_h(f)$ noch den Wert $I_{h/2}(f)$ zur halbierten Schrittweite. Für diesen gilt dann

$$I(f) = I_{h/2}(f) + \omega_f\Big(\frac{h}{2}\Big)^k + r\Big(f;\frac{h}{2}\Big)\Big(\frac{h}{2}\Big)^{k+1}. \tag{3.4.24}$$

Durch Elimination von $I(f)$ aus (3.4.23) und (3.4.24) folgt

$$\begin{aligned} I_{h/2}(f) - I_h(f) &= \omega_f\Big\{h^k - \Big(\frac{h}{2}\Big)^k\Big\} + h^{k+1}r(f;h) - \Big(\frac{h}{2}\Big)^{k+1} r\Big(f;\frac{h}{2}\Big) \\ &= \omega_f h^k(1-2^{-k}) + O(h^{k+1}) \end{aligned}$$

bzw.

$$h^k\omega_f = \frac{I_{h/2}(f) - I_h(f)}{1-2^{-k}} + O(h^{k+1}). \tag{3.4.25}$$

Durch den Quotienten

$$\frac{I_{h/2}(f) - I_h(f)}{1-2^{-k}}\, h^{-k} \doteq \omega_f \tag{3.4.26}$$

erhält man also eine Schätzung für den führenden Koeffizienten ω_f im Restglied bis auf einen Fehler der Ordnung $O(h)$, der vernachlässigt wird. Dies kann zu einem heuristischen Abbruchkriterium für die numerische Quadratur verwendet werden:

Für eine Funktion $f \in C^{k+1}[a,b]$ soll das Integral $I(f)$ über $[a,b]$ mit Hilfe einer interpolatorischen Quadraturformel der Ordnung k berechnet werden. Die vorgegebene Fehlertoleranz sei TOL. Das Problem ist also die Bestimmung einer geeigneten Schrittweite h. Wir nehmen wieder an, dass die Quadraturformel eine asymptotische Entwicklung der Art (3.4.23) gestattet. In erster Näherung wollen wir h so bestimmen, dass wenigstens für den führenden Fehlerterm in erster Näherung gilt:

$$|I(f) - I_h(f)| \dot{\leq} |\omega_f h^k| \leq \text{TOL}\,! \tag{3.4.27}$$

Aufgrund der Schätzung für ω_f sollte also gelten:

$$\left| \frac{I_{h/2}(f) - I_h(f)}{1 - 2^{-k}} \right| \leq \text{TOL}\,. \tag{3.4.28}$$

Wegen $I_h(f) \to I(f)$ $(h \to 0)$ wird nach einer gewissen Anzahl von Schrittweitenhalbierungen diese Bedingung erfüllt sein. Aus (3.4.27) lässt sich die gesuchte Schrittweite näherungsweise bestimmen zu

$$h_{\text{TOL}} := \left(\frac{\text{TOL}}{\omega_f} \right)^{1/k}, \quad \omega_f \approx \frac{I_{h/2}(f) - I_h(f)}{1 - 2^{-k}} h^{-k}. \tag{3.4.29}$$

Zur Überprüfung der Gültigkeit dieser Schrittweitenwahl, d. h. der Verlässlichkeit der Schätzung von ω_f, vergleicht man noch h_{TOL} mit der Schätzschrittweite h. Im Falle $h_{\text{TOL}} \approx h$ wird das Ergebnis akzeptiert. Ist dagegen $h_{\text{TOL}} \ll h$, so wird der ganze Schätzprozess mit der neuen Schätzschrittweite $h := h_{\text{TOL}}$ wiederholt, bis schließlich der erste Fall eintritt. Bei Unterschreiten einer vorgegebenen minimal erlaubten Schrittweite $h_{\min}$ wird der Approximationsprozess abgebrochen, da das Integral offenbar mit dem zur Verfügung stehenden Aufwand nicht verlässlich berechenbar ist.

Bei gleichem Rechenaufwand (gemessen an der Zahl der Funktionsauswertungen) liefern die Gauß-Formeln die genauesten Resultate. Wenn man bei einem vorgelegten Integral $I(f)$ und gewünschter Genauigkeit TOL wüsste, welche Schrittweite h_{TOL} man zu verwenden hätte, so wären die Gauß-Formeln den anderen Methoden überlegen. Da dies aber a priori kaum möglich ist, müssen die beschriebenen Methoden zur a posteriori Fehlerabschätzung verwendet werden. Da man im Gegensatz zum Extrapolationsverfahren beim Übergang von h nach $h/2$ die bis dahin berechneten Funktionswerte von $f(x)$ nicht weiter verwenden kann, gehen die Vorzüge der Gauß-Formeln schnell verloren. Im Fall $[a,b] = [0,1]$ berechnet sich mit $h = 1/N$ der Rechenaufwand der summierten (abgeschlossene) Newton-Cotes-Formeln (für ungerades n) zu etwa n/h Funktionsauswertungen, d. h.: Zur Erzielung der Ordnung $O(h^{2n+2})$ sind etwa n/h^2 Funktionsauswertungen erforderlich. Die summierten Gauß-Formeln benötigen für dieselbe Genauigkeit nur etwa n/h Funktionsauswertungen. Das Romberg-Verfahren (für $h_i = 2^{-i}h$) liegt mit etwa $2^n/h$ Funktionsauswertungen auch nocht recht gut.

Beispiel 3.5: Für $n = 3$ und $h = 10^{-2}$ ergibt sich ein Fehler der Größe $10^{-16} f^{(8)}(\zeta)$. Die drei Verfahren benötigen hierfür folgende Anzahlen von Funktionsauswertungen:

Newton-Cotes: 30.000, Gauß: 400, Romberg: 800.

3.5 Übungsaufgaben

Übung 3.1: Mit wievielen Funktionsauswertungen kann das Integral

$$I = \int_0^1 \frac{dx}{1+2x} = 0,54930614\ldots$$

mit einem Fehler kleiner als $\mathrm{TOL} = 10^{-8}$ berechnet werden,

a) mit Hilfe der summierten Trapezregel,

b) mit Hilfe der summierten Simpson-Regel ?

(Hinweis: Die Quadraturformeln brauchen hierzu nicht explizit ausgewertet zu werden.)

Übung 3.2: Man bestimme eine Gauß-Quadraturformel, welche das Integral

$$I = \int_{-1}^1 f(x)\sqrt{|x|}\,dx$$

für alle Polynome aus P_3 exakt integriert.

Übung 3.3: Man gebe eine Quadraturformel zur Berechnung des Integrals

$$I = \int_{-1}^1 \frac{\cos(\pi x/2)}{\sqrt{1-x^2}}\,dx$$

mit einem garantierten Fehler $\mathrm{TOL} \le 10^{-4}$ an (bei Vernachlässigung der Rundungsfehler). Die Quadraturformel soll so gewählt sein, dass möglichst wenige Funktionsauswertungen erforderlich sind.

Übung 3.4: Man berechne das Integral

$$I = \int_0^{\pi/2} \sin(x)\,dx$$

mit Hilfe des Romberg-Verfahrens (Schrittweitenfolge $h_i = 2^{-i-1}\pi$, $i = 0, 1, 2, \ldots,$) mit einem Fehler kleiner $\mathrm{TOL}10^{-4}$. Die Genauigkeit kontrolliere man dabei mit der oben angegebenen Methode zur a posteriori Fehlerabschätzung beim Extrapolationsverfahren.

Übung 3.5 (Praktische Aufgabe): Man schreibe ein Programm zur näherungsweisen Berechnung des Integrals $I(f)$ mit dem Romberg-Verfahren und wende dieses an für das Integral

$$I(f) = \int_0^1 \frac{4}{x^2+1}\,dx.$$

Welcher „exakte" Wert ergibt sich für das Integral?

a) Der Extrapolationsprozess zur Schrittweitenfolge $h_i = 2^{-i}$ $(i = 0, 1, 2, \ldots)$ liefert Näherungswerte $R_i(f) := a_{ii}$ (Diagonalelemente im Extrapolations-Tableau). Man setze den Extrapolationsprozess fort, bis entweder der Fehler kleiner als $\mathrm{TOL} = 10^{-10}$ oder $i = 20$ ist. Dabei kontrolliere man die Genauigkeit von $R_i(f)$ jeweils mit Hilfe der in der oben angegebenen Methode zur a posteriori Fehlerschätzung. Man gebe die Folgen a_{ii} aus und stelle die Entwicklung des geschätzten und des tatsächlichen Fehlers $|b_{ii} - a_{ii}|$ bzw. $|R_i(f) - I(f)|$ grafisch dar.

b) Zur Illustration der Aussagekräftigkeit der Theorie des Extrapolationsverfahrens wiederhole man die Rechnungen (und die grafischen Ausgaben) für die Extrapolation nach Potenzen von h (statt h^2) sowie für die Schrittweitenfolge $h_i = (i + 1)^{-1}$, $i = 0, \ldots, 20$.)

4 Lineare Gleichungssysteme I (Direkte Verfahren)

Seien A eine Matrix und b ein Vektor

$$A = (a_{jk})_{j,k=1}^{m,n} = \begin{bmatrix} a_{11} & \cdots & a_{1n} \\ \vdots & & \vdots \\ a_{m1} & \cdots & a_{mn} \end{bmatrix}, \qquad b = (b_j)_{j=1,\dots,m} = \begin{bmatrix} b_1 \\ \vdots \\ b_m \end{bmatrix}.$$

Gesucht ist ein Vektor $x = (x_k)_{k=1,\dots,n}$ mit der Eigenschaft

$$\begin{aligned} a_{11}x_1 + a_{12}x_2 + \cdots + a_{1n}x_n &= b_1 \\ &\vdots \\ a_{m1}x_1 + a_{m2}x_2 + \cdots + a_{mn}x_n &= b_m \end{aligned}$$

oder abgekürzt geschrieben: $Ax = b$.

Definition 4.1: *Das lineare Gleichungssystem $Ax = b$ heißt „unterbestimmt“ im Fall $m < n$, „quadratisch“ im Fall $m = n$ und „überbestimmt“ im Fall $m > n$.*

Das lineare Gleichungssystem ist genau dann lösbar, wenn $\mathrm{Rang}(A) = \mathrm{Rang}[A, b]$, mit der zusammengesetzten Matrix

$$[A, b] = \left[\begin{array}{ccc|c} a_{11} & \cdots & a_{1n} & b_1 \\ \vdots & & \vdots & \vdots \\ a_{m1} & \cdots & a_{mn} & b_m \end{array}\right].$$

Im „quadratischen“ Fall $m = n$ sind die folgenden Aussagen äquivalent:

(i) $Ax = b$ ist für jedes b eindeutig lösbar.

(ii) $\mathrm{Rang}(A) = n$.

(iii) $\det(A) \neq 0$.

(iv) Alle Eigenwerte von A sind ungleich Null.

Wir beschäftigen uns im Folgenden hauptsächlich mit der Lösung von quadratischen Gleichungssystemen. Die dazu verwendeten Verfahren lassen sich grob in zwei Klassen einteilen:

Definition 4.2: *Ein „direktes“ Verfahren zur Lösung des Gleichungssystems $Ax = b$ ist ein Algorithmus, der (bei Vernachlässigung von Rundungsfehlern) in endlich vielen Schritten die Lösung x liefert. Im Gegensatz dazu erzeugen die „iterativen“ Verfahren sukzessive eine Folge von Vektoren $(x^{(t)})_{t\in\mathbb{N}}$, die im Limes für $t \to \infty$ immer bessere Approximationen zur Lösung x sind.*

4.1 Störungstheorie

Wir beschäftigen uns zunächst mit dem Problem der „Konditionierung" von quadratischen linearen Gleichungssystemen. Bei der Lösung eines Gleichungssystems $Ax = b$ treten zwei Fehlereinflüsse auf:

a) Fehler in der „theoretischen" Lösung aufgrund von Eingangsfehlern in den Elementen von A und b,

b) Fehler in der „numerischen" Lösung aufgrund des Rundungsfehlers im Verlaufe des Lösungsprozesses.

4.1.1 Vektor- und Matrizennormen

Zur Erfassung dieser Fehler benötigen wir ein Maß für die „Größe" von Vektoren und Matrizen. Dazu dienen üblicherweise Normen auf dem n-dimensionalen Zahlenraum $\mathbb{K}^n$, $\mathbb{K} = \mathbb{R}$ oder $\mathbb{K} = \mathbb{C}$. (Im Hinblick auf spätere Anwendungen lassen wir im Folgenden auch komplexe Vektoren bzw. Matrizen zu.)

Definition 4.3: *Eine Abbildung $\|\cdot\| : \mathbb{K}^n \to \mathbb{R}_+$ heißt „Norm", wenn sie folgende Eigenschaften besitzt:*

(N1) $\|x\| > 0, \quad x \in \mathbb{K}^n \setminus \{0\}$ *(Definitheit),*

(N2) $\|\alpha x\| = |\alpha|\,\|x\|, \quad x \in \mathbb{K}^n,\ \alpha \in \mathbb{K}$ *(positive Homogenität),*

(N3) $\|x + y\| \le \|x\| + \|y\|, \quad x, y \in \mathbb{K}^n$ *(Subadditivität).*

Beispiel 4.1: *Gebräuchliche Beispiele von Vektornormen sind:*

$$\|x\|_2 := \Big(\sum_{i=1}^n |x_i|^2\Big)^{1/2} \qquad \text{„euklidische Norm" } (l_2\text{-Norm})$$

$$\|x\|_\infty := \max_{i=1,\dots,n} |x_i| \qquad \text{„Maximumnorm" } (l_\infty\text{-Norm})$$

$$\|x\|_1 := \sum_{i=1}^n |x_i| \qquad \text{„}l_1\text{-Norm"}$$

Mit Hilfe einer Norm $\|\cdot\|$ auf $\mathbb{K}^n$ lässt sich die Konvergenz einer Folge von Vektoren gegen einen Vektor erklären durch

$$x^{(t)} \to x \ \ (t \to \infty) \quad :\Longleftrightarrow \quad \|x^{(t)} - x\| \to 0 \ \ (t \to \infty).$$

Die sog. „Dreiecksungleichung" (N3) ergibt über die Beziehung $\|x\| = \|x - y + y\|$ die wichtige Ungleichung

$$\|x - y\| \ge \big|\|x\| - \|y\|\big|, \quad x, y \in \mathbb{K}^n, \tag{4.1.1}$$

welche u. a. die Stetigkeit von Normen als Funktionen von $\mathbb{K}^n$ in $\mathbb{R}$ impliziert.

Hilfssatz 4.1 (Normäquivalenz): *Auf dem endlich dimensionalen Vektorraum $\mathbb{K}^n$ sind alle Normen äquivalent, d. h.: Zu je zwei Normen $\|\cdot\|$, $\|\cdot\|'$ gibt es positive Konstanten m, M, mit denen gilt:*

$$m\,\|x\| \le \|x\|' \le M\,\|x\|, \qquad x \in \mathbb{K}^n. \tag{4.1.2}$$

Beweis: Es genügt, die Behauptung für den Fall zu zeigen, dass eine der beiden Normen die Maximumnorm $\|\cdot\|_\infty$ ist. Sei $\|\cdot\|$ irgendeine zweite Norm. Bzgl. der kartesischen Einheitsvektoren $e_1,\dots,e_n$ hat jeder Vektor $x \in \mathbb{K}^n$ die Darstellung $x = \sum_{i=1}^n x_i e_i$. Folglich gilt

$$\|x\| \le \gamma\,\|x\|_\infty, \qquad \gamma := \sum_{i=1}^n \|e_i\|.$$

Die Norm $\|\cdot\|$ ist also auch stetig bzgl. der komponentenweisen Konvergenz von Vektoren. Die Punktmenge

$$S \equiv \{x \in \mathbb{K}^n,\ \|x\|_\infty = 1\} \subset \mathbb{K}^n$$

ist beschränkt und abgeschlossen (und damit kompakt). Die Norm $\|\cdot\|$ nimmt also als stetige Funktion auf S ihr Minimum und Maximum an. Es existieren also $x_0, x_1 \in S$, so dass

$$0 < \|x_0\| \le \|x\| \le \|x_1\| < \infty, \qquad \forall x \in S.$$

Für beliebiges $y \in \mathbb{K}^n \setminus \{0\}$ ist $y/\|y\|_\infty \in S$ und folglich

$$\|x_0\| \le \|y\|/\|y\|_\infty \le \|x_1\|.$$

Mit $m \equiv \|x_0\|$ und $M \equiv \|x_1\|$ gilt daher

$$m\,\|y\|_\infty \le \|y\| \le M\,\|y\|_\infty, \qquad \forall y \in \mathbb{K}^n,$$

was zu zeigen war. Q.E.D.

Die Beziehung (4.1.2) impliziert, dass die durch eine beliebige Norm induzierte Konvergenz von Vektoren stets äquivalent zur „komponentenweisen" Konvergenz ist.

Wir betrachten nun den Vektorraum der $n\times n$-Matrizen $A \in \mathbb{K}^{n\times n}$. Offenbar kann dieser mit dem Vektorraum der n^2-Vektoren identifiziert werden. Somit übertragen sich alle Aussagen für Vektornormen auf Normen für Matrizen. Insbesondere sind alle Normen für $n\times n$-Matrizen äquivalent, und die Konvergenz von Matrizen ist die komponentenweise Konvergenz:

$$A^{(t)} \to A \ (t\to\infty) \quad\Longleftrightarrow\quad a_{jk}^{(t)} \to a_{jk} \ (t\to\infty), \quad j,k = 1,\dots,n.$$

Definition 4.4: *Eine Norm $\|\cdot\|$ auf $\mathbb{K}^{n\times n}$ heißt „verträglich" mit einer Vektornorm $\|\cdot\|$ auf $\mathbb{K}^n$, wenn gilt:*

$$\|Ax\| \le \|A\|\,\|x\|, \qquad x \in \mathbb{K}^n, \qquad A \in \mathbb{K}^{n\times n}.$$

Sie heißt „Matrizennorm", wenn sie submultiplikativ ist:

$$\|AB\| \le \|A\|\,\|B\|\,, \qquad A, B \in \mathbb{K}^{n\times n},$$

Z. B. ist die Quadratsummennorm (sog. „Frobenius[1]-Norm")

$$\|A\|_{\mathrm{Fr}} := \Big(\sum_{j,k=1}^{n} |a_{jk}|^2\Big)^{1/2}$$

eine mit der euklidischen Vektornorm verträgliche Matrizennorm. Für eine beliebige Vektornorm $\|\cdot\|$ auf $\mathbb{K}^n$ wird durch

$$\|A\| := \sup_{x\in\mathbb{K}^n\setminus\{0\}} \frac{\|Ax\|}{\|x\|} = \sup_{x\in\mathbb{K}^n,\|x\|=1} \|Ax\|$$

eine mit $\|\cdot\|$ verträgliche Matrizennorm erklärt (Übungsaufgabe). Diese heißt die von $\|\cdot\|$ erzeugte „natürliche" Matrizennorm. Für natürliche Matrizennormen gilt

$$\|I\| = \sup_{x\in\mathbb{K}^n\setminus\{0\}} \frac{\|Ix\|}{\|x\|} = 1.$$

Hilfssatz 4.2: *Die natürlichen Matrizennormen zu $\|\cdot\|_\infty$ und $\|\cdot\|_1$ sind die „maximale Zeilensumme" bzw. die „maximale Spaltensumme":*

$$\|A\|_\infty := \max_{1\le j\le n} \sum_{k=1}^{n} |a_{jk}|, \qquad \|A\|_1 := \max_{1\le k\le n} \sum_{j=1}^{n} |a_{jk}|\,. \tag{4.1.3}$$

Beweis: Wir geben den Beweis nur für $\|\cdot\|_\infty$. Für $\|\cdot\|_1$ verläuft er analog.
(i) Die maximale Zeilensumme $\|\cdot\|_\infty$ ist eine Matrizennorm. Die Normeigenschaften (N1) - (N3) folgen mit Hilfe der entsprechenden Eigenschaften des Absolutbetrags, und für ein Matrizenprodukt AB gilt

$$\begin{aligned}\|AB\|_\infty &= \max_{1\le i\le n} \Big|\sum_{j=1}^{n}\Big(\sum_{k=1}^{n} a_{ik}b_{kj}\Big)\Big| \le \max_{1\le i\le n} \sum_{k=1}^{n}\Big(|a_{ik}|\sum_{j=1}^{n}|b_{kj}|\Big)\\ &\le \max_{1\le i\le n} \sum_{k=1}^{n}|a_{ik}| \max_{1\le k\le n} \sum_{j=1}^{n}|b_{kj}| = \|A\|_\infty \|B\|_\infty.\end{aligned}$$

(ii) Weiter ist die maximale Zeilensumme wegen

$$\|Ax\|_\infty = \max_{1\le j\le n} |\sum_{k=1}^{n} a_{jk}x_k| \le \max_{1\le j\le n} \sum_{k=1}^{n} |a_{jk}| \max_{1\le k\le n} |x_k| = \|A\|_\infty \|x\|_\infty$$

[1]Ferdinand Georg Frobenius (1849–1917): Deutscher Mathematiker; Professor in Zürich und Berlin; bedeutende Beiträge zur Theorie der Differentialgleichungen, zu Determinanten und Matrizen sowie zur Gruppentheorie.

verträglich mit $\|\cdot\|_\infty$, und es gilt

$$\sup_{\|x\|_\infty=1} \|Ax\|_\infty \le \|A\|_\infty.$$

(iii) Im Falle $\|A\|_\infty = 0$ ist $A = 0$, d. h. trivialerweise

$$\|A\|_\infty = \sup_{\|x\|_\infty=1} \|Ax\|_\infty.$$

(iv) Sei also $\|A\|_\infty > 0$ und $m \in \{1,\dots,n\}$ ein Index mit der Eigenschaft

$$\|A\|_\infty = \max_{1\le j\le n} \sum_{k=1}^n |a_{jk}| = \sum_{k=1}^n |a_{mk}|.$$

Wir setzen für $k = 1,\dots,n$:

$$z_k := \begin{cases} |a_{mk}|/a_{mk} & \text{für } a_{mk} \neq 0, \\ 0, & \text{sonst,} \end{cases}$$

d. h.: $z = (z_k)_{k=1}^n \in \mathbb{K}^n$, $\|z\|_\infty = 1$. Für $v := Az$ gilt dann

$$v_m = \sum_{k=1}^n a_{mk} z_k = \sum_{k=1}^n |a_{mk}| = \|A\|_\infty.$$

Folglich ist

$$\|A\|_\infty = v_m \le \|v\|_\infty = \|Az\|_\infty \le \sup_{\|y\|_\infty=1} \|Ay\|_\infty,$$

was zu zeigen war. Q.E.D.

4.1.2 Eigenwerte und Skalarprodukte

Die „Eigenwerte“ $\lambda \in \mathbb{K}$ einer Matrix $A \in \mathbb{K}^{n\times n}$ sind definiert als die (komplexen) Nullstellen ihres charakteristischen Polynoms $p(\lambda) = \det(A - \lambda I)$. Folglich existieren genau n (ihrer Vielfachheit als Nullstelle entsprechend oft gezählte) Eigenwerte λ, und zu jedem λ existiert mindestens ein „Eigenvektor“ $w \in \mathbb{K}^n \setminus \{0\} : Aw = \lambda w$. Sei nun $\|\cdot\|$ eine beliebige Vektornorm und $\|\cdot\|$ eine damit verträgliche Matrizennorm, (wobei die beiden Normen der Einfachheit halber wieder gleich bezeichnet werden). Mit einem normierten Eigenvektor zum Eigenwert λ gilt

$$|\lambda| = |\lambda|\,\|w\| = \|\lambda w\| = \|Aw\| \le \|A\|\,\|w\| = \|A\|, \tag{4.1.4}$$

d. h. alle Eigenwerte von A liegen in einer Kreisscheibe in $\mathbb{C}$ mit Mittelpunkt Null und Radius $\|A\|$. Speziell mit $\|A\|_\infty$ erhält man die Abschätzung

$$\max|\lambda| \le \|A\|_\infty = \max_{1\le j\le n} \sum_{k=1}^n |a_{jk}|. \tag{4.1.5}$$

Eine Matrix $A \in \mathbb{K}^{n\times n}$ heißt „hermitesch“, wenn gilt:

$$A = \bar{A}^T \quad \text{bzw.} \quad a_{jk} = \overline{a_{kj}},\ j,k = 1,\dots,n\,.$$

Reelle hermitesche Matrizen werden „symmetrisch“ genannt. Hermitesche Matrizen haben nur reelle Eigenwerte und besitzen dazu eine Orthonormalbasis von Eigenvektoren. Der Begriff der Symmetrie ist eng verknüpft mit dem des Skalarprodukts.

Definition 4.5: *Eine Abbildung* $(\cdot,\cdot) : \mathbb{K}^n \times \mathbb{K}^n \to \mathbb{K}$ *wird ein „Skalarprodukt“ genannt, wenn sie folgende Eigenschaften hat:*

(S1) $(x,y) = \overline{(y,x)}\,, \quad x,y \in \mathbb{K}^n$ *(Symmetrie),*

(S2) $(\alpha x + \beta y, z) = \alpha(x,z) + \beta(y,z)\,, \quad x,y,z \in \mathbb{K}^n,\ \alpha,\beta \in \mathbb{K}$ *(Linearität),*

(S3) $(x,x) > 0\,, \quad x \in \mathbb{K}^n \setminus \{0\}$ *(Definitheit).*

Ein Skalarprodukt auf $\mathbb{K}^n \times \mathbb{K}^n$ *erzeugt eine zugehörige Vektornorm durch*

$$\|x\| := (x,x)^{1/2}, \quad x \in \mathbb{K}^n.$$

Im Folgenden wird fast ausschließlich das sog. „euklidische“ Skalarprodukt verwendet:

$$(x,y)_2 = \sum_{j=1}^n x_j \overline{y_j}\,, \quad (x,x)_2 = \|x\|_2^2.$$

Mit Hilfe des euklidischen Skalarprodukts lässt sich die Eigenschaft einer Matrix, hermitesch zu sein, äquivalent ausdrücken durch:

$$A = \bar{A}^T \quad \Longleftrightarrow \quad (Ax,y)_2 = (x,Ay)_2, \quad x,y \in \mathbb{K}^n.$$

Die von der euklidischen Vektornorm erzeugte natürliche Matrizennorm heißt die „Spektralnorm“ und wird mit $\|\cdot\|_2$ bezeichnet. Diese Bezeichnung ist durch das folgende Resultat gerechtfertigt:

Hilfssatz 4.3: *Für die Spektralnorm hermitescher Matrizen* $A \in \mathbb{K}^{n\times n}$ *gilt*

$$\|A\|_2 = \max\{|\lambda|,\ \lambda \text{ Eigenwert von } A\}\,. \tag{4.1.6}$$

Für allgemeine Matrizen $A \in \mathbb{K}^{n\times n}$ *gilt*

$$\|A\|_2 = \max\{|\lambda|^{1/2},\ \lambda \text{ Eigenwert von } \bar{A}^T A\}. \tag{4.1.7}$$

Beweis: Bekanntlich besitzt eine hermitesche Matrix $A \in \mathbb{K}^{n\times n}$ nur reelle Eigenwerte und zwar genau n Stück (ihrer Vielfachheit entsprechend oft gezählt), $\lambda_1,\dots,\lambda_n \in \mathbb{R}$. Ferner existiert ein zugehöriges „Orthonormalsystem“ von Eigenvektoren

$$\{w^1,\dots,w^n\} \subset \mathbb{K}^n : Aw^i = \lambda_i w^i, \quad (w^i,w^j)_2 = \delta_{ij}, \quad i,j = 1,\dots,n.$$

Jedes $x \in \mathbb{K}^n$ besitzt eine Darstellung der Form

$$x = \sum_{i=1}^n \alpha_i w^i, \quad \alpha_i = (x,w^i)_2,$$

und es gilt

$$\|x\|_2^2 = (x,x)_2 = \sum_{i,j=1}^n \alpha_i\bar{\alpha}_j\,(w^i,w^j)_2 = \sum_{i=1}^n |\alpha_i|^2,$$

$$\|Ax\|_2^2 = (Ax,Ax)_2 = \sum_{i,j=1}^n \lambda_i\alpha_i\overline{\lambda_j\alpha_j}\,(w^i,w^j)_2 = \sum_{i=1}^n \lambda_i^2\,|\alpha_i|^2.$$

Hiermit folgt

$$\|A\|_2^2 = \sup_{x\in\mathbb{K}^n\setminus\{0\}} \frac{\|Ax\|_2^2}{\|x\|_2^2} = \sup_{x\in\mathbb{K}^n\setminus\{0\}} \frac{\sum_{i=1}^n \lambda_i^2\,|\alpha_i|^2}{\sum_{i=1}^n |\alpha_i|^2} \le \max_{1\le i\le n} |\lambda_i|^2.$$

Wegen der Eigenwertschranke (4.1.4) ergibt sich damit die Behauptung. Q.E.D.

Eine Matrix $A \in \mathbb{K}^{n\times n}$ heißt „positiv definit“, wenn gilt:

$$(Ax,x)_2 \in \mathbb{R}, \quad (Ax,x)_2 > 0 \quad \forall x \in \mathbb{K}^n \setminus \{0\}.$$

Lemma 4.1: *Eine symmetrische Matrix $A \in \mathbb{R}^{n\times n}$ ist genau dann positiv definit, wenn alle ihre (reellen) Eigenwerte positiv sind. Alle ihre Hauptdiagonalelemente sind positiv, und ihr betragsmäßig größtes Element liegt auf der Hauptdiagonalen.*

Beweis: Seien $\lambda_1,\dots,\lambda_n \in \mathbb{R}$ die (ihrer Vielfachheiten entsprechend oft gezählten) Eigenwerte der symmetrischen Matrix A und $\{w^1,\dots,w^n\}$ eine zugehörige Orthonormalbasis von Eigenvektoren.

(i) Sei $\lambda \in \mathbb{R}$ Eigenwert und $v \in \mathbb{R}^n$, $\|v\|_2 = 1$, ein zugehöriger Eigenvektor von A,

$$Av = \lambda v.$$

Aus der positiven Definitheit von A folgt $\lambda = \lambda\|v\|_2^2 = (Av,v)_2 > 0$. Sind umgekehrt alle Eigenwerte von A positiv, so folgt für beliebigen Vektor $v = \sum_{i=1}^n \alpha_i w^i \ne 0$:

$$(Av,v)_2 = \sum_{i,j=1}^n \lambda_i\alpha_i\alpha_j(w^i,w^j)_2 = \sum_{i=1}^n \lambda_i\alpha_i^2 > 0.$$

(ii) Mit dem k-ten kartesischen Einheitsvektor e^k liefert die positive Definitheit von A:

$$a_{kk} = \sum_{i,j=1}^{n} a_{ij}\delta_{ik}\delta_{jk} = (Ae^k, e^k)_2 > 0.$$

(iii) Sei $a_{ij} \neq 0$ ein betragsmäßig größtes Element von A, und sei $i \neq j$. Wir wählen $x = e^i - \text{sign}(a_{ij})e^j \neq 0$ und erhalten wieder aus der positiven Definitheit von A den folgenden Widerspruch:

$$\begin{aligned} 0 < (Ax, x)_2 &= (Ae^i, e^i)_2 - 2\,\text{sign}(a_{ij})(Ae^i, e^j)_2 + \text{sign}(a_{ij})^2(Ae^j, e^j)_2 \\ &= a_{ii} - 2\,\text{sign}(a_{ij})a_{ij} + a_{jj} = a_{ii} - 2|a_{ij}| + a_{jj} \leq 0. \end{aligned}$$

Dies vervollständigt den Beweis. Q.E.D.

Im Folgenden werden wir in Verbindung mit der Eigenschaft „positiv definit" stets auch die Eigenschaft „hermitesch" (bzw. „symmetrisch" im Reellen) einer Matrix annehmen. Dies ist im Komplexen automatisch gegeben, im Rellen aber eine zusätzliche Bedingung. Wir werden später sehen, dass lineare Gleichungssysteme mit positiv definiten Koeffizientenmatrizen besonders günstige Lösbarkeitseigenschaften besitzen.

4.1.3 Fehleranalyse

Wir kommen nun zur Fehleranalyse für lineare Gleichungssysteme

$$Ax = b \tag{4.1.8}$$

mit regulärer Koeffizientenmatrix $A \in \mathbb{K}^{n\times n}$. Die Matrix A und der Vektor b seien mit Fehlern δA bzw. δb behaftet, so dass ein gestörtes System

$$\tilde{A}\tilde{x} = \tilde{b} \tag{4.1.9}$$

mit $\tilde{A} = A + \delta A$, $\tilde{b} = b + \delta b$ und $\tilde{x} = x + \delta x$ gelöst wird. Wir wollen den Fehler δx in Abhängigkeit von δA und δb abschätzen. Dazu sei im Folgenden $\|\cdot\|$ eine beliebige Vektornorm und entsprechend $\|\cdot\|$ die zugehörige natürliche Matrizennorm.

Hilfssatz 4.4: *Die Matrix $B \in \mathbb{K}^{n\times n}$ habe eine Norm $\|B\| < 1$. Dann ist die Matrix $I + B$ regulär, und es gilt*

$$\|(I + B)^{-1}\| \leq \frac{1}{1 - \|B\|}. \tag{4.1.10}$$

Beweis: Für alle $x \in \mathbb{K}^n$ gilt

$$\|(I + B)x\| \geq \|x\| - \|Bx\| \geq (1 - \|B\|)\|x\|.$$

Wegen $1 - \|B\| > 0$ ist also $I + B$ injektiv und folglich regulär. Mit der Abschätzung

$$\begin{aligned} 1 &= \|I\| = \|(I+B)(I+B)^{-1}\| = \|(I+B)^{-1} + B(I+B)^{-1}\| \\ &\geq \|(I+B)^{-1}\| - \|B\|\,\|(I+B)^{-1}\| = \|(I+B)^{-1}\|\,(1 - \|B\|) > 0 \end{aligned}$$

erhält man die behauptete Ungleichung. Q.E.D.

Nach diesen Vorbereitungen können wir den folgenden allgemeinen Störungssatz für lineare Gleichungssysteme beweisen:

Satz 4.1 (Störungssatz): *Die Matrix* $A \in \mathbb{K}^{n\times n}$ *sei regulär, und es sei*

$$\|\delta A\| < \frac{1}{\|A^{-1}\|}. \tag{4.1.11}$$

Dann ist die gestörte Matrix $\tilde{A} = A + \delta A$ *ebenfalls regulär, und für den relativen Fehler der Lösung gilt:*

$$\frac{\|\delta x\|}{\|x\|} \leq \frac{\operatorname{cond}(A)}{1 - \operatorname{cond}(A)\|\delta A\|/\|A\|} \left\{ \frac{\|\delta b\|}{\|b\|} + \frac{\|\delta A\|}{\|A\|} \right\}, \tag{4.1.12}$$

mit der sog. „Konditionszahl“ $\operatorname{cond}(A) := \|A\|\,\|A^{-1}\|$ *von* A.

Beweis: Aufgrund der Voraussetzung ist

$$\|A^{-1}\delta A\| \leq \|A^{-1}\|\,\|\delta A\| < 1,$$

so dass auch $A + \delta A = A[I + A^{-1}\delta A]$ nach Hilfssatz 4.4 regulär ist. Aus

$$(A + \delta A)\tilde{x} = b + \delta b\,, \quad (A + \delta A)x = b + \delta A x$$

folgt dann für $\delta x = \tilde{x} - x$

$$(A + \delta A)\delta x = \delta b - \delta A x,$$

und damit unter Verwendung von Hilfssatz 4.4

$$\begin{aligned} \|\delta x\| &\leq \|(A+\delta A)^{-1}\|\,\big\{\|\delta b\| + \|\delta A\|\,\|x\|\big\} \\ &= \|\big(A(I + A^{-1}\delta A)\big)^{-1}\|\,\big\{\|\delta b\| + \|\delta A\|\,\|x\|\big\} \\ &= \|(I + A^{-1}\delta A)^{-1}A^{-1}\|\,\big\{\|\delta b\| + \|\delta A\|\,\|x\|\big\} \\ &\leq \|(I + A^{-1}\delta A)^{-1}\|\,\|A^{-1}\|\,\big\{\|\delta b\| + \|\delta A\|\,\|x\|\big\} \\ &\leq \frac{\|A^{-1}\|}{1 - \|A^{-1}\delta A\|}\,\big\{\|\delta b\| + \|\delta A\|\,\|x\|\big\} \\ &\leq \frac{\|A^{-1}\|\,\|A\|\,\|x\|}{1 - \|A^{-1}\|\,\|\delta A\|\,\|A\|\,\|A\|^{-1}} \left\{ \frac{\|\delta b\|}{\|A\|\,\|x\|} + \frac{\|\delta A\|}{\|A\|} \right\}. \end{aligned}$$

Wegen $\|b\| = \|Ax\| \leq \|A\| \, \|x\|$ folgt schließlich

$$\|\delta x\| \leq \frac{\mathrm{cond(A)}}{1 - \mathrm{cond(A)}\|\delta \mathrm{A}\|\|\mathrm{A}\|^{-1}} \left\{ \frac{\|\delta b\|}{\|b\|} + \frac{\|\delta A\|}{\|A\|} \right\} \|x\|,$$

was zu zeigen war. Q.E.D.

Die Konditionszahl cond(A) hängt offenbar von der bei ihrer Definition zugrundegelegten Vektornorm ab. Meistens verwendet man die Maximumnorm $\|\cdot\|_\infty$ oder die euklidische Norm $\|\cdot\|_2$. Im ersten Fall ist

$$\mathrm{cond}_\infty(\mathrm{A}) := \|\mathrm{A}\|_\infty \|\mathrm{A}^{-1}\|_\infty$$

mit der maximalen Zeilensumme $\|\cdot\|_\infty$. Speziell für „hermitesche“ Matrizen gilt nach Hilfssatz 4.3

$$\mathrm{cond}_2(\mathrm{A}) := \|\mathrm{A}\|_2 \|\mathrm{A}^{-1}\|_2 = \frac{|\lambda_{\mathrm{max}}|}{|\lambda_{\mathrm{min}}|} \tag{4.1.13}$$

mit den betragsmäßig größten bzw. kleinsten Eigenwerten λ_{max} und λ_{min} von A; die Größe $\mathrm{cond}_2(\mathrm{A})$ wird auch die „Spektralkonditionszahl“ von A genannt.

Ist $\mathrm{cond(A)}\|\delta \mathrm{A}\| \, \|\mathrm{A}\|^{-1} \ll 1$, so wird in Satz 4.1

$$\frac{\|\delta x\|}{\|x\|} \stackrel{\cdot}{\leq} \mathrm{cond(A)} \left\{ \frac{\|\delta \mathrm{b}\|}{\|\mathrm{b}\|} + \frac{\|\delta \mathrm{A}\|}{\|\mathrm{A}\|} \right\}, \tag{4.1.14}$$

d. h.: cond(A) ist in erster Näherung gerade der Verstärkungsfaktor, mit dem sich die relativen Fehler in A und b auf den in x auswirken. Diese Fehlerabschätzung erlaubt folgenden Schluss:

Regel 4.1: *Die Kondition von A sei $\mathrm{cond(A)} \sim 10^s$. Sind dann die Elemente von A und b mit einem relativen Fehler der Art*

$$\frac{\|\delta A\|}{\|A\|} \sim 10^{-k}, \quad \frac{\|\delta b\|}{\|b\|} \sim 10^{-k} \; (k > s)$$

behaftet, so muss mit einem relativen Fehler im Ergebnis der Größenordnung

$$\frac{\|\delta x\|}{\|x\|} \sim 10^{s-k}$$

gerechnet werden, d. h.: Im Fall $\|\cdot\| = \|\cdot\|_\infty$ verliert man s Stellen Genauigkeit.

Beispiel 4.2: Wir betrachten die folgende Koeffizientenmatrix A:

$$A = \begin{bmatrix} 1.2969 & 0.8648 \\ 0.2161 & 0.1441 \end{bmatrix}, \quad A^{-1} = 10^8 \begin{bmatrix} 0.1441 & -0.8648 \\ -0.2161 & 1.2969 \end{bmatrix}$$

$$\|A\|_\infty = 2.1617\,, \quad \|A^{-1}\|_\infty = 1.513\cdot 10^8 \Rightarrow \text{cond(A)} \approx 3.3\cdot 10^8.$$

Bei der Lösung des Gleichungssystems $Ax = b$ gehen also im ungünstigsten Fall 8 wesentliche Stellen an der Genauigkeit, mit der die Elemente a_{jk} und b_j gegeben sind, verloren. Dieses System ist sehr „schlecht konditioniert“.

Wir demonstrieren anhand der Spektralkondition, dass die Abschätzung in Satz 4.1 im wesentlichen scharf ist. Sei A eine positiv definite $n\times n$-Matrix mit kleinstem und größtem Eigenwert λ_1 bzw. λ_n sowie zugehörigen normierten Eigenvektoren w_1 bzw. w_n. Wir wählen

$$\delta A \equiv 0, \quad b \equiv w_n, \quad \delta b \equiv \varepsilon w_1 \; (\varepsilon \neq 0).$$

Dann haben die Gleichungen $Ax = b$ und $A\tilde{x} = b + \delta b$ die Lösungen

$$x = \frac{1}{\lambda_n}\, w_n\,, \qquad \tilde{x} = \frac{1}{\lambda_n}\, w_n + \varepsilon\,\frac{1}{\lambda_1}\, w_1\,.$$

Folglich ist für $\delta x = \tilde{x} - x$

$$\frac{\|\delta x\|_2}{\|x\|_2} = \varepsilon\,\frac{\lambda_n}{\lambda_1}\,\frac{\|w_1\|_2}{\|w_n\|_2} = \text{cond}_2(\text{A})\,\frac{\|\delta \text{b}\|_2}{\|\text{b}\|_2}\,.$$

4.2 Gaußsches Eliminationsverfahren

Im Folgenden diskutieren wir „direkte“ Lösungsmethoden für (reelle) quadratische lineare Gleichungssysteme

$$Ax = b\,. \tag{4.2.15}$$

Besonders leicht lösbar sind gestaffelte Systeme, z. B. solche mit einer oberen Dreiecksmatrix $A = (a_{jk})$ als Koeffizientenmatrix

$$\begin{array}{ccccccccc} a_{11}x_1 & + & a_{12}x_2 & + & \dots & + & a_{1n}x_n & = & b_1 \\ & & a_{22}x_2 & + & \dots & + & a_{2n}x_n & = & b_2 \\ & & & & & & & \vdots & \\ & & & & & & a_{nn}x_n & = & b_n \end{array}.$$

Im Falle $a_{jj} \neq 0$, $j = 1,\dots,n$, erhält man die Lösung durch sog. „Rückwärtseinsetzen“:

$$x_n = \frac{b_n}{a_{nn}}\,, \qquad j = n-1,\dots,1: \quad x_j = \frac{1}{a_{jj}}\,(b_j - \sum_{k=j+1}^{n} a_{jk}\,x_k)\,.$$

Dazu sind offensichtlich $\frac{1}{2}n^2 + O(n)$ *arithmetische Operationen* erforderlich (1 a.Op. := 1 Multiplikation (+ 1 Addition) oder 1 Division).

Das *klassische* direkte Verfahren zur Lösung allgemeiner (regulärer) Gleichungssysteme ist das Gaußsche Eliminationsverfahren (kurz „Gauß-Elimination") . Dabei wird das gegebene System $Ax = b$ schrittweise in ein oberes Dreieckssystem $Rx = c$ umgeformt, welches dieselbe Lösung x besitzt und dann durch Rückwärtseinsetzen gelöst wird. Dazu stehen die folgenden elementaren Umformungen zur Verfügung:

- Vertauschung zweier Gleichungen,
- Addition des Vielfachen einer Gleichung zu einer anderen.

Die Vertauschung zweier Spalten von A ist ebenfalls zulässig, wenn die Unbekannten x_i entsprechend umnummeriert werden. In der praktischen Durchführung der Gauß-Elimination wendet man die elementaren Umformungen auf die zusammengesetzte Matrix $[A, b]$ an. Im Folgenden wird A als regulär angenommen. Zunächst setzt man $A^{(0)} \equiv A$, $b^{(0)} \equiv b$ und bestimmt $a_{r1}^{(0)} \neq 0$, $r \in \{1, \dots, n\}$. (Solch ein Element existiert, da A sonst singulär wäre). Vertausche die 1-te und die r-te Zeile. Das Resultat sei $[\tilde{A}^{(0)}, \tilde{b}^{(0)}]$. Dann wird für $j = 2, \dots, n$ das q_{j1}-fache der 1-ten Zeile von der j-ten Zeile abgezogen:

$$q_{j1} \equiv \tilde{a}_{j1}^{(0)} / \tilde{a}_{11}^{(0)} \; (= a_{r1}^{(0)} / a_{rr}^{(0)}), \qquad a_{ji}^{(1)} := \tilde{a}_{ji}^{(0)} - q_{j1} \tilde{a}_{1i}^{(0)}, \qquad b_j^{(1)} := \tilde{b}_j^{(0)} - q_{j1} \tilde{b}_1^{(0)}.$$

Das Resultat ist

$$[A^{(1)}, b^{(1)}] = \left[\begin{array}{cccc|c} \tilde{a}_{11}^{(0)} & \tilde{a}_{12}^{(0)} & \dots & \tilde{a}_{1n}^{(0)} & \tilde{b}_1^{(0)} \\ 0 & a_{22}^{(1)} & \dots & a_{2n}^{(1)} & b_2^{(1)} \\ \vdots & \vdots & & & \\ 0 & a_{n2}^{(1)} & \dots & a_{nn}^{(1)} & b_n^{(1)} \end{array} \right].$$

Den Übergang $[A^{(0)}, b^{(0)}] \to [\tilde{A}^{(0)}, \tilde{b}^{(0)}] \to [A^{(1)}, b^{(1)}]$ kann man mit Hilfe von Matrizenmultiplikation beschreiben:

$$[\tilde{A}^{(0)}, \tilde{b}^{(0)}] = P_1 [A^{(0)}, b^{(0)}], \qquad [A^{(1)}, b^{(1)}] = G_1 [\tilde{A}^{(0)}, \tilde{b}^{(0)}],$$

wobei P_1 eine „Permutationsmatrix" und G_1 eine sog. „Frobenius-Matrix" der folgenden Gestalt sind:

$$P_1 = \begin{array}{c} \begin{array}{ccccccc} 1 & & & r & & & \end{array} \\ \left[\begin{array}{ccccccc} 0 & & \dots & 1 & & & \\ & 1 & & & & & \\ \vdots & & \ddots & \vdots & & & \\ & & 1 & & & & \\ 1 & & \dots & 0 & & & \\ & & & & 1 & & \\ & & & & & \ddots & \\ & & & & & & 1 \end{array} \right] \begin{array}{c} 1 \\ \\ \\ \\ r \\ \\ \\ \\ \end{array} \end{array} \qquad G_1 = \begin{array}{c} \begin{array}{ccc} 1 & & \end{array} \\ \left[\begin{array}{cccc} 1 & & & \\ -q_{21} & 1 & & \\ \vdots & & \ddots & \\ -q_{n1} & & & 1 \end{array} \right] 1 \end{array}$$

Beide Matrizen P_1 und G_1 sind regulär (Determinante $= \pm 1$), und es gilt

$$P_1^{-1} = P_1\,, \qquad G_1^{-1} = \begin{bmatrix} 1 & & & \\ q_{21} & 1 & & \\ \vdots & & \ddots & \\ q_{n1} & & & 1 \end{bmatrix}.$$

Die Gleichungssysteme $Ax = b$ und $A^{(1)}x = b^{(1)}$ haben offenbar dieselbe Lösung:

$$Ax = b \quad\Longleftrightarrow\quad A^{(1)}x = G_1 P_1 Ax = G_1 P_1 b = b^{(1)}\,.$$

Definition 4.6: *Das Element $a_{r1} = \tilde{a}_{11}^{(0)}$ heißt „Pivotelement“ und der ganze Teilschritte seiner Bestimmung „Pivotsuche“. Aus Gründen der numerischen Stabilität trifft man gewöhnlich die Wahl*

$$|a_{r1}| = \max_{1\le j\le n} |a_{j1}|\,. \tag{4.2.16}$$

Der ganze Prozeß inkl. Zeilenvertauschung wird dann „Spaltenpivotierung“ genannt. Sind die Elemente der Matrix A von sehr unterschiedlicher Größenordnung, so empfiehlt es sich, sog. „Totalpivotierung“ vorzunehmen. Diese besteht aus der Wahl

$$|a_{rs}| = \max_{1\le j,k\le n} |a_{jk}| \tag{4.2.17}$$

und anschließender Vertauschung der 1-ten mit der r-ten Zeile und der 1-ten mit der s-ten Spalte. Entsprechend der Spaltenvertauschung müssen dann die Unbekannten x_k umnumeriert werden. Bei großen Gleichungssystemen ist die totale Pivotierung meist zu aufwendig, so dass man sich mit der Spaltenpivotierung begnügt.

Die im 1. Schritt erzeugte Matrix $A^{(1)}$ ist wieder regulär. Dasselbe gilt auch für die um die erste Zeile und Spalte reduzierte Teilmatrix, so dass auf sie der Eliminationsprozess analog zu Schritt 1 angewendet werden kann. Durch Weiterführung dieses Eliminationsprozesses erhält man in $n-1$ Schritten eine Kette von Matrizen

$$[A,b] \to [A^{(1)},b^{(1)}] \to \ldots \to [A^{(n-1)},b^{(n-1)}] =: [R,c]\,,$$

wobei

$$[A^{(i)},b^{(i)}] = G_i P_i [A^{(i-1)},b^{(i-1)}]\,, \quad [A^{(0)},b^{(0)}] := [A,b]\,,$$

mit Permutationsmatrizen P_i und (regulären) Frobenius-Matrizen G_i der folgenden Form:

$$
P_i = \begin{array}{c} \\ \left[\begin{array}{ccccccccc}
1 &&&&&&&& \\
& \ddots &&&&&&& \\
&& 1 &&&&&& \\
&&& 0 & \cdots & 1 &&& \\
&&&& 1 &&&& \\
&&& \vdots & \ddots & \vdots &&& \\
&&&& 1 &&&& \\
&&& 1 & \cdots & 0 &&& \\
&&&&&& 1 && \\
&&&&&&& \ddots & \\
&&&&&&&& 1
\end{array}\right]\end{array}
\begin{array}{c} \\ \\ \\ i \\ \\ \\ \\ r \\ \\ \\ \\ \end{array}
\qquad
G_i = \left[\begin{array}{ccccc}
1 &&&& \\
& \ddots &&& \\
&& 1 && \\
&& -q_{i+1,i} & 1 & \\
&& \vdots && \ddots \\
&& -q_{ni} && & 1
\end{array}\right]
\begin{array}{c} \\ \\ i \\ \\ \\ \\ \end{array}
$$

(Spaltenbeschriftungen: bei P_i Spalten i und r; bei G_i Spalte i.)

Das Endresultat

$$
[R, c] = G_{n-1} P_{n-1} \dots G_1 P_1 [A, b] \tag{4.2.18}
$$

entspricht einem oberen Dreieckssystem $Rx = c$, welches dieselbe Lösung wie das Ausgangssystem $Ax = b$ besitzt.

Im i-ten Eliminationsschritt $[A^{(i-1)}, b^{(i-1)}] \to [A^{(i)}, b^{(i)}]$ werden in der i-ten Spalte die Elemente unterhalb der Diagonalen annuliert. Den frei werdenden Platz benutzt man zur Abspeicherung der wesentlichen Elemente $q_{i+1,i}, \dots, q_{n,i}$ der Frobenius-Matrizen G_i^{-1} $(i = 1, \dots, n-1)$. Da im i-ten Eliminationsschritt die vorausgehenden Zeilen 1 bis i nicht verändert werden, arbeitet man also mit Matrizen der folgenden Form:

$$
\left[\begin{array}{ccccccc|c}
r_{11} & r_{12} & \cdots & r_{1i} & r_{1,i+1} & \cdots & r_{1n} & c_1 \\
\lambda_{21} & r_{22} & \cdots & r_{2i} & r_{2,i+1} & \cdots & r_{2n} & c_2 \\
\lambda_{31} & \lambda_{32} & & r_{3i} & r_{3,i+1} & \cdots & r_{3n} & c_3 \\
\vdots & \vdots & \ddots & \vdots & \vdots & & \vdots & \vdots \\
\lambda_{i1} & \lambda_{i2} & & r_{ii} & r_{i,i+1} & \cdots & r_{in} & c_i \\
\hline
\lambda_{i+1,1} & \lambda_{i+2,2} & & \lambda_{i+1,i} & a_{i+1,i+1}^{(i)} & \cdots & a_{i+1,n}^{(i)} & b_{i+1}^{(i)} \\
\vdots & \vdots & & \vdots & \vdots & & \vdots & \vdots \\
\lambda_{n,1} & \lambda_{n,2} & \cdots & \lambda_{n,i} & a_{n,i+1}^{(i)} & \cdots & a_{n,n}^{(i)} & b_n^{(i)}
\end{array}\right]
$$

Dabei sind die Subdiagonalelemente $\lambda_{k+1,k}, \dots, \lambda_{nk}$ der k-ten Spalte Permutationen der Elemente $q_{k+1,k}, \dots, q_{nk}$ von G_k^{-1}, da die Zeilenvertauschungen (nur diese!) an der gesamten Matrix vorgenommen werden. Als Endresultat erhält man eine Matrix

$$\left[\begin{array}{cccc|c} r_{11} & & \cdots & r_{1n} & c_1 \\ l_{21} & r_{22} & & r_{2n} & c_2 \\ \vdots & \ddots & \ddots & \vdots & \vdots \\ l_{n1} & \cdots & l_{n,n-1} & r_{nn} & c_n \end{array}\right].$$

Satz 4.2 (LR-Zerlegung): *Die Matrizen*

$$L = \begin{bmatrix} 1 & & & 0 \\ l_{21} & 1 & & \\ \vdots & \ddots & \ddots & \\ l_{n1} & \cdots & l_{n,n-1} & 1 \end{bmatrix}, \quad R = \begin{bmatrix} r_{11} & r_{12} & \cdots & r_{1n} \\ & r_{22} & \cdots & r_{2n} \\ & & \ddots & \vdots \\ 0 & & & r_{nn} \end{bmatrix}$$

bilden eine sog. „LR-Zerlegung“ der Matrix PA :

$$PA = LR, \qquad P = P_{n-1} \cdots P_1 . \tag{4.2.19}$$

Diese Zerlegung ist im Falle $P = I$ eindeutig bestimmt.

Beweis: Wir führen den Beweis für den Fall, dass keine Pivotierung erforderlich ist, d. h.: $P_i = I$. Dann ist $R = G_{n-1} \cdots G_1 A$ bzw.

$$G_1^{-1} \cdots G_{n-1}^{-1} R = A .$$

Wegen $L = G_1^{-1} \cdots G_{n-1}^{-1}$ folgt die Behauptung. Zum Nachweis der Eindeutigkeit, seien nun $A = L_1 R_1 = L_2 R_2$ zwei LR-Zerlegungen. Dann ist

$$L_2^{-1} L_1 = R_2 R_1^{-1} = I ,$$

da $L_2^{-1} L_1$ untere Dreiecksmatrix mit Einsen auf der Hauptdiagonalen und $R_2 R_1^{-1}$ obere Dreiecksmatrix ist. Folglich ist $L_1 = L_2$ und $R_1 = R_2$. Q.E.D.

Lemma 4.2: *Die zur Lösung eines $n \times n$ Gleichungssystems $Ax = b$ mit Hilfe der Gauß-Elimination erforderliche Anzahl von arithmetischen Operationen („a. Op.“) ist*

$$N_{\text{Gauß}}(n) = \tfrac{1}{3} n^3 + O(n^2).$$

Dasselbe gilt für die Bestimmung der Dreieckszerlegung $PA = LR$.

Beweis: Der k-te Eliminationsschritt

$$a_{ij}^{(k)} = a_{ij}^{(k-1)} - \frac{a_{ik}^{(k-1)}}{a_{kk}^{(k-1)}} a_{kj}^{(k-1)}, \quad b_i^{(k)} = b_i^{(k-1)} - \frac{a_{ik}^{(k-1)}}{a_{kk}^{(k-1)}} b_k^{(k-1)}, \quad i,j = k,\ldots,n,$$

erfordert $n-k$ Divisionen sowie $(n-k)+(n-k)^2$ Multiplikationen und Additionen; also zusammen

$$\sum_{k=1}^{n-1} k^2 + O(n^2) = \frac{1}{3}n^3 + O(n^2) \quad \text{a. Op.}$$

für die $n-1$ Schritte der Vorwärtselimination. Damit werden alle Elemente der Zerlegungsmatrizen L und R bestimmt. Q.E.D.

Beispiel 4.3: Mit $\boxed{\cdot}$ wird das Pivotelement markiert.

$$\begin{bmatrix} 3 & 1 & 6 \\ 2 & 1 & 3 \\ 1 & 1 & 1 \end{bmatrix} \begin{bmatrix} x_1 \\ x_2 \\ x_3 \end{bmatrix} = \begin{bmatrix} 2 \\ 7 \\ 4 \end{bmatrix} \quad \rightarrow \quad \begin{array}{c} \text{Pivotierung} \\ \hline \begin{array}{ccc|c} \boxed{3} & 1 & 6 & 2 \\ 2 & 1 & 3 & 7 \\ 1 & 1 & 1 & 4 \end{array} \end{array}$$

$$\begin{array}{c} \text{Elimination} \\ \hline \begin{array}{ccc|c} 3 & 1 & 6 & 2 \\ 2/3 & 1/3 & -1 & 17/3 \\ 1/3 & \boxed{2/3} & -1 & 10/3 \end{array} \end{array} \quad \rightarrow \quad \begin{array}{c} \text{Pivotierung} \\ \hline \begin{array}{ccc|c} 3 & 1 & 6 & 2 \\ 1/3 & 2/3 & -1 & 10/3 \\ 2/3 & 1/3 & -1 & 17/3 \end{array} \end{array}$$

$$\begin{array}{c} \text{Elimination} \\ \hline \begin{array}{ccc|c} 3 & 1 & 6 & 2 \\ 1/3 & 2/3 & -1 & 10/3 \\ 2/3 & 1/2 & -1/2 & 4 \end{array} \end{array} \quad \rightarrow \quad \begin{aligned} x_3 &= -8 \\ x_2 &= \tfrac{3}{2}(\tfrac{10}{3} - x_3) = -7 \\ x_1 &= \tfrac{1}{3}(2 - x_2 - 6x_3) = 19\,. \end{aligned}$$

LR-Zerlegung:

$$P_1 = I\,, \quad P_2 = \begin{bmatrix} 1 & 0 & 0 \\ 0 & 0 & 1 \\ 0 & 1 & 0 \end{bmatrix},$$

$$PA = \begin{bmatrix} 3 & 1 & 6 \\ 1 & 1 & 1 \\ 2 & 1 & 3 \end{bmatrix} = LR = \begin{bmatrix} 1 & 0 & 0 \\ 1/3 & 1 & 0 \\ 2/3 & 1/2 & 1 \end{bmatrix} \begin{bmatrix} 3 & 1 & 6 \\ 0 & 2/3 & -1 \\ 0 & 0 & -1/2 \end{bmatrix}.$$

Beispiel 4.4: Zur Demonstration der Bedeutung der Pivotierung beim Gaußschen Eliminationsverfahren betrachten wir das folgende Gleichungssystem

$$\begin{bmatrix} 10^{-4} & 1 \\ 1 & 1 \end{bmatrix} \begin{bmatrix} x_1 \\ x_2 \end{bmatrix} = \begin{bmatrix} 1 \\ 2 \end{bmatrix} \tag{4.2.20}$$

mit der exakten Lösung $x_1 = 1.00010001$, $x_2 = 0.99989999$. Bei 3-stelliger Gleitpunktrechnung mit korrekter Rundung erhält man:

a) ohne Pivotierung:

x_1	x_2	
$0.1 \cdot 10^{-3}$	$0.1 \cdot 10^1$	$0.1 \cdot 10^1$
0	$-0.1 \cdot 10^5$	$-0.1 \cdot 10^5$
$x_2 = 1$,	$x_1 = 0$	

b) mit Pivotierung:

x_1	x_2	
$0.1 \cdot 10^1$	$0.1 \cdot 10^1$	$0.2 \cdot 10^1$
0	$0.1 \cdot 10^1$	$0.1 \cdot 10^1$
$x_2 = 1$,	$x_1 = 1$	

Beispiel 4.5: Der positive Effekt der Spaltenpivotierung ist allerdings nur dann gesichert, wenn die (betragsmäßigen) Zeilensummen der Matrix in etwa gleich groß sind. Als Beispiel betrachte man das Gleichungssystem

$$\begin{bmatrix} 2 & 20000 \\ 1 & 1 \end{bmatrix} \begin{bmatrix} x_1 \\ x_2 \end{bmatrix} = \begin{bmatrix} 20000 \\ 2 \end{bmatrix},$$

welches aus (4.2.20) durch Multiplikation der ersten Zeile mit dem Faktor 20000 hervorgeht. Da nun in der ersten Spalte das betragsgrößte Element in der Diagonalen steht, liefert der Gauß-Algorithmus mit und ohne Spaltenpivotierung dasselbe inakzeptable Resultat $(x_1, x_2)^T = (0, 1)^T$. Man führt daher vor der Rechnung eine sog. „Äquilibrierung“ durch, das heißt, man multipliziert mit einer Diagonalmatrix D

$$Ax = b \quad \to \quad DAx = Db, \qquad d_i = \Big(\sum\nolimits_{j=1}^{n} |a_{ij}|\Big)^{-1},$$

die alle Zeilensummen der Matrix auf 1 transformiert. Eine verbesserte Stabilisierung im Fall stark unterschiedlicher Größenordnung der Matrixeinträge ist die „totale“ Pivotierung. Vor der Durchführung wird hier eine Äquilibrierung (zeilenweise und spaltenweise) vorgenommen.

4.2.1 Konditionierung der Gauß-Elimination

Wir diskutieren nun noch die Konditionierung des Lösens eines linearen Gleichungssystems $Ax = b$ mit Hilfe der Gauß-Elimination. Die (reguläre) Matrix A besitze mit Spaltenpivotierung eine LR-Zerlegung der Form $PA = LR$. Dann gilt

$$R = L^{-1}PA, \quad R^{-1} = (PA)^{-1}L.$$

Wegen der Spaltenpivotierung sind die Elemente der Dreiecksmatrizen L und L^{-1} alle kleiner gleich eins, und es gilt somit

$$\text{cond}_\infty(L) = \|L\|_\infty \|L^{-1}\|_\infty \le n^2.$$

Folglich ist

$$\begin{aligned}\mathrm{cond}_\infty(R) &= \|R\|_\infty \|R^{-1}\|_\infty = \|L^{-1}PA\|_\infty \|(PA)^{-1}L\|_\infty \\ &\le \|L^{-1}\|_\infty \|PA\|_\infty \|(PA)^{-1}\|_\infty \|L\|_\infty \le n^2\,\mathrm{cond}_\infty(PA).\end{aligned}$$

Nach dem allgemeinen Störungssatz gilt dann für die Lösung des Systeme $LRx = Pb$:

$$\frac{\|\delta x\|_\infty}{\|x\|_\infty} \le \mathrm{cond}_\infty(L)\mathrm{cond}_\infty(R)\frac{\|\delta Pb\|_\infty}{\|Pb\|_\infty} \le n^4\,\mathrm{cond}_\infty(PA)\frac{\|\delta Pb\|_\infty}{\|Pb\|_\infty}.$$

Die Konditionierung des Ausgangssystems wird also durch die LR-Zerlegung im schlimmsten Fall mit n^4 verschlechtert. Dies ist aber eine extrem pessimistische Abschätzung und kann wesentlich verbessert werden.

Wir geben zum Abschluß noch ein Resultat von Wilkinson[2] an, das die Fortpflanzung des Rundungsfehlers im Verlaufe der Gauß-Elimination beschreibt.

Satz 4.3 (Rundungsfehlereinfluss): *Die Matrix $A \in \mathbb{R}^{n\times n}$ sei regulär, und das Gleichungssystem $Ax = b$ werde mit Gauß-Elimination mit Spaltenpivotierung gelöst. Dann ist die unter dem Einfluß von Rundungsfehlern tatsächlich berechnete Lösung $x + \delta x$ exakte Lösung eines gestörten Systems $(A + \delta A)(x + \delta x) = b$, wobei (*eps *= Maschinengenauigkeit)*

$$\frac{\|\delta A\|_\infty}{\|A\|_\infty} \le 1.01 \cdot 2^{n-1}(n^3 + 2n^2)\,\mathrm{eps}. \tag{4.2.21}$$

In Verbindung mit der Fehlerabschätzung von Satz 4.1 ergibt dieses Resultat die folgende Abschätzung für den Rundungsfehlereinfluss:

$$\frac{\|\delta x\|_\infty}{\|x\|_\infty} \le \frac{\mathrm{cond(A)}}{1 - \mathrm{cond(A)}\|\delta \mathrm{A}\|_\infty/\|\mathrm{A}\|_\infty}\left\{1.01 \cdot 2^{n-1}(n^3 + 2n^2)\,\mathrm{eps}\right\}. \tag{4.2.22}$$

Diese Abschätzung ist, wie die Praxis zeigt, viel zu pessimistisch, da sie am ungünstigsten Fall ausgerichtet ist und keine Rundungsfehlerauslöschungen berücksichtigt. Zur Erfassung der letzteren wäre eine statistische Theorie erforderlich. Außerdem gilt die obige Abschätzung allgemein für „vollbesetzte“ Matrizen. Für „dünnbesetzte“ Matrizen sind wesentlich günstigere Resultate zu erwarten. Insgesamt sieht man, dass der Gaußsche Eliminationsprozeß (in Abhängigkeit von der Dimension n) ein gutartiger numerischer Algorithmus ist, d. h.: Der Rundungsfehlereinfluss kann abgeschätzt werden allein in Abhängigkeit von der Kondition $\mathrm{cond(A)}$, die ja auch die Konditionierung der numerischen Aufgabe selber beschreibt.

[2]James Hardy Wilkinson (1919–1986): Englischer Numeriker und früher Informatiker; arbeitete seit 1946 am National Physical Laboratory in London mit Alan Turing an der Entwicklung der ersten digitalen Computer; fundamentale Beiträge zur numerischen linearen Algebra, insbes. zur Rundungsfehleranalyse; Mitbegründer der NAG Library (1970).

4.2.2 Nachiteration

Wir diskutieren nun noch einige Varianten und weitere Anwendungsmöglichkeiten der Gauß-Elimination. Die Gauß-Elimination überführt ein Gleichungssystem $Ax = b$ in ein oberes Dreieckssystem $Rx = c$, aus dem sich die Lösung x durch einfaches Rückwärtsauflösen berechnen lässt. Nach Satz 4.2 ist dieser Prozess gleichbedeutend mit der Erstellung einer Dreieckszerlegung $PA = LR$ und der anschließenden Lösung der beiden gestaffelten Systeme

$$Ly = Pb, \quad Rx = y. \tag{4.2.23}$$

Diese Variante des Gauß-Algorithmus ist insbesondere dann vorzuziehen, wenn dasselbe Gleichungssystem nacheinander für verschiedene rechte Seiten b gelöst werden soll. Aufgrund des unvermeidlichen Rundungsfehlers erhält man in der Praxis nur eine fehlerhafte LR-Zerlegung

$$\tilde{L}\tilde{R} \neq PA$$

und damit nur eine Näherungslösung x^0 mit dem (exakten) „Defekt“

$$\hat{d}^0 := Ax^0 - b \neq 0\,.$$

Unter Verwendung der bereits erstellten Dreieckszerlegung $\tilde{L}\tilde{R} \sim PA$ löst man nun (näherungsweise) die sog. „Defektgleichung“

$$Ak = \hat{d}^0, \qquad \tilde{L}\tilde{R}k^1 = \hat{d}^0, \tag{4.2.24}$$

und erhält daraus eine Korrektur k^1 für x^0 und setzen damit $x^1 := x^0 - k^1$. Hätte man die Defektgleichung exakt gelöst, d. h. $k^1 \equiv k$, so wäre

$$Ax^1 = Ax^0 - Ak = Ax^0 - \hat{d}^0 = Ax^0 - Ax^0 + b = b\,,$$

d. h.: $x^1 = x$ wäre die exakte Lösung des Systems $Ax = b$. I. Allg. wird x^1 auch bei fehlerhafter Lösung der Defektgleichung eine bessere Näherung zu x als x^0 sein. Dazu ist es jedoch erforderlich, den Defekt d mit *erhöhter* Genauigkeit zu berechnen. Dies wird durch die folgende Fehleranalyse belegt (der Einfachheit halber sei $P = I$):

Wir nehmen an, dass sich der relative Fehler bei der LR-Zerlegung der Matrix A durch eine kleine Zahl ε beschränken lässt. Nach dem allgemeinen Störungssatz 4.1 gilt dann die Abschätzung

$$\frac{\|x^0 - x\|}{\|x\|} \leq \frac{\mathrm{cond(A)}}{1 - \mathrm{cond(A)}\frac{\|\mathrm{A}-\tilde{\mathrm{L}}\tilde{\mathrm{R}}\|}{\|\mathrm{A}\|}} \underbrace{\frac{\|A - \tilde{L}\tilde{R}\|}{\|A\|}}_{\sim\,\varepsilon}\,.$$

Der Verlust von Stellen entspricht der Größe von $\mathrm{cond(A)}$. Zusätzlich auftretende Rundungsfehler werden vernachlässigt. Den exakten Defekt $\hat{d}^0$ ersetzen wir durch den Ausdruck $d^0 := \tilde{A}x^0 - b$, wobei $\tilde{A}$ eine genauere Approximation für A ist,

$$\frac{\|\tilde{A}-A\|}{\|A\|} \le \tilde{\varepsilon} \ll \varepsilon .$$

Nach Konstruktion gilt

$$\begin{aligned} x^1 = x^0 - k^1 &= x^0 - (\tilde{L}\tilde{R})^{-1}[\tilde{A}x^0 - b] \\ &= x^0 + (\tilde{L}\tilde{R})^{-1}[Ax^0 - Ax + (\tilde{A}-A)\,x^0], \end{aligned}$$

und daher

$$\begin{aligned} x^1 - x &= x^0 - x - (\tilde{L}\tilde{R})^{-1}A(x^0 - x) + (\tilde{L}\tilde{R})^{-1}(\tilde{A}-A)\,x^0 \\ &= (\tilde{L}\tilde{R})^{-1}[\tilde{L}\tilde{R} - A](x^0 - x) + (\tilde{L}\tilde{R})^{-1}(\tilde{A}-A)\,x^0. \end{aligned}$$

Wegen

$$\tilde{L}\tilde{R} = A - A + \tilde{L}\tilde{R} = A\big(I - A^{-1}(A - \tilde{L}\tilde{R})\big)$$

folgt mit Hilfssatz 4.4:

$$\begin{aligned} \|(\tilde{L}\tilde{R})^{-1}\| &\le \|A^{-1}\|\, \|\,[I - A^{-1}(A-\tilde{L}\tilde{R})]^{-1}\| \\ &\le \frac{\|A^{-1}\|}{1 - \|A^{-1}(A-\tilde{L}\tilde{R})\|} \le \frac{\|A^{-1}\|}{1 - \|A^{-1}\|\,\|A-\tilde{L}\tilde{R}\|} = \frac{\|A^{-1}\|}{1 - \mathrm{cond}(A)\,\frac{\|A-\tilde{L}\tilde{R}\|}{\|A\|}}. \end{aligned}$$

Dies impliziert schließlich

$$\frac{\|x^1 - x\|}{\|x\|} \sim \mathrm{cond}(A)\Big[\underbrace{\frac{\|A-\tilde{L}\tilde{R}\|}{\|A\|}}_{\sim\,\varepsilon}\ \underbrace{\frac{\|x^0 - x\|}{\|x\|}}_{\sim\,\mathrm{cond(A)}\varepsilon} + \underbrace{\frac{\|\tilde{A}-A\|}{\|A\|}}_{\sim\,\tilde{\varepsilon}}\ \frac{\|x^0\|}{\|x\|}\Big].$$

Diese Korrektur der Lösung kann natürlich iteriert werden, in dem die jeweils neuen Näherungen x^i wieder in die Defektgleichung eingesetzt werden. Diesen Prozess nennt man „Nachiteration"; in der Praxis wird der Fehler in x schon durch wenige Korrekturschritte (meist $2-3$) auf die Größenordnung der Genauigkeit der Defektauswertung gedrückt, d. h.: $\|x^3 - x\|/\|x\| \sim \tilde{\varepsilon}$.

Beispiel 4.6: Das Gleichungssystem

$$\begin{bmatrix} 1.05 & 1,02 \\ 1.04 & 1,02 \end{bmatrix} \begin{bmatrix} x_1 \\ x_2 \end{bmatrix} = \begin{bmatrix} 1 \\ 2 \end{bmatrix}$$

hat die exakte Lösung $x = (-100,\, 103.921\ldots)^T$. Die Gauß-Elimination ergibt bei Verwendung 3-stelliger Gleitpunktarithmetik (mit korrekter Rundung) die genäherten Zerlegungsmatrizen

$$\tilde{L} = \begin{bmatrix} 1 & 0 \\ 0.990 & 1 \end{bmatrix}, \qquad \tilde{R} = \begin{bmatrix} 1.05 & 1.02 \\ 0 & 0.01 \end{bmatrix},$$

$$\tilde{L}\tilde{R} - A = \begin{bmatrix} 0 & 0 \\ 5 \cdot 10^{-4} & 2 \cdot 10^{-4} \end{bmatrix} \quad \text{(im Rahmen der Maschinengenauigkeit korrekt)}.$$

Die damit bestimmte „Lösung“ $x^0 = (-97, 1.101)^T$ hat den Defekt

$$d^0 = Ax^0 - b = \begin{cases} (0,0)^T & \text{3-stellige Rechnung} \\ -(0,065, 0,035)^T & \text{6-stellige Rechnung}. \end{cases}$$

Die approximative Korrekturgleichung

$$\begin{bmatrix} 1 & 0 \\ 0.990 & 1 \end{bmatrix} \begin{bmatrix} 1.05 & 1.02 \\ 0 & 0.01 \end{bmatrix} \begin{bmatrix} k_1^1 \\ k_2^1 \end{bmatrix} = \begin{bmatrix} -0.065 \\ -0.035 \end{bmatrix}$$

hat (3-stellige Rechnung) die Lösung $k^1 = (2.9, -102.899)^T$. Die durch Nachkorrektur verbesserte Lösung ist also

$$x^1 = x^0 - k^1 = (-99.9, 104)^T,$$

welche deutlich genauer ist als die erste Näherung x^0.

4.2.3 Determinantenberechnung

Für quadratische Matrizen gilt der Determinantensatz

$$\det(AB) = \det(A)\det(B). \tag{4.2.25}$$

Für die durch Gauß-Elimination aus der gegebenen Matrix A gewonnene Dreiecksmatrix

$$R = G_{n-1}P_{n-1}\cdots G_1P_1A$$

folgt somit unter Beachtung von

$$\det(P_i^{-1}) = \det(P_i) = -1, \quad \det(G_i^{-1}) = 1,$$

die Beziehung

$$\det(A) = \det(P_1^{-1}G_1^{-1}\cdots P_{n-1}^{-1}G_{n-1}^{-1}R) = \pm\det(R) = \pm\prod_{j=1}^n r_{jj}. \tag{4.2.26}$$

Das Vorzeichen in $\det(A)$ ist $+/-$, je nachdem, ob eine gerade oder ungerade Anzahl von Zeilenvertauschungen vorgenommen wurde. Lässt sich im Verlaufe des Eliminationsprozesses einmal in einer Spalte kein von Null verschiedenes Pivotelement finden, so ist die Matrix A singulär und folglich $\det(A) = 0$. (Man beachte, dass bei Rechnung in Gleitpunktarithmetik aufgrund des Rundungsfehlers durchaus auch im Falle $\det(A) = 0$ der tatsächlich berechnete Wert $\neq 0$ sein kann!)

4.2.4 Rangbestimmung

Ist die Elimination durchführbar, d. h. lässt sich immer ein Pivotelement $\neq 0$ finden, und ist schließlich auch das letzte Diagonalelement $a_{n,n}^{(n-1)} \neq 0$, so ist $\det(A) \neq 0$, d. h.

$$\operatorname{Rang}(A) = n$$

(dies natürlich nur bei Vernachlässigung der Rundungsfehler!). Gilt dagegen im i-ten Eliminationsschritt für alle Elemente in der i-ten Spalte

$$a_{ji}^{(i-1)} = 0\,, \quad j = i, \ldots, n\,,$$

so ist A singulär. In diesem Fall wird zur weiteren Rangberechnung Totalpivotierung vorgenommen:

$$|a_{rs}^{(i-1)}| = \max_{j,k=1,\ldots,n} |a_{jk}^{(i-1)}|\,.$$

(Zeilen- und Spaltenvertauschungen ändern $\operatorname{Rang}(A)$ nicht!) Gilt dann nach dem i-ten Eliminationsschritt

$$a_{jk}^{(i)} = 0\,, \quad j,k = i+1, \ldots, n\,,$$

so ist $\operatorname{Rang}(A) = i$. Dieser Prozess kann natürlich auch zur Rangbestimmung bei *nicht* quadratischen Matrizen verwendet werden.

4.2.5 Inversenberechnung (Gauß-Jordan-Algorithmus)

Grundsätzlich kann die Inverse A^{-1} einer regulären Matrix A wie folgt berechnet werden:

(i) Berechnung der LR-Zerlegung von PA;

(ii) Lösung der gestaffelten Systeme

$$Ly^{(i)} = Pe^{(i)}, \; Rx^{(i)} = y^{(i)}, \quad i = 1, \ldots, n,$$

mit den kartesischen Basisvektoren $e^{(i)}$ des $\mathbb{R}^n$;

(iii) $A^{-1} = [x^{(1)}, \ldots, x^{(n)}]$.

Praktischer ist jedoch eine simultane Elimination (hier ohne Berechnung der Matrizen L und R), die direkt auf die Inverse führt (ohne Zeilenvertauschungen):

$$\begin{array}{c|ccc} & 1 & & 0 \\ A & & \ddots & \\ & 0 & & 1 \end{array} \quad \rightarrow \quad \overset{\text{Vorwärtselimination}}{\begin{array}{ccc|ccc} r_{11} & \cdots & r_{1n} & 1 & & 0 \\ & \ddots & \vdots & & \ddots & \\ & & r_{nn} & * & & 1 \end{array}}$$

$$
\begin{array}{ccc|c}
\multicolumn{4}{c}{\text{Rückwärtselimination}}\\
\hline
r_{11} & & 0 & \\
 & \ddots & & * \\
0 & & r_{nn} &
\end{array}
\quad\rightarrow\quad
\begin{array}{ccc|c}
\multicolumn{4}{c}{\text{Skalierung}}\\
\hline
1 & & 0 & \\
 & \ddots & & A^{-1} \\
0 & & 1 &
\end{array}
$$

Beispiel 4.7: Es markiere $\boxed{\cdot}$ das Pivotelement.

$$
A = \begin{bmatrix} 3 & 1 & 6 \\ 2 & 1 & 3 \\ 1 & 1 & 1 \end{bmatrix} \quad : \quad
\begin{array}{ccc|ccc}
\multicolumn{6}{c}{\text{Vorwärtselimination}}\\
\hline
\boxed{3} & 1 & 6 & 1 & 0 & 0 \\
2 & 1 & 3 & 0 & 1 & 0 \\
1 & 1 & 1 & 0 & 0 & 1
\end{array}
\quad\rightarrow
$$

$$
\rightarrow\;
\begin{array}{ccc|ccc}
\multicolumn{6}{c}{\text{Zeilenvertauschung}}\\
\hline
3 & 1 & 6 & 1 & 0 & 0 \\
0 & 1/3 & -1 & -2/3 & 1 & 0 \\
0 & \boxed{2/3} & -1 & -1/3 & 0 & 1
\end{array}
\;\rightarrow\;
\begin{array}{ccc|ccc}
\multicolumn{6}{c}{\text{Vorwärtselimination}}\\
\hline
3 & 1 & 6 & 1 & 0 & 0 \\
0 & 2/3 & -1 & -1/3 & 0 & 1 \\
0 & 1/3 & -1 & -2/3 & 1 & 0
\end{array}
\;\rightarrow
$$

$$
\rightarrow\;
\begin{array}{ccc|ccc}
\multicolumn{6}{c}{\text{Rückwärtselimination}}\\
\hline
3 & 1 & 6 & 1 & 0 & 0 \\
0 & 2/3 & -1 & -1/3 & 0 & 1 \\
0 & 0 & -1/2 & -1/2 & 1 & -1/2
\end{array}
\;\rightarrow\;
\begin{array}{ccc|ccc}
\multicolumn{6}{c}{\text{Rückwärtselimination}}\\
\hline
3 & 1 & 0 & -5 & 12 & -6 \\
0 & 2/3 & 0 & 2/3 & -2 & 2 \\
0 & 0 & -1/2 & -1/2 & 1 & -1/2
\end{array}
\;\rightarrow
$$

$$
\rightarrow\;
\begin{array}{ccc|ccc}
\multicolumn{6}{c}{\text{Skalierung}}\\
\hline
3 & 0 & 0 & -6 & 15 & -9 \\
0 & 2/3 & 0 & 2/3 & -2 & 2 \\
0 & 0 & -1/2 & -1/2 & 1 & -1/2
\end{array}
\;\rightarrow\;
\begin{array}{ccc|ccc}
\hline
1 & 0 & 0 & -2 & 5 & -3 \\
0 & 1 & 0 & 1 & -3 & 3 \\
0 & 0 & 1 & 1 & -2 & 1
\end{array}
$$

$$
\Rightarrow \quad A^{-1} = \begin{bmatrix} -2 & 5 & -3 \\ 1 & -3 & 3 \\ 1 & -2 & 1 \end{bmatrix}.
$$

Eine alternative Methode zur Berechnung der Inversen einer Matrix ist das sog. „Austauschverfahren“ (auch „Gauß-Jordan[3]-Algorithmus“ genannt). Gegeben sei ein (nicht notwendig quadratisches) lineares Gleichungssystem

$$
Ax = y \qquad \text{mit} \quad A \in \mathbb{R}^{m\times n}, \quad x \in \mathbb{R}^n, \quad y \in \mathbb{R}^m. \tag{4.2.27}
$$

[3]Marie Ennemond Camille Jordan (1838–1922): Französischer Mathematiker; Professor in Paris; Beiträge zur Algebra, Gruppentheorie, Analysis und Topologie.

Eine Lösung wird berechnet durch sukzessiven Austausch der Komponenten von x gegen solche von y. Ist ein Matrixelement $a_{pq} \neq 0$, so wird die p-te Gleichung nach x_q aufgelöst:

$$x_q = -\frac{a_{p1}}{a_{pq}} x_1 - \ldots - \frac{a_{p,q-1}}{a_{pq}} x_{q-1} + \frac{1}{a_{pq}} y_p - \frac{a_{p,q+1}}{a_{pq}} x_{q+1} - \ldots - \frac{a_{pn}}{a_{pq}} x_n .$$

Durch Substitution von x_q in den anderen Gleichungen,

$$a_{j1}x_1 + \ldots + a_{j,q-1}x_{q-1} + a_{jq}\boxed{x_q} + a_{j,q+1}x_{q+1} + \ldots + a_{jn}x_n = y_j ,$$

erhält man für $j = 1, \ldots, m$, $j \neq p$:

$$\left[a_{j1} - \frac{a_{jq}a_{p1}}{a_{pq}}\right] x_1 + \ldots + \left[a_{j,q-1} - \frac{a_{jq}a_{p,q-1}}{a_{pq}}\right] x_{q-1} + \frac{a_{jq}}{a_{pq}} y_p \quad +$$

$$+ \left[a_{j,q+1} - \frac{a_{jq}a_{p,q+1}}{a_{pq}}\right] x_{q+1} + \ldots + \left[a_{jn} - \frac{a_{jq}a_{pn}}{a_{pq}}\right] x_n = y_j .$$

Das Resultat ist ein zum Ausgangssystem äquivalentes System

$$\tilde{A} \begin{bmatrix} x_1 \\ \vdots \\ y_p \\ \vdots \\ x_n \end{bmatrix} = \begin{bmatrix} y_1 \\ \vdots \\ x_q \\ \vdots \\ y_m \end{bmatrix} , \qquad (4.2.28)$$

wobei die Elemente der Matrix $\tilde{A}$ wie folgt bestimmt sind:

Pivotelement	:	$\tilde{a}_{pq} = 1/a_{pq}$,
Pivotzeile	:	$\tilde{a}_{pk} = a_{pk}/a_{pq}$, $\quad k = 1, \ldots, n$, $\quad k \neq q$,
Pivotspalte	:	$\tilde{a}_{jq} = a_{jq}/a_{pq}$, $\quad j = 1, \ldots, m$, $\quad j \neq p$,
sonstige	:	$\tilde{a}_{jk} = a_{jk} - a_{jq}a_{pk}/a_{pq}$, $\quad j = 1, \ldots, m,\ j \neq p,\ k = 1, \ldots, n$, $k \neq q$.

Gelingt es, durch Fortsetzung des Verfahrens alle Komponenten von x durch solche von y zu ersetzen, so hat man eine explizite Darstellung der Lösung von $y = A^{-1}x$. Im Fall $m = n$ ergibt sich so auch die Inverse A^{-1}, allerdings i. Allg. mit vertauschten Zeilen und Spalten. Bei der Festlegung des Pivotelementes empfiehlt es sich aus Stabilitätsgründen, unter allen in Frage kommenden a_{pq} jeweils eines von möglichst großem Betrag zu wählen.

Satz 4.4 (Gauß-Jordan-Algorithmus): *Es können genau* $r = \mathrm{Rang}(A)$ *Austauschschritte durchgeführt werden.*

Beweis: Das Verfahren breche nach r Austauschschritten ab. O.B.d.A. seien $x_1, \ldots, x_r$ gegen $y_1, \ldots, y_r$ ausgetauscht, so dass das resultierende System die folgende Gestalt hat:

$$\begin{matrix} r\left\{ \vphantom{\begin{matrix}1\\1\\1\end{matrix}} \right. \\ m-r\left\{ \vphantom{\begin{matrix}1\\1\\1\end{matrix}} \right. \end{matrix} \left[\begin{array}{c|c} * & * \\ \hline * & 0 \end{array}\right] \begin{bmatrix} y_1 \\ \vdots \\ y_r \\ x_{r+1} \\ \vdots \\ x_n \end{bmatrix} = \begin{bmatrix} x_1 \\ \vdots \\ x_r \\ y_{r+1} \\ \vdots \\ y_m \end{bmatrix} .$$

$$\underbrace{}_{r} \quad \underbrace{}_{n-r}$$

Wählt man nun $y_1 = \cdots = y_r = 0, \quad x_{r+1} = \lambda_1, \cdots, \quad x_n = \lambda_{n-r}$, so sind die $x_1, \cdots, x_r$ dadurch eindeutig bestimmt, und es folgt $y_{r+1} = \cdots = y_m = 0$. Für beliebige Werte $\lambda_1, \cdots, \lambda_{n-r}$ ist also

$$A \begin{bmatrix} x_1(\lambda_1, \cdots, \lambda_{n-r}) \\ \vdots \\ x_r(\lambda_1, \cdots, \lambda_{n-r}) \\ \lambda_1 \\ \vdots \\ \lambda_{n-r} \end{bmatrix} = \begin{bmatrix} 0 \\ \vdots \\ 0 \end{bmatrix} ,$$

d. h.: $\dim(\text{Kern}(A)) \geq n - r$. Andererseits ist wegen der möglichen freien Wahl von $y_1, \cdots, y_r$ offenbar $\dim(\text{Bild}(A)) \geq r$. Da $\dim(\text{Bild}(A)) + \dim(\text{Kern}(A)) = n$ ist, folgt $\text{Rang}(A) = \dim(\text{Bild}(A)) = r$. Q.E.D.

Für ein quadratisches Gleichungssystem mit regulärer Koeffizientenmatrix A ist das Gauß-Jordan-Verfahren zur Berechnung von A^{-1} also stets durchführbar.

Beispiel 4.8:

$$\begin{bmatrix} 1 & 2 & 1 \\ -3 & -5 & -1 \\ -7 & -12 & -2 \end{bmatrix} \begin{bmatrix} x_1 \\ x_2 \\ x_3 \end{bmatrix} = \begin{bmatrix} y_1 \\ y_2 \\ y_3 \end{bmatrix}$$

Austauschschritte: Mit $\boxed{\cdot}$ wird das Pivotelement markiert.

x_1	x_2	x_3	
1	2	1	y_1
−3	−5	−1	y_2
−7	$\boxed{-12}$	−2	y_3

x_1	y_3	x_3	
−1/6	−1/6	$\boxed{2/3}$	y_1
−1/12	5/12	−1/6	y_2
−7/12	−1/12	−1/6	x_2

x_1	y_3	y_1	
$1/4$	$1/4$	$3/2$	x_3
$\boxed{-1/8}$	$3/8$	$-1/4$	y_2
$-5/8$	$-1/8$	$-1/4$	x_2

y_2	y_3	y_1	
-2	1	1	x_3
-8	3	-2	x_1
5	-2	1	x_2

$$\text{Inverse:} \quad \begin{bmatrix} -2 & -8 & 3 \\ 1 & 5 & -2 \\ 1 & -2 & 1 \end{bmatrix}$$

Lemma 4.3: *Die zur Invertierung einer regulären $n \times n$-Matrix mit Hilfe der simultanen Elimination oder des Gauß-Jordan-Algorithmus erforderliche Anzahl von arithmetischen Operationen („a. Op.") ist*

$$N_{\text{Gauß-Jordan}}(n) = n^3 + O(n^2).$$

Beweis: (i) Die $n-1$ Schritte der Vorwärtselimination an der Matrix A erfordert $\frac{1}{3}n^3 + O(n^2)$ a. Op.. Die simultane Bearbeitung der Spalten der Einheitsmatrix erfordert wegen der Dreiecksgestalt von I zusätzliche $\frac{1}{6}n^3 + O(n^2)$ a. Op.. Die Rückwärtselimination zur Erstellung der Einheitsmatrix links erfordert schließlich nochmal

$$(n-1)n + (n-2)n + \ldots + n = \frac{n(n-1)}{2}n = \frac{1}{2}n^3 + O(n^2)$$

Multiplikationen und Additionen und nachfolgend n^2 Divisionen. Für die gesamte Berechnung der Inversen ergibt sich also:

$$\tfrac{1}{3}n^3 + \tfrac{1}{6}n^3 + \tfrac{1}{2}n^3 + O(n^2) = n^3 + O(n^2).$$

(ii) Beim Gauß-Jordan-Verfahren erfordert der k-te Austauschschritt $2n+1$ Divisionen in Pivotzeile und -spalte und $(n-1)^2$ Multiplikationen und Additionen für den Update der Restmatrix, also insgesamt $n^2 + O(n)$ a. Op. Zur Berechnung der Inversen sind n Austauschschritte durchzuführen, so dass sich ebenfalls ein Gesamtaufwand von $n^3 + O(n^2)$ a. Op. ergibt. Q.E.D.

4.2.6 Direkte LR-Zerlegung

Der Gauß-Algorithmus zur Berechnung der LR-Zerlegung $A = LR$ (falls sie existiert) kann auch in direkter Form geschrieben werden, bei der die Elemente l_{jk} von L und r_{jk} von R rekursiv berechnet werden. Die Gleichung $A = LR$ ergibt n^2 Bestimmungsgleichungen für die n^2 unbekannten Größen r_{jk}, $j \le k$, l_{jk}, $j > k$ $(l_{jj} = 1)$:

$$a_{jk} = \sum_{i=1}^{\min(j,k)} l_{ji} r_{ik}. \tag{4.2.29}$$

Die Reihenfolge der Berechnung von l_{jk}, r_{jk} ist zunächst noch offen. Beim sog. „Algorithmus von Crout[4] “ wird die Matrix $A = LR$ wie folgt parkettiert:

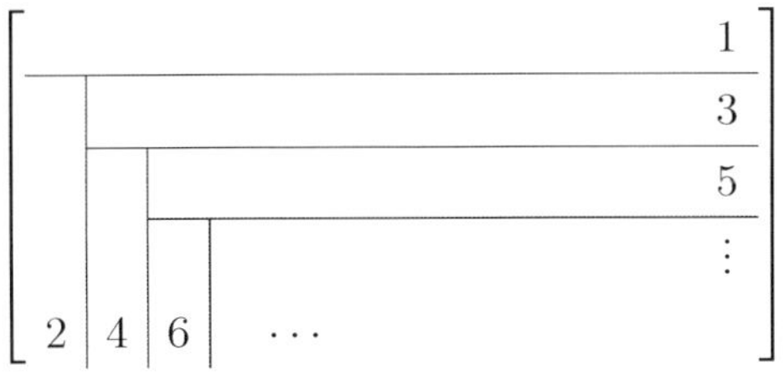

Die einzelnen Schritte des Algorithmus sind dann $(l_{ii} \equiv 1)$:

$$k = 1, \cdots, n: \qquad a_{1k} = \sum_{i=1}^{1} l_{1i} r_{ik} \;\Rightarrow\; r_{1k} := a_{1k},$$

$$j = 2, \cdots, n: \qquad a_{j1} = \sum_{i=1}^{1} l_{ji} r_{i1} \;\Rightarrow\; l_{j1} := r_{11}^{-1} a_{j1},$$

$$k = 2, \cdots, n: \qquad a_{2k} = \sum_{i=1}^{2} l_{2i} r_{ik} \;\Rightarrow\; r_{2k} := a_{2k} - l_{21} r_{1k},$$

$$\vdots$$

und allgemein für $j = 1, \cdots, n$:

$$\begin{aligned} r_{jk} &:= a_{jk} - \sum_{i=1}^{j-1} l_{ji} r_{ik}, \quad k = j, j+1, \cdots, n, \\ l_{kj} &:= r_{jj}^{-1} \Big(a_{kj} - \sum_{i=1}^{j-1} l_{ki} r_{ij} \Big), \quad k = j+1, j+2, \cdots, n. \end{aligned} \tag{4.2.30}$$

Die Gauß-Elimination und die direkte Dreieckszerlegung unterscheiden sich nur in der Reihenfolge der Operationen und sind algebraisch völlig äquivalent. Allerdings besteht bei der direkten Dreieckszerlegung wegen der längeren Summationsketten ähnlich wie beim Gram-Schmitt-Algorithmus zur Orthonormalisierung von Vektoren eine grösere Rundungsfehleranfälligkeit (Auslöschungsgefahr).

[4]Prescott D. Crout (1907–1984): US-Amerikanischer Mathematiker und Ingenieur; Professor am Massachusetts Institute of Technology (MIT); Beiträge zur numerischen Linearen Algebra („A short method for evaluating determinants and solving systems of linear equations with real or complex coefficients“, Trans. Amer. Inst. Elec. Eng. 60, 1235-1241, 1941) und zur numerischen Elektrodynamik.

4.3 Gleichungssysteme mit spezieller Struktur

4.3.1 Bandmatrizen

Die Anwendung der Gauß-Elimination zur Lösung „großer“ Gleichungssysteme ($n > 1000$) ist mit großen technischen Schwierigkeiten verbunden, wenn der Kernspeicher des Rechners nicht zur Speicherung der ganzen Koeffizientenmatrix ausreicht. In diesem Fall müssen externe Speicher verwendet werden, was wegen des Datentransfers die Rechenzeit in die Höhe treibt. Viele der in der Praxis auftretenden großen Matrizen besitzen jedoch eine besondere Struktur, welche es erlaubt, bei der Durchführung der Gauß-Elimination Speicherplatz zu sparen.

Definition 4.7: *Eine Matrix $A \in \mathbb{R}^{n,n}$ heißt „Bandmatrix“ vom Bandtyp (m_l, m_r) mit $0 \le m_l, m_r \le n-1$, wenn gilt:*

$$a_{jk} = 0 \quad \textit{für} \quad k < j - m_l \quad \textit{oder} \quad k > j + m_r \quad (j,k = 1,\dots,n).$$

Die Elemente von A sind also bis auf die Hauptdiagonale und höchstens $m_l + m_r$ Nebendiagonalen gleich Null. Die Größe $m = m_l + m_r + 1$ ist dann die sog. „Bandbreite“.

Beispiel 4.9: Wir geben einige einfache Beispiele von Bandmatrizen an:

Typ $(n-1, 0)$ untere Dreiecksmatrix

Typ $(0, n-1)$ obere Dreiecksmatrix

Typ $(1,1)$ Tridiagonalmatrix

Beispiel einer (16×16)-Matrix vom Bandtyp $(4,4)$:

$$A = \left.\begin{bmatrix} B & -I & & \\ -I & B & -I & \\ & -I & B & -I \\ & & -I & B \end{bmatrix}\right\} 16 \qquad B = \left.\begin{bmatrix} 4 & -1 & & \\ -1 & 4 & -1 & \\ & -1 & 4 & -1 \\ & & -1 & 4 \end{bmatrix}\right\} 4$$

$$I = \left.\begin{bmatrix} 1 & & & \\ & 1 & & \\ & & 1 & \\ & & & 1 \end{bmatrix}\right\} 4$$

Satz 4.5 (Bandmatrix): *Ist $A \in \mathbb{R}^{n\times n}$ eine Bandmatrix vom Typ (m_l, m_r), für die das Gauß-Verfahren ohne Zeilenvertauschung durchführbar ist, dann sind auch alle reduzierten Matrizen Bandmatrizen desselben Typs, und die Faktoren L und R der Dreieckszerlegung von A sind Bandmatrizen vom Typ $(m_l, 0)$ bzw. $(0, m_r)$. Der Aufwand für die*

Berechnung der LR-Zerlegung einer Bandmatrix vom Typ (m_l, m_r) ist

$$N = \tfrac{1}{3} n m_l m_r + O(n(m_l + m_r)).$$

Beweis: Man erhält die Behauptung durch Nachrechnen (Übung). Q.E.D.

Zur Durchführung der Gauß-Elimination genügt es also bei Bandmatrizen, die Elemente im „Band“ zu speichern. Bei Größenordnungen $n \sim 10.000$ und $m \sim 100$ macht dies die Anwendung des Verfahrens erst möglich. Bei der obigen Modellmatrix ergibt sich ein reduzierter Speicherplatzbedarf von $16 \times 9 = 144$ (oder weniger) anstatt der $16 \times 16 = 256$ für die volle Matrix. (Die Ausnutzung der Symmetrie wird später noch diskutiert.)

Eine extreme Ersparnis ergibt sich natürlich bei den besonders einfach strukturierten Tridiagonalmatrizen

$$\begin{bmatrix} a_1 & b_1 & & \\ c_2 & \ddots & \ddots & \\ & \ddots & \ddots & b_{n-1} \\ & & c_n & a_n \end{bmatrix}.$$

Hier lassen sich die Elemente der LR-Zerlegung

$$L = \begin{bmatrix} 1 & & & \\ \gamma_2 & \ddots & & \\ & \ddots & 1 & \\ & & \gamma_n & 1 \end{bmatrix}, \qquad R = \begin{bmatrix} \alpha_1 & \beta_1 & & \\ & \ddots & \ddots & \\ & & \alpha_{n-1} & \beta_{n-1} \\ & & & \alpha_n \end{bmatrix}$$

durch einfache, rekursive Beziehungen bestimmen (Beweis durch Probe):

$$\begin{array}{llll} & & \alpha_1 = a_1 & , \ \beta_1 = b_1 , \\ i = 2, \dots, n-1 : & \gamma_i = c_i/\alpha_{i-1} & , \ \alpha_i = a_i - \gamma_i \beta_{i-1} & , \ \beta_i = b_i , \\ & \gamma_n = c_n/\alpha_{n-1} & , \ \alpha_n = a_n - \gamma_n \beta_{n-1} & . \end{array}$$

Hierzu sind offenbar nur $3n - 2$ Speicherplätze und $2n - 2$ a. Op. erforderlich. Dieser Spezialfall des Gauß-Verfahrens wird manchmal auch als „Thomas[5]-Algrothmus“ bezeichnet.

Häufig sind Bandmatrizen auch noch „dünn besetzt“, d. h.: Die meisten Elemente innerhalb des Bandes sind Null. Dieser Umstand kann bei der Gauß-Elimination jedoch

[5]Llewellyn Hilleth Thomas (1903–1992): Britischer Physiker und angewandter Mathematiker; arbeitete whrend des 2. Weltkriegs an einem ballistischen Forschungszentrum der US-Armee; ab 1945 am Computing Laboratory (von IBM gestiftet) der Columbia University und 1946–1968 dort Prof. füe Physik; danach bis 1978 an der North Carolina State-University; Beiträge zur angewandten Atomphysik; erfand u. a. den Magnetkernspeicher.

nicht zur Speicherersparnis ausgenutzt werden, da i. Allg. das ganze Band im Verlaufe des Verfahrens mit Elementen ungleich Null aufgefüllt wird.

Wesentlich für Satz 4.5 war, dass das Gauß-Verfahren ohne Zeilenvertauschungen durchgeführt werden kann, da andernfalls die Bandbreite anwächst. Wir betrachten im Folgenden zwei Klassen von Matrizen, bei denen dies der Fall ist.

4.3.2 Diagonaldominante Matrizen

Definition 4.8: *Eine Matrix $A = (a_{ij})_{i,j=1}^n \in \mathbb{R}^{n\times n}$ heißt „diagonaldominant", wenn*

$$\sum_{k=1,k\neq j}^{n} |a_{jk}| \le |a_{jj}|\,, \quad j=1,\dots,n\,. \tag{4.3.31}$$

Satz 4.6 (Existenz der LR-Zerlegung): *Die Matrix $A \in \mathbb{R}^{n\times n}$ sei regulär und diagonaldominant. Dann existiert eine LR-Zerlegung $A = LR$, die mit Gauß-Elimination ohne Pivotierung bestimmt werden kann.*

Beweis: Da A regulär und diagonaldominant ist, muss $a_{11} \neq 0$ sein. Folglich kann der erste Eliminationsschritt $A := A^{(0)} \to A^{(1)}$ *ohne* Pivotierung durchgeführt werden. Die Elemente $a_{jk}^{(1)}$ erhält man durch $a_{1k}^{(1)} = a_{1k}$, $k=1,\dots,n$, und

$$j=2,\dots,n, \quad k=1,\dots,n: \qquad a_{jk}^{(1)} = a_{jk} - q_{j1}a_{1k}\,, \quad q_{j1} = \frac{a_{j1}}{a_{11}}\,.$$

Also gilt für $j=2,\dots,n$:

$$\begin{aligned}
\sum_{k=2,k\neq j}^{n} |a_{jk}^{(1)}| &\le \sum_{k=2,k\neq j}^{n} |a_{jk}| + |q_{j1}| \sum_{k=2,k\neq j}^{n} |a_{1k}| \\
&\le \underbrace{\sum_{k=1,k\neq j}^{n} |a_{jk}|}_{\le |a_{jj}|} - |a_{j1}| + \underbrace{|q_{j1}|}_{=\left|\frac{a_{j1}}{a_{11}}\right|} \underbrace{\sum_{k=2}^{n} |a_{1k}|}_{\le |a_{11}|} - |q_{j1}||a_{1j}| \\
&\le |a_{jj}| - |q_{j1}a_{1j}| \le |a_{jj} - q_{j1}a_{1j}| = |a_{jj}^{(1)}|.
\end{aligned}$$

Die Matrix $A^{(1)} = G_1A^{(0)}$ ist regulär und offenbar wieder diagonaldominant, und folglich ist $a_{22}^{(1)} \neq 0$. Diese Eigenschaft bleibt also bei Durchführung der Gauß-Elimination erhalten. Der ganze Prozess ist somit ohne Zeilenvertauschungen durchführbar. Q.E.D.

Bemerkung 4.1: Gilt in (4.3.31) für alle $j \in \{1,\dots,n\}$ die strikte Ungleichung, so heißt die Matrix A „strikt diagonaldominant". Der Beweis von Satz 4.6 zeigt, dass für eine solche die Gauß-Elimination stets ohne Pivotierung durchführbar ist, d. h.: Die Matrix ist „regulär". Die obige Modellmatrix ist zwar diagonaldominant, aber nicht strikt diagonaldominant. Dass sie trotzdem regulär ist, wird sich später aufgrund eines schärferen Kriteriums ergeben.

4.3.3 Positiv definite Matrizen

Wir erinnern daran, dass eine (symmetrische) Matrix $A \in \mathbb{R}^{n\times n}$ mit der Eigenschaft

$$(Ax,x)_2 > 0\,, \quad x \in \mathbb{R}^n \setminus \{0\}$$

„positiv definit" genannt wird.

Satz 4.7 (Existenz der LR-Zerlegung): *Für positiv definite Matrizen $A \in R^{n\times n}$ ist die Gauß-Eliminationsverfahren ohne Zeilenvertauschung durchführbar, und die dabei auftretenden Pivotelemente $a_{ii}^{(i)}$ sind alle positiv.*

Beweis: Da A symmetrisch und positiv definit ist, ist notwendig $a_{11} > 0$, und die Beziehung

$$a_{jk}^{(1)} = a_{jk} - \frac{a_{j1}}{a_{11}}a_{1k} = a_{kj} - \frac{a_{k1}}{a_{11}}a_{1j} = a_{kj}^{(1)}$$

für $j,k = 2,\dots,n$ zeigt, dass die im ersten Eliminationsschritt erzeugte $(n-1)\times(n-1)$-Matrix $\tilde{A}^{(1)} = (a_{jk}^{(1)})_{j,k=2,\dots,n}$ ebenfalls symmetrisch ist. Wir wollen zeigen, dass sie auch positiv definit ist, so dass wieder $a_{22}^{(1)} > 0$. Der Eliminationsprozeß kann dann mit positivem Pivotelement fortgesetzt werden, und die Behauptung folgt durch Induktion.

Sei $\tilde{x} = (x_2,\dots,x_n)^T \in \mathbb{R}^{n-1}\setminus\{0\}$ und $x = (x_1,\tilde{x})^T \in \mathbb{R}^n$ mit

$$x_1 = -\frac{1}{a_{11}}\sum_{k=2}^n a_{1k}x_k\,.$$

Dann ist

$$\begin{aligned}
0 < \sum_{j,k=1}^n a_{jk}x_jx_k &= \sum_{j,k=2}^n a_{jk}x_jx_k + 2x_1\sum_{k=2}^n a_{1k}x_k + a_{11}x_1^2 \\
&\quad \underbrace{-\frac{1}{a_{11}}\sum_{j,k=2}^n a_{k1}a_{1j}x_kx_j + \frac{1}{a_{11}}\Big(\sum_{k=2}^n a_{1k}x_k\Big)^2}_{=0\ (a_{jk}=a_{kj})} \\
&= \sum_{j,k=2}^n \underbrace{\Big(a_{jk} - \frac{a_{k1}a_{1j}}{a_{11}}\Big)}_{=a_{jk}^{(1)}} x_jx_k + a_{11}\underbrace{\Big(x_1 + \frac{1}{a_{11}}\sum_{k=2}^n a_{1k}x_k\Big)^2}_{=0}
\end{aligned}$$

und somit $\tilde{x}^T\tilde{A}^{(1)}\tilde{x} > 0$. Q.E.D.

Für positiv definite Matrizen existiert also stets eine LR-Zerlegung $A = LR$ mit positiven Pivotelementen

$$r_{ii} = a_{ii}^{(i)} > 0\,, \quad i = 1, \dots, n\,.$$

Wegen $A = A^T$ gilt aber auch

$$A = A^T = (LR)^T = (LD\tilde{R})^T = \tilde{R}^T D L^T$$

mit den Matrizen

$$\tilde{R} = \begin{bmatrix} 1 & r_{12}/r_{11} & \cdots & r_{1n}/r_{11} \\ & \ddots & \ddots & \vdots \\ & & 1 & r_{n-1,n}/r_{n-1,n-1} \\ 0 & & & 1 \end{bmatrix}, \qquad D = \begin{bmatrix} r_{11} & & 0 \\ & \ddots & \\ 0 & & r_{nn} \end{bmatrix}.$$

Mit der Eindeutigkeit der LR-Zerlegung folgt aus

$$A = LR = \tilde{R}^T D L^T$$

notwendig $L = \tilde{R}^T$ bzw. $R = DL^T$. Damit haben wir den folgenden Satz bewiesen.

Satz 4.8: *Positiv definite Matrizen gestatten eine sog. „Cholesky[6]-Zerlegung“.*

$$A = LDL^T = \tilde{L}\tilde{L}^T \tag{4.3.32}$$

mit der Matrix $\tilde{L} := LD^{1/2}$. *Bei der Berechnung der Cholesky-Zerlegung genügt es, die Matrizen* D *und* L *zu bestimmen. Dies reduziert die benötigten Operationen auf*

$$N_{\text{Cholesky}}(n) = \tfrac{1}{6}n^3 + O(n^2).$$

Der sog. „Algorithmus von Cholesky“ zur Berechnung der Zerlegungsmatrix

$$\tilde{L} = \begin{bmatrix} \tilde{l}_{11} & & 0 \\ \vdots & \ddots & \\ \tilde{l}_{n1} & \cdots & \tilde{l}_{nn} \end{bmatrix}$$

geht direkt von der Beziehung $A = \tilde{L}\tilde{L}^T$ aus, die man als ein System von $n(n+1)/2$ Gleichungen für die Größen $\tilde{l}_{jk}$, $k \le j$, auffassen kann. Ausmultiplizieren von

$$\begin{bmatrix} \tilde{l}_{11} & & 0 \\ \vdots & \ddots & \\ \tilde{l}_{n1} & \cdots & \tilde{l}_{nn} \end{bmatrix} \begin{bmatrix} \tilde{l}_{11} & \cdots & \tilde{l}_{n1} \\ & \ddots & \vdots \\ 0 & & \tilde{l}_{nn} \end{bmatrix} = \begin{bmatrix} a_{11} & \cdots & a_{1n} \\ \vdots & & \vdots \\ a_{n1} & \cdots & a_{nn} \end{bmatrix}$$

[6]Andr"e Louis Cholesky (1975–1918): Französischer Mathematiker; Militärkarriere; Beiträge zur Numerischen Linearen Algebra.

ergibt in der ersten Spalte von $\tilde{L}$:

$$\tilde{l}_{11}^2 = a_{11}, \quad \tilde{l}_{21}\tilde{l}_{11} = a_{21}, \quad \dots, \quad \tilde{l}_{n1}\tilde{l}_{11} = a_{n1},$$

woraus sich

$$\tilde{l}_{11} = \sqrt{a_{11}}, \quad j = 2, \dots, n: \quad \tilde{l}_{j1} = \frac{a_{j1}}{\tilde{l}_{11}} = \frac{a_{j1}}{\sqrt{a_{11}}}, \tag{4.3.33}$$

berechnet. Seien nun für ein $i \in \{2, \cdots, n\}$ die Elemente $\tilde{l}_{jk}$, $k = 1, \dots, i-1$, $j = k, \dots, n$, schon bekannt. Dann erhält man aus

$$\begin{aligned} \tilde{l}_{i1}^2 + \tilde{l}_{i2}^2 + \ldots + \tilde{l}_{ii}^2 &= a_{ii}, \quad \tilde{l}_{ii} > 0, \\ \tilde{l}_{j1}\tilde{l}_{i1} + \tilde{l}_{j2}\tilde{l}_{i2} + \ldots + \tilde{l}_{ji}\tilde{l}_{ii} &= a_{ji}, \end{aligned}$$

die nächsten Elemente $\tilde{l}_{ii}$ und $\tilde{l}_{ji}$, $j = i+1, \dots, n$, gemäß

$$\begin{aligned} \tilde{l}_{ii} &= \sqrt{a_{ii} - \tilde{l}_{i1}^2 - \tilde{l}_{i2}^2 - \ldots - \tilde{l}_{i,i-1}^2}, \\ \tilde{l}_{ji} &= \tilde{l}_{ii}^{-1}\{a_{ji} - \tilde{l}_{j1}\tilde{l}_{i1} - \tilde{l}_{j2}\tilde{l}_{i2} - \ldots - \tilde{l}_{j,i-1}\tilde{l}_{i,i-1}\}, \quad j = i+1, \dots, n, \end{aligned}$$

4.4 Nicht reguläre Systeme

Mit einer (nicht notwendig quadratischen) Matrix $A \in \mathbb{R}^{m \times n}$ und einem Vektor $b \in \mathbb{R}^m$ sei das Gleichungssystem

$$Ax = b \tag{4.4.34}$$

gegeben. Es wird hier auch $\text{Rang}(A) < \text{Rang}[A, b]$ zugelassen, d. h.: Das System muss nicht unbedingt im eigentlichen Sinne lösbar sein. In diesem Fall wird ein geeigneter erweiterter Lösungsbegriff eingeführt. Wir betrachten im Folgenden die auf Gauß zurückgehende sog. „Methode der kleinsten Fehlerquadrate“. Dabei wird ein Vektor $\bar{x} \in \mathbb{R}^n$ gesucht, dessen Defekt $d \equiv A\bar{x} - b$ bzgl. der euklidischen Norm minimal ist. Dieser Lösungsbegriff fällt natürlich im Falle $\text{Rang}(A) = \text{Rang}[A, b]$ mit dem üblichen zusammen.

Satz 4.9 („Least-Squares“-Lösung): *Es existiert stets eine „Lösung“ $\bar{x} \in \mathbb{R}^n$ von (4.4.34) mit kleinsten Fehlerquadraten („Least-Squares“-Lösung)*

$$\|A\bar{x} - b\|_2 = \min_{x \in \mathbb{R}^n} \|Ax - b\|_2. \tag{4.4.35}$$

Dies ist äquivalent dazu, dass $\bar{x}$ Lösung der sog. „Normalgleichung“ ist:

$$A^T A\bar{x} = A^T b. \tag{4.4.36}$$

Im Falle $\text{Rang}(A) = n$ ist $\bar{x}$ eindeutig bestimmt, andernfalls ist jede weitere Lösung von der Form $\bar{x} + y$ mit $y \in \text{Kern}(A)$.

Beweis: (i) Sei $\bar{x}$ Lösung der Normalgleichung. Für ein beliebiges $x \in \mathbb{R}^n$ gilt dann

$$\begin{aligned} \|Ax - b\|_2^2 &= \|A\bar{x} - b + A(x - \bar{x})\|_2^2 \\ &= \|A\bar{x} - b\|_2^2 + 2\,(\underbrace{A\bar{x} - b}_{\in \mathrm{Kern}(A^T)}, \underbrace{A[x - \bar{x}]}_{\in \mathrm{Bild}(A)}) + \|A(x - \bar{x})\|_2^2 \geq \|A\bar{x} - b\|_2^2, \end{aligned}$$

d. h.: $\bar{x}$ ist Minimallösung. Für eine Minimallösung $\bar{x}$ gilt umgekehrt notwendig

$$\begin{aligned} 0 &= \frac{\partial}{\partial x_i} \|Ax - b\|_{2|x=\bar{x}}^2 = \frac{\partial}{\partial x_i} \Big(\sum_{j=1}^n \big| \sum_{k=1}^n a_{jk} x_k - b_j \big|^2 \Big)_{|x=\bar{x}} \\ &= 2 \sum_{j=1}^n a_{ji} \Big(\sum_{k=1}^n a_{jk} \bar{x}_k - b_j \Big) = 2(A^T A\bar{x} - A^T b)_i, \end{aligned}$$

d. h.: $\bar{x}$ löst die Normalgleichung.

(ii) Wir untersuchen nun die Lösbarkeit der Normalgleichung. Das orthogonale Komplement von $\mathrm{Bild}(A)$ in $\mathbb{R}^m$ ist $\mathrm{Kern}(A^T)$. Also besitzt b eine eindeutige Zerlegung

$$b = s + r, \quad s \in \mathrm{Bild}(A), \quad r \in \mathrm{Kern}(A^T).$$

Für ein $\bar{x} \in \mathbb{R}^n$ mit $A\bar{x} = s$ gilt dann

$$A^T A\bar{x} = A^T s = A^T s + A^T r = A^T b,$$

d. h.: $\bar{x}$ löst die Normalgleichung. Im Falle $\mathrm{Rang}(A) = n$ ist $\mathrm{Kern}(A) = \{0\}$ und $\mathrm{Bild}(A) = \mathbb{R}^n$. Aus $A^T Ax = 0$ folgt also wegen $\mathrm{Kern}(A^T) \perp \mathrm{Bild}(A)$ notwendig $Ax = 0$ bzw. $x = 0$. Die Matrix $A^T A \in \mathbb{R}^{n \times n}$ ist regulär und folglich $\bar{x}$ eindeutig bestimmt. Im Falle $\mathrm{Rang}(A) < n$ gilt für jede weitere Lösung x_1 der Normalgleichung

$$b = Ax_1 + (b - Ax_1) \in \mathrm{Bild}(A) + \mathrm{Kern}(A^T).$$

Wegen der Eindeutigkeit dieser orthogonalen Zerlegung ist notwendig $Ax_1 = A\bar{x}$ bzw. $\bar{x} - x_1 \in \mathrm{Kern}(A)$. Q.E.D.

4.4.1 Gaußsche Ausgleichsrechnung

Im Anschluss an Satz 4.9 betrachten wir als klassische Anwendung der Methode der kleinsten Fehlerquadrate, die sog. „Gaußsche Ausgleichsrechnung“ (kurz „Gauß-Ausgleich“). Die Aufgabenstellung ist dabei die folgende:

Zu gegebenen Funktionen $u_1, \ldots, u_n$ und Punkten $(x_j, y_j) \in \mathbb{R}^2$, $j = 1, \ldots, m$, $m > n$, ist eine Linearkombination

$$u(x) = \sum_{k=1}^n c_k u_k(x)$$

so zu bestimmen, dass die sog. „mittlere Abweichung“

$$\Delta_2 \equiv \Big(\sum_{j=1}^{m} |u(x_j) - y_j|^2\Big)^{1/2}$$

möglichst klein wird. (Die sog. „Tschebyscheffsche Ausgleichsaufgabe“, bei der die „maximale Abweichung“

$$\Delta_\infty \equiv \max_{j=1,\dots,m} |u(x_j) - y_j|$$

minimiert wird, ist i. Allg. wesentlich schwieriger zu behandeln.) Zur Lösung der Gauß-Ausgleichsaufgabe setzen wir

$$y := (y_1,\dots,y_m)^T, \qquad c := (c_1,\dots,c_n)^T,$$
$$a_k := (u_k(x_1),\dots,u_k(x_m))^T,\ k = 1,\dots,n, \qquad A := [a_1,\dots,a_n].$$

Zu minimieren ist also bzgl. $c \in \mathbb{R}^n$ das Funktional

$$F(c); = \|Ac - y\|_2.$$

Dies ist gleichbedeutend damit, für das (überbestimmte) Gleichungssystem $Ac = y$ eine „Lösung“ mit kleinsten Fehlerquadraten zu ermitteln. Im Falle $\mathrm{Rang}(A) = n$ ist die eindeutige „Lösung“ c dann bestimmt als Lösung der Normalgleichung

$$A^T Ac = A^T y.$$

Ist speziell $u_k(x) = x^{k-1}$, so nennt man die „optimale“ Lösung

$$u(x) = \sum_{k=1}^{n} c_k x^{k-1}$$

die „Gauß-Ausgleichsparabel“ zu den Punkten (x_j, y_j), $j = 1,\dots,m$. Wegen der Regularität der sog. „Vandermondschen[7] Determinante“

$$\det \begin{bmatrix} 1 & x_1 & \cdots & x_1^{n-1} \\ 1 & x_2 & \cdots & x_2^{n-1} \\ \vdots & \vdots & & \vdots \\ 1 & x_n & \cdots & x_n^{n-1} \end{bmatrix} = \prod_{j,k=1,j<k}^{n} (x_k - x_j) \neq 0$$

für paarweise verschiedene Stützstellen x_j ist dann stets $\mathrm{Rang}(A) = n$, d. h.: Die Ausgleichsparabel ist eindeutig bestimmt.

[7] Alexandre-Thophile Vandermonde (1735–1796): Französischer Mathematiker; begabter Musiker, kam spät zur Mathematik und publizierte hierzu nur vier Arbeiten (trotzdem Mitglied der Akademie der Wissenschaften in Paris); Beiträge zur Determinantentheorie und kombinatorischer Probleme (kurioserweise taucht die nach ihm benannte „Determinante“ in keiner dieser Arbeiten explizit auf).

Beispiel 4.10: Zu den Messdaten

x_i	-2	-1	0	1	2
y_i	0.5	0.5	2	3.5	3.5

soll mit Hilfe des Gauß-Ausgleichs eine lineare Funktion $y(x) = a + bx$ angepasst werden. Dies ist äquivalent zur Lösung des überbestimmten Gleichungssystems

$$\begin{bmatrix} 1 & -2 \\ 1 & -1 \\ 1 & 0 \\ 1 & 1 \\ 1 & 2 \end{bmatrix} \begin{bmatrix} a \\ b \end{bmatrix} = \begin{bmatrix} 0.5 \\ 0.5 \\ 2 \\ 3.5 \\ 3.5 \end{bmatrix}.$$

Die zugehörige Normalgleichung lautet:

$$\begin{bmatrix} 1 & 1 & 1 & 1 & 1 \\ -2 & -1 & 0 & 1 & 2 \end{bmatrix} \begin{bmatrix} 1 & -2 \\ 1 & -1 \\ 1 & 0 \\ 1 & 1 \\ 1 & 2 \end{bmatrix} \begin{bmatrix} a \\ b \end{bmatrix} = \begin{bmatrix} 1 & 1 & 1 & 1 & 1 \\ -2 & -1 & 0 & 1 & 2 \end{bmatrix} \begin{bmatrix} 0.5 \\ 0.5 \\ 2.0 \\ 3.5 \\ 3.5 \end{bmatrix}$$

$$\rightarrow \quad \begin{bmatrix} 5 & 0 \\ 0 & 10 \end{bmatrix} \begin{bmatrix} a \\ b \end{bmatrix} = \begin{bmatrix} 10 \\ 9 \end{bmatrix} \quad \rightarrow \quad \begin{bmatrix} a \\ b \end{bmatrix} = \begin{bmatrix} 2 \\ 0.9 \end{bmatrix}.$$

Es ergibt sich die Lösung $y(x) = 2 + 0.9x$ mit der mittleren Abweichung:

$$\Delta_2 = \Big(\sum_{i=1}^{5} |y(x_i) - y_i|^2 \Big)^{1/2} = \sqrt{0.9} < 1,$$

und der maximalen Abweichung:

$$\Delta_\infty = \max_{1 \le i \le 5} |y(x_i) - y_i| = 0.6.$$

Durch geometrische Anschauung erhält man in diesem Fall auch die Lösung des Tschebyscheff-Ausgleichproblems:

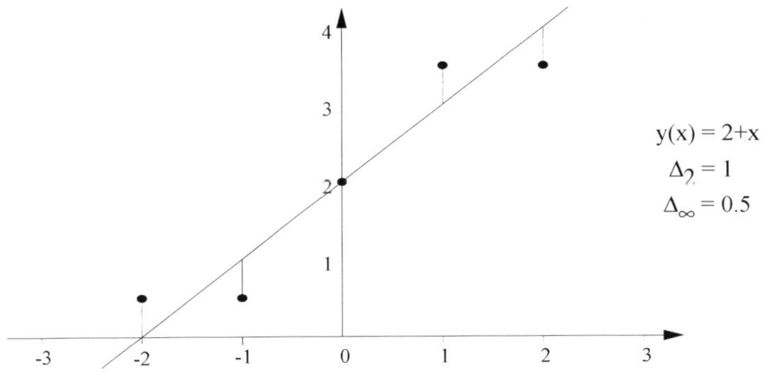

Abbildung 4.1: Lösung der Tschebyscheff-Ausgleichsaufgabe

Bemerkung 4.2: Wesentlich für die Anwendbarkeit des Gauß-Ausgleichs ist, dass für die zu bestimmenden Größen eine „lineare“ Beziehung gegeben ist, z. B. $y(x) = a + bx$. Ist die gegebene Beziehung (etwa aus physikalischen Gründen) nichtlinear, so kann man versuchen, aus ihr eine lineare Beziehung für unter Umständen andere Größen zu gewinnen, aus denen sich dann nachträglich die eigentlich gesuchten Größen bestimmen lassen; z. B.:

$$y(x) = \frac{a}{1+bx}.$$

$$\text{Umformung:} \quad \frac{1}{a} + \frac{b}{a}x = \frac{1}{y(x)}, \qquad \text{neue Größen:} \quad \tilde{a} = \frac{1}{a}, \quad \tilde{b} = \frac{b}{a}.$$

Zur Berechnung der Lösung mit kleinsten (Fehler-)Quadraten eines irregulären Systems $Ax = b$ muss die Normalgleichung $A^TAx = A^Tb$ gelöst werden. Dessen Matrix besitzt einige Besonderheiten, die in folgendem Lemma zusammengefasst sind.

Lemma 4.4: *Für eine Matrix $A \in \mathbb{K}^{m\times n}$ mit $m \geq n$ ist die Matrix $\bar{A}^TA \in \mathbb{K}^{n\times n}$ stets hermitesch (symmetrisch) und positiv semi-definit. Im Fall* $\mathrm{Rang}(A) = n$ *ist $\bar{A}^TA$ sogar positiv definit.*

Beweis: Nach den Regeln der Matrizenrechnung gilt:

$$(\bar{A}^TA)^T = A^T\bar{A} = \overline{\bar{A}^TA}, \qquad \bar{x}^T(\bar{A}^TA)x = \overline{(Ax)}^T Ax = \|Ax\|_2^2 \geq 0,$$

d. h.: $\bar{A}^TA$ ist hermitesch und positiv semi-definit. Im Fall $\mathrm{Rang}(A) = n$ ist die Matrix als Abbildung $A : \mathbb{K}^n \to \mathbb{K}^m$ $(n \leq m)$ injektiv, d. h.: $\|Ax\|_2 = 0$ impliziert $x = 0$. Die Matrix $\bar{A}^TA$ ist also positiv definit. Q.E.D.

Die Lösung des Normalgleichungssystems kann wegen der Symmetrie der Matrix A^TA prinzipiell mit dem Cholesky-Algorithmus erfolgen. I. Allg. ist sie aber sehr schlecht konditioniert; im Fall $m = n$ ist

$$\mathrm{cond}(\mathrm{A}^{\mathrm{T}}\mathrm{A}) \sim \mathrm{cond}(\mathrm{A})^2 . \tag{4.4.37}$$

Beispiel 4.11: Bei 3-stelliger Rechnung erhält man

$$A = \begin{bmatrix} 1.07 & 1.10 \\ 1.07 & 1.11 \\ 1.07 & 1.15 \end{bmatrix} \quad \rightarrow \quad A^TA = \begin{bmatrix} 3.43 & 3.60 \\ 3.60 & 3.76 \end{bmatrix} .$$

Aber A^TA ist nicht positiv definit: $(-1,1)\cdot A^TA\cdot(-1,1)^T = -0.01$, d. h. Das Cholesky-Verfahren wird i. Allg. keine Lösung liefern!

Wir werden nun eine Methode betrachten, die es gestattet, die Cholesky-Zerlegun $A^TA = L^TL$ ohne explizites Ausmultipkizieren der Matrix A^TA zu berechnen. Für spätere Zwecke wird dabei der Fall komplexer Matrizen zugelassen.

Satz 4.10 (QR-Zerlegung): *Sei $A \in \mathbb{K}^{m\times n}$ eine rechteckige Matrix mit $m \geq n$ und* Rang$(A) = n$. *Dann existiert eine eindeutig bestimmte Matrix $Q \in \mathbb{K}^{m\times n}$ mit der Eigenschaft*

$$\bar{Q}^TQ = I \quad (\mathbb{K} = \mathbb{C}), \qquad Q^TQ = I \quad (\mathbb{K} = \mathbb{R}), \tag{4.4.38}$$

und eine eindeutig bestimmte obere Dreiecksmatrix $R \in \mathbb{K}^{n\times n}$ mit reellen Diagonalelementen $r_{ii} > 0$, $i = 1,\dots,n$, so dass

$$A = QR. \tag{4.4.39}$$

Wegen $\bar{Q}^TQ = I$ sind offenbar die Spalten von Q paarweise orthonormal; Q wird daher „orthogonale" (genauer „orthonormale") Matrix genannt (im Falle $m = n$ „unitäre" Matrix).

Beweis: (i) Die Matrix Q wird durch sukzessive Orthonormalisierung der Spaltenvektoren a_k, $k = 1,\dots,n$, von A erzeugt. Nach dem Gram-Schmidt-Verfahren setzt man

$$q_1 \equiv \|a_1\|_2^{-1} a_1$$

$$k = 2,\dots,n: \qquad \tilde{q}_k \equiv a_k - \sum_{i=1}^{k-1} (a_k, q_i)_2\, q_i , \quad q_k \equiv \|\tilde{q}_k\|_2^{-1}\, \tilde{q}_k .$$

Wegen Rang$(A) = n$ sind die n Spaltenvektoren $\{a_1,\dots,a_n\}$ linear unabhängig, und der Orthonormalisierungsprozess kann folglich nicht vorzeitig abbrechen.

(ii) Die Matrix $Q \equiv [q_1,\dots,q_n]$ ist konstruktionsgemäß orthonormal. Ferner gilt für $k=1,\dots,n$:

$$a_k = \tilde{q}_k + \sum_{i=1}^{k-1} (a_k,q_i)_2\, q_i = \|\tilde{q}_k\|_2\, q_k + \sum_{i=1}^{k-1} (a_k,q_i)_2\, q_i$$

bzw.

$$a_k = \sum_{i=1}^{k} r_{ik}\, q_k\,, \qquad r_{kk} \equiv \|\tilde{q}_k\|_2 \in \mathbb{R}_+\,, \quad r_{ik} \equiv (a_k,q_i)_2\,.$$

Setzt man noch $r_{ik} \equiv 0$ für $i > k$, so ist dies äquivalent zur Gleichung

$$A = QR$$

mit der oberen Dreiecksmatrix $R = (r_{ik}) \in \mathbb{K}^{n\times n}$.

(iii) Zum Beweis der Eindeutigkeit der QR-Zerlegung seien $A = Q_1R_1$ und $A = Q_2R_2$ zwei solche Zerlegungen. Da R_1 und R_2 regulär sind $(\det(R_i) > 0)$, gilt:

$$\begin{aligned} Q &:= \bar{Q}_2^T Q_1 = R_2R_1^{-1} \quad \text{rechte obere Dreiecksmatrix}\,,\\ \bar{Q}^T &= \bar{Q}_1^T Q_2 = R_1R_2^{-1} \quad \text{rechte obere Dreiecksmatrix}\,. \end{aligned}$$

Wegen $\bar{Q}^TQ = R_1R_2^{-1}R_2R_1^{-1} = I$ ist Q *orthonormal* und *diagonal* mit $|\lambda_i| = 1$. Aus $QR_1 = R_2$ folgt $\lambda_i r_{ii}^1 = r_{ii}^2 > 0$ und damit $\lambda_i \in \mathbb{R}$ sowie $\lambda_i = 1$. Also ist $Q = I$, d. h.

$$R_1 = R_2\,, \qquad Q_1 = AR_1^{-1} = AR_2^{-1} = Q_2$$

Dies vervollständigt den Beweis. Q.E.D.

Im Fall $\mathbb{K} = \mathbb{R}$ geht die Normalgleichung $A^TAx = A^Tb$ bei Verwendung der QR-Zerlegung über in

$$A^TAx = R^TQ^TQRx = R^TRx = R^TQ^Tb,$$

bzw. wegen der Regularität von R^T,

$$Rx = Q^Tb. \tag{4.4.40}$$

Dieses System ist nun durch Rückwärtseinsetzen lösbar. Wegen

$$A^TA = R^TR \tag{4.4.41}$$

ist mit R also die Cholesky-Zerlegung von A^TA bestimmt, ohne A^TA explizit berechnen zu müssen. Bei einer quadratischen Matrix $A \in \mathbb{R}^{n\times n}$ erfordert die Berechnung der QR-Zerlegung etwa den **doppelten** Aufwand wie zur Berechnung der LR-Zerlegung mit dem Gauß-Algorithmus: $N_{\mathrm{QR}}(n) = \frac{2}{3}n^3 + O(n^2)$.

4.4.2 Householder-Verfahren

Die in Satz 4.9 verwendete Gram-Schmidt-Orthogonalisierung zum Nachweis der Existenz der QR-Zerlegung ist ungeeignet zur praktischen Berechnung von Q und R, da aufgrund von Auslöschung die Orthonormalität der Spalten von Q rasch verloren geht. Die Gram-Schmidt-Orthogonalisierung ist kein numerisch gutartiger Algorithmus. Eine stabilere Methode zur Erstellung der Zerlegung $A = QR$ ist das sog. „Householder[8]-Verfahren", welches wir nun beschreiben wollen. Zur Verwendung an späterer Stelle lassen wir dabei wieder komplexe Matrizen zu. Für einen Vektor $v \in \mathbb{K}^m$ nennt man

$$v\bar{v}^T := \begin{bmatrix} v_1 \\ \vdots \\ v_m \end{bmatrix} [\bar{v}_1, \dots, \bar{v}_m] = \begin{bmatrix} |v_1|^2 & v_1\bar{v}_2 & \cdots & v_1\bar{v}_m \\ \vdots & & & \\ v_m\bar{v}_1 & v_m\bar{v}_2 & \cdots & |v_m|^2 \end{bmatrix} \in \mathbb{K}^{m\times m}$$

sein „dyadisches Produkt" (im Gegensatz zum „skalaren Produkt" $\bar{v}^T v = \|v\|_2^2$).

Definition 4.9: *Für einen Vektor $v \in \mathbb{K}^n$ mit $\|v\|_2 = 1$, heißt die Matrix*

$$S = I - 2v\bar{v}^T \in \mathbb{K}^{m\times m}$$

„Householder-Transformation". Offenbar ist $S = \bar{S}^T = S^{-1}$ d. h.: S (und auch $\bar{S}^T$) ist hermitesch und unitär. Ferner ist das Produkt von zwei Householder-Transformationen wieder unitär.

Zur geometrischen Interpretation der Householder-Transformation S beschränken wir uns auf den $\mathbb{R}^2$ und betrachten dort für irgendeinen normierten Vektor v, $\|v\|_2 = 1$, die Basis $\{v, v^\perp\}$, wobei $v^T v^\perp = 0$. Für einen Vektor $u = \alpha v + \beta v^\perp \in \mathbb{R}^2$ ist dann

$$\begin{aligned} Su &= (I - 2vv^T)(\alpha v + \beta v^\perp) \\ &= \alpha v + \beta v^\perp - 2\alpha\,(v\underbrace{v^T)\,v}_{=1} - 2\beta(v\underbrace{v^T)\,v^\perp}_{=0} = -\alpha v + \beta v^\perp . \end{aligned}$$

Die Anwendung von $S = I - 2vv^T$ auf einen Vektor u bewirkt also in der Ebene $\mathrm{Span}\{v, u\}$ eine Spiegelung von u an der orthogonalen Achse $\mathrm{Span}\{v^\perp\}$.

Ausgehend von einer Matrix $A \in \mathbb{K}^{m\times n}$ erzeugt nun das Householder-Verfahren in n Schritten eine Folge von Matrizen

$$A := A^{(0)} \to \cdots \to A^{(i-1)} \to \cdots \to A^{(n)} := \tilde{R},$$

[8]Alston Scott Householder (1904–1993): US-Amerikanischer Mathematiker; Direktor des Oak Ridge Natioanl Laboratory (1948-1969), danach Professor an der University of Tennessee; Arbeiten zur mathematischen Biologie, aber am besten bekannt durch fundamentalen Beiträge zur Numerik, insbesondere zur numerischen Lineare Algebra.

wobei $A^{(i-1)}$ die Gestalt hat:

$$
A^{(i-1)} = \left[\begin{array}{cccc|c|c}
* & & & & & * \\
& * & & & & \\
& & \ddots & & & \vdots \\
& & & * & & \\ \cline{5-6}
& & & & * & \cdots \quad * \\
& & 0 & & & \\
& & & & * & \cdots \quad *
\end{array}\right] \; i
$$
$$\qquad\qquad i$$

Im i-ten Schritt wird eine Householder-Transformation $S_i \in \mathbb{K}^{m\times m}$ so bestimmt, dass

$$S_i A^{(i-1)} = A^{(i)}.$$

Nach n Schritten ist dann

$$\tilde{R} = A^{(n)} = S_n S_{n-1} \cdots S_1 A =: \bar{\tilde{Q}}^T A,$$

wobei $\bar{\tilde{Q}} \in \mathbb{K}^{m\times m}$ als Produkt unitärer Matrizen selbst unitär ist, und $\tilde{R} \in \mathbb{K}^{m\times n}$ die folgende Gestalt hat:

$$
\tilde{R} = \left[\begin{array}{ccc}
r_{11} & \cdots & r_{1n} \\
& \ddots & \vdots \\
0 & & r_{nn} \\ \hline
0 & \cdots & 0
\end{array}\right]
\begin{array}{l} \left.\vphantom{\begin{array}{c} r \\ \ddots \\ r \end{array}}\right\} \text{n} \\ \vphantom{0} \end{array}
\Bigg\} \text{ m.}
$$

Dies ergibt die Darstellung

$$A = \bar{S}_1^T \cdots \bar{S}_n^T \tilde{R} = \tilde{Q}\tilde{R}.$$

Hieraus erhält man die gewünschte QR-Zerlegung von A einfach durch Streichen der letzten $m-n$ Spalten in $\tilde{Q}$ sowie der letzten $m-n$ Zeilen in $\tilde{R}$:

$$
A = \Bigg[\underbrace{\quad Q \quad}_{\text{n}} \Bigg| \underbrace{\quad * \quad}_{\text{m - n}}\Bigg] \cdot \left[\begin{array}{c} R \\ \hline 0 \end{array}\right]
\begin{array}{l} \}\ \text{n} \\ \}\ \text{m} - \text{n} \end{array}
= QR
$$

Man beachte, dass hier die Diagonalelemente von R nicht notwendig positiv sein müssen, d. h.: Der Householder-Algorithmus liefert in der Regel nicht die durch Satz 4.10 gegebene „eindeutig bestimmte“ QR-Zerlegung mit Einträgen $r_{ii} > 0$.

Wir beschreiben nun den Transformationsprozess im Detail. Seien a_k die Spaltenvektoren der Matrix A.

1. Schritt: S_1 wird so gewählt, dass $S_1 a_1 \in \operatorname{Span}\{e_1\}$.

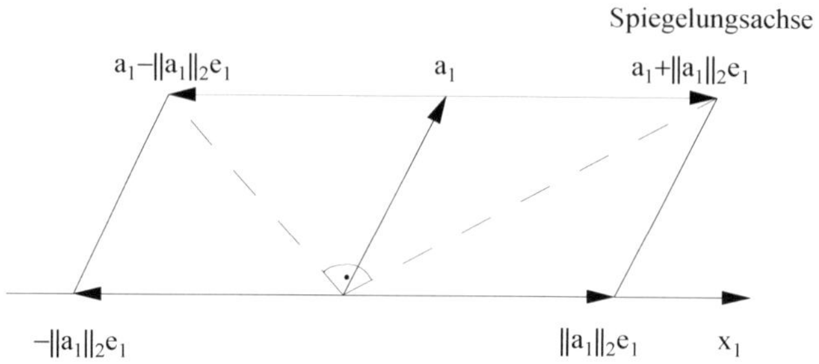

Abbildung 4.2: Schema der Householder-Transformation

Im Folgenden werden euklidische Norm und Skalarprodukt zur Abkürzung mit $\|\cdot\| = \|\cdot\|_2$ und $(\cdot,\cdot) = (\cdot,\cdot)_2$ bezeichnet. Der Vektor a_1 wird an der Achse $\operatorname{Span}\{a_1 + \|a_1\| e_1\}$ (oder $\operatorname{Span}\{a_1 - \|a_1\| e_1\}$) in die x_1-Achse gespiegelt. (Zur Vermeidung von Auslöschung wählt man gewöhnlich das Vorzeichen entsprechend $\operatorname{sgn}(a_{11})$.) Im Falle $a_{11} \geq 0$ ist also

$$v_1 = \frac{a_1 + \|a_1\| e_1}{\|a_1 + \|a_1\| e_1\|}, \qquad v_1^{\perp} = \frac{a_1 - \|a_1\| e_1}{\|a_1 - \|a_1\| e_1\|}.$$

Die Matrix $A^{(1)} = (I - 2v_1\bar{v}_1^T)A$ hat dann die Spaltenvektoren

$$a_1^{(1)} = -\|a_1\| e_1, \quad a_k^{(1)} = a_k - 2(a_k, v_1)v_1, \quad k = 2, \dots, n.$$

Sei nun die transformierte Matrix $A^{(i-1)}$ schon berechnet.

i-ter Schritt: Für S_i machen wir den folgenden Ansatz:

$$S_i = \left[\begin{array}{c|c} I & 0 \\ \hline 0 & I - 2\tilde{v}_i\bar{\tilde{v}}_i^T \end{array}\right] = I - 2v_i\bar{v}_i^T, \qquad v_i = \left.\begin{bmatrix} 0 \\ \vdots \\ 0 \\ \tilde{v}_i \end{bmatrix}\right\} m$$

(Die erste Blockspalte hat die Breite $i-1$; in v_i sind die ersten $i-1$ Einträge gleich 0.)

Die Anwendung der (unitären) Matrix S_i von links auf $A^{(i-1)}$ lässt die ersten $i-1$ Zeilen- und Spalten von $A^{(i-1)}$ unverändert. Zur Konstruktion von v_i wenden wir die Überlegung vom 1. Schritt auf die Teilmatrix:

$$\tilde{A}^{(i-1)} = \begin{bmatrix} \tilde{a}_{ii}^{(i-1)} & \dots & \tilde{a}_{in}^{(i-1)} \\ \vdots & & \vdots \\ \tilde{a}_{mi}^{(i-1)} & \dots & \tilde{a}_{mn}^{(i-1)} \end{bmatrix} = \left[\tilde{a}_i^{(i-1)}, \dots, \tilde{a}_n^{(i-1)}\right]$$

an. Es ist demnach

$$\tilde{v}_i = \frac{\tilde{a}_i^{(i-1)} - \|\tilde{a}_i^{(i-1)}\|\tilde{e}_i}{\| \quad \dots \quad \|}, \quad \tilde{v}_i^{\perp} = \frac{\tilde{a}_i^{(i-1)} + \|\tilde{a}_i^{(i-1)}\|\tilde{e}_i}{\| \quad \dots \quad \|},$$

und die Matrix $A^{(i)}$ hat die Spaltenvektoren

$$\begin{aligned} a_k^{(i)} &= a_k^{(i-1)}, \quad k = 1, \dots, i-1, \\ a_i^{(i)} &= (a_{1i}^{(i-1)}, \dots, a_{i-1,i}^{(i-1)}, \|\tilde{a}_i^{(i-1)}\|, 0, \dots, 0)^T, \\ a_k^{(i)} &= a_k^{(i-1)} - 2(\tilde{a}_k^{(i-1)}, \tilde{v}_i)v_i, \quad k = i+1, \dots, n. \end{aligned}$$

4.5 Die Singulärwertzerlegung

Die in den vorhergehenden Abschnitten vorgestellten Methoden zur Lösung linearer Gleichungssysteme oder Ausgleichsprobleme (Methode der kleinsten Fehlerquadrate) werden numerisch unzuverlässig, wenn die Matrizen sehr schlecht konditioniert sind. Es kann sein, dass eine eigentlich reguläre Matrix für die numerische Rechnung singulär erscheint. Die Bestimmung des Ranges einer Matrix ist mit der LR- oder QR-Zerlegung oft nicht mit genügender Sicherheit zu entscheiden. Die derzeit zuverlässigste Technik zur Behandlung nahezu rang-defizienter linearer Gleichungs- und Ausgleichsprobleme verwendet die sog. „Singulärwertzerlegung" („singular value decomposition", „SVD") einer Matrix. Dabei handelt es sich um einer spezielle „orthogonale" Zerlegung, welche die Matrix von beiden Seiten transformiert.

Es sei $A \in \mathbb{R}^{m\times n}$ gegeben. Weiter seien $Q \in \mathbb{R}^{m\times m}$ und $Z \in \mathbb{R}^{n\times n}$ orthogonal. Dann gilt

$$\|QAZ\|_2 = \|A\|_2, \tag{4.5.42}$$

so dass auch solche beidseitigen Transformationen die Kondition der Matrix A nicht verschlechtern. Für geeignete Matrizen Q und Z erhält man nun präzise Informationen über den Rang einer Matrix. Außerdem lässt sich das Ausgleichsproblem auch im Fall reduzierten Ranges befriedigend lösen. Allerdings ist die numerisch stabile Berechnung solcher Transformationen recht aufwendig, wie aus der Tabelle am Ende dieses Abschnittes hervorgeht.

Satz 4.11 (Singulärwertzerlegung): *Es sei $A \in \mathbb{R}^{m\times n}$. Dann existieren orthogonale Matrizen $V \in \mathbb{R}^{n\times n}$ und $U \in \mathbb{R}^{m\times m}$, so dass*

$$U^T AV = \Sigma = \operatorname{diag}(\sigma_1, \dots, \sigma_p) \in \mathbb{R}^{m\times n}, \qquad p = \min(m, n), \tag{4.5.43}$$

wobei $\sigma_1 \geq \sigma_2 \geq \dots \geq \sigma_p \geq 0$.

Je nachdem, ob $m \leq n$ oder $m \geq n$ ist, erhält Σ die Gestalt

$$\left(\begin{array}{ccc|c} \sigma_1 & & 0 & \\ & \ddots & & 0 \\ 0 & & \sigma_m & \end{array}\right) \quad \text{oder} \quad \left(\begin{array}{ccc} \sigma_1 & & \\ & \ddots & \\ & & \sigma_n \\ \hline & 0 & \end{array}\right).$$

Man nennt die Werte σ_i die „singulären Werte" der Matrix A. Aus (4.5.43) liest man unmittelbar ab, dass mit den Spaltenvektoren u_i, v_i von U, V gilt:

$$Av_i = \sigma_i u_i, \qquad A^T u_i = \sigma_i v_i,$$

für $i = 1, \dots, \min(m, n)$. Daraus ergibt sich

$$A^T A v_i = \sigma_i^2 v_i, \qquad AA^T u_i = \sigma_i^2 u_i.$$

Die singulären Werte σ_i, $i = \dots, \min(m, n)$ sind also gerade die Wurzeln der Eigenwerte von $A^T A$ bzw. AA^T.

Die Existenz einer Zerlegung der Form (4.5.43) lässt sich mit der letzten Überlegung unmittelbar darauf zurückführen, dass $A^T A$ sich durch orthogonale Matrizen auf Diagonalgestalt transformieren lässt,

$$Q^T (A^T A) Q = D.$$

Wir geben hier einen alternativen, mehr konstruktiven Beweis.

Beweis: Es sei $\sigma = \|A\|_2$. Wegen $\|A\|_2 = \max_{\|x\|_2=1} \|Ax\|_2$ existiert ein $x \in \mathbb{R}^n$ mit

$$Ax = \sigma y, \qquad \|x\|_2 = \|y\|_2 = 1.$$

Wir ergänzen x und y zu Orthonormalbasen des $\mathbb{R}^n$ und $\mathbb{R}^m$:

$$U = [y, \tilde{y}], \qquad V = [x, \tilde{x}].$$

Damit ergibt sich

$$A_1 \equiv U^T AV = \begin{pmatrix} \sigma & w^T \\ 0 & B \end{pmatrix}$$

mit einem Vektor $w \in \mathbb{R}^{n-1}$ und einer Matrix B. Da U und V orthogonal sind, folgt aus (4.5.42):

$$\|A_1\|_2 = \|A\|_2 = \sigma.$$

Andererseits gilt

$$\|A_1(\sigma, w)^T\|_2^2 = \|(\sigma^2 + \|w\|_2^2, Bw)^T\|_2^2 \geq (\sigma^2 + \|w\|_2^2)^2 = (\sigma^2 + \|w\|_2^2)\|(\sigma, w)^T\|_2^2$$

und somit $w \equiv 0$. Der Rest folgt mit vollständiger Induktion. Q.E.D.

Wir stellen nun einige einfache Folgerungen aus (4.5.43) zusammen. Die singulären Werte seien geordnet in der Form $\sigma_1 \geq \dots \geq \sigma_r > \sigma_{r+1} = \dots = \sigma_p = 0$, $p = \min(m, n)$.

- $\operatorname{Rang}(A) = r$,
- $\operatorname{Kern}(A) = \operatorname{Span}\{v_{r+1}, \dots, v_n\}$,
- $\operatorname{Bild}(A) = \operatorname{Span}\{u_1, \dots, u_r\}$,
- $A = U_r \Sigma_r V_r^T \equiv \sum_{i=1}^r \sigma_i u_i v_i^T$ (Singulärwertzerlegung von A),
- $\|A\|_2 = \sigma_1 = \sigma_{\max}$,
- $\|A\|_F = (\sigma_1^2 + \dots + \sigma_r^2)^{1/2}$.

Wir betrachten nun das Problem der Bestimmung des „numerischen Rangs“ einer Matrix. Wir definieren

$$\operatorname{Rang}(A, \varepsilon) = \min_{\|A-B\|_2 \leq \varepsilon} \operatorname{Rang}(B).$$

Man bezeichnet eine Matrix als „numerisch rang-defizient“, falls

$$\operatorname{Rang}(A, \varepsilon) < \min(m, n), \qquad \varepsilon = \operatorname{eps}\|A\|_2.$$

Stammen die Einträge der Matrix z. B. aus Messreihen, so ist statt dessen ε an die Genauigkeit der Meßergebnisse zu knüpfen.

Satz 4.12 (Fehlerabschätzung): *Es seien* A, U, V, Σ *wie in Satz* 4.11. *Falls* $k < r = \operatorname{Rang}(A)$, *so gilt mit der abgeschnittenen Singulärwertzerlegung*

$$A_k = \sum_{i=1}^{k} \sigma_i u_i v_i^T$$

die Abschätzung

$$\min_{\operatorname{Rang}(B)=k} \|A - B\|_2 = \|A - A_k\|_2 = \sigma_{k+1}.$$

Als Konsequenz ergibt sich für $r_\varepsilon = \operatorname{Rang}(A, \varepsilon)$ *die Beziehung*

$$\sigma_1 \geq \dots \geq \sigma_{r_\varepsilon} > \varepsilon \geq \sigma_{r_\varepsilon+1} \geq \dots \geq \sigma_p, \quad p = \min(m, n).$$

Beweis: Wegen

$$U^T A_k V = \mathrm{diag}(\sigma_1, \ldots, \sigma_k, 0, \ldots, 0)$$

folgt $\mathrm{Rang}(A_k) = k$. Weiter erhält man

$$U^T (A - A_k) V = \mathrm{diag}(0, \ldots, 0, \sigma_{k+1}, \ldots, \sigma_p)$$

und wegen der Orthogonalität von U und V somit

$$\|A - A_k\|_2 = \sigma_{k+1}.$$

Es bleibt zu zeigen, dass für jede andere Matrix B mit Rang k die Ungleichung

$$\|A - B\|_2 \geq \sigma_{k+1}$$

gilt. Dazu wählt man eine Orthonormalbasis $\{x_1, \ldots, x_{n-k}\}$ von $\mathrm{Kern}(B)$. Aus Dimensionsgründen gilt offensichtlich

$$\mathrm{Span}\{x_1, \ldots, x_{n-k}\} \cap \mathrm{Span}\{v_1, \ldots, v_{k+1}\} \neq \emptyset.$$

Sei z mit $\|z\|_2 = 1$ aus dieser Menge. Es gilt dann

$$Bz = 0\,, \qquad Az = \sum_{i=1}^{k+1} \sigma_i (v_i^T z) u_i$$

und somit

$$\|A - B\|_2^2 \geq \|(A - B)z\|_2^2 = \|Az\|_2^2 = \sum_{i=1}^{k+1} \sigma_i^2 (v_i^T z)^2 \geq \sigma_{k+1}^2\,.$$

Hier wurde ausgenutzt, dass $z = \sum_{i=1}^{k+1} (v_i^T z) v_i$ und deshalb

$$1 = \|z\|_2^2 = \sum_{i=1}^{k+1} (v_i^T z)^2\,.$$

Q.E.D.

Mit Hilfe der Singulärwertzerlegung lässt sich auch das Ausgleichsproblem elegant lösen. Es sei im Folgenden wieder $m \geq n$. Wir haben bereits gesehen, dass jede Minimallösung,

$$\|Ax - b\|_2 = \min$$

notwendig der Normalgleichung

$$A^T A x = A^T b$$

genügt. Die Lösung ist jedoch nur im (numerisch nicht unbedingt eindeutig feststellbaren) Fall, dass $\mathrm{Rang}(A) = n$ maximal ist, eindeutig bestimmt. In diesem Fall ist $A^T A$ invertierbar und es gilt $x = (A^T A)^{-1} A^T b$.

Im Fall $\text{Rang}(A) < n$ besitzen die Normalgleichungen unendlich viele Lösungen. Eindeutigkeit erzielt man durch die Zusatzforderung, dass diejenige Lösung gesucht wird, die z. B, minimale euklidische Norm besitzt. Diese heißt die „Minimallösung" des Ausgleichsproblems.

Satz 4.13 (Minimallösung): *Es sei* $A = U\Sigma V^T$ *die Singulärwertzerlegung der Matrix* $A \in \mathbb{R}^{m\times n}$ *und es sei* $r = \text{Rang}(A)$. *Dann ist*

$$\bar{x} = \sum_{i=1}^{r} \frac{u_i^T b}{\sigma_i} v_i$$

die eindeutig bestimmte Lösung der Normalgleichung mit minimaler euklidischer Norm. Der Fehler genügt der Beziehung

$$\rho^2 = \|A\bar{x} - b\|_2^2 = \sum_{i=r+1}^{m} (u_i^T b)^2.$$

Beweis: Für jedes $x \in \mathbb{R}^n$ gilt die Identität

$$\|Ax - b\|_2^2 = \|AVV^T x - b\|_2^2 = \|U^T AVV^T x - U^T b\|_2^2 = \|\Sigma V^T x - U^T b\|_2^2.$$

Mit der Abkürzung $z = V^T x$ liefert dies

$$\|Ax - b\|_2^2 = \|\Sigma z - U^T b\|_2^2 = \sum_{i=1}^{r}(\sigma_i z_i - u_i^T b)^2 + \sum_{i=r+1}^{m} (u_i^T b)^2.$$

Ein Minimum erfüllt also notwendig $\sigma_i z_i = u_i^T b,\ i = 1,\dots,r$. Unter allen z mit dieser Eigenschaft hat dasjenige mit $z_i = 0$, $i = r+1,\dots,m$, die minimale euklidische Norm. Die Identität für den Fehler ist offensichtlich. Q.E.D.

Die eindeutig bestimmte Minimallösung des Ausgleichsproblems lässt sich kompakt wie folgt darstellen: Es sei

$$\Sigma^+ = \text{diag}(\sigma_1^{-1},\dots,\sigma_r^{-1},0,\dots,0) \in \mathbb{R}^{n\times m}.$$

Wir nennen die Matrix

$$A^+ = V\Sigma^+ U^T \tag{4.5.44}$$

die „Pseudo-Inverse" der Matrix A (oder auch die die „Penrose[9]-Inverse" (1955)).

[9] Roger Penrose (1931–): Englischer Mathematiker; Professor am Birkbeck College in London (1964) und seit 1973 Professor an der Universität Oxford; fundamentale Beiträge in der Mathematik zur Theorie von Halbgruppen, zur Matrix-Analysis und zur Theorie von „Kachelungen" sowie in der Theoretischen Physik zur Kosmologie, Relativitäts- und Quantentheorie.

Der letzte Satz besagt

$$\bar{x} = A^+ b, \qquad \rho = \|(I - AA^+)b\|_2. \tag{4.5.45}$$

Die Pseudo-Inverse ist die eindeutige Lösung von

$$\min_{X \in \mathbb{R}^{n \times m}} \|AX - I\|_F,$$

mit der Frobenius-Norm $\|\cdot\|_F$. Da die Identität in (4.5.45) für alle b gilt, folgt

$$\begin{aligned} \mathrm{Rang}(A) = n \quad &\Rightarrow \quad A^+ = (A^T A)^{-1} A^T \\ \mathrm{Rang}(A) = n = m \quad &\Rightarrow \quad A^+ = A^{-1}. \end{aligned}$$

In der numerischen Praxis ist bei der Definition der Pseudoinversen natürlich der (geeignet definierte) numerische Rang zu benutzen. Die numerisch stabile Berechnung der Singulärwertzerlegung ist recht aufwendig. Auf Einzelheiten kann hier nicht eingegangen werden; es sei auf das Buch von Golub/van Loan: „Matrix Computations" verwiesen.

4.6 Übungsaufgaben

Übung 4.1: Man zeige, dass für jede Vektornorm $\|\cdot\|$ auf $\mathbb{K}^n$ durch

$$\|A\| := \sup\left\{\frac{\|Ax\|}{\|x\|},\ x \in \mathbb{K}^n, x \neq 0\right\} = \sup\left\{\|Ax\|,\ x \in \mathbb{K}^n,\ \|x\| = 1\right\}$$

eine mit ihr „verträgliche" Matrizennorm erklärt ist. Diese wird als die von $\|\cdot\|$ erzeugte „natürliche" Matrizennorm bezeichnet. Warum kann die Quadratsummennorm (sog. „Frobenius-Norm")

$$\|A\|_{\mathrm{FR}} = \Big(\sum_{i,j=1}^{n} |a_{ij}|^2\Big)^{1/2}$$

keine natürliche Matrizennorm sein?

Übung 4.2: Man betrachte das lineare Gleichungssystem

$$\begin{pmatrix} 0,5 & 0,5 \\ 0,5 & -1 \end{pmatrix} \begin{pmatrix} x_1 \\ x_2 \end{pmatrix} = \begin{pmatrix} 1 \\ 1 \end{pmatrix}.$$

Wie groß sind die relativen Fehler $\|\delta x\|_1/\|x\|_1$ und $\|\delta x\|_\infty/\|x\|_\infty$, wenn der relative Fehler in den Matrixelementen höchstens $\pm 1\%$ und der in den Komponenten der rechten Seite höchstens $\pm 3\%$ beträgt? Man zeichne die Punktmenge im $\mathbb{R}^2$, in denen die Lösung $x+\delta x$ des gestörten Systems liegt. (Hinweis: Man berechne die Inverse der Koeffizientenmatrix und bestimme damit die l_1- und die l_∞-Kondition.)

Übung 4.3: a) Man löse durch Gauß-Elimination (ohne Pivotierung) das lineare Gleichungssystem $Ax = b$, wobei (Hinweis: Der Lösungsvektor ist ganzzahlig.)

$$A = \begin{bmatrix} -\frac{1}{2} & 9 & -2 & 1 \\ -\frac{3}{2} & 30 & -12 & 0 \\ 1 & -15 & 0 & -4 \\ 0 & -6 & 18 & 8 \end{bmatrix}, \qquad b = \begin{bmatrix} 3 \\ 3 \\ 2 \\ -4 \end{bmatrix}.$$

b) Man bestimme die LR-Zerlegung von A und berechne die Determinante $\det(A)$. c) Man bestimme die Inverse A^{-1} und die Konditionszahl $\mathrm{cond}_\infty(A) = \|A\|_\infty \|A^{-1}\|_\infty$.

Übung 4.4: Sei $A = (a_{ij})_{i,j=1}^n \in \mathbb{R}^{n\times n}$ eine symmetrische, positiv definite Matrix. Der Gauß-Algorithmus (ohne Pivotierung) erzeugt bei Anwendung auf A eine Folge von Matrizen $A = A^{(0)} \to \ldots \to A^{(k)} \to \ldots \to A^{(n-1)} = R$ mit einer oberen Dreiecksmatrix $R = (r_{ij})_{i,j=1}^n$ als Resultat. Man zeige, dass dieser Algorithmus wie folgt „stabil" ist:

$$k = 1,\ldots,n-1: \qquad a_{ii}^{(k)} \le a_{ii}^{(k-1)}, \quad i = 1,\ldots,n, \qquad \max_{1\le i,j\le n} |r_{ij}| \le \max_{1\le i,j\le n} |a_{ij}|.$$

(Hinweis: Man gehe von den Rekursionsformeln der Eliminationsprozesses aus.)

Übung 4.5 (Praktische Aufgabe): Das folgende MATLAB-Programm leistet die Berechnung der LR-Zerlegung $A = LR$ (sofern sie existiert) einer regulären Matrix:

```
function [L,R] = LR(A)
%-----------------------------------------------------------------
% Berechnet eine LR-Zerlegung (Gauss-Elimination).
% Eingabe: A nxn-regulre Matrix.
% Ausgabe: L nxn-untere Dreiecksmatrix, R nxn-obere Dreiecksmatrix.
%-----------------------------------------------------------------
[m,n] = size(A);
if (m ~= n), error('Matrix A ist nicht quadratisch'), end
for k=1:n-1
  A(k+1:n,k) = A(k+1:n,k)/A(k,k);
  A(k+1:n,k+1:n) = A(k+1:n,k+1:n)-A(k+1:n,k)*A(k,k+1:n);
end
L = eye(n,n) + tril(A,-1); R = triu(A); return;
```

(i) Man berechne die LR-Zerlegung der symmetrischen, positiv definiten Blockmatrix

$$A_n = \begin{bmatrix} B_m & -I_m & & \\ -I_m & B_m & \ddots & \\ & \ddots & \ddots & -I_m \\ & & -I_m & B_m \end{bmatrix} \in \mathbb{R}^{n\times n}, \qquad B_m = \begin{bmatrix} 4 & -1 & & \\ -1 & 4 & \ddots & \\ & \ddots & \ddots & -1 \\ & & -1 & 4 \end{bmatrix} \in \mathbb{R}^{m\times m}$$

($n = m^2$) mit der m-dimensionalen Einheitsmatrix I_m, für $m = 2^k$, $k = 1,\dots,7$. Die Leerstellen sind dabei mit Nullen besetzt gedacht. Mit Hilfe eines selbst erstellten Programms bestimme man mit Hilfe der gewonnenen LR-Zerlegung $A_n = L_n R_n$ noch die Cholesky-Zerlegung $A_n = L_n L_n^T$ und die Inverse A_n^{-1}. Die Genauigkeit überprüfe man jeweils durch Berechnung der Fehlernormen

$$\|A_n - L_n R_n\|_\infty, \quad \|A_n - L_n L_n^T\|_\infty, \quad \|A_n A_n^{-1} - I_n\|_\infty .$$

(ii) Was lässt sich über die l_∞-Konditionszahl $\mathrm{cond}_\infty(A_n) = \|A_n\|_\infty \|A_n^{-1}\|_\infty$ von A_n in Abhängigkeit von der Dimension n sagen?

Übung 4.6: Man zeige für allgemeine Matrizen $A \in \mathbb{K}^{n\times n}$ die Beziehung

$$\|A\|_2 := \sup\Big\{\frac{\|Ax\|_2}{\|x\|_2},\, x \in \mathbb{K}^n, x \neq 0\Big\} = \sup\big\{\sqrt{|\lambda|},\, \lambda \text{ Eigenwert von } \bar{A}^T A\big\}.$$

(Hinweis: Siehe den obigen Beweis für hermitesches A. Man beachte, dass für allgemeines A die Matrix $\bar{A}^T A$ stets hermitesch ist und somit eine Orthonormalbasis von Eigenvektoren besitzt.)

Übung 4.7: Unter einer „LR-Zelegung" einer regulären Matrix $A \in \mathbb{R}^{n\times n}$ versteht man allgemein eine Produktzerlegung der Form $A = LR$ mit einer unteren Dreiecksmatrix L, mit Einsen auf der Hauptdiagonalen, und einer (regulären) oberen Dreiecksmatrix R.

(i) Man verifiziere, dass die regulären unteren Dreiecksmatrizen $L \in \mathbb{K}^{n\times n}$, mit Einsen auf der Hauptdiagonalen, und ebenso die allgemeinen regulären oberen Dreiecksmatrizen $R \in \mathbb{K}^{n\times n}$ bezüglich der üblichen Matrizenmultiplikation „Gruppen" bilden. Sind diese Gruppen „abelsch"?

(ii) Man zeige damit, dass die mit dem Gauß-Verfahren erzeugte LR-Zerlegung einer regulären Matrix $A \in \mathbb{K}^{n\times n}$ (falls sie existiert) eindeutig bestimmt ist.

Übung 4.8: Gegeben sei das Gleichungssystem $Ax = b$ mit

$$A = \begin{bmatrix} 5 & -5 & 0 & 0 \\ -5 & 7 & -2 & 0 \\ 0 & -2 & 20 & -18 \\ 0 & 0 & -18 & 19 \end{bmatrix}, \qquad b = \begin{bmatrix} 5 \\ -7 \\ 20 \\ -17 \end{bmatrix}$$

und der Lösung $x = (2,1,2,1)^T$.

a) Man bestimme eine Näherungslösung mit dem Cholesky-Algorithmus unter Verwendung 4-stelliger Arithmetik mit korrekter Rundung.

b) Man versuche, das Ergebnis durch einen Nachiterationsschritt unter Verwendung 8-stelliger Arithmetik für den Defekt zu verbessern.

Übung 4.9: Sei $A \in \mathbb{R}^{n\times n}$ eine reguläre Matrix, für die eine LR-Zerlegung existiert. In der Vorlesung wurde gezeigt, dass sich diese mit Gauß-Elimination (ohne Pivotierung) in $\frac{1}{3}n^3 + O(n^2)$ a. Op. berechnen lässt. Im Fall einer symmetrischen Matrix reduziert sich dieser Aufwand zu $\frac{1}{6}n^3 + O(n^2)$ a.Op. Dabei entspricht eine „a.Op." gerade einer Multiplikation (mit einer Addition) oder einer Division.

Frage: Wie sehen diese Aufwandszahlen für Band-Matrizen vom Typ (m_l, m_r) mit $m_l = m_r$ aus? Man konkretisiere dies anhand der in der nächsten (praktischen) Aufgabe betrachteten Modellmatrix für die Werte $m = 10^2$ bzw. $n = m^2 = 10^4$.

Übung 4.10 (Praktische Aufgabe): a) Man schreibe ein MATLAB-Programm zur Berechnung der Cholesky-Zerlegung von symmetrischen positiv definiten Matrizen mit Hilfe des Algorithmus von Cholesky und wende es an für die Modellmatrix

$$A_n = \begin{bmatrix} B_m & -I_m & & \\ -I_m & B_m & \ddots & \\ & \ddots & \ddots & -I_m \\ & & -I_m & B_m \end{bmatrix} \in \mathbb{R}^{n\times n}, \quad B_m = \begin{bmatrix} 4 & -1 & & \\ -1 & 4 & \ddots & \\ & \ddots & \ddots & -1 \\ & & -1 & 4 \end{bmatrix} \in \mathbb{R}^{m\times m}$$

$(n = m^2)$ mit der m-dimensionalen Einheitsmatrix I_m, für $m = 2,\dots,20$. Man überprüfe die Genauigkeit wieder durch die Probe $\|A_n - L_n^T L_n\|_\infty$. Welche Einsparungen an Speicherplatz und a. Op. ließen sich hier durch Ausnutzen der Matrixstruktur erzielen?

b) Man wende das Programm auf die Hilbert-Matrix

$$H_n = \begin{bmatrix} 1 & \frac{1}{2} & \frac{1}{3} & \cdots & \frac{1}{n} \\ \frac{1}{2} & \frac{1}{3} & \frac{1}{4} & \cdots & \frac{1}{n+1} \\ \frac{1}{3} & \frac{1}{4} & \frac{1}{5} & \cdots & \frac{1}{n+2} \\ \vdots & \vdots & \vdots & \ddots & \vdots \\ \frac{1}{n} & \frac{1}{n+1} & \frac{1}{n+2} & \cdots & \frac{1}{2n-1} \end{bmatrix},$$

an für $n = 2,\dots,20$ und plotte die Residuennorm $\|A_n - L_n^T L_n\|_\infty$. Welche Ergebnisse liefert hier das MATLAB-interne Programm zur Cholesky-Zerlegung?

Übung 4.11: Betrachtet werde das Gleichungssystem $Ax = b$ der Form

$$\begin{bmatrix} 1 & 3 & -4 \\ 3 & 9 & -2 \\ 4 & 12 & -6 \\ 2 & 6 & 2 \end{bmatrix} \begin{bmatrix} x_1 \\ x_2 \\ x_3 \end{bmatrix} = \begin{bmatrix} 1 \\ 1 \\ 1 \\ 1 \end{bmatrix}.$$

a) Man untersuche, ob das System lösbar ist (mit Begründung).

b) Man bestimme eine Lösung nach der Methode der kleinsten Fehlerquadrate.

c) Ist diese Lösung eindeutig?

d) Ist die Matrix A^TA positiv definit?

Übung 4.12: Wenn in dem Gleichungssystem von Aufgabe 9.1 einzelnen der Gleichungen bei der Lösung mehr Gewicht beibemessen werden soll, z.B. weil die zugehörigen Meßwerte zuverlässiger als die anderen sind, so kann dies dadurch berücksichtigt werden, daß statt $\|Ax - b\|_2$ eine gewichtete Quadratsumme $\|D(Ax - b)\|_2$ minimiert wird. Dabei ist $D = \mathrm{diag}(d_{ii})$ eine Diagonalmatrix mit Elementen $d_{ii} > 0$. Wie lautet in diesem Fall das zugehörige Normalgleichungssystem?

Übung 4.13: Man berechne die QR-Zerlegung der Matrix

$$A = \begin{bmatrix} 0 & 0 & 0 & 2 \\ -2 & 1 & 0 & 0 \\ 0 & -2 & 1 & 0 \\ 0 & 0 & -2 & 1 \end{bmatrix}$$

mit Hilfe des Householder-Verfahrens.

Übung 4.14: Nach dem ersten Keplerschen Gesetz bewegt sich ein Komet im Sonnensystem auf einer ebenen Bahn von Ellipsen- oder Hyperbelform, wenn Störungen durch die Planeten vernachlässigt werden. Bezüglich eines in der Sonne zentrierten polaren (r, φ)-Koordinatensystems wird diese Bahn durch die sog. „Kegelschnittgleichung“

$$r = \frac{p}{1 - e\,\cos(\varphi)}$$

beschrieben mit der sog. „Exzentrizität“ e und einem Parameter p. Für $0 \le e < 1$ liegt eine Ellipse, für $e = 1$ eine Parabel und für $e > 1$ eine Hyperbel vor. Für einen neu entdeckten Kometen wurden die folgenden Beobachtungen gemacht:

Meßtag	15. Jan.	15. April	15. Juni	15. MAug.	15. Sept.	
r	10	5	2.5	1.3	1	(Einheiten)
$\cos(\varphi)$	$\sim 0,63$	$\sim 0,39$	$\sim 0,12$	$\sim -0,31$	$\sim -0,59$	

Man bestimme mit Hilfe der Gaußschen Ausgleichsrechnung den Typ der Kometenbahn. (Hinweis: Man schreibe die Kegelschnittgleichung zunächst in der Form $1/p - e/p\cos(\varphi) = 1/r$, die linear in $1/p$ und $1/e$ ist. Es genügt zweistellige Rechnung).

Übung 4.15 (Praktische Aufgabe): a) Man schreibe ein Programm zur Berechnung der QR-Zerlegung einer Matrix $A \in \mathbb{R}^{n\times n}$ mit dem Householder-Verfahren und teste es für die Matrix aus Aufgabe 9.3.

b) Die numerische Stabilität des Algorithmus untersuche man anhand der Hilbert-Matrix

$$H_n = \begin{bmatrix} 1 & \frac{1}{2} & \frac{1}{3} & \cdots & \frac{1}{n} \\ \frac{1}{2} & \frac{1}{3} & \frac{1}{4} & \cdots & \frac{1}{n+1} \\ \frac{1}{3} & \frac{1}{4} & \frac{1}{5} & \cdots & \frac{1}{n+2} \\ \vdots & \vdots & \vdots & \ddots & \vdots \\ \frac{1}{n} & \frac{1}{n+1} & \frac{1}{n+2} & \cdots & \frac{1}{2n-1} \end{bmatrix},$$

für $n = 2^k$, $k = 1, 2, \ldots, 8$. Man überprüfe die Genauigkeit der QR-Zerlegung anhand der Defektnorm $\|A - QR\|_\infty$.

c) Die QR-Zerlegung einer Matrix $A \in \mathbb{R}^{n \times n}$ liefert die Cholesky-Zerlegung der Matrix $A^T A$ gemäß $A^T A = R^T R$. Man überprüfe die Qualität dieser Zerlegung für die Hilbert-Matrix H_n anhand der Defektnorm $\|A^T A - R^T R\|_\infty$ und vergleiche dies mit der Cholesky-Zerlegung von $A^T A$.

5 Nichtlineare Gleichungen

In diesem Kapitel betrachten wir numerische Verfahren zur approximativen Lösung *nichtlinearer* Gleichungen oder Gleichungssysteme bzw. zur Bestimmung von Nullstellen skalarer oder auch vektor-wertiger Funktionen.

Es sei f eine (reellwertige) stetige Funktion auf einem Intervall $I = [a, b]$. Das einfachste Verfahren zur Bestimmung von Nullstellen von f beruht auf der folgenden Konsequenz des Zwischenwertsatzes für stetige Funktionen: *Existiert ein Teilintervall* $I_0 = [a_0, b_0] \subset I$ *mit* $f(a_0)f(b_0) < 0$, *so hat* f *in* I_0 *mindestens eine Nullstelle.* Die sog. „Intervallschachtelung“ erzeugt nun ausgehend von einem solchen I_0 eine Folge von Intervallen $I_t = [a_t, b_t]$, $t = 1, 2, \dots$, welche jeweils mindestens eine Nullstelle von f enthalten, durch die Iteration

$$x_t := \tfrac{1}{2}(a_t + b_t), \qquad (\, f(x_t) = 0 \;\Rightarrow\; \text{STOP}\,),$$

mit der Auswahlvorschrift

$$\begin{aligned} f(a_t)f(x_t) < 0 \quad &\Rightarrow \quad a_{t+1} := a_t, \quad b_{t+1} := x_t, \\ f(a_t)f(x_t) > 0 \quad &\Rightarrow \quad a_{t+1} := x_t, \quad b_{t+1} := b_t. \end{aligned}$$

Offenbar ist dann $a_t \le a_{t+1} \le b_{t+1} \le b_t$ und

$$|b_{t+1} - a_{t+1}| = \tfrac{1}{2}|b_t - a_t| = 2^{-t-1}|b_0 - a_0|. \tag{5.0.1}$$

Die monotonen Zahlenfolgen $(a_t)_{t\in\mathbb{N}}$, $(b_t)_{t\in\mathbb{N}}$ konvergieren gegen ein $z \in I_0$, welches wegen $f(z)^2 = \lim_{t\to\infty} f(a_t)f(b_t) \le 0$ notwendig Nullstelle von f ist. Dieses Verfahren ist numerisch sehr stabil, aber auch sehr langsam; für $b_0 - a_0 = 1$ erhält man z. B. aus der obigen a priori Abschätzung ($2^{-10} \le 10^{-3}$):

$$|x_9 - z| < 10^{-3}, \quad |x_{19} - z| < 10^{-6}, \quad |x_{29} - z| < 10^{-9}.$$

Die Intervallschachtelung für stetige Funktionen liefert stets eine Nullstelle, sofern für das Startintervall ein Vorzeichenwechsel vorliegt. Dieses Vorgehen ist naturgemäß auf *reelle* Funktionen beschränkt. Die im Folgenden betrachteten Verfahren sind dagegen teilweise auch für komplexwertige Funktionen anwendbar.

5.1 Das Newton-Verfahren im $\mathbb{R}^1$

Ist die gegebene Funktion f auf dem Intervall $[a, b]$ stetig differenzierbar, so kann diese Zusatzinformation zur effizienteren Berechnung einer Nullstelle verwendet werden. Das (klassische) Newton-Verfahren” (auch Newton-Raphson[1]-Verfahren” genannt) ist moti-

[1]Joseph Raphson (1648–1715): Englischer Mathematiker; an der Universität Cambride; sein Buch Änalysis Aequationum Universalis” (1660) enthält bereits die Newton-Methode (50 Jahre vor Newton selbst); übersetzte einige Werke Newtons (von Latein nach Englisch); eigene Beitrge zur Analysis.

viert durch die folgende grafische Überlegung (s. Abb. 5.1):

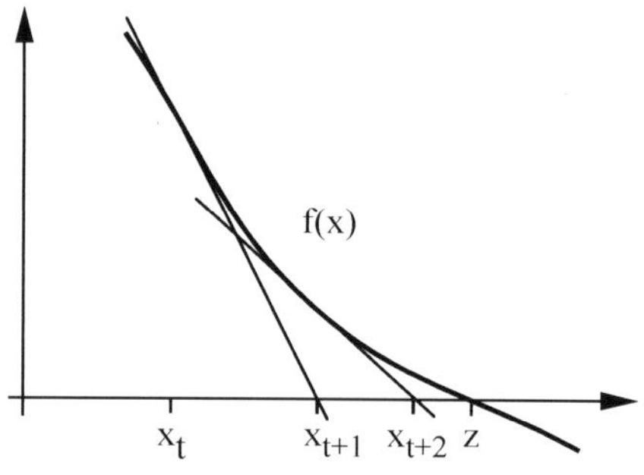

Abbildung 5.1: *Geometrische Interpretation des Newton-Verfahrens*

Im Punkt x_t wird die Tangente an $f(x)$ berechnet und deren Schnittpunkt mit der x-Achse als neue Näherung x_{t+1} für die Nullstelle z von f genommen. Die Tangente ist gegeben durch die Gleichung

$$T(x) = f'(x_t)(x - x_t) + f(x_t).$$

Ihre Nullstelle x_{t+1} ist bestimmt durch

$$x_{t+1} = x_t - \frac{f(x_t)}{f'(x_t)}. \tag{5.1.2}$$

Diese Iteration ist offenbar möglich, wenn die Ableitungswerte $f'(x_t)$ nicht zu klein werden. In dieser Form gestattet das Newton-Verfahren es also, *einfache* Nullstellen zu approximieren.

Satz 5.1 (Newton-Verfahren): *Die Funktion $f \in C^2[a,b]$ habe im Innern des Intervalls $[a,b]$ eine Nullstelle z, und es sei*

$$m := \min_{a \le x \le b} |f'(x)| > 0\,, \qquad M := \max_{a \le x \le b} |f''(x)|.$$

Sei $\rho > 0$ so gewählt, dass

$$q := \frac{M}{2m}\rho < 1, \qquad K_\rho(z) := \{x \in \mathbb{R} |\, |x - z| \le \rho\} \subset [a,b]. \tag{5.1.3}$$

Dann sind für jeden Startpunkt $x_0 \in K_\rho(z)$ die Newton-Iterierten $x_t \in K_\rho(z)$ definiert und konvergieren gegen die Nullstelle z. Dabei gelten die a priori Fehlerabschätzung

$$|x_t - z| \le \frac{2m}{M} q^{(2^t)}\,, \quad t \in \mathbb{N}, \tag{5.1.4}$$

und die a posteriori Fehlerabschätzung

$$|x_t - z| \le \frac{1}{m}\,|f(x_t)| \le \frac{M}{2m}\,|x_t - x_{t-1}|^2, \quad t \in \mathbb{N}. \tag{5.1.5}$$

Beweis: Der Beweis erfordert einige Vorbereitungen. Für Punkte $x, y \in [a,b]$, $x \ne y$, gilt aufgrund des Mittelwertsatzes der Differentialrechnung mit einem $\zeta \in [x,y]$:

$$\left|\frac{f(x)-f(y)}{x-y}\right| = |f'(\zeta)| \ge m,$$

und folglich

$$|x-y| \le \frac{1}{m}\,|f(x)-f(y)|.$$

(Die Nullstelle z von f ist also die einzige in $[a,b]$.) Weiter gilt die Taylor-Formel mit Restglied zweiter Ordnung:

$$f(y) = f(x) + (y-x)f'(x) + \underbrace{(y-x)^2 \int_0^1 f''(x+s(y-x))(1-s)\,ds}_{=:\,R(y;x)}.$$

Mit Hilfe der Voraussetzung erhalten wir

$$|R(y;x)| \le M\,|y-x|^2 \int_0^1 (1-s)\,ds = \frac{M}{2}|y-x|^2.$$

Für $x \in K_\rho(z)$ setzen wir $g(x) := x - f'(x)^{-1}f(x)$ und finden

$$g(x) - z = x - \frac{f(x)}{f'(x)} - z = -\frac{1}{f'(x)}\,\underbrace{\{f(x) + (z-x)f'(x)\}}_{=\,-R(z;x)}.$$

Also ist

$$|g(x) - z| \le \frac{M}{2m}\,|x-z|^2 \le \frac{M}{2m}\,\rho^2 < \rho, \tag{5.1.6}$$

d. h.: $g(x) \in K_\rho(z)$. Die Abbildung g bildet die Menge $K_\rho(z)$ in sich ab. Für $x_0 \in K_\rho(z)$ bleiben also alle Newton-Iterierten in $K_\rho(z)$. Setzt man

$$\rho_t := \frac{M}{2m}\,|x_t - z|,$$

so impliziert (5.1.6), dass

$$\rho_t \le \rho_{t-1}^2 \le \ldots \le \rho_0^{2^t}, \quad |x_t - z| \le \frac{2m}{M}\,\rho_0^{2^t}.$$

Für $\rho_0 = \frac{M}{2m}|x_0 - z| \le \frac{M}{2m}\rho < 1$ liegt also die Konvergenz $x_t \to z(t \to \infty)$ vor mit der behaupteten a priori Fehlerabschätzung. Zum Beweis der a posteriori Fehlerabschätzung setzt man in der Taylor-Formel $y = x_t$, $x = x_{t-1}$, und erhält

$$f(x_t) = \underbrace{f(x_{t-1}) + (x_t - x_{t-1})f'(x_{t-1})}_{=0} + R(x_t; x_{t-1})$$

bzw.

$$|x_t - z| \le \frac{1}{m}|f(x_t) - \underbrace{f(z)}_{=0}| \le \frac{M}{2m}|x_t - x_{t-1}|^2.$$

Dies vervollständigt den Beweis. Q.E.D.

Für eine zweimal stetig differenzierbare Funktion f existiert zu jeder einfachen Nullstelle z $(f(z) = 0,\ f'(z) \neq 0)$ stets eine (möglicherweise sehr kleine) Umgebung $K_\rho(z)$, für welche die Voraussetzungen von Satz 5.1 erfüllt sind. Das Problem beim Newton-Verfahren ist also die Bestimmung eines im Ëinzugsbereich" der Nullstelle z gelegenen Startpunktes x_0. Ist ein solcher einmal gefunden, so konvergiert das Newton-Verfahren enorm schnell gegen die Nullstelle z: Im Fall $q \le \frac{1}{2}$ gilt z.B. nach nur 10 Iterationsschritten bereits $(2^{10} > 1.000)$

$$|x_{10} - z| \le \frac{2m}{M} q^{1.000} \sim \frac{2m}{M} 10^{-300}.$$

Beispiel 5.1: Newton-Verfahren zur Wurzelberechnung:
Die n-te Wurzel einer Zahl $a > 0$ ist Nullstelle der Funktion $f(x) = x^n - a$. Das Newton-Verfahren zur Berechnung von $z = \sqrt[n]{a} > 0$ hat die Gestalt

$$x_{t+1} = x_t - \frac{x_t^n - a}{n x_t^{n-1}} = \frac{1}{n}\Big\{(n-1)\,x_t + \frac{a}{x_t^{n-1}}\Big\}. \tag{5.1.7}$$

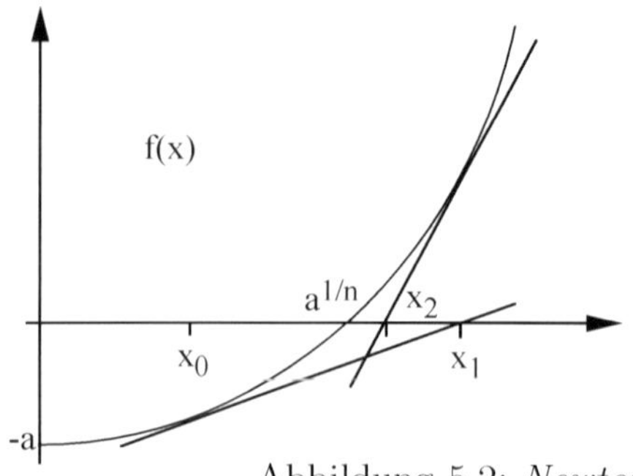

$$x_0 > 0 \Rightarrow \begin{cases} x_t > \sqrt[n]{a}, & t \in \mathbb{N}. \\ \sqrt[n]{a} < x_{t+1} < x_t \end{cases}$$

Abbildung 5.2: *Newton-Iteration zur Wurzelberechnung*

Aufgrund von Satz 5.1 konvergiert $x_t \to z\ (t \to \infty)$, wenn nur x_0 nahe genug bei z gewählt wird. Bei diesem einfachen Beispiel kann aber mit Hilfe der folgenden geometrischen Betrachtung die Konvergenz für jeden Startpunkt $x_0 > 0$ gesichert werden (s. Abb. 5.1) Die monoton fallende Folge $(x_t)_{t\in\mathbb{N}}$ konvergiert notwendig gegen $\sqrt[n]{a}$. Für hinreichend großes t ist dann x_t im Einzugsbereich der Nullstelle z, und die Fehlerabschätzung von Satz 5.1 gelten mit diesem x_t als Startpunkt. Auf diese Weise wird auf vielen Rechenern die Wurzel $\sqrt[n]{a}$ berechnet.

Für den Spezialfall $n = 2$ wollen wir den Einzugsbereich der quadratischen Konvergenz des Newton-Verfahrens bestimmen. Es gilt

$$x_{t+1} - \sqrt{a} = \frac{1}{2}\left\{x_t + \frac{a}{x_t}\right\} - \sqrt{a} = \frac{1}{2x_t}\left\{x_t^2 + a - 2x_t\sqrt{a}\right\} = \frac{1}{2x_t}(x_t - \sqrt{a})^2,$$

also für $t \ge 1$ (wegen $x_t > \sqrt{a}$)

$$|x_{t+1} - \sqrt{a}| \le \frac{1}{2\sqrt{a}}|x_t - \sqrt{a}|^2.$$

Quadratische Konvergenz liegt vor für Startwerte x_0 mit der Eigenschaft

$$\frac{1}{2\sqrt{a}}|x_0 - \sqrt{a}| < 1 \quad \text{bzw.} \quad |x_0 - \sqrt{a}| < 2\sqrt{a}.$$

Aus der Ungleichung $\sqrt{a} \le x_t$, $t \in \mathbb{N}$, ergibt sich noch die Beziehung

$$\frac{a}{x_t} \le \sqrt{a} \le x_t,$$

was für ein Abbruchkriterium verwendet werden kann:

$$0 \le e_t := x_t - \frac{a}{x_t} \le \varepsilon \quad \Longrightarrow \quad \text{STOP}.$$

Die folgende Tabelle zeigt das Konvergenzverhalten der Newton-Iteration zur Berechnung von $x = \sqrt{2} = 1.414213562373095\ldots$ (16-stellige Rechnung). In jedem Iterationsschritt verdoppelt sich die Anzahl der richtigen Dezimalstellen:

$$\begin{aligned}
x_0 &= 2 \\
x_1 &= \underline{1}.5 \\
x_2 &= \underline{1.41}6\,, & e_2 &\le 5\cdot 10^{-3} \\
x_3 &= \underline{1.41421}568627451\,, & e_3 &\le 5\cdot 10^{-6} \\
x_4 &= \underline{1.41421356137}469\,, & e_4 &\le 5\cdot 10^{-12}.
\end{aligned}$$

Bemerkung 5.1: Die Bedingungen von Satz 5.1 lassen sich so modifizieren, dass auf die Voraussetzung der Existenz einer Nullstelle verzichtet werden kann, und, ähnlich wie beim Banachschen Fixpunktsatz, die Konvergenz der Newton-Folge gegen eine (lokal eindeutige) Nullstelle folgt. Diese Variante von Satz 5.1, der sog. „Satz von Newton-Kantorowitsch", wird im Rahmen der Diskussion des Newton-Verfahrens im $\mathbb{R}^n$ bewiesen.

Bemerkung 5.2: Das Hauptproblem bei der Durchführung des Newton-Verfahrens ist die Bestimmung eines geeigneten Startwertes x_0, da der Einzugsbereich der quadratischen Konvergenz in der Praxis häufig sehr klein ist. Deshalb arbeitet man meist mit dem sog. „gedämpften Newton-Verfahren"

$$x_{t+1} = x_t - \lambda_t \frac{f(x_t)}{f'(x_t)}, \tag{5.1.8}$$

mit einem „Dämpfungsparameter" $\lambda_t \in (0,1]$. Die geeignete Wahl dieses Parameters ist eine „Wissenschaft" für sich. Sie wird später im Zusammenhang mit dem Newton-Verfahren im $\mathbb{R}^n$ diskutiert werden.

Mehrfache Nullstellen

Wir betrachten nun den kritischen Fall, dass mit dem Newton-Verfahren eine mehrfache Nullstelle berechnet werden soll. Sei dazu zunächst z eine zweifache Nullstelle der Funktion f, d. h.: $f(z) = f'(z) = 0$, $f''(z) \neq 0$. Für die Newton-Iteration gilt dann

$$x_{t+1} = x_t - \frac{f(x_t) - f(z)}{f'(x_t) - f'(z)} = x_t - \frac{f'(\zeta_t)}{f''(\eta_t)}$$

mit Zwischenpunkten $\zeta_t, \eta_t \in [x_t, z]$. Der Quotient $f(x_t)/f'(x_t)$ bleibt also für $x_t \to z$ wohl definiert. Sei nun allgemein z eine p-fache Nullstelle der Funktion $f \in C^{p+1}[a,b]$:

$$f(z) = \ldots = f^{(p-1)}(z) = 0, \quad f^{(p)}(z) \neq 0.$$

Aus der Taylor-Formel um z

$$f(x) = \underbrace{f(z)}_{=0} + \ldots + \frac{1}{(p-1)!}(x-z)^{p-1} \underbrace{f^{(p-1)}(z)}_{=0} + (x-z)^p \underbrace{\frac{1}{p!} f^{(p)}(\zeta_x)}_{=:\, Q(z;x)}$$

folgt durch Ableiten

$$f'(x) = Q'(z;x)(x-z)^p + p\, Q(z;x)(x-z)^{p-1}.$$

Also ist für $f'(x) \neq 0$:

$$\begin{aligned} \frac{f(x)}{f'(x)} &= \frac{(x-z)Q(z;x)}{Q'(z;x)(x-z) + p\,Q(z;x)} \\ &= \frac{x-z}{p} - \frac{1}{p}(x-z)^2 \frac{Q'(z;x)}{Q'(z;x)(x-z) + p\,Q(z;x)}. \end{aligned}$$

Für den Iterationsansatz

$$x_{t+1} = x_t - \alpha \frac{f(x_t)}{f'(x_t)} \tag{5.1.9}$$

folgt dann

$$\begin{aligned} x_{t+1} - z &= x_t - z - \alpha\,\frac{f(x_t)}{f'(x_t)} \\ &= (x_t - z)\Big(1 - \frac{\alpha}{p}\Big) + (x_t - z)^2\,\frac{\alpha Q'(z;x_t)}{pQ'(z;x_t)(x_t - z) + p^2 Q(z;x_t)}. \end{aligned}$$

Bei der Wahl von $\alpha = p$ erhält man für das so modifizierte Newton–Verfahren

$$x_{t+1} = x_t - p\frac{f(x_t)}{f'(x_t)}. \tag{5.1.10}$$

ein analoges „quadratisches" Konvergenzverhalten wie im Fall einer einfachen Nullstelle.

Vereinfachtes Newton-Verfahren

Ist z Nullstelle einer stetig differenzierbaren Funktion f, so konvergiert die Newton-Iteration

$$x_{t+1} = x_t - \frac{f(x_t)}{f'(x_t)} \to z \quad (t \to \infty),$$

wenn x_0 hinreichend nahe bei z gewählt war. Jeder Iterationsschritt erfordert die Auswertung der Ableitung $f'(x_t)$, was bei komplizierten (möglicherweise auch nur implizit definierten) Funktionen f unter Umständen zuviel Aufwand erfordert. In solchen Fällen geht man zum sog. „vereinfachten Newton-Verfahren" über

$$x_{t+1} = x_t - \frac{f(x_t)}{f'(c)} \tag{5.1.11}$$

mit einem festen, geeignet gewählten Punkt c. Diese Iteration ist Spezialfall der allgemeineren „Fixpunktiteration"

$$x_{t+1} = x_t + \sigma\, f(x_t) \tag{5.1.12}$$

mit einer geeigneten Zahl $\sigma \in \mathbb{R}$, $\sigma \neq 0$, zur Berechnung einer Nullstelle von f. Konvergiert hier $x_t \to z\ (t \to \infty)$, so gilt im Limes

$$\begin{array}{ccccc} x_{t+1} & = & x_t & + & \sigma f(x_t) \\ \downarrow & & \downarrow & & \downarrow \quad (t \to \infty) \\ z & = & z & + & \sigma f(z) \end{array}$$

d. h.: z ist „Fixpunkt" der Abbildung $g(x) = x + \sigma f(x)$ und wegen $\sigma \neq 0$ notwendig Nullstelle von f. Der Vorteil der obigen Fixpunktiteration besteht in ihrer ableitungsfreien Form. Kriterien für die Konvergenz einer Fixpunktiteration $x_{t+1} = g(x_t)$, $t = 0, 1, 2, \dots$, werden wir später in einem etwas allgemeineren Rahmen herleiten.

Wir wollen nun noch das Newton-Verfahren zur Berechnung von Nullstellen von Polynomen

$$p(x) = a_0 + a_1 x + \ldots + a_n x^n\,, \quad a_n \neq 0,$$

spezialisieren. Zunächst verschafft man sich etwa (im Reellen) mit der Intervallschachtelung einen groben Überblick über die Lage der Nullstellen. Nach Vorgabe einer Fehlertoleranz $\varepsilon \gg$ eps lautet der Newton-Algorithmus dann wie folgt:

1. Wahl eines Startwertes x;

2. Auswertung von $p(x)$ und $p'(x)$ mit dem Horner Schema:

$$\begin{aligned} i = n, n-1, \ldots, 0: \quad & \alpha_i = a_i + \alpha_{i+1} x\,, \quad \beta_i = \alpha_i + \beta_{i+1} x \\ & (\alpha_{n+1} = \beta_{n+1} = 0) \\ & p(x) = \alpha_0\,, \quad p'(x) = \beta_1\,, \\ (\beta_1 = 0: \quad & \text{Startwert ändern}) \quad \text{sei} \quad \beta_1 \neq 0; \end{aligned}$$

3. Newton-Korrektur $\quad q = \dfrac{\alpha_0}{\beta_1}, \quad |q| \leq \varepsilon \begin{cases} \text{ja}: & x \text{ wird akzeptiert;} \\ \text{nein}: & \text{Iterationsschritt;} \end{cases}$

4. Iterationsschritt $\quad x := x - q\,, \quad$ weiter mit (2).

5.2 Das Konvergenzverhalten iterativer Verfahren

Das Newton-Verfahren besitzt lokal in der Umgebung einer Nullstelle die charakteristische Konvergenzeigenschaft

$$|x_t - z| \;\leq\; c|x_{t-1} - z|^2. \tag{5.2.13}$$

Man nennt es daher „quadratisch konvergent“ oder auch “von 2-ter Ordnung“.

Definition 5.1: *Allgemein spricht man bei einem Iterationsverfahren zur Berechnung einer Größe z von Konvergenz mit der „Ordnung“ α, $\alpha \geq 1$, wenn gilt*

$$|x_t - z| \;\leq\; c|x_{t-1} - z|^{\alpha}\,, \tag{5.2.14}$$

mit einer festen Konstante $c > 0$. Im Fall $\alpha = 1$, d. h. „linearer“ Konvergenz, nennt man die „beste“ Konstante c „lineare Konvergenzrate“. Gilt die Abschätzung

$$|x_t - z| \leq c_t |x_{t-1} - z| \tag{5.2.15}$$

mit einer Nullfolge $c_t \to 0$ $(t \to \infty)$, so spricht man von „superlinear“ Konvergenz.

Im Fall $\alpha > 1$ impliziert die Beziehung (5.2.14) wiederum Konvergenz $x_t \to z$ $(t \to \infty)$, wenn der Startwert x_0 hinreichend nahe bei z liegt:

$$c^{\frac{1}{\alpha-1}}|x_t - z| \le \Big[c^{\frac{1}{\alpha-1}}|x_{t-1} - z|\Big]^{\alpha} \le \ldots \le \underbrace{\Big[c^{\frac{1}{\alpha-1}}|x_0 - z|\Big]}_{<1!}^{\alpha^t} \to 0.$$

Im Fall $\alpha = 1$ folgt Konvergenz für $c < 1$:

$$|x_t - z| \le c|x_{t-1} - z| \le \ldots \le c^t|x_0 - z| \to 0 \quad (t \to \infty).$$

Bei Fixpunktiterationen $x_{t+1} = g(x_t)$ mit stetig differenzierbarer Abbildung g gilt

$$\left|\frac{x_{t+1} - z}{x_t - z}\right| = \left|\frac{g(x_t) - g(z)}{x_t - z}\right| \to |g'(z)| \quad (t \to \infty),$$

d. h.: Die lineare Konvergenzrate ist asymptotisch (für $t \to \infty$) gerade gleich $|g'(z)|$. Im Falle $g'(z) = 0$ liegt also (mindestens) superlineare Konvergenz der Fixpunktiteration vor.

Definition 5.2: *Ein Fixpunkt z einer stetig differenzierbaren Abbildung g heißt „anziehend“, wenn $|g'(z)| < 1$ ist, da dann die Fixpunktiteration (sog. „sukzessive Approximiert“) für jeden hinreichend nahe bei z gelegenen Startwert gegen ihn konvergiert. Im Fall $|g'(z)| > 1$ heißt er äbstoßend", da er durch sukzessive Approximation i. Allg. nicht angenähert werden kann.*

Einen Hinweis zur Konstruktion von Verfahren höherer Ordnung gibt der folgende Satz.

Satz 5.2 (Iterative Verfahren): *Die Funktion g sei in einer Umgebung des Fixpunktes z p-mal stetig differenzierbar mit $p \ge 2$. Genau dann hat die Fixpunktiteration $x_{t+1} = g(x_t)$ die genaue Ordnung p, wenn*

$$g'(z) = \ldots = g^{(p-1)}(z) = 0 \quad \textit{und} \quad g^{(p)}(z) \neq 0. \tag{5.2.16}$$

Beweis: (i) Sei $g'(z) = \ldots = g^{(p-1)}(z) = 0$. Die Taylor-Formel mit dem Restglied p-ter Ordnung erhält dann im Punkt z die Form

$$x_{t+1} - z = g(x_t) - g(z) = \sum_{i=1}^{p-1} \frac{(x_t - z)^i}{i!} g^{(i)}(z) + \frac{(x_t - z)^p}{p!} g^{(p)}(\zeta_t),$$

und folglich

$$|x_{t+1} - z| \le \frac{1}{p!} \max|g^{(p)}|\, |x_t - z|^p.$$

(ii) Sei nun umgekehrt die Iteration von p-ter Ordnung, d. h.: $|x_{t+1} - z| \le c|x_t - z|^p$. Gäbe es ein minimales $m \le p-1$ mit $g^{(m)}(z) \neq 0$, aber $g^{(i)}(z) = 0$, $i = 1, \ldots, m-1$, so konvergierte jede Iteriertenfolge $(x_t)_{t\in\mathbb{N}}$ mit hinreichend kleinem $|x_0 - z| \neq 0$ notwendig gegen z wie

$$|x_t - z| = |\frac{1}{m!}\, g^{(m)}(\zeta_t)|\, |x_{t-1} - z|^m$$

Dies impliziert aber im Widerspruch zur Annahme:

$$|g^{(m)}(z)| = \lim_{t\to\infty} |g^{(m)}(\zeta_t)| \leq c\, m!\, \lim_{t\to\infty} |x_t - z|^{p-m} = 0.$$

Hieraus folgt auch, dass im Fall $g'(z) = \ldots = g^{(p-1)}(z) = 0$, aber $g^{(p)}(z) \neq 0$, die Iteration nicht von höherer als p-ter (ganzzahliger) Ordnung sein kann. Q.E.D.

Beispiel 5.2: Beim Newton-Verfahren zur Bestimmung einer einfachen Nullstelle der Funktion f ist mit $g(x) = x - f'(x)^{-1} f(x)$ also

$$g'(z) = 1 - \frac{f'(z)^2 - f(z)f''(z)}{f'(z)^2} = 0,$$

und i. Allg. $g''(z) \neq 0$. Die Newton-Iteration ist also, wie wir schon gesehen haben, von 2-ter Ordnung.

Beispiel 5.3: Bei einer Fixpunktiteration von mindestens 3-ter Ordnung muss $g'(z) = g''(z) = 0$ gelten. Zur Konstruktion eines solchen Verfahrens zur Nullstellenbestimmung machen wir den Ansatz

$$g(x) = x - r(x) + s(x)r(x)^2 \quad \text{mit} \quad r(x) = \frac{f(x)}{f'(x)}.$$

Wegen $r(z) = 0$ und $r'(z) = 1$ ist hier automatisch $g'(z) = 0$. Die zusätzliche Forderung $g''(z) = 0$ wird z. B. erfüllt für

$$s(x) = \frac{r''(x)}{2r'(x)^2}.$$

Dieses Verfahren erfordert also die Auswertung der Ableitungen bis zur Ordnung 3 der Funktion f.

Zur Klärung der numerischen Bedeutung des Ordnungsbegriffes definieren wir für eine Iterationsfolge $(x_t)_{t\in\mathbb{N}}$

$$e_t := x_t - z \quad (\textit{absoluter}\ \text{Fehler}), \quad \bar{e}_t := \frac{e_t}{z} \quad (\textit{relativer}\ \text{Fehler für}\ z \neq 0).$$

Haben x_t und z die dezimalen Gleitpunktdarstellungen (mit gemeinsamen Exponenten und m gleichen Mantissenstellen)

$$\begin{aligned} z &= a_m \ldots a_1.a_{-1} \ldots \cdot 10^s, \quad a_m \neq 0, \\ x_t &= a_m \ldots a_1.\tilde{a}_{-1} \ldots \cdot 10^s, \end{aligned}$$

so gilt

$$|\bar{e}_t| = \left| \frac{x_t - z}{z} \right| \le 10^{-m},$$

d. h.: Die Größe

$$\rho_t := -\log_{10} |\bar{e}_t| = m$$

gibt ungefähr die Anzahl der richtigen Mantissendezimalen von x_t an. Wegen

$$|\bar{e}_{t+1}| = \left| \frac{x_{t+1} - z}{z} \right| = |g'(\zeta_t)| \left| \frac{x_t - z}{z} \right|, \qquad \zeta_t \in [x_t, x_{t+1}],$$

gilt

$$\rho_{t+1} = -\log_{10} |\bar{e}_{t+1}| = -\log_{10} |g'(\zeta_t)| \underbrace{-\log_{10} |\bar{e}_t|}_{\rho_t}$$

und im Limes

$$\rho_{t+1} - \rho_t \to -\log_{10} |g'(z)| \quad (t \to \infty). \tag{5.2.17}$$

(i) Die numerische Bedeutung der „asymptotischen“ *linearen* Konvergenzrate $|g'(z)|$ einer Fixpunktiteration ist also, dass sich in jedem Iterationsschritt (für große t) die Anzahl der richtigen Mantissendezimalen um $-\log_{10} |g'(z)|$ erhöht (für $|g'(z)| \neq 0$).

(ii) Für eine Iteration p-ter Ordnung mit $p \ge 2$ gilt

$$|x_{t+1} - z| = \frac{1}{p!} |g^{(p)}(\zeta_t)| \, |x_t - z|^p, \quad t \ge 1,$$

mit $\zeta_t \to z \; (t \to \infty)$. Also ist in diesem Fall

$$|\bar{e}_{t+1}| = \left| \frac{x_{t+1} - z}{z} \right| = \underbrace{\left| \frac{1}{p!} g^{(p)}(\zeta_t) \right| |z|^{p-1}}_{=: \sigma_t} \underbrace{\left| \frac{x_t - z}{z} \right|^p}_{= |\bar{e}_t|^p}$$

und

$$\sigma_t \to \left| \frac{1}{p!} g^{(p)}(z) \right| |z|^{p-1} \quad (t \to \infty).$$

Es folgt die Beziehung $(\rho_t = -\log_{10} |\bar{e}_t|)$

$$\rho_{t+1} = p \, \rho_t - \log_{10} \sigma_t,$$

und hieraus wegen $\rho_t \to \infty \; (t \to \infty)$

$$\lim_{t \to \infty} \frac{\rho_{t+1}}{\rho_t} = p. \tag{5.2.18}$$

Dies lässt sich so interpretieren, dass sich bei einer Iteration p-ter Ordnung (für große t) die Anzahl der richtigen Mantissendezimalen in jedem Schritt etwa ver-p-facht. Dies wird durch unser obiges Beispiel beim Newton-Verfahren bestätigt. Wir fassen die bisher abgeleiteten Ergebnisse zusammen:

Regel 5.1: *Bei einem „linear" konvergenten Iterationsverfahren erhöht sich in jedem Schritt die Anzahl von „exakten" Dezimalstellen in der Näherung in etwa um den Summanden* $|\log_{10}(g'(z))|$ *; bei einer Iteration der Ordnung* $p > 1$ *ver-p-facht sich in jedem Schritt die Anzahl der „exakten" Dezimalstellen.*

5.3 Interpolationsmethoden

Das Ziel ist die iterative Berechnung von Nullstellen ohne Auswertung von Ableitungen, aber effizienter als mit Intervallschachtelung oder einfacher sukzessiver Approximation. Dabei werden wir auf ein Iterationsverfahren mit nicht ganzzahliger Ordnung geführt.

Die „Sekantenmethode" berechnet ausgehend von einem Paar von Werten x_{t-1}, x_t die neue Iterierte x_{t+1} als Nullstelle der Geraden (Sekante) durch die Punkte $(x_{t-1}, f(x_{t-1}))$, $(x_t, f(x_t))$ (s. Abb. 5.3):

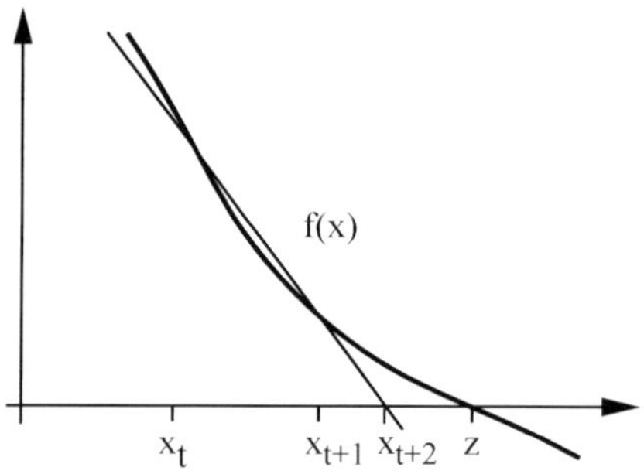

$$s(x) = f(x_t) + (x - x_t)\frac{f(x_t) - f(x_{t-1})}{x_t - x_{t-1}}$$

Iteration:

$$x_{t+1} = x_t - f(x_t)\frac{x_t - x_{t-1}}{f(x_t) - f(x_{t-1})}.$$

Abbildung 5.3: *Geometrische Interpretation des Sekanten-Verfahrens*

Im Gegensatz zu den bisher betrachteten Verfahren handelt es sich hierbei um ein sog.„Zweischrittverfahren", d. h.: Die Iterierte x_{t+1} wird jeweils aus den *beiden* vorausgehenden Iterierten x_t, x_{t-1} berechnet. Zum Starten der Sekantenmethode sind zwei Anfangsschätzungen x_0, x_1 für die Nullstelle erforderlich. Analog zum Konvergenzsatz 5.1 für das Newton-Verfahren haben wir auch eine Konvergenzaussage für die Sekantenmethode. Dabei spielen die durch die Vorschrift

$$\gamma_0 = \gamma_1 = 1, \quad \gamma_{t+1} = \gamma_t + \gamma_{t-1}, \quad t \in \mathbb{N},$$

definierten sog. Fibonacci[2]-Zahlen" γ_t eine wichtige Rolle.

[2]Leonardo Pisano (aus Pisa), genannt Fibonacci (um 1170 – um 1250): „erster" bedeutender Mathematiker des Abendlandes; gehörte zum Gelehrtenkreis um Kaiser Friedrich II; brachte von ausgedehnten Reisen eine systematische Einführung in das indisch-arabische Zahlensystem nach Europa; in seinem Rechenbuch „Liber abacci" untersuchte er u. a. die nach ihm benannte Folge als einfaches Modell für das Wachstum von Populationen.

Satz 5.3 (Sekanten-Methode): *Die Funktion $f \in C^2[a,b]$ habe im Innern des Intervalls $[a,b]$ eine Nullstelle z, und es sei*

$$m := \min_{a \le x \le b} |f'(x)| > 0\,, \qquad M := \max_{a \le x \le b} |f''(x)| < \infty. \tag{5.3.19}$$

Sei ferner $\rho > 0$ so gewählt, dass

$$q \equiv \frac{M}{2m}\rho < 1, \qquad K_\rho(z) = \{x \in \mathbb{R} \,|\, |x - z| \le \rho\} \subset [a,b].$$

Dann sind für jedes Paar von Startwerten $x_0, x_1 \in K_\rho(z)$, $x_0 \ne x_1$, die Iterierten $x_t \in K_\rho(z)$ der Sekantenmethode wohl definiert und konvergieren gegen die Nullstelle z. Dabei gelten die a priori Fehlerabschätzung

$$|x_t - z| \le \frac{2m}{M} q^{\gamma_t}\,, \qquad t \in \mathbb{N}, \tag{5.3.20}$$

und die a posteriori Fehlerabschätzung

$$|x_t - z| \le \frac{1}{m}|f(x_t)| \le \frac{M}{2m}|x_t - x_{t-1}|\,|x_t - x_{t-2}|\,, \qquad t \in \mathbb{N}. \tag{5.3.21}$$

Beweis: (i) Die Argumentation ist ähnlich wie im Beweis von Satz 5.1 für das Newton-Verfahren. Für je zwei Punkte $x, y \in [a,b]$, $x \ne y$, gilt wieder

$$|x - y| \le \frac{1}{m}|f(x) - f(y)|,$$

woraus u. a. die Eindeutigkeit der Nullstelle z folgt.

(ii) Weiter ist

$$\frac{f(x) - f(y)}{x - y} = -\int_0^1 \frac{d}{dr} f(x + r(y - x))\,\frac{dr}{x - y} = \int_0^1 f'(x + r(y - x))\,dr.$$

Mit einem dritten Punkt $\zeta \in [a,b]$, $\zeta \ne x$, ergibt sich hiermit

$$\begin{aligned}
\frac{f(x) - f(y)}{x - y} - \frac{f(x) - f(\zeta)}{x - \zeta} &= \int_0^1 \big\{ f'(x - r(y - x)) - f'(x + r(\zeta - x)) \big\}\,dr \\
&= -\int_0^1 \Big\{ \int_0^r \frac{d}{ds} f'(x + r(y - x) + s(\zeta - y))\,ds \Big\}\,dr \\
&= \int_0^1 \Big\{ \int_0^r f''(x + r(y - x) + s(\zeta - y))\,ds \Big\}\,dr\,(y - \zeta),
\end{aligned}$$

bzw.

$$\Big|\frac{f(x) - f(y)}{x - y} - \frac{f(x) - f(\zeta)}{x - \zeta}\Big| \le \frac{M}{2}|y - \zeta|.$$

Für Punkte $x, y \in K_\rho(z)$, $x \neq y$, $x \neq z$, $y \neq z$ definieren wir

$$g(x,y) := x - f(x)\,\frac{x-y}{f(x)-f(y)}.$$

Dann gilt

$$\begin{aligned} g(x,y) - z &= x - z - f(x)\frac{x-y}{f(x)-f(y)} \\ &= \frac{x-y}{f(x)-f(y)}\Big\{(x-z)\frac{f(x)-f(y)}{x-y} - f(x) + \underbrace{f(z)}_{=0}\Big\} \end{aligned}$$

und folglich

$$\begin{aligned} |g(x,y)-z| &\leq |x-z|\,\Big|\frac{f(x)-f(y)}{x-y} - \frac{f(x)-f(z)}{x-z}\Big| \\ &\leq \frac{M}{2m}\,|x-z|\,|y-z| \;\leq\; \frac{M}{2m}\,\rho^2 < \rho. \end{aligned}$$

Die Iterierten x_t der Sekantenmethode bleiben also in der Menge $K_\rho(z)$, und es gilt

$$|x_{t+1} - z| \leq \frac{M}{2m}|x_t - z|\,|x_{t-1} - z|.$$

(iii) Setzt man $\rho_t := \frac{M}{2m}|x_t - z|$, so folgt

$$\rho_{t+1} \leq \rho_t\rho_{t-1}, \quad t \in \mathbb{N},$$

d. h. mit $\rho_0 \leq q$, $\rho_1 \leq q$ gilt $\rho_t \leq q^{\gamma_t}$, $t \in \mathbb{N}$. Wegen $\gamma_t \to \infty$ $(t \to \infty)$ und $q < 1$ konvergiert also

$$|x_t - z| = \frac{2m}{M}\,\rho_t \leq \frac{2m}{M}\,q^{\gamma_t} \to 0 \quad (t \to \infty).$$

(iv) Zum Nachweis der a posteriori Fehlerabschätzung setzen wir oben $x = x_{t-1}$, $y = x_t$ und $\zeta = x_{t-2}$ ($x_{t-2} \neq x_{t-1}$, da sonst bereits $f(x_{t-1}) = 0$) und finden

$$\begin{aligned} |x_t - z| &\leq \frac{1}{m}\,|f(x_t) - f(z)| \\ &\leq \frac{1}{m}\Big|f(x_{t-1}) + (x_t - x_{t-1})\frac{f(x_t)-f(x_{t-1})}{x_t - x_{t-1}}\Big| \\ &\leq \frac{1}{m}\,|x_t - x_{t-1}|\,\Big|\frac{f(x_t)-f(x_{t-1})}{x_t - x_{t-1}} - \frac{f(x_{t-1})-f(x_{t-2})}{x_{t-1}-x_{t-2}}\Big| \\ &\leq \frac{M}{2m}\,|x_t - x_{t-1}|\,|x_t - x_{t-2}|. \end{aligned}$$

Q.E.D.

Zur Beurteilung der Konvergenzgeschwindigkeit der Sekantenmethode benötigen wir Informationen über das Anwachsen der Fibonacci-Zahlen γ_t für $t \to \infty$.

Hilfssatz 5.1: *Die Fibonacci-Zahlen verhalten sich asymptotisch wie*

$$\gamma_t \sim \frac{\lambda_1}{\sqrt{5}}\,\lambda_1^t \sim 0.723 \cdot (1.618)^t, \tag{5.3.22}$$

wobei $\lambda_1 := \frac{1}{2}(1 \pm \sqrt{5})$ *gerade der sog. „goldene Schnitt“ ist.*

Beweis: Die Fibonacci-Zahlen genügen nach Konstruktion der (linearen) homogenen Differenzengleichung

$$\gamma_{t+2} - \gamma_{t+1} - \gamma_t = 0\,, \quad t \geq 0. \tag{5.3.23}$$

Deren Lösungsmenge ist, wie man leicht sieht, ein zweidimensionaler Vektorraum. Zur Konstruktion einer Lösunf machen wir den Ansatz $\gamma_t = \lambda^t$ und erhalten die Gleichung

$$\lambda^t(\lambda^2 - \lambda - 1) = 0$$

zur Bestimmung von λ. Die Wurzeln $\lambda_{1,2} = \frac{1}{2}(1 \pm \sqrt{5})$ der quadratischen Gleichung $\lambda^2 - \lambda - 1 = 0$ ergeben durch

$$\gamma_t = c_1\lambda_1^t + c_2\lambda_2^t\,, \quad c_1, c_2 \quad \text{beliebig}, \tag{5.3.24}$$

die allgemeine Lösung der Differenzengleichung. Durch Berücksichtigung der Anfangsbedingungen $\gamma_0 = \gamma_1 = 1$ werden die Konstanten c_1, c_2 festgelegt:

$$\left.\begin{aligned} c_1 + c_2 &= 1 \\ c_1\lambda_1 + c_2\lambda_2 &= 1 \end{aligned}\right\} \Rightarrow c_1 = \frac{1-\lambda_2}{\lambda_1 - \lambda_2} = \frac{\lambda_1}{\sqrt{5}}, \quad c_2 = \frac{\lambda_1 - 1}{\lambda_1 - \lambda_2} = -\frac{\lambda_2}{\sqrt{5}}.$$

Die Fibonacci-Zahlen haben also die Gestalt

$$\gamma_t = \frac{1}{\sqrt{5}}\left\{\lambda_1^{t+1} - \lambda_2^{t+1}\right\}, \quad \lambda_{1,2} = \frac{1}{2}(1 \pm \sqrt{5}). \tag{5.3.25}$$

Asymptotisch für $t \to \infty$ verhält sich γ_t wie

$$\gamma_t \sim \frac{\lambda_1}{\sqrt{5}}\,\lambda_1^t \sim 0.723 \cdot (1.618)^t,$$

was zu zeigen war. Q.E.D.

Die Sekantenmethode konvergiert also asymptotisch mindestens so schnell wie ein Ein-Schrittverfahren der Ordnung $p = 1.6$. In jedem Schritt ist dabei nur eine neue Funktionsauswertung, nämlich die von $f(x_t)$, erforderlich. *Ein* Schritt des Newton-Verfahrens (Auswertung von $f(x_t)$ und $f'(x_t)$) ist also mindestens so aufwendig wie *zwei* Schritte der Sekantenmethode. Fasst man jedoch zwei Schritte der Sekantenmethode zu einem

Makroschritt zusammen, so erhält man wegen

$$|x_{2t} - z| \le \frac{2m}{M} q^{\gamma_{2t}}, \quad \gamma_{2t} \sim 0.723\,(2.618)^t \quad (\lambda_1^2 = \lambda_1 + 1), \tag{5.3.26}$$

ein Verfahren der Ordnung $p \ge 2.6$. Bei gleichem Arbeitsaufwand konvergiert also die Sekantenmethode asymptotisch (für große t) schneller als das Newton-Verfahren. Dieser theoretische Vorteil wird aber in der Praxis oft durch eine große Rundungsfehleranfälligkeit der Sekantenmethode relativiert. Konvergiert nämlich hier $f(x_t) \to 0$ monoton (mit nicht alternierenden Vorzeichen), so tritt im Sekantenschritt

$$x_{t+1} = x_t - f(x_t)\,\frac{x_t - x_{t-1}}{f(x_t) - f(x_{t-1})}. \tag{5.3.27}$$

Auslöschung auf. Zur Stabilisierung der Methode kombiniert man sie mit der Intervallschachtelungsidee zur sog. „Regula falsi".

Definition 5.3: *Werden im Sekanten-Verfahren die Intervallendpunkte $a_t < b_t$ so gewählt, dass $f(a_t)f(b_t) < 0$ ist, d. h. dass f eine Nullstelle $z \in (a_t, b_t)$ hat, so spricht man von der „Regula falsi".*

Beim Sekantenschritt unter berücksichtigung der Regula falsi,

$$x_t := a_t - f(a_t)\,\frac{a_t - b_t}{f(a_t) - f(b_t)}, \tag{5.3.28}$$

tritt dann keine Auslöschung im Term $f(a_t) - f(b_t)$ auf, solange $b_t - a_t \gg \text{eps}$. Offenbar ist $a_t \le x_t \le b_t$. Das neue Intervall $[a_{t+1}, b_{t+1}]$ wird bestimmt durch die Vorschrift: ($f(x_t) = 0 \Rightarrow$ STOP)

$$\begin{aligned} f(x_t)f(a_t) > 0 \quad &\Longrightarrow \quad a_{t+1} = x_t\,, \quad b_{t+1} = b_t\,, \\ f(x_t)f(a_t) < 0 \quad &\Longrightarrow \quad a_{t+1} = a_t\,, \quad b_{t+1} = x_t. \end{aligned} \tag{5.3.29}$$

Die Regula falsi ist offensichtlich numerisch stabiler als die ihr zugrunde liegende Sekantenmethode, doch konvergiert sie i. Allg. nur linear. In Extremfällen ist sie sogar langsamer (größere Konvergenzrate) als das einfache Intervallschachtelungsverfahren.

5.4 Methode der sukzessiven Approximation im $\mathbb{R}^n$

Im Folgenden betrachten wir iterative Verfahren zur Lösung nichtlinearer Gleichungssysteme im $\mathbb{R}^n$

$$f_i(x_1, \dots, x_n) = 0\,, \quad i = 1, \dots, n, \tag{5.4.30}$$

bzw. $f(x) = 0$ mit $f = (f_1, \dots, f_n)^T$ und $x = (x_1, \dots, x_n)^T$. Zur Berechnung einer Lösung z verwendet die sog. „Methode der sukzessiven Approximation" die Iteration (in

Anlehnung an das vereinfachte Newton-Verfahren in einer Dimension und unter Hochstellung des Iterationsindexes bei vektor- oder matrix-wertigen Größen):

$$x^{t+1} = x^t + C^{-1} f(x^t), \quad t = 0, 1, 2, \dots, \tag{5.4.31}$$

mit einer geeigneten regulären Matrix $C \in \mathbb{R}^{n\times n}$. Konvergiert dann $x^t \to z\ (t \to \infty)$, so ist für stetiges f im Limes $z = z + C^{-1}f(z)$ bzw. $f(z) = 0$. Die Lösung z des Gleichungssystems ist also ein sog. „Fixpunkt"' der Abbildung $g(x) := x + C^{-1}f(x)$.

Wir wollen nun die Konvergenz von Fixpunktiterationen der Form

$$x^{t+1} = g(x^t), \quad t = 0, 1, 2, \dots, \tag{5.4.32}$$

untersuchen. Dazu sei im Folgenden $\|\cdot\|$ eine beliebige Vektornorm auf $\mathbb{R}^n$ und mit derselben Bezeichnung $\|\cdot\|$ die zugehörige natürliche Matrizennorm.

Definition 5.4: *Sei $G \subset \mathbb{R}^n$ eine (nichtleere) abgeschlossene Menge. Eine Abbildung $g : G \to \mathbb{R}^n$ heißt „Lipschitz[3]-stetig" (kurz „L-stetig"), wenn mit einem $q > 0$ gilt:*

$$\|g(x) - g(y)\| \le q\,\|x - y\|, \quad x, y \in G. \tag{5.4.33}$$

Ist die sog. „Lipschitz-Konstante" $q < 1$, so nennt man g eine „Kontraktion" auf G.

Beispiel 5.4: a) Die Funktion $f(x) = |x|$ ist L-stetig auf ganz $\mathbb{R}$, wegen

$$\big|\,|x| - |y|\,\big| \le |x - y|.$$

b) Die Funktion $f(x) = \sqrt{|x|}$ ist nicht L-stetig bei $x = 0$ aber (lokal) L-stetig sonst:

$$\big|\,|x|^{1/2} - |0|^{1/2}\,\big| = |x|^{1/2} \ge |x|^{-1/2}|x - 0|.$$

Der folgende fundamentale „Banachsche[4] Fixpunktsatz" sichert die Existenz von Fixpunkten von Kontraktionen.

Satz 5.4 (Sukzessive Approximation): *Sei $G \subset \mathbb{R}^n$ eine nichtleere, abgeschlossene Punktmenge und $g : G \to G$ eine Kontraktion. Dann existiert genau ein Fixpunkt $z \in G$ von g, und für jeden Startpunkt $x^0 \in G$ konvergiert die Folge der durch (5.4.32) erzeugten sukzessiven Approximationen $x^t \to z\ (t \to \infty)$. Es gelten die a posteriori und a priori Fehlerabschätzungen*

$$\|x^t - z\| \le \frac{q}{1-q}\,\|x^t - x^{t-1}\| \le \frac{q^t}{1-q}\,\|x^1 - x^0\|. \tag{5.4.34}$$

---

[3]Rudolf O. S. Lipschitz (1832–1903): Deutscher Mathematiker aus Königsberg; seit 1864 Professor in Bonn; arbeitete auf verschiedenen Gebieten der Mathematik.

[4]Stefan Banach (1892-1945): Polnischer Mathematiker; Professor in Lvov; begründete die Funktionalanalysis.

Beweis: Da g die Menge G in sich abbildet, sind für $x^0 \in G$ die Iterierten $x^t = g(x^{t-1}) = \ldots = g^t(x^0)$ definiert, und es gilt

$$\begin{aligned}\|x^{t+1} - x^t\| &= \|g(x^t) - g(x^{t-1})\| \\ &\leq q\,\|x^t - x^{t-1}\| \leq \ldots \leq q^t\,\|x^1 - x^0\|.\end{aligned}$$

Wir wollen zeigen, dass $(x^t)_{t\in\mathbb{N}}$ eine Cauchy-Folge ist. Seien dazu $\varepsilon > 0$ und $m \geq 1$ beliebig vorgegeben:

$$\begin{aligned}\|x^{t+m} - x^t\| &\leq \|x^{t+m} - x^{t+m-1}\| + \ldots + \|x^{t+1} - x^t\| \\ &\leq \underbrace{\{q^{t+m-1} + \ldots + q^t\}}\,\|x^1 - x^0\| \\ &= q^t \sum_{i=0}^{m-1} q^i = q^t\,\frac{1-q^m}{1-q} \leq \varepsilon \quad \text{für} t \geq t(\varepsilon).\end{aligned}$$

Also existiert $z = \lim_{t\to\infty} x^t \in G$ (wegen der Abgeschlossenheit von G) mit $z = g(z)$. Die Eindeutigkeit des Fixpunktes z folgt sofort aus der Kontraktionseigenschaft von g. Zum Nachweis von (5.4.34) schreiben wir

$$\begin{aligned}\|x^{t+m} - x^t\| &\leq \|x^{t+m} - x^{t+m-1}\| + \ldots + \|x^{t+1} - x^t\| \\ &\leq \underbrace{\{q^m + \ldots + q\}}_{\leq q/(1-q)}\,\|x^t - x^{t-1}\|, \quad m \geq 1.\end{aligned}$$

Durch Grenzübergang $m \to \infty$ folgt daraus

$$\|z - x^t\| \leq \frac{q}{1-q}\,\|x^t - x^{t-1}\| \leq \frac{q^t}{1-q}\,\|x^1 - x^0\|.$$

Q.E.D.

Zur Anwendung des Banachschen Fixpunktsatzes auf eine Abbildung $g : G \to \mathbb{R}^n$ muss gezeigt werden, dass es eine abgeschlossene (nichtleere) Teilmenge von G gibt, die von g in sich abgebildet wird, und auf der g eine Kontraktion ist. Sei g eine Kontraktion auf der Kugel

$$K_\rho(c) \equiv \{\, x \in \mathbb{R}^n \mid \|x - c\| \leq \rho \,\}, \quad \rho > 0,$$

um einen Punkt $c \in \mathbb{R}^n$ mit Lipschitz-Konstante $q < 1$. Für $x \in K_\rho(c)$ gilt dann

$$\|g(x) - c\| \leq \underbrace{\|g(x) - g(c)\|}_{\leq q\rho} + \|g(c) - c\|.$$

Unter der Bedingung

$$\|g(c) - c\| \leq (1-q)\rho \tag{5.4.35}$$

bildet dann g die Menge $K_\rho(c)$ in sich ab. Ist g differenzierbar, so wird die Matrix

$$g'(x) \equiv \Big(\frac{\partial g_i}{\partial x_j}\Big)_{i,j=1,\dots,n} \in \mathbb{R}^{n\times n}$$

der partiellen Ableitungen die „Jacobi[5]-Matrix" genannt.

Hilfssatz 5.2 (L-Stetigkeit): *Die Abbildung $g: G \to \mathbb{R}^n$ sei stetig differenzierbar, und die Menge G sei konvex. Dann gilt*

$$\|g(x) - g(y)\| \le \sup_{\zeta\in G} \|g'(\zeta)\|\, \|x-y\|, \quad x,y \in G, \tag{5.4.36}$$

d. h.: Im Falle $\sup_{\zeta\in G} \|g'(\zeta)\| < 1$ ist g eine Kontraktion auf G.

Beweis: Seien $x, y \in G$. Wir setzen für $i = 1,\dots,n$:

$$\varphi_i(s) := g_i(x + s(y-x)), \quad 0 \le s \le 1,$$

und haben damit

$$g_i(y) - g_i(x) = \varphi_i(1) - \varphi_i(0) = \int_0^1 \varphi_i'(s)\, ds.$$

Wegen

$$\varphi_i'(s) = \sum_{j=1}^n \frac{\partial g_i}{\partial x_j}(x + s(y-x))(y-x)_j$$

und den Stetigkeitseigenschaften der Vektornorm folgt

$$\begin{aligned}\|g(y) - g(x)\| &= \Big\| \int_0^1 g'(x + s(y-x)) \cdot (y-x)\, ds \Big\| \\ &\le \int_0^1 \|g'(x + s(y-x))\|\, ds\, \|y-x\| \le \sup_{\zeta\in G} \|g'(\zeta)\|\, \|y-x\|.\end{aligned}$$

Dies impliziert die Bahauptung. Q.E.D.

Korollar 5.1: *Mit Hilfe der Abschätzung aus Hilfssatz 5.2 und (5.4.35) ergibt sich, dass es zu jedem Fixpunkt $z \in G$ von g, in dem $\|g'(z)\| < 1$ gilt, eine Umgebung*

$$K_\rho(z) = \{x \in \mathbb{R}^n |\ \|x - z\| \le \rho\} \subset G$$

gibt, so dass g eine Kontraktion von $K_\rho(z)$ in sich ist.

[5]Carl Gustav Jakob Jacobi (1804–1851): Deutscher Mathematiker; schon als Kind hochbegabt; wirkte in Königsberg und Berlin; Beiträge zu vielen Bereichen der Mathematik: Zahlentheorie, elliptische Funktionen, partielle Differentialgleichungen, theoretische Mechanik.

Wir betrachten nun wieder die Lösung der Gleichung $f(x) = 0$ mit Hilfe der sukzessiven Approximation

$$x^{t+1} = x^t + C^{-1} f(x^t), \quad t = 0, 1, 2, \dots . \tag{5.4.37}$$

Nach den obigen Überlegungen ist die Konvergenz dieser Iteration z. B. gesichert, wenn f auf einer geeigneten Kugel $K_\rho(c) \subset \mathbb{R}^n$ stetig differenzierbar ist, und wenn dort gilt

$$\sup_{\zeta \in K_\rho(c)} \|I + C^{-1} f'(\zeta)\| =: q < 1, \quad \|C^{-1} f(c)\| \le (1-q)\rho. \tag{5.4.38}$$

Beispiel 5.5: Seien $A \in \mathbb{R}^{n \times n}$ und $b \in \mathbb{R}^n$ gegeben. Das lineare Gleichungssystem $Ax = b$ ist äquivalent zur Nullstellenaufgabe $f(x) := b - Ax = 0$. Zu deren iterativen Lösung betrachten wir mit einer regulären Matrix $C \in \mathbb{R}^{n \times n}$ die Fixpunktaufgabe

$$x = g(x) := x + C^{-1} f(x) = x + C^{-1}(b - Ax) = \underbrace{(I - C^{-1}A)}_{=B} x + \underbrace{C^{-1}b}_{=c}.$$

Die Matrix $B := I - C^{-1}A$ wird die „Iterationsmatrix" der zugehörigen Fixpunktiteration („sukzessive Approximation") genannt:

$$x^{t+1} = Bx^T + c, \quad t = 1, 2, \dots .$$

Die Abbildung g ist wegen

$$\|g(x) - g(y)\| = \|B(x - y)\| \le \|B\| \, \|x - y\|$$

für $\|B\| < 1$ eine Kontraktion auf ganz $\mathbb{R}^n$. Dabei ist $\|\cdot\|$ eine geeignete (natürliche) Matrizennorm. Nach dem Banachschen Fixpunktsatz konvergiert daher die sukzessive Approximation gegen den (eindeutig bestimmten) Fixpunkt der Abbildung g bzw. die Lösung des Gleichungssystems $Ax = b$.

Beispiel 5.6: Die Funktion $f(x) = \cosh(x) - 2x = \frac{1}{2}(e^x + e^{-x}) - 2x$ hat genau zwei Nullstellen $z_1 \sim 0.59$, $z_2 \sim 2.1$. Zu ihrer Approximation machen wir den Ansatz

$$g(x) = x + \tfrac{1}{2}\{\cosh(x) - 2x\} = \tfrac{1}{2}\cosh(x), \quad g'(x) = \tfrac{1}{2}\sinh(x),$$

Offensichtlich bildet g das Intervall $[0, z_2]$ in sich ab. Da die Beziehung

$$\max_{0 \le x \le b} |g'(x)| = \tfrac{1}{2}\sinh(b) < 1 \quad (\operatorname{arcsinh}(2) = 1.44\dots)$$

notwendig $b < 2$ voraussetzt, muss $|g'(z_2)| > 1$ sein. Für alle Startwerte $x^0 \in (z_2, \infty)$ divergieren die Iterierten $x^t \to \infty$ für $t \to \infty$. Tatsächlich konvergiert aber $x^t \to z_1$ $(t \to \infty)$ sogar für alle $x^0 \in [0, z_2]$ (geometrische Überlegung). Die Bedingung, dass g überall eine Kontraktion sein muss, ist also nicht notwendig für die Konvergenz der sukzessiven Approximation. Der Fixpunkt z_1 mit $|g'(z_1)| < 1$ in Beispiel 5.4 ist also „anziehend", der Fixpunkt z_2 dagegen „abstoßend", da hier wegen $|g'(z_2)| > 1$ in jeder Umgebung von z_2 Startpunkte x^0 existieren, für die die sukzessive Approximation nicht gegen z_2 konvergiert.

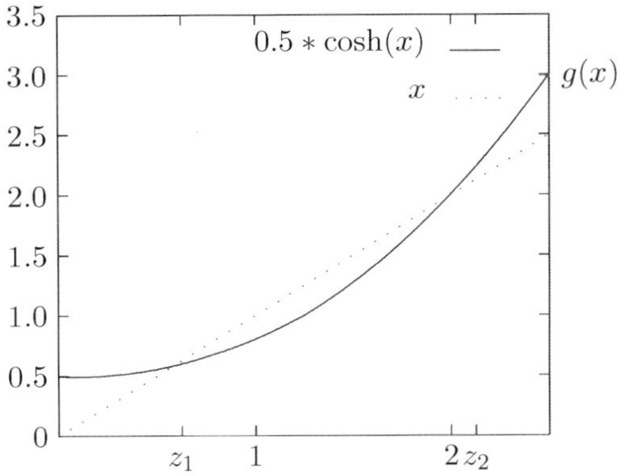

Abbildung 5.4: *Nullstellenproblem*

Nach Wahl einer Fehlertoleranz $\varepsilon >$ eps (z. B.: $\varepsilon = 10^{-4}$) wird ausgehend von $x^0 = 0$ iteriert gemäß $x^{t+1} = \frac{1}{2}\cosh(x^t)(t = 0, 1, 2, \ldots)$ bis das folgende Abbruchkriterium erfüllt ist:

$$\left|\frac{x^{t+1} - x^t}{x^{t+1}}\right| \leq \varepsilon.$$

Wir erhalten:

$$x^1 = 0.\underline{5},\ x^2 = 0.\underline{5}63,\ \ldots,\ x^7 = 0.\underline{589}31,\ \ x^8 = 0.\underline{5893}6,\ \ldots,\ x^{19} = 0.\underline{5893877633}.$$

$$\left|\frac{x^8 - x^7}{x^8}\right| \leq 0.8532 \cdot 10^{-4}.$$

Auf dem Intervall $[0, 1]$ gilt

$$q = \max_{0 \leq x \leq 1} |g'(x)| = \tfrac{1}{2}\sinh(1) \sim 0.6.$$

Die a priori Fehlerabschätzungen von Satz 5.2 ergibt dann

$$|x^8 - z_1| \leq \frac{0.6^8}{1 - 0.6}|x^1 - x^0| \sim 2 \cdot 10^{-2}.$$

Beispiel 5.7: Zur Bestimmung der Quadratwurzel $A^{1/2} \in \mathbb{R}^{n \times n}$ einer positiv definiten Matrix $A \in \mathbb{R}^{n \times n}$ betrachtet man die Abbildung

$$g(X) = \tfrac{1}{2}(X^2 + B)$$

mit der Matrix $B = I - A$. Dies wird motiviert durch die Äquivalenz

$$Z = g(Z) = \tfrac{1}{2}(Z^2 + B) \quad \Leftrightarrow \quad (I - Z)^2 = I - B = A,$$

bzw. $I - Z = A^{1/2}$. Im Falle $\|B\| = q < 1$ gilt für $X, Y \in K_q(0) = \{C \in \mathbb{R}^{n\times n} \mid \|C\| \le q\}$:

$$\|g(X)\| \le \frac{1}{2}(\|X\|^2 + \|B\|) \le \frac{1}{2}(q^2 + q) \le q$$

und

$$\begin{aligned}\|g(X) - g(Y)\| &= \frac{1}{2}\|X^2 - Y^2\| = \frac{1}{2}\|X(X - Y) + (X - Y)Y\| \\ &\le \frac{1}{2}(\|X\| + \|Y\|)\,\|X - Y\| \le q\|X - Y\|,\end{aligned}$$

d. h.: g ist eine Kontraktion der abgeschlossenen Teilmenge $K_q(0) \subset \mathbb{R}^{n\times n}$ in sich. Nach dem Banachschen Fixpunktsatz existiert also genau ein Fixpunkt $Z \in K_q(0)$ von g, und die Folge der sukzessiven Iterierten $X^t = g(X^{t-1})$, $t \in \mathbb{N}$, konvergiert für jeden Startwert $X^0 \in K_q(0)$: $X^t \to Z$ $(t \to \infty)$. Wegen der obigen Äquivalenz ist dann $I - Z = A^{1/2}$. Alle Iterierten X^t und damit auch der Fixpunkt Z sind symmetrisch. Wegen $\|Z\| \le q$ ist daher $I - Z$ auch positiv definit, so daß mit $A^{1/2} := I - Z$ die eindeutug bestimmte, positive" Wurzel von A bestimmt ist.

5.5 Das Newton-Verfahren im $\mathbb{R}^n$

Wir betrachten nun das Newton-Verfahren zur Lösung nichtlinearer Gleichungssysteme mit stetig differenzierbaren Abbildungen $f : D \subset \mathbb{R}^n \to \mathbb{R}^n$. Formal lautet die Newton-Iteration

$$x^{t+1} = x^t - f'(x^t)^{-1} f(x^t), \quad t = 0, 1, 2 \ldots, \tag{5.5.39}$$

mit der Jacobi-Matrix $f'(\cdot)$ von f. In jedem Iterationsschritt ergibt sich ein lineares $(n \times n)$-Gleichungssystem mit $f'(x^t)$ als Koeffizientenmatrix:

$$f'(x^t)x^{t+1} = f'(x^t)x^t - f(x^t), \quad t = 0, 1, 2 \ldots . \tag{5.5.40}$$

Dies macht das Newton-Verfahren wesentlich aufwendiger als die einfache Fixpunktiteration; dafür konvergiert es aber auch sehr viel schneller. Das Newton-Verfahren wird meist in Form einer Defektkorrekturiteration durchgeführt (mit dem "Defekt" $d^t := f(x^t)$):

$$f'(x^t)\delta x^t = f(x^t), \quad x^{t+1} = x^t - \delta x^t, \quad t = 0, 1, 2 \ldots . \tag{5.5.41}$$

Dies spart gegenüber (5.5.40) pro Iterationsschritt eine Matrix-Vektor-Multiplikation.

Im Folgenden geben wir ein Konvergenzresultat für das Newton-Verfahren, welches nebenbei auch die Existenz einer Nullstelle sichert. Mit $\|\cdot\|$ seien die euklidische Vektornorm und ebenso die zugehörige natürliche Matrizennorm bezeichnet. Sei $f : G \subset \mathbb{R}^n \to \mathbb{R}^n$ eine differenzierbare Abbildung, für die eine Nullstelle z gesucht ist. Die Jacobi-Matrix $f'(\cdot)$ sei auf der Niveaumenge

$$D_* := \{x \in G \mid \|f(x)\| \le \|f(x^*)\|\}$$

zu einem festen Punkt $x^* \in G$ regulär mit gleichmäßig beschränkter Inverser:

$$\|f'(x)^{-1}\| \le \beta, \quad x \in D_*.$$

Ferner sei $f'(\cdot)$ auf D_* gleichmäßig L-stetig:

$$\|f'(x) - f'(y)\| \le \gamma \|x - y\|, \quad x, y \in D_*.$$

Mit diesen Bezeichnungen haben wir den folgenden Satz von Newton-Kantorovich[6]

Satz 5.5 (Newton-Kantorovich): *Unter den vorausgehenden Voraussetzungen sei für den Startpunkt* $x^0 \in D_*$ *mit* $\alpha := \|f'(x^0)^{-1} f(x^0)\|$ *die folgende Bedingung erfüllt:*

$$q := \tfrac{1}{2}\alpha\beta\gamma < 1.$$

Dann erzeugt die Newton-Iteration

$$f'(x^t)x^{t+1} = f'(x^t)x^t - f(x^t), \quad t \ge 1,$$

eine Folge $(x^t)_{t\in\mathbb{N}} \subset D$*, welche quadratisch gegen eine Nullstelle* $z \in D$ *von* f *konvergiert, mit der a priori Fehlerabschätzung*

$$\|x^t - z\| \le \frac{\alpha}{1-q} q^{(2^t-1)}, \quad t \ge 1. \tag{5.5.42}$$

Beweis: Zum Startpunkt $x^0 \in D_*$ gehört die abgeschlossene, nicht leere Niveaumenge

$$D_0 := \{x \in G \mid \|f(x)\| \le \|f(x^0)\|\} \subset D_*.$$

Wir betrachten die stetige Abbildung $g : D_0 \to \mathbb{R}^d$: $g(x) := x - f'(x)^{-1} f(x)$.

(i) Wir wollen zunächst einige Hilfsresultate ableiten. Für $x \in D_0$ sei

$$x_r := x - r f'(x)^{-1} f(x), \quad 0 \le r \le 1,$$

und $R := \max\{r \mid x_s \in D_0, 0 \le s \le r\} = \max\{r \mid \|f(x_s)\| \le \|f(x^0)\|, \ 0 \le s \le r\}$. Für die Vektorfunktion $h(r) := f(x_r)$ gilt

$$h'(r) = -f'(x_r) f'(x)^{-1} f(x), \qquad h'(0) = -h(0).$$

[6]Leonid Vitalyevich Kantorovich (1912–1986): Russischer Mathematiker; Professor an der Universität Leningrad (1934-1960), an der Akademie der Wissenschaften (1961-1971) und an der Universität Moskau (1971-1976); fundamentale Beiträge zur Anwendung der linearen Optimierung in der Ökonomie, zur Funktionalanalysis und Numerik.

Für $0 \le r \le R$ ergibt dies

$$\begin{aligned}\|f(x_r)\| - (1-r)\|f(x)\| &\le \|f(x_r) - (1-r)f(x)\| = \|h(r) - (1-r)h(0)\| \\ &= \Big\| \int_0^r h'(s)\, ds + rh(0)\Big\| = \Big\| \int_0^r \{h'(s) - h'(0)\}\, ds\Big\| \\ &\le \int_0^r \|h'(s) - h'(0)\|\, ds,\end{aligned}$$

und ferner wegen $x_s - x = -sf'(x)^{-1}f(x)$:

$$\begin{aligned}\|h'(s) - h'(0)\| &= \|\{f'(x_s) - f'(x)\}f'(x)^{-1}f(x)\| \\ &\le \gamma\|x_s - x\|\|f'(x)^{-1}f(x)\| \le \gamma s\|f'(x)^{-1}f(x)\|^2.\end{aligned}$$

Dies ergibt

$$\|f(x_r)\| - (1-r)\|f(x)\| \ \le \ \tfrac{1}{2}r^2\gamma\|f'(x)^{-1}f(x)\|^2. \tag{5.5.43}$$

Mit der Größe $\alpha_x := \|f'(x)^{-1}f(x)\|$ und $\|f'(x)^{-1}\| \le \beta$ folgt

$$\|f(x_r)\| \le (1 - r + \tfrac{1}{2}r^2\alpha_x\beta\gamma)\|f(x)\|.$$

Im Falle $\alpha_x \le \alpha$ gilt dann wegen der Voraussetzung $\frac{1}{2}\alpha\beta\gamma < 1$:

$$\|f(x_r)\| \le (1 - r + r^2)\|f(x)\|.$$

Folglich ist in diesem Fall $R = 1$, d. h.: $g(x) \in D_0$. Für solche $x \in D_0$ gilt weiter

$$\|g(x) - g^2(x)\| = \|g(x) - g(x) + f'(g(x))^{-1}f(g(x))\| \le \beta\|f(g(x))\|.$$

Mit Hilfe der Abschätzung (5.5.43) für $r = 1$ folgt bei Beachtung von $g(x) = x_1$:

$$\|g(x) - g^2(x)\| \le \tfrac{1}{2}\beta\gamma\|f'(x)^{-1}f(x)\|^2 = \tfrac{1}{2}\beta\gamma\|x - g(x)\|^2. \tag{5.5.44}$$

(ii) Nach diesen Vorbereitungen kommen wir nun zum Beweis des Satzes. Zunächst wollen wir zeigen, dass die Newton-Iterierten $(x^t)_{t\in\mathbb{N}}$ in D_0 existieren und die Ungleichung

$$\|x^t - g(x^t)\| = \|f'(x^t)^{-1}f(x^t)\| \le \alpha$$

erfüllen. Dies erfolgt durch vollständige Induktion. Für $t = 0$ ist die Aussage trivialerweise richtig; insbesondere ist wegen $\alpha_{x^0} = \alpha$ nach dem oben gezeigten $g(x^0) \in D_0$. Sei nun $x^t \in D_0$ eine Iterierte mit $g(x^t) \in D_0$ und $\|x^t - g(x^t)\| \le \alpha$. Dann folgt

$$\|x^{t+1} - g(x^{t+1})\| = \|g(x^t) - g^2(x^t)\| \le \tfrac{1}{2}\beta\gamma\|x^t - g(x^t)\|^2 \le \tfrac{1}{2}\alpha^2\beta\gamma \le \alpha$$

und somit nach dem oben Gezeigten $g(x^{t+1}) \in D_0$. Also existiert $(x^t)_{t\in\mathbb{N}} \subset D_0$. Als nächstes zeigen wir, dass diese Folge Cauchy-Folge ist. Mit Hilfe von (5.5.44) ergibt sich

$$\|x^{t+1} - x^t\| = \|g^2(x^{t-1}) - g(x^{t-1})\| \le \tfrac{1}{2}\beta\gamma\|g(x^{t-1}) - x^{t-1}\|^2 = \tfrac{1}{2}\beta\gamma\|x^t - x^{t-1}\|^2,$$

und bei Iteration dieser Abschätzung:

$$\begin{aligned}\|x^{t+1}-x^t\| &\le \tfrac{1}{2}\beta\gamma\big(\tfrac{1}{2}\beta\gamma\|x^{t-1}-x^{t-2}\|^2\big)^2 \le (\tfrac{1}{2}\beta\gamma)^{(2^2-1)}\|x^{t-1}-x^{t-2}\|^{(2^2)}\\ &\le (\tfrac{1}{2}\beta\gamma)^{(2^2-1)}\big(\tfrac{1}{2}\beta\gamma\|x^{t-2}-x^{t-3}\|^2\big)^{(2^2)} = (\tfrac{1}{2}\beta\gamma)^{(2^3-1)}\|x^{t-2}-x^{t-3}\|^{(2^3)}.\end{aligned}$$

Fortsetzung der Iteration bis $t=0$ ergibt mit $q=\frac{1}{2}\alpha\beta\gamma$:

$$\|x^{t+1}-x^t\| \le (\tfrac{1}{2}\beta\gamma)^{(2^t-1)}\|x^1-x^0\|^{(2^t)} \le (\tfrac{1}{2}\beta\gamma)^{(2^t-1)}\alpha^{(2^t)} \le \alpha q^{(2^t-1)}.$$

Für beliebiges $m\in\mathbb{N}$ folgt damit wegen $q<1$:

$$\begin{aligned}\|x^{t+m}-x^t\| &\le \|x^{t+m}-x^{t+m-1}\| + \cdots + \|x^{t+2}-x^{t+1}\| + \|x^{t+1}-x^t\|\\ &\le \alpha q^{(2^{t+m-1}-1)} + \cdots + \alpha q^{(2^{t+1}-1)} + \alpha q^{(2^t-1)}\\ &\le \alpha q^{(2^t-1)}\big\{(q^{(2^t)})^{(2^{m-1}-1)} + \cdots + q^{(2^t)} + 1\big\}\\ &\le \alpha q^{(2^t-1)}\sum_{j=0}^{\infty}(q^{(2^t)})^j \le \frac{\alpha q^{(2^t-1)}}{1-q^{(2^t)}}.\end{aligned}$$

Dies besagt, dass $(x^t)_{t\in\mathbb{N}}\subset D_0$ Cauchy-Folge ist. Deren Limes $z\in D_0$ ist dann notwendig ein Fixpunkt von g bzw. Nullstelle von f:

$$z=\lim_{t\to\infty}x^t=\lim_{t\to\infty}g(x^{t-1})=g(z).$$

Durch Grenzübergang $m\to\infty$ erhalten wir auch die Fehlerabschätzung

$$\|z-x^t\|\le\frac{\alpha}{1-q}q^{(2^t-1)},$$

was den Beweis vervollständigt. Q.E.D.

Bemerkung 5.3: Unter der Annahme, dass eine Nullstelle $z\in G$ von f existiert kann die Aussage von Satz 5.1 für das Newton-Verfahren im $\mathbb{R}^1$ sinngemäß auf den $\mathbb{R}^n$ mit der Maximumnorm $\|\cdot\|_\infty$ verallgemeinert werden. Dabei sind die auftretenden Konstanten gemäß $m=1/\beta, M=\gamma$ zu identifizieren. Inbesondere gilt neben der a priori Fehlerabschätzung (5.5.42) auch die folgende a posteriori Fehlerabschätzung (Übungsaufgabe):

$$\|x^t-z\|_\infty\le\frac{1}{m}\,\|f(x^t)\|_\infty\le\frac{M}{2m}\,\|x^t-x^{t-1}\|_\infty^2,\quad t\in\mathbb{N}. \tag{5.5.45}$$

Beispiel 5.8: Zur Bestimmung der Inversen $Z=A^{-1}$ einer regulären Matrix $A\in\mathbb{R}^{n\times n}$ wird gesetzt

$$f(X):=X^{-1}-A,$$

für $X\in\mathbb{R}^{n\times n}$ regulär. Eine Nullstelle dieser Abbildung $f(\cdot):\mathbb{R}^{n\times n}\to\mathbb{R}^{n\times n}$ ist gerade die Inverse $Z=A^{-1}$. Diese soll mit dem Newton-Verfahren berechnet werden. Dazu ist zunächst eine Umgebung von A bzw. von A^{-1} zu bestimmen, auf der $f(\cdot)$ definiert und differenzierbar ist. Für $X \in K_\rho(A)$ mit $\rho < \|A^{-1}\|^{-1}$ folgt aus $X = A - A + X = A(I - A^{-1}(A - X))$ die Beziehung

$$\|A^{-1}(A - X)\| \le \|A^{-1}\| \, \|A - X\| \le \rho \|A^{-1}\| < 1,$$

d. h.: $I - A^{-1}(A - X)$ und damit auch X sind regulär. Als nächstes ist die Jacobi-Matrix $f'(\cdot)$ von $f(\cdot)$ als Abbildung von $\mathbb{R}^{n\times n}$ in sich zu bestimmen. Für die Durchführung des Newton-Verfahrens genügt es offensichtlich, die Wirkung von $f'(\cdot)$ auf Matrizen $Y \in \mathbb{R}^{n\times n}$ zu bestimmen. Wir wollen zeigen, dass

$$f'(X)Y = -X^{-1}YX^{-1}, \quad Y \in \mathbb{R}^{n\times n}.$$

Dies sieht man wie folgt: Aus $f(X) = X^{-1} - A$ folgt $Xf(X) = I - XA$. Für die Jacobi-Matrizen der rechten und linken Seite gilt

$$\begin{aligned}
\big([Xf(X)]'Y\big)_{j,k} &= \sum_{pq} \frac{\partial}{\partial x_{pq}} \sum_l x_{jl} f_{lk}(X)\, y_{pq} \\
&= \sum_{p,q} \sum_l \Big\{ \underbrace{\frac{\partial x_{jl}}{\partial x_{pq}}}_{\delta_{jp}\cdot\delta_{lq}} f_{lk}(X) + x_{jl} \frac{\partial f_{lk}}{\partial x_{pq}}(X) \Big\} y_{pq} \\
&= \sum_q f_{qk}(X) y_{jq} + \sum_{p,q} \sum_l x_{jl} \frac{\partial f_{lk}}{\partial x_{pq}}(X) y_{pq} \\
&= \big(Yf(X) + Xf'(X)Y\big)_{jk}.
\end{aligned}$$

Analog finden wir

$$[I - XA]'Y = -YA.$$

Also ist

$$-YA = Yf(X) + Xf'(X)Y = YX^{-1} - YA - Xf'(X)Y$$

bzw.

$$f'(X)Y = -X^{-1}YX^{-1}.$$

Das Newton-Verfahren

$$f'(X^t)X^{t+1} = f'(X^t)X^t - f(X^t)$$

erhält in diesem Fall also die Gestalt

$$-X^{t^{-1}} X^{t+1} X^{t^{-1}} = -X^{t^{-1}} \underbrace{X^t X^{t^{-1}}}_{=I} - X^{t^{-1}} + A$$

bzw.

$$X^{t+1} = 2X^t - X^tAX^t = X^t\{2I - AX^t\}. \tag{5.5.46}$$

Diese Iteration ist das mehrdimensionale Analogen der Iteration $x_{t+1} = x_t(2 - ax_t)$ im skalaren Fall zur divisionsfreien Berechnung des Kehrwertes $1/a$ einer Zahl $a \neq 0$. Über die Identität

$$X^{t+1} - Z = 2X^t - X^tAX^t - Z = -(X^t - Z)A(X^t - Z) \tag{5.5.47}$$

gewinnt man die Fehlerabschätzung

$$\|X^{t+1} - Z\| \le \|A\|\,\|X^t - Z\|^2. \tag{5.5.48}$$

Der Einzugsbereich der quadratischen Konvergenz für das Newton-Verfahren ist in diesem Fall also die Menge

$$\{X \in \mathbb{R}^{n\times n} |\ \|X - Z\| < \|A\|^{-1}\}.$$

5.5.1 Gedämpftes Newton-Verfahren

Bei der Durchführung des Newton-Verfahrens zur Lösung nichtlinearer Gleichungssysteme treten zwei Hauptschwierigkeiten auf:

(i) hoher Aufwand pro Iterationsschritt,

(ii) hinreichend „guter" Startpunkt x^0 erforderlich.

Zur Überwindung dieser Probleme verwendet man gegebenenfalls das sog. „vereinfachte Newton-Verfahren"

$$f'(c)\delta x^t = f(x^t), \qquad x^{t+1} = x^t - \delta x^t, \tag{5.5.49}$$

mit einem geeigneten $c \in \mathbb{R}^n$, etwa $c = x^{(0)}$, welches nahe bei der Nullstelle z liegt. Dabei haben alle zu lösenden Gleichungssysteme dieselbe Koeffizientenmatrix und können mit Hilfe einer einmal berechneten LR-Zerlegung von $f'(c)$ effizient gelöst werden. Andererseits führt man zur Vergrößerung des Konvergenzbereiches des Newton-Verfahrens eine „Dämpfung" ein,

$$f'(x^t)\delta x^t = f(x^t), \qquad x^{t+1} = x^t - \lambda_t \delta x^t, \tag{5.5.50}$$

wobei der Parameter $\lambda_t \in (0,1]$ zu Beginn klein gewählt wird und dann nach endlich vielen Schritten gemäß einer geeigneten Dämpfungsstrategie $\lambda_t = 1$ gesetzt wird. Der folgende Satz gibt ein konstruktives Kriterium für die a posteriori Wahl des Dämpfungsparameters λ_t.

Satz 5.6 (gedämpftes Newton-Verfahren): *Unter den Voraussetzungen von Satz 5.5 erzeugt für jeden Startpunkt $x^0 \in D_*$ die gedämpfte Newton-Iteration (5.5.50) mit*

$$\lambda_t := \min\Big\{1, \frac{1}{\alpha_t\beta\gamma}\Big\}, \qquad \alpha_t := \|f'(x^t)^{-1}f(x^t)\|, \tag{5.5.51}$$

eine Folge $(x^t)_{t\in\mathbb{N}}$ *, für welche nach* t_* *Schritten* $q_* := \frac{1}{2}\alpha_{t_*}\beta\gamma < 1$ *erfüllt ist, so dass ab dann* x^t *quadratisch konvergiert, mit der a priori Fehlerabschätzung*

$$\|x^t - z\| \le \frac{\alpha}{1-q_*}\, q_*^{(2^t-1)}, \qquad t \ge t_*. \tag{5.5.52}$$

Beweis: Wir verwenden wieder die Bezeichnungen aus dem Beweis von Satz 5.5. Für ein $x \in D_0$ gilt mit $x_r := x - rf'(x)^{-1}f(x)$, $0 \le r \le 1$, und $\alpha_x := \|f'(x)^{-1}f(x)\|$ die Abschätzung

$$\|f(x_r)\| \le (1 - r + \tfrac{1}{2}r^2\alpha_x\beta\gamma)\|f(x)\|, \quad 0 \le r \le R = \max\{r|\, x_s \in D_0, 0 \le s \le r \le 1\}.$$

Der Vorfaktor wird minimal für

$$r_* = \min\Big\{1, \frac{1}{\alpha_x\beta\gamma}\Big\} > 0 : \quad 1 - r_* + \tfrac{1}{2}r_*^2\alpha_x\beta\gamma \;\le\; 1 - \frac{1}{2\alpha_x\beta\gamma} < 1.$$

Bei Wahl von

$$r_t := \min\Big\{1, \frac{1}{\alpha_t\beta\gamma}\Big\}$$

ist also $(x^t)_{t\in\mathbb{N}} \subset D_0$, und die Norm $\|g(x^t)\|$ fällt streng monoton, d. h.:

$$\|f(x^{t+1})\| \le \Big(1 - \frac{1}{2\alpha_t\beta\gamma}\Big)\|f(x^t)\|.$$

Nach endlich vielen, $t_* \ge 1$, Iterationsschritten ist dann $\frac{1}{2}\alpha_{t_*}\beta\gamma < 1$, und die quadratische Konvergenz der weiteren Folge $(x^t)_{t\ge t_*}$ folgt aus Satz 5.5. Q.E.D.

5.6 Übungsaufgaben

Übung 5.1: Man berechne mit einem Fehler kleiner 10^{-6} die Nullstelle $z = \pi$ der Funktion $f(x) = \sin(x)$:

a) mit der Intervallschachtelung zum Startintervall $[2,4]$;

b) mit der Fixpunktiteration $x_t = x_{t-1} + f(x_{t-1})$ zum Startwert $x_0 = 4$;

c) mit dem Newton-Verfahren $x_t = x_{t-1} - f'(x_{t-1})^{-1}f(x_{t-1})$ zum Startwert $x_0 = 4$.

Warum konvergiert in diesem Fall die einfache Fixpunktiteration (b) genauso schnell wie das Newton-Verfahren ?

Übung 5.2: Zur Berechnung der Lösung $z \in [0.5, 0.6]$ der Gleichung $x + \ln(x) = 0$ werden folgende Fixpunktiterationen vorgeschlagen:

a) $x_t = -\ln(x_{t-1})$;

b) $x_t = e^{-x_{t-1}}$;

c) $x_t = \frac{1}{2}(x_{t-1} + e^{-x_{t-1}})$.

Welche dieser Iterationen kann man verwenden, welche sollte man verwenden, und lässt sich vielleicht eine noch „bessere" Iteration angeben?

Übung 5.3: Es sei $a > 0$ gegeben. Man zeige, dass für beliebigen Startwert $x_0 > 0$ die Fixpunktiteration

$$x_t = \frac{x_{t-1}^3 + 3ax_{t-1}}{3x_{t-1}^2 + a}, \qquad t = 1, 2, \ldots,$$

monoton gegen $z = \sqrt{a}$ konvergiert. Wie groß ist die lokale Konvergenzordnung? Man überprüfe durch einen numerischen Test das theoretische Ergebnis.

Übung 5.4: Für zweimal stetig differenzierbare Funktionen f konvergiert das Newton-Verfahren lokal quadratisch gegen eine Nullstelle z. Man zeige, dass es für (nur) stetig differenzierbare Funktionen immer noch „super-linear" konvergiert,

$$\left| \frac{x_t - z}{x_{t-1} - z} \right| \to 0 \quad (t \to \infty),$$

d. h.: Es ist asymptotisch schneller als die einfache Fixpunktiteration.

Übung 5.5 (Praktische Aufgabe): Man schreibe ein Programm zur Berechnung der Nullstellen eines Polynoms

$$p(x) = a_0 + a_1 x + \ldots + a_n x^n, \qquad a_n \neq 0,$$

mit Hilfe des Newton-Verfahrens, wobei zur Auswertung von $p(x)$ und $p'(x)$ das Horner Schema zu verwenden ist. Startwerte sollen etwa durch Intervallschachtelung ermittelt werden. Als Abbruchkriterium frage man ab, ob gilt:

$$\frac{|x_{t+1} - x_t|}{|x_t|} = \left| \frac{p(x_t)}{p'(x_t) x_t} \right| \leq 10^{-8}.$$

Dieses Kriterium wird auch im Fall einer mehrfachen Nullstelle, d. h. $p'(x_t) \to 0 \ (t \to \infty)$, verwendet. Es muß allerdings abgefragt werden, ob $p'(x_t)x_t \neq 0$ ist.

Man berechne mit diesem Programm sämtliche Nullstellen der Legendre- und der Tschebyscheff-Polynome vom Grad $p = 4$ und $p = 5$, d. h. die Stützstellen der entsprechenden Gaußschen Quadraturformeln. Dabei sollen jeweils alle Iterierte inkl. der Startwertberechnung bis zur Erfüllung des Abbruchkriteriums ausgegeben werden.
(Hinweis: Die Polynome $L_k(x)$ und $T_k(x)$ erhält man mit Hilfe der Rekursionsformeln für die Legendre- und die Tschebyscheff-Polynome.)

Übung 5.6: Zur Berechnung der Inversen A^{-1} einer regulären Matrix $A \in \mathbb{R}^{n \times n}$ werden die beiden Fixpunktiterationen

$$a) \quad X_t = X_{t-1}(I - AC) + C, \quad t = 1, 2, \ldots, \quad C \in \mathbb{R}^{n \times n} \text{ regulär},$$
$$b) \quad X_t = X_{t-1}(2I - AX_{t-1}), \quad t = 1, 2, \ldots,$$

betrachtet. Man gebe hinreichende Kriterien für die Konvergenz dieser Iterationen an. Wie würde in diesem Fall das Newton-Verfahren lauten?

Übung 5.7: Es sollen die Schnittpunkte des durch $x_1^2 + x_2^2 = 2$ gegebenen Kreises und der durch $x_1^2 - x_2^2 = 1$ gegebenen Hyperbel bestimmt werden. Wie lauten die exakten Lösungen?

a) Man schreibe die Aufgabenstellung als Nullstellenproblemn einer geeigneten Abbildung $f = f(x_1, x_2) : \mathbb{R}^2 \to \mathbb{R}^2$ und iteriere ausgehend von dem Startwert $x^{(0)} = (1,1)^T$ mit dem Newton-Verfahren bis das Inkrement $\|x^{(t)} - x^{(t-1)}\|_\infty$ kleiner als 2×10^{-3} ist.

b) Man bestimme zu der Abbildung f aus (a) eine Matrix $C \in \mathbb{R}^{2\times 2}$ in der Form

$$C = \begin{bmatrix} c & c \\ c & -c \end{bmatrix}, \quad c \neq 0,$$

so dass die Fixpunktiteration

$$x^{(t+1)} = x^{(t)} - Cf(x^{(t)})$$

ausgehend vom Startwert $x^{(0)} = (1,1)^T$ garantiert gegen die Nullstelle z von f im ersten Quadranten der (x_1, x_2)-Ebene konvergiert. Wie viele Schritte müsste man mit der gewählten Fixpunktiteration machen, damit $\|x^{(t)} - z\|_\infty$ kleiner als 2×10^{-3} ist? (Hinweis: Bei den Abschätzungen verwende man die Maximumnorm.)

Übung 5.8: Die Eigenwertaufgabe $Ax = \lambda x$ einer Matrix $A \in \mathbb{R}^{n\times n}$ ist äquivalent zu dem nichtlinearen Gleichungssystem

$$\begin{aligned} Ax - \lambda x &= 0, \\ \|x\|_2^2 - 1 &= 0, \end{aligned}$$

von $n+1$ Gleichungen in den $n+1$ Unbekannten $x_1, \dots, x_n, \lambda$.

a) Man gebe die Newton-Iteration zur Lösung dieses Gleichungssystems an.

b) Man führe zwei (oder bei Interesse auch mehr) Newton-Schritte durch für die Matrix

$$A = \begin{bmatrix} 4 & 0 \\ -1 & 4 \end{bmatrix}$$

mit den Startwerten $x_1^0 = 0$, $x_2^0 = 1.5$, $\lambda^0 = 3.5$. Man berechne die Eigenwerte und Eigenvektoren dieser Matrix und stelle fest, ob das Newton-Verfahren in diesem Fall quadratisch konvergiert.

Übung 5.9: Man untersuche die Konvergenz der Fixpunktiteration

$$x^t = Bx^{t-1} + c$$

für die Matrizen

$$(i) \quad B = \begin{bmatrix} 0.6 & 0.3 & 0.1 \\ 0.2 & 0.5 & 0.7 \\ 0.1 & 0.1 & 0.1 \end{bmatrix}, \qquad (ii) \quad B = \begin{bmatrix} 0 & 0.5 & 0 \\ 1 & 0 & 0 \\ 0 & 0 & 2 \end{bmatrix}.$$

Was ist der Limes der Folgen im Falle der Konvergenz? (Hinweis: Es sind die Eigenwerte der Matrizen abzuschätzen. Dazu kann eine geeignete Norm oder auch der Zusammenhang zwischen den Eigenwerten und der Determinante einer Matrix dienen.)

Übung 5.10 (Praktische Aufgabe): Man schreibe ein Programm zur Realisierung der Iterationsverfahren aus Aufgabe 5.6 für die (positiv definite) Tridiagonalmatrix

$$A = \begin{bmatrix} 2 & -1 & & \\ -1 & 2 & \ddots & \\ & \ddots & \ddots & -1 \\ & & -1 & 2 \end{bmatrix}$$

für $n = 2^k$, $k = 2, \dots, 10$. Zur Vermeidung zu langer Rechenzeiten sollte eine obere Schranke (etwa $k \le 10^5$ für die Anzahl der Iterationsschritte gesetzt werden. Mit der Matrix $C = \frac{1}{8} I \in \mathbb{R}^{n\times n}$ ist in diesem Fall nach Aufgabe 11.1 die Konvergenz der Iteration (a) für jeden Startwert garantiert. Man verwende daher versuchsweise für beide Iterationen (a) und (b) die Startmatrix $X_0 = \frac{1}{8} I$. Als Abbruchkriterium wähle man die Größe des Residuums $AX_t - I$ gemäß

$$\|AX_t - I\|_\infty = \max_{i=1,\dots,n} \Big(\sum_{j=1}^n |(AX_t)_{ij} - \delta_{ij}| \Big) \le 10^{-8}.$$

Man gebe die Anzahl der benötigten Iterationen in Abhängigkeit von n an. Sind diese Verfahren konkurrenzfähig mit der direkten Berechnung der Inversen mit Hilfe der simultanen Gauß-Elimination?

6 Lineare Gleichungssysteme II (Iterative Verfahren)

Für sehr große Gleichungssysteme mit $n \gg 1.000$ ist die Gauß-Elimination nur sehr schwer zu realisieren, da sie zu viel Speicherplatz erfordert. Für eine $n \times n$-Matrix A mit $n = 10^6$ und Bandbreite $m = 10^2$ sind dies bereits 10^8 Speicherplätze, was die Arbeitsspeicherkapazität der meisten zur Zeit im Einsatz befindlichen Rechenanlagen übersteigt. Zur Durchführung der Elimination müsste man in diesem Fall also mit Hintergrundspeichern arbeiten, was wegen des erforderlichen Datentransfers die Rechenzeit stark verlängert. Bei vielen in der Praxis auftretenden großen Gleichungssystemen hat man es jedoch mit sehr dünn besetzten Bandmatrizen mit nur $5-25$ von Null verschiedenen Elementen pro Zeile zu tun. Die im Folgenden betrachteten „iterativen Verfahren" benötigen zur näherungsweisen Lösung des Gleichungssystems $Ax = b$ nicht viel mehr Speicherplatz, als zur Speicherung von A selbst erforderlich ist.

Als erstes betrachten wir Fixpunktiterationen zur Lösung des Systems $Ax = b$ mit einer regulären $n{\times}n$-Matrix A und einem n-Vektor b. Zur Konstruktion solcher Iterationsvorschriften geht man etwa wie folgt vor:

Das Gleichungssystem $Ax = b$ lautet ausgeschrieben

$$a_{jj}x_j + \sum_{\substack{k=1\\k\neq j}}^{n} a_{jk}x_k = b_j, \quad j = 1, \dots, n.$$

Im Falle $a_{jj} \neq 0$ ist dies äquivalent zu

$$x_j = \frac{1}{a_{jj}} \Big\{ b_j - \sum_{\substack{k=1\\k\neq j}}^{n} a_{jk}x_k \Big\}, \quad j = 1, \dots, n.$$

Das sog. „Gesamtschritt-Verfahren" (oder auch „Jacobi-Verfahren") erzeugt Iterierte $x^t \in \mathbb{R}^n$, $t = 1, 2, \dots$, durch die Iterationsvorschrift

$$x_j^t = \frac{1}{a_{jj}} \Big\{ b_j - \sum_{\substack{k=1\\k\neq j}}^{n} a_{jk}x_k^{t-1} \Big\}, \quad j = 1, \dots, n. \tag{6.0.1}$$

Zum Zeitpunkt der Berechnung von x_j^t sind die vorausgehenden neuen Komponenten x_r^t, $r < j$, bereits berechnet. Zur Beschleunigung der Konvergenz liegt es also nahe, diese Zusatzinformation schon zur Berechnung von x_j^t auszunutzen. Diese Idee ist die Grundlage des sog. „Einzelschritt-Schritt-Verfahrens" (oder auch „Gauß-Seidel[1]-Verfahrens"):

$$x_j^t = \frac{1}{a_{jj}} \Big\{ b_j - \sum_{k<j} a_{jk}x_k^t - \sum_{k>j} a_{jk}x_k^{t-1} \Big\}, \quad j = 1, \dots, n. \tag{6.0.2}$$

[1] Philipp Ludwig von Seidel (1821–1896): Deutscher Mathematiker; Professor in München; Beiträge zur Analysis (u. a. Methode der kleinsten Fehlerquadrate) owie Himmelsmechanik und Astronomie.

6.1 Fixpunktiterationen

Zur kompakteren Schreibweise der betrachteten Iterationsverfahren führen wir die Aufspaltung $A = D + L + R$ ein, wobei

$$D = \begin{bmatrix} a_{11} & & \cdots & 0 \\ & \ddots & & \\ & & \ddots & \\ 0 & \cdots & & a_{nn} \end{bmatrix} \quad L = \begin{bmatrix} 0 & & \cdots & 0 \\ a_{21} & \ddots & & \\ \vdots & \ddots & \ddots & \\ a_{n1} & \cdots & a_{n,n-1} & 0 \end{bmatrix} \quad R = \begin{bmatrix} 0 & a_{12} & \cdots & a_{1n} \\ & \ddots & \ddots & \vdots \\ & & \ddots & a_{n-1,n} \\ 0 & \cdots & & 0 \end{bmatrix}$$

Damit schreibt sich das Jacobi-Verfahren in der Form

$$x^t = D^{-1}\{b - (L+R)x^{t-1}\} = \underbrace{-D^{-1}(L+R)}_{J}\, x^{t-1} + D^{-1}b,$$

mit der sog. "Jacobi-Matrix" J und das Gauß-Seidel-Verfahren in der Form

$$x^t = D^{-1}\{b - Lx^t - Rx^{t-1}\} = \underbrace{-(D+L)^{-1}R}_{H_1}\, x^{t-1} + (D+L)^{-1}b.$$

mit der sog. „Gauß-Seidel-Matrix“ H_1 (Die Notation H_1 für die Gauß-Seidel-Matrix wird später klar werden.). Beide Verfahren besitzen also die Gestalt

$$x^t = Bx^{t-1} + c \tag{6.1.3}$$

mit einer sog. „Iterationsmatrix“ B. Konvergiert nun die Folge der Iterierten $(x^{(t)})_{t\in\mathbb{N}}$ gegen einen Vektor $x \in \mathbb{R}^n$, so gilt für diesen offenbar

$$x = Bx + c, \tag{6.1.4}$$

d. h. er ist ein „Fixpunkt“ der Abbildung $g : x \to Bx + c$; daher auch die Bezeichnung „Fixpunktiteration“. Ein sinnvolles iteratives Verfahren dieser Art muss also so gebaut sein, dass die Fixpunkte von g automatisch Lösungen des ursprünglichen Gleichungssystems $Ax = b$ sind. Dies ist beim Jacobi- und beim Gauß-Seidel-Verfahren aufgrund ihrer Konstruktion der Fall. Zur Konstruktion allgemeinerer iterativer Verfahren dieses Typs wählt man etwa eine reguläre $n{\times}n$-Matrix C und iteriert ausgehend von der Beziehung

$$Ax = b \quad \leftrightarrow \quad Cx = Cx - Ax + b \quad \leftrightarrow \quad x = x + C^{-1}(b - Ax)$$

in der Form

$$x^t = \underbrace{(I - C^{-1}A)}_{=:\,B}\, x^{t-1} + \underbrace{C^{-1}b}_{=:\,c}. \tag{6.1.5}$$

Dies wird in der Praxis auf dem Rechner als sog. „Defektkorrekturiteration2’ realisiert, bei der in jedem Schritt im wesentlichen ein lineares Gleichungssystem mit der gewählten

Matrix C gelöst werden muss:

$$d^{t-1} = Ax^{t-1} - b\,, \qquad C\delta x^t = d^{t-1}\,, \qquad x^t = x^{t-1} - \delta x^t.$$

Ein hinreichendes Kriterium für die Konvergenz der Iteration (6.1.3) ist nach dem Banachschen Fixpunktsatz, dass

$$\|B\| < 1$$

für irgendeine Matrizennorm $\|\cdot\|$ auf $\mathbb{R}^{n\times n}$. Die Gültigkeit dieser Beziehung kann aber für eine konkrete Matrix sehr wohl von der speziellen Wahl der Norm abhängen. Daher verwendet man zur Charakterisierung der Fixpunktiteration besser den sog. „Spektralradius“ der Iterationsmatrix:

$$\mathrm{spr(B)} := \max\{\,|\lambda| : \lambda \in \sigma(\mathrm{B})\,\}.$$

Hierbei bezeichnet $\sigma(B) \subset \mathbb{C}$ das „Spektrum“ der Matrix B, d. h.: die Menge ihrer Eigenwerte. Offenbar ist $\mathrm{spr(B)}$ der Radius der kleinsten Kreisscheibe um den Nullpunkt in der komplexen Zahlenebene, die alle Eigenwerte von B enthält. Mit einer beliebigen natürlichen Matrizennorm gilt

$$\mathrm{spr(B)} \le \|\mathrm{B}\|. \tag{6.1.6}$$

Für symmetrisches B ist sogar

$$\mathrm{spr(B)} = \|\mathrm{B}\|_2 = \sup_{\mathrm{x}\in\mathbb{R}^n\setminus\{0\}} \frac{\|\mathrm{Bx}\|_2}{\|\mathrm{x}\|_2}; \tag{6.1.7}$$

jedoch ist $\mathrm{spr}(\cdot)$ keine Norm auf $\mathbb{R}^{n\times n}$, da i. Allg. die Dreiecksungleichung nicht gilt.

Satz 6.1 (Fixpunktiteration): *Die durch*

$$x^t = Bx^{t-1} + c \tag{6.1.8}$$

erzeugten Iterierten $x^t \in \mathbb{R}^n$, $t = 1, 2, \ldots$, konvergieren genau dann für jeden Startwert $x^0 \in \mathbb{R}^n$ gegen die Lösung $x \in \mathbb{R}^n$ der Fixpunktgleichung $x = Bx + c$, wenn

$$\mathrm{spr(B)} < 1. \tag{6.1.9}$$

Im Falle der Konvergenz ist das asymptotische Konvergenzverhalten bzgl. einer beliebigen Vektornorm $\|\cdot\|$ charakterisiert durch

$$\sup_{x^0\in\mathbb{R}^n} \limsup_{t\to\infty} \Big(\frac{\|x^t - x\|}{\|x^0 - x\|}\Big)^{1/t} = \mathrm{spr}(B). \tag{6.1.10}$$

Beweis: Wir führen die Fehlervektoren $e^t := x^t - x$ ein und finden (wegen $x = Bx + c$)

$$e^t = x^t - x = Bx^{t-1} + c - \underbrace{(Bx + c)}_{= x} = Be^{t-1},$$

d. h. $e^t = B^t e^0,\ t \in \mathbb{N}$.

(i) Im Fall spr(B) < 1 existiert gemäß Hilfssatz 6.1 eine natürliche Matrizennorm $\|\cdot\|_\varepsilon$, so dass

$$\|B\|_\varepsilon \le \mathrm{spr(B)} + \varepsilon < 1$$

für ein $\varepsilon < 1 - \mathrm{spr(B)}$. Folglich konvergiert in der zugehörigen Vektornorm $\|\cdot\|_\varepsilon$:

$$\|e^t\|_\varepsilon = \|B^t e^0\|_\varepsilon \le \|B^t\|_\varepsilon \, \|e^0\|_\varepsilon \le \|B\|_\varepsilon^t \, \|e^0\|_\varepsilon \to 0, \quad (t \to \infty).$$

Aufgrund der Äquivalenz aller Normen auf $\mathbb{R}^n$ konvergiert also $x^t \to x\ (t \to \infty)$.

(ii) Aus der Konvergenz der Iteration (für jeden Startwert) folgt bei Wahl von $x^0 = w + x$ mit einem Eigenvektor $w \in \mathbb{R}^n \setminus \{0\}$ zum betragsgrößten Eigenwert λ von B:

$$\lambda^t w = B^t w = B^t e^0 = e^t \to 0 \quad (t \to \infty).$$

Dies impliziert notwendig $|\lambda| < 1$ für $\lambda \in \sigma(B)$, d. h. spr(B) < 1. Als Nebenprodukt erhalten wir noch die Beziehung

$$\Big(\frac{\|e^t\|}{\|e^0\|}\Big)^{1/t} = |\lambda|.$$

(iii) Zu beliebig kleinen $\varepsilon > 0$ sei wieder $\|\cdot\|_\varepsilon$ eine natürliche Matrizennorm mit $\|B\|_\varepsilon \le \mathrm{spr(B)} + \varepsilon$. Dann existieren Zahlen $m, M > 0$, so dass für die gegebene (beliebige) Vektornorm $\|\cdot\|$ gilt:

$$m\|x\| \le \|x\|_\varepsilon \le M\|x\|, \quad x \in \mathbb{R}^n,$$

Damit erhalten wir

$$\begin{aligned}\|e^t\| &\le \frac{1}{m}\|e^t\|_\varepsilon = \frac{1}{m}\|B^t e^0\|_\varepsilon \le \frac{1}{m}\|B\|_\varepsilon^t \|e^0\|_\varepsilon \\ &\le \frac{M}{m}(\mathrm{spr(B)} + \varepsilon)^{\mathrm{t}} \|\mathrm{e}^0\|,\end{aligned}$$

bzw. wegen $\big(\frac{M}{m}\big)^{1/t} \to 1\ (t \to \infty)$:

$$\limsup_{t\to\infty} \Big(\frac{\|e^t\|}{\|e^0\|}\Big)^{1/t} \le \mathrm{spr(B)} + \varepsilon.$$

Da $\varepsilon > 0$ beliebig klein gewählt werden kann, ergibt sich die Behauptung. Q.E.D.

Wir tragen noch den im obigen Beweis verwendeten Hilfssatz nach:

Hilfssatz 6.1 (Spektralradius): *Für jede Matrix $B \in \mathbb{R}^{n\times n}$ gibt es zu jedem beliebig kleinen $\varepsilon > 0$ eine natürliche Matrizennorm $\|\cdot\|_\varepsilon$, so dass*

$$\mathrm{spr}(B) \le \|B\|_\varepsilon \le \mathrm{spr}(B) + \varepsilon. \tag{6.1.11}$$

Beweis: Die Matrix B ist ähnlich zu einer Dreiecksmatrix

$$B = T^{-1}RT\,, \qquad R = \begin{bmatrix} r_{11} & \cdots & r_{1n} \\ & \ddots & \vdots \\ 0 & & r_{nn} \end{bmatrix},$$

mit den Eigenwerten von B auf der Hauptdiagonalen, d. h.:

$$\mathrm{spr(B)} = \max_{1\le i\le n} |\mathrm{r_{ii}}|.$$

Für ein beliebiges $\delta \in (0,1]$ setzen wir

$$S_\delta = \begin{bmatrix} 1 & & & 0 \\ & \delta & & \\ & & \ddots & \\ 0 & & & \delta^{n-1} \end{bmatrix}, \qquad R_0 = \begin{bmatrix} r_{11} & & 0 \\ & \ddots & \\ 0 & & r_{nn} \end{bmatrix},$$

$$Q_\delta = \begin{bmatrix} 0 & r_{12} & \delta r_{13} & \cdots & \delta^{n-2} r_{1n} \\ & \ddots & \ddots & \ddots & \vdots \\ & & \ddots & \ddots & \delta r_{n-2,n} \\ & & & \ddots & r_{n-1,n} \\ & & & & 0 \end{bmatrix},$$

und haben damit

$$R_\delta := S_\delta^{-1} R S_\delta = \begin{bmatrix} r_{11} & \delta r_{12} & \cdots & \delta^{n-1} r_{1n} \\ & \ddots & \ddots & \vdots \\ & & \ddots & \delta r_{n-1,n} \\ 0 & & & r_{nn} \end{bmatrix} = R_0 + \delta Q_\delta.$$

Wegen der Regularität von $S_\delta^{-1}T$ wird durch

$$\|x\|_\delta := \|S_\delta^{-1}Tx\|_2\,, \quad x \in \mathbb{R}^n,$$

eine Vektornorm erklärt. Dann ist wegen $R = S_\delta R_\delta S_\delta^{-1}$:

$$B = T^{-1}RT = T^{-1}S_\delta R_\delta S_\delta^{-1}T$$

für alle $x \in \mathbb{R}^n$ und $y = S_\delta^{-1}Tx$:

$$\begin{aligned}
\|Bx\|_\delta &= \|T^{-1}S_\delta R_\delta S_\delta^{-1}Tx\|_\delta = \|R_\delta y\|_2 \\
&\le \|R_0 y\|_2 + \delta\|Q_\delta y\|_2 \le \{\max_{1\le i\le n}|r_{ii}| + \delta\mu\}\ \|y\|_2 \\
&\le \{\mathrm{spr(B)} + \delta\mu\}\|\mathrm{x}\|_\delta
\end{aligned}$$

mit der Konstante

$$\mu = \Big(\sum_{i,j=1}^{n} |r_{ij}|^2\Big)^{1/2}.$$

Also ist

$$\sup_{x\in\mathbb{R}^n\setminus\{0\}} \frac{\|Bx\|_\delta}{\|x\|_\delta} \le \mathrm{spr(B)} + \mu\delta,$$

und die Behauptung folgt mit $\delta = \varepsilon/\mu$. Q.E.D.

Der Spektralradius der Iterationsmatrix B bestimmt also das asymptotische Konvergenzverhalten der Iterierten x^t bzgl. jeder Vektornorm. Zu jedem $\varepsilon > 0$ existiert ein $t_\varepsilon \in \mathbb{N}$, so dass

$$\|x^t - x\| \le (\mathrm{spr(B)} + \varepsilon)^{\mathrm{t}}\|\mathrm{x}^0 - \mathrm{x}\| \quad (\mathrm{t} \ge \mathrm{t}_\varepsilon).$$

Dies lässt sich wie folgt interpretieren: Ist etwa $\mathrm{spr(B)} \le \rho < 1$, so erhält man nach t_0 Schritten die zur weiteren Reduktion des Fehlers $\|x^{t_0} - x\|$ um den Faktor 10^{-1} (d. h. zur Gewinnung einer Dezimalstelle Genauigkeit) erforderliche Anzahl von Iterationsschritten aus der Beziehung $\rho^t \le 10^{-1}$ zu

$$t \sim -\frac{1}{\log_{10}\rho} = -\frac{\ln(10)}{\ln(\rho)}. \tag{6.1.12}$$

In ungünstigsten Fällen mit z. B. $\mathrm{spr(B)} \sim 0.99$ ist $t_1 \sim 230$. Für Gleichungssysteme der Größenordnung $n > 1000$ bedeutet dies einen beträchtlichen Rechenaufwand zur Erlangung einer akzeptablen Genauigkeit.

Abbruchkriterien

Bei iterativen Verfahren ist es erforderlich, ein Abbruchkriterium anzugeben. Zunächst erhalten wir durch Anwendung des Banachschen Fixpunktsatzes die Fehlerabschätzung

$$\|x^t - z\| \le \frac{q}{1-q}\,\|x^t - x^{t-1}\|, \tag{6.1.13}$$

mit der „Kontraktionskonstante“ $q = \|B\| < 1$. Bei vorgegebener Fehlertoleranz $\varepsilon > 0$ könnte man das Verfahren dann abbrechen, sobald für die relative Änderung gilt:

$$\frac{\|\delta^t\|}{\|x^t\|} \le \frac{\|B\|}{1-\|B\|}\,\varepsilon. \tag{6.1.14}$$

Zur Realisierung dieser Strategie wird aber eine Schätzung für die Norm $\|B\|$ bzw. für $\mathrm{spr(B)}$ benötigt. Diese muss indirekt aus den berechneten Iterierten x^t, d. h. *a posteriori* im Verlauf der Rechnung, gewonnen werden. In der Regel kann die Iterationsmatrix $B = I - C^{-1}A$ mit vertretbarem Aufwand gar nicht explizit gebildet werden. Methoden zur Bestimmung von spr(B) werden im Kapitel über Eigenwertaufgaben diskutiert.

Alternativ könnte man auch das Residuum $\|Ax^t - b\|$ abfragen. Über die Argumentation

$$e^t - x^t - x = A^{-1}(Ax^t - b)\,, \quad b = Ax$$

$$\|e^t\| \le \|A^{-1}\|\,\|Ax^t - b\|\,, \quad \frac{1}{\|b\|} \ge \frac{1}{\|A\|\,\|x\|}$$

erhält man

$$\frac{\|e^t\|}{\|x\|} \le \mathrm{cond(A)}\,\frac{\|\mathrm{Ax^t - b}\|}{\|\mathrm{b}\|}.$$

Dies hat allerdings den Nachteil, daß dazu extra Ax^t berechnet werden müßte, und daß im Falle cond(A) $\gg 1$ eine starke Unterschätzung des tatsächlichen Fehlers erfolgt. Zudem ist cond(A) selbst natürlich wieder nur schwer schätzbar (noch schwieriger als spr(B)). Wir verweisen hierfür auch auf das Kapitel über Eigenwertaufgaben.

Konstruktion von Iterationsverfahren

Bei der Konstruktion der Iterationsverfahren etwa auf dem ersten der angegebenem Wege, d. h. bei der Wahl der Matrix C, müssen zwei wesentliche Ziele berücksichtigt werden:

- $\mathrm{spr(I - C^{-1}A)}$ soll möglichst klein sein.
- Die Gleichungssysteme $Cx^t = (C - A)x^{t-1} + b$ sollen möglichst leicht (und mit wenig zusätzlichem Speicherplatzbedarf!) lösbar sein.

Leider widersprechen sich diese beiden Prämissen; die extremen Lösungen sind:

$$C = A \quad \Rightarrow \quad \mathrm{spr(I - C^{-1}A)} = 0$$
$$C = D \quad \Rightarrow \quad \mathrm{spr(I - D^{-1}A)} \sim 1.$$

Man wird also einen gewissen Kompromiss eingehen. Inwieweit dies beim Jacobi- und beim Gauß-Seidel-Verfahren gelungen ist, wollen wir jetzt untersuchen. Zunächst ist festzustellen, dass Punkt (ii) in beiden Fällen gut erfüllt ist, denn in jedem Iterationsschritt ist beim Jacobi-Verfahren nur ein Diagonalsystem und beim Gauß-Seidel-Verfahren ein unteres Dreieckssystem zu lösen. Es wird außerdem nicht mehr Speicherplatz benötigt, als zur Speicherung der Matrix A erforderlich ist. Dies lässt vermuten, dass der Spektralradius von $I - C^{-1}A$ nicht besonders klein sein wird. Trotzdem lässt sich für eine große Klasse von Matrizen wenigstens die Konvergenz der Verfahren garantieren, wenn diese auch oft sehr langsam ist.

6.1.1 Jacobi- und Gauß-Seidel-Verfahren

Satz 6.2 (Starkes Zeilensummenkriterium): *Genügen die Zeilensummen der Matrix $A \in \mathbb{R}^{n\times n}$ der Bedingung (strikte Diagonaldominanz)*

$$\sum_{k=1,k\neq j}^{n} |a_{jk}| < |a_{jj}|, \quad j = 1, \dots, n, \tag{6.1.15}$$

so ist $\mathrm{spr}(J) < 1$ *und* $\mathrm{spr}(H_1) < 1$, *d. h. Jacobi- und Gauß-Seidel-Verfahren konvergieren.*

Beweis: Seien $\lambda \in \sigma(J)$ bzw. $\mu \in \sigma(H_1)$ und v bzw. w zugehörige Eigenvektoren (beachte $a_{jj} \neq 0$), d. h.:

$$\lambda v = Jv = -D^{-1}(L+R)v$$

bzw.

$$\mu w = H_1 w = -(D+L)^{-1}Rw \iff \mu w = -D^{-1}(\mu L+R)w.$$

Hieraus folgt zunächst im Falle $\|v\|_\infty = \|w\|_\infty = 1$

$$|\lambda| \le \|D^{-1}(L+R)\|_\infty = \max_{j=1,\dots,n} \Big\{ \frac{1}{|a_{jj}|} \sum_{k=1,k\neq j}^{n} |a_{jk}| \Big\} < 1.$$

Ferner ist

$$|\mu| \le \|D^{-1}(\mu L+R)\|_\infty \le \max_{1\le j\le n} \Big\{ \frac{1}{|a_{jj}|} \Big[\sum_{k<j} |\mu|\, |a_{jk}| + \sum_{k>j} |a_{jk}| \Big] \Big\}.$$

Im Falle $|\mu| \ge 1$ ergäbe sich der Widerspruch

$$|\mu| \le |\mu|\, \|D^{-1}(L+R)\|_\infty < |\mu|,$$

so dass auch $|\mu| < 1$ sein muss. Q.E.D.

Matrizen mit der Eigenschaft aus Satz 6.2 heißen „strikt diagonaldominant". Für die Bedürfnisse der Praxis ist die Bedingung zu einschränkend; die einfache Modellmatrix aus Abschnitt 4.3

$$A = \left.\begin{bmatrix} B & -I_4 & & \\ -I_4 & B & -I_4 & \\ & -I_4 & B & -I_4 \\ & & -I_4 & B \end{bmatrix}\right\} 16, \qquad B = \left.\begin{bmatrix} 4 & -1 & & \\ -1 & 4 & -1 & \\ & -1 & 4 & -1 \\ & & -1 & 4 \end{bmatrix}\right\} 4$$

ist z. B. zwar diagonaldominant, aber nicht *strikt* diagonaldominant. Sie ist jedoch in einigen Zeilen (z. B. der ersten) strikt diagonaldominant. Dieser Umstand kann nun zum Nachweis der Konvergenz des Jacobi- und des Gauß-Seidel-Verfahrens verwendet werden.

Definition 6.1: *Eine Matrix* $A \in \mathbb{R}^{n\times n}$ *heißt „irreduzibel", wenn es keine Permutationsmatrix* P *gibt, so dass*

$$PAP^T = \begin{bmatrix} \tilde{A}_{11} & 0 \\ \tilde{A}_{21} & \tilde{A}_{22} \end{bmatrix}$$

(simultane Zeilen- und Spaltenvertauschung) mit Matrizen $\tilde{A}_{11} \in \mathbb{R}^{p\times p}$, $\tilde{A}_{22} \in \mathbb{R}^{q\times q}$, $\tilde{A}_{21} \in \mathbb{R}^{q\times p}$, $p, q > 0,\ p + q = n$.

Hilfssatz 6.2 (Irreduzibilität): *Eine Matrix* $A \in \mathbb{R}^{n\times n}$ *ist genau dann irreduzibel, wenn der zugehörige gerichtete Graph*

$$G(A) := \big\{ \text{Knoten } P_1, ..., P_n\,,\ \text{Kanten } \overline{P_j P_k} \Leftrightarrow a_{jk} \neq 0,\ j,k = 1, ..., n \big\}$$

zusammenhängend ist, d. h.: wenn zu jedem Knotenpaar $\{P_j, P_k\}$ *eine gerichtete Kantenverbindung zwischen* P_j *und* P_k *existiert.*

Beweis: Die Reduzibilität von A lässt sich auch wie folgt formulieren: Es existiert eine (nicht–triviale) Zerlegung $N_n = J \cup K$ der Indexmenge $N_n = \{1, ..., n\}$, $J, K \neq \emptyset$, $J \cap K = \emptyset$, so dass $a_{jk} = 0$ für alle Paare $\{j, k\} \in J \times K$. Der Zusammenhang des Graphen $G(A)$ bedeutet nun, dass es zu je zwei Indizes $j,\ k$ stets eine Kette von Indizes $i_1, \dots, i_m \in \{1, \dots, n\}$ gibt, so dass

$$a_{ji_1} \neq 0\,,\ a_{i_1 i_2} \neq 0\,, \dots\,, a_{i_{m-1} i_m} \neq 0\,,\ a_{i_m k} \neq 0.$$

Hieraus liest man direkt die behauptete Charakterisierung ab (Übungsaufgabe). Q.E.D.

Für irreduzible Matrizen kann die Bedingung des starken Zeilensummenkriteriums deutlich abgemildert werden.

Satz 6.3 (Schwaches Zeilensummenkriterium): *Genügen die Zeilensummen einer irreduziblen Matrix* $A \in \mathbb{R}^{n\times n}$ *den Bedingungen*

$$\sum_{k=1, k\neq j}^{n} |a_{jk}| \leq |a_{jj}| \quad \text{für} \quad j = 1, \dots, n, \tag{6.1.16}$$

$$\sum_{k=1, k\neq r}^{n} |a_{rk}| < |a_{rr}| \quad \text{für ein} \quad r \in \{1, \dots, n\}, \tag{6.1.17}$$

so ist A *regulär und* $\operatorname{spr}(J) < 1$ *sowie* $\operatorname{spr}(H_1) < 1$, *d. h. Jacobi- und Gauß-Seidel-Verfahren konvergieren.*

Beweis: Wegen der Irreduzibilität von A ist notwendig

$$\sum_{k=1}^{n} |a_{jk}| > 0\,, \quad j = 1, \dots, n,$$

und wegen der Diagonaldominanz folglich $a_{jj} \neq 0,\ j = 1, \dots, n$. Jacobi- und Gauß-Seidel-Verfahren sind also durchführbar. Mit Hilfe der Diagonaldominanz erschließt man analog zum Beweis von Satz 6.2:

$$\mathrm{spr(J)} \leq 1\,, \quad \mathrm{spr(H_1)} \leq 1.$$

Angenommen, es gibt einen Eigenwert $\lambda \in \sigma(J)$ mit $|\lambda| = 1$. Sei $v \in \mathbb{C}^n$ ein zugehöriger normierter Eigenvektor, so dass $|v_s| = \|v\|_\infty = 1$. Es gilt dann

$$|\lambda|\,|v_i| \leq \frac{1}{|a_{ii}|} \sum_{k \neq i} |a_{ik}|\,|v_k|\,, \quad i = 1, \dots, n. \tag{6.1.18}$$

Aufgrund der Irreduzibilität von A gibt es nun Indizes $i_1, \dots, i_m$, so dass $a_{si_1} \neq 0, \dots,$ $a_{i_m r} \neq 0$. Durch mehrfache Anwendung von (6.1.18) folgt so der Widerspruch $(|\lambda| = 1)$

$$\begin{array}{lllll}
|v_r| & = |\lambda v_r| & \leq \frac{1}{|a_{rr}|} \sum_{k \neq r} |a_{rk}|\,\|v\|_\infty & & < \|v\|_\infty \\
|v_{i_m}| & = |\lambda v_{i_m}| & \leq \frac{1}{|a_{i_m i_m}|} \Big\{ \sum_{k \neq i_m, r} |a_{i_m k}|\,\|v\|_\infty + \underbrace{|a_{i_m r}|}_{\neq 0}\,|v_r| \Big\} & & < \|v\|_\infty \\
& & \vdots & & \\
|v_{i_1}| & = |\lambda v_{i_1}| & \leq \frac{1}{|a_{i_1 i_1}|} \Big\{ \sum_{k \neq i_1, i_2} |a_{i_1 k}|\,\|v\|_\infty + \underbrace{|a_{i_1 i_2}|}_{\neq 0}\,|v_{i_2}| \Big\} & & < \|v\|_\infty \\
\|v\|_\infty & = |\lambda v_s| & \leq \frac{1}{|a_{ss}|} \Big\{ \sum_{k \neq s, i_1} |a_{sk}|\,\|v\|_\infty + \underbrace{|a_{si_1}|}_{\neq 0}\,|v_{i_1}| \Big\} & & < \|v\|_\infty .
\end{array}$$

Also muss $\mathrm{spr(J)} < 1$ sein. Analog erschließt man unter Verwendung von (6.1.18) auch $\mathrm{spr(H_1)} < 1$. Wegen $A = D(I - J)$ muss A dann regulär sein. Q.E.D.

6.1.2 SOR-Verfahren

Für die in der Praxis auftretenden großen, aber dünn besetzten Matrizen ist spr(J) bzw. $\mathrm{spr(H_1)}$ nahe bei Eins, so dass Jacobi- und Gauß-Seidel-Verfahren viel zu langsam konvergieren. Man versucht daher, die Konvergenz durch Einführung eines (oder mehrerer) sog. „Relaxationsparameter" zu beschleunigen. Beim „SOR-Verfahren" (**S**uccessive **O**ver**R**elaxation method) berechnet man im t-ten Iterationsschritt ausgehend von dem Gauß-Seidel-Zwischenwert

$$\tilde{x}_j^t = \frac{1}{a_{jj}} \Big\{ b_j - \sum_{k<j} x_k^t - \sum_{k>j} x_k^{t-1} \Big\}$$

die nächste Iterierte x_j^t als Linearkombination

$$x_j^t = \omega \tilde{x}_j^t + (1 - \omega)\, x_j^{t-1}$$

mit einem Parameter $\omega \geq 1$. Im Fall $\omega = 1$ ist dies gerade das Gauß-Seidel-Verfahren. Im Falle $\omega < 1$ spricht man von „Unterrelaxation“. Die Iterationsmatrix des Relaxationsverfahrens erhält man aus den Beziehungen

$$x^t = \omega D^{-1} \{b - Lx^t - Rx^{t-1}\} + (1-\omega)\, x^{t-1}$$

als

$$H_\omega = (D + \omega L)^{-1} [\,(1-\omega)\, D - \omega R\,],$$

d. h.: Der Iterationsschritt lautet

$$x^t = H_\omega x^{t-1} + \omega\, (D + \omega L)^{-1} b. \tag{6.1.19}$$

Der folgende Hilfssatz zeigt, dass man sich beim Relaxationsverfahren auf den Parameterbereich $0 < \omega < 2$ beschränken muss.

Hilfssatz 6.3 (Relaxation): *Für eine beliebige Matrix $A \in \mathbb{R}^{n\times n}$ mit regulärem Diagonalanteil D gilt*

$$\mathrm{spr}\,(H_\omega) \geq |\omega - 1|\,, \quad \omega \in \mathbb{R}. \tag{6.1.20}$$

Beweis: Der Beweis ist überraschend einfach. Wir formen wie folgt um:

$$H_\omega = (D{+}\omega L)^{-1} [\,(1{-}\omega)\, D - \omega R\,] = (I{+}\omega \underbrace{D^{-1}L}_{=:\,L'})^{-1} \underbrace{D^{-1}D}_{=\,I} [\,(1{-}\omega)\, I - \omega \underbrace{D^{-1}R}_{=:\,R'}]$$

Dann gilt

$$\det(H_\omega) = \underbrace{\det(I{+}\omega L'))^{-1}}_{=\,1} \cdot \underbrace{\det((1{-}\omega)\, I {-} \omega R'\,)}_{=\,(1-\omega)^n} = (1{-}\omega)^n.$$

Wegen $\det\,(H_\omega) = \prod_{i=1}^n \lambda_i$ ($\lambda_i \in H_\omega$) folgt notwendigerweise

$$\mathrm{spr}(H_\omega) = \max_{1\leq i\leq n} |\lambda_i| \geq \Big(\prod_{i=1}^n |\lambda_i| \Big)^{1/n} = |1-\omega|.$$

Q.E.D.

Für positiv definite Matrizen lässt sich die Aussage von Hilfssatz 6.3 in gewisser Weise umkehren.

Satz 6.4 (SOR-Verfahren): *Für eine positiv definite Matrix $A \in \mathbb{R}^{n\times n}$ gilt*

$$\mathrm{spr}(H_\omega) < 1\,, \quad \textit{für} \quad 0 < \omega < 2\,; \tag{6.1.21}$$

insbesondere ist das Gauß-Seidel-Verfahren konvergent.

Beweis: Wegen der Symmetrie von A ist $R = L^T$, d. h. $A = L + D + L^T$. Sei $\lambda \in \sigma(H_\omega)$ beliebig für $0 < \omega < 2$, mit einem Eigenvektor $v \in \mathbb{R}^n$, d. h. $H_\omega v = \lambda v$. Es gilt also

$$\big((1-\omega)\, D - \omega L^T\big)\, v = \lambda\, (D + \omega L)\, v$$

bzw.

$$\omega\, (D + L^T)\, v = (1-\lambda)\, Dv - \lambda\omega L v.$$

Hiermit erschließt man

$$\begin{aligned} \omega A v &= \omega\, (D + L^T)\, v + \omega L v \\ &= (1-\lambda)\, Dv - \lambda\omega L v + \omega L v \\ &= (1-\lambda)\, Dv + \omega\, (1-\lambda)\, L v, \end{aligned}$$

und

$$\begin{aligned} \lambda\omega A v &= \lambda\omega\, (D + L^T)\, v + \lambda\omega L v \\ &= \lambda\omega\, (D + L^T)\, v + (1-\lambda)\, Dv - \omega\, (D + L^T)\, v \\ &= (\lambda - 1)\omega(D + L^T)\, v + (1-\lambda)\, Dv \\ &= (1-\lambda)(1-\omega)\, Dv - (1-\lambda)\, \omega L^T v. \end{aligned}$$

Wegen $v^T L v = v^T L^T v$ folgt

$$\begin{aligned} \omega v^T A v &= (1-\lambda)\, v^T D v + \omega\, (1-\lambda)\, v^T L v \\ \lambda\omega v^T A v &= (1-\lambda)(1-\omega)\, v^T D v - (1-\lambda)\, \omega v^T L v, \end{aligned}$$

und hieraus durch Addition

$$\omega\, (1+\lambda)\, v^T A v = (1-\lambda)\, (2-\omega)\, v^T D v.$$

Da mit A auch D positiv definit ist, gilt

$$v^T A v > 0, \quad v^T D v > 0.$$

Folglich ist unter Beachtung von $0 < \omega < 2$ notwendig $\lambda \neq \pm 1$, und es gilt

$$\mu := \frac{1+\lambda}{1-\lambda} = \frac{2-\omega}{\omega} \frac{v^T D v}{v^T A v} > 0.$$

Durch Auflösen nach λ erhalten wir schließlich

$$|\lambda| = \left| \frac{\mu - 1}{\mu + 1} \right| < 1,$$

was zu zeigen war. Q.E.D.

Definition 6.2: *Die qualitative Konvergenzaussagen der letzten Sätze lassen sich für eine gewisse Klasse von Matrizen wesentlich verschärfen. Man nennt die Matrix* $A \in \mathbb{R}^{n\times n}$ *mit der additiven Aufspaltung* $A = L+D+R$ *„konsistent geordnet", wenn die Eigenwerte der Matrizen*

$$J(\alpha) = -D^{-1}\{\alpha L + \alpha^{-1}R\}, \quad \alpha \in \mathbb{C},$$

unabhängig vom Parameter α *also stets gleich denen der Jacobi–Matrix* $J = J(1)$ *sind.*

Man kann zeigen, dass neben anderen die oben eingeführte Modellmatrix „konsistent geordnet" ist. Die Bedeutung dieser Eigenschaft besteht darin, dass man in diesem Fall explizit angeben kann, wie die Eigenwerte von J mit denen von H_ω zusammenhängen.

Satz 6.5 (Optimales SOR-Verfahren): *Die Matrix* $A \in \mathbb{R}^{n\times n}$ *sei konsistent geordnet und* $0 \le \omega \le 2$*. Dann besteht zwischen den Eigenwerten* $\mu \in \sigma(J)$ *und* $\lambda \in \sigma(H_\omega)$ *die Beziehung*

$$\lambda^{1/2}\omega\mu = \lambda + \omega - 1. \tag{6.1.22}$$

Beweis: Seien λ, $\mu \in \mathbb{C}$ zwei Zahlen, welche der Gleichung (6.1.22) genügen. Im Falle $0 \ne \lambda \in \sigma(H_\omega)$ ist dann $H_\omega v = \lambda v$ äquivalent zu

$$\big((1-\omega)I - \omega D^{-1}R\big)\, v = \lambda(I + \omega D^{-1}L)v$$

bzw.

$$(\lambda + \omega - 1)v = -\lambda^{1/2}\omega\left(\lambda^{1/2}D^{-1}L + \lambda^{-1/2}D^{-1}R\right) v = \lambda^{1/2}\omega J(\lambda^{1/2})\, v.$$

Also ist v Eigenvektor von $J(\lambda^{1/2})$ zum Eigenwert

$$\mu = \frac{\lambda + \omega - 1}{\lambda^{1/2}\omega}.$$

Mit der Voraussetzung an A folgt auch $\mu \in \sigma(J)$. Umgekehrt erhält man für $\mu \in \sigma(J)$ auf diese Weise auch $\lambda \in \sigma(H_\omega)$. Q.E.D.

Als direkte Folgerung aus diesem Resultat erhalten wir für konsistent geordnete Matrizen für das Gauß-Seidel-Verfahren (Fall $\omega = 1$) alternativ $\mathrm{spr}(\mathrm{H}_1) = 0$ oder die Beziehung

$$\mathrm{spr}(\mathrm{H}_1) = \mathrm{spr}(\mathrm{J})^2. \tag{6.1.23}$$

Im Falle $\mathrm{spr}(\mathrm{J}) < 1$ konvergiert das Jacobi-Verfahren. Zur Reduzierung des Fehlers um den Faktor 10^{-1} sind dann mit dem Gauß-Seidel-Verfahren nur halb so viele Iterationen erforderlich. Im allgemeinen ist das Gauß-Seidel-Verfahren dem Jacobi-Verfahren vorzuziehen. (Dies darf jedoch nicht generalisiert werden, da man Beispiele konstruieren kann, bei denen jeweils das eine, aber nicht das andere Verfahren konvergiert.)

Für konsistent geordnete Matrizen lässt sich aus der Identität (6.1.22) der „optimale“ Relaxationsparameter $\omega_{\rm opt} \in (0,2)$ mit

$$\mathrm{spr}(H_{\omega_{\rm opt}}) \le \mathrm{spr}(H_\omega)\,, \quad \omega \in (0,2),$$

explizit ableiten. Im Falle $\rho := \mathrm{spr}(J) < 1$ gilt für $0 < \omega < 2$:

$$\mathrm{spr}(H_\omega) = \begin{cases} \omega - 1 & , \ \omega_{\rm opt} \le \omega \\ \frac{1}{4}\big(\rho\omega + \sqrt{\rho^2\omega^2 - 4(\omega-1)}\,\big)^2 & , \ \omega \le \omega_{\rm opt}\,, \end{cases}$$

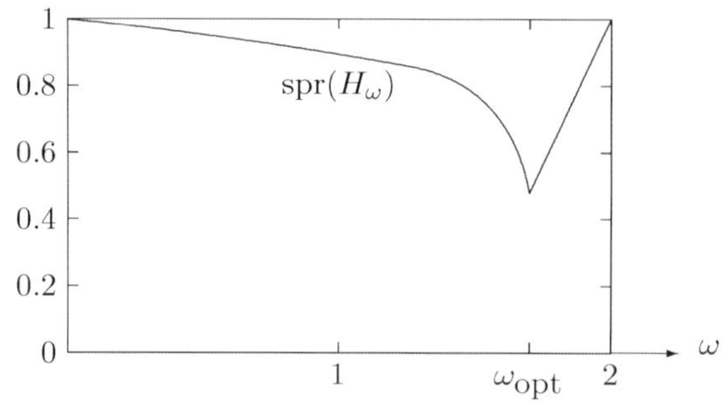

Abbildung 6.1: *Spektralradius der SOR-Matrix als Funktion von* ω

Dann ist

$$\omega_{\rm opt} = \frac{2}{1+\sqrt{1-\rho^2}}, \qquad \mathrm{spr}(H_{\omega_{\rm opt}}) = \omega_{\rm opt} - 1 = \frac{1-\sqrt{1-\rho^2}}{1+\sqrt{1-\rho^2}} < 1. \tag{6.1.24}$$

I. Allg, ist der genaue Wert für $\mathrm{spr}(J)$ nicht bekannt. Da die linksseitige Ableitung der Funktion $f(\omega) = \mathrm{spr}(H_\omega)$ für $\omega \to \omega_{\rm opt}$ singulär wird, ist es bei Schätzungen von $\omega_{\rm opt}$ besser, einen etwas zu großen als zu kleinen Wert zu nehmen. Mit Hilfe von Einschließungssätzen oder auch nur der Schranke $\rho \le \|J\|_\infty$ erhält man obere Schätzungen $\bar\rho \ge \rho$. Im Falle $\bar\rho < 1$ erhält man damit durch

$$\bar\omega := \frac{2}{1+\sqrt{1-\bar\rho^2}} \ge \frac{2}{1+\sqrt{1-\rho^2}} = \omega_{\rm opt}$$

eine obere Schätzung $\bar\omega \ge \omega_{\rm opt}$ mit

$$\mathrm{spr}(H_{\bar\omega}) = \bar\omega - 1 = \frac{1-\sqrt{1-\bar\rho^2}}{1+\sqrt{1-\bar\rho^2}} < 1\,. \tag{6.1.25}$$

Dies setzt natürlich voraus, dass die Formel (6.1.24) überhaupt anwendbar ist.

Beispiel 6.1: Konvergenzverbesserung durch Überrelaxation:

$$\mathrm{spr}(H_1) = \mathrm{spr}\,(J)^2 = \begin{cases} 0.81 \\ 0.99 \end{cases} \Longrightarrow \mathrm{spr}(H_{\omega_{\rm opt}}) = \begin{cases} 0.39 \\ 0.8 \end{cases}.$$

6.2 Abstiegsverfahren

Im Folgenden betrachten wir eine Klasse von Verfahren zur Lösung linearer Gleichungssysteme, die primär auf symmetrische, positiv definite Koeffizientenmatrizen zugeschnitten sind.

Sei $A \in \mathbb{R}^{n\times n}$ eine (symmetrische) positiv definite Matrix, d. h.:

$$\begin{aligned} (Ax,y) &= (x,Ay)\,, \quad \forall\, x\,,\, y\in\mathbb{R}^n \\ (Ax,x) &> 0\,, \quad \forall\, x\in\mathbb{R}^{n\times n}\setminus\{0\}. \end{aligned} \tag{6.2.26}$$

Es bezeichnet wieder $(\cdot,\cdot)$ das euklidische Skalarprodukt auf $\mathbb{R}^n$ und $\|\cdot\|$ die eukidische Vektornorm. Zugehörig zur Matrix A werden das sog. „A-Skalarprodukt“ und die zugehörige „A-Norm“ definiert:

$$(x,y)_A := (Ax,y)\,, \quad \|x\|_A := (Ax,x)^{1/2}. \tag{6.2.27}$$

Wir haben früher schon einige wichtige Eigenschaften symmetrischer, positiv definiter Matrizen kennengelernt: Ihre Eigenwerte sind reell und positiv, $\lambda := \lambda_1 \le \ldots \le \lambda_n =: \Lambda$ und es existiert eine zugehörige Orthonormalbasis $\{w_1,\ldots,w_n\}$ von Eigenvektoren. Für den Spektralradius und die Spektralkonditonszahl gilt

$$\mathrm{spr}(A) = \Lambda\,, \quad \mathrm{cond}_2(\mathrm{A}) = \frac{\Lambda}{\lambda}. \tag{6.2.28}$$

Grundlegend für das Folgende ist die Charakterisierung der Lösung $x\in\mathbb{R}^n$ des Gleichungssystems $Ax = b$ als Minimum eines quadratischen Funktionals auf $\mathbb{R}^n$.

Satz 6.6 (Minimierungseigenschaft): *Die Matrix A sei (symmetrisch) positiv definit. Die eindeutige Lösung des Gleichungssystems $Ax = b$ ist charakterisiert durch die Eigenschaft*

$$Q(x) < Q(y) \qquad \forall\, y\in\mathbb{R}^n\,,\, y\neq x, \tag{6.2.29}$$

mit dem quadratischen Funktional

$$Q(y) := \tfrac{1}{2}(Ay,y) - (b,y), \quad y\in\mathbb{R}^n. \tag{6.2.30}$$

Beweis: Sei zunächst $Ax = b$. Für $y\neq x$ ist dann

$$\begin{aligned} Q(y)-Q(x) &= \tfrac{1}{2}\{\,(Ay,y) - 2(b,y) - (Ax,x) + 2(b,x)\,\} \\ &= \tfrac{1}{2}\{\,(Ay,y) - 2(Ax,y) + (Ax,x)\,\} \\ &= \tfrac{1}{2}(A[x-y],x-y) > 0, \end{aligned}$$

wegen der Definitheit von A. Ist umgekehrt $Q(x) < Q(y)$, für $x\neq y$, d. h. ist x ein Minimum der Funktion Q auf $\mathbb{R}^n$, so muss notwendig $\mathrm{gradQ(x)} = 0$ sein. Dies bedeutet gerade, dass gilt:

$$\frac{\partial Q}{\partial x_i}(x) = \frac{1}{2}\frac{\partial}{\partial x_i}\sum_{j,k=1}^{n} a_{jk}x_jx_k - \frac{\partial}{\partial x_i}\sum_{k=1}^{n} b_kx_k = \sum_{k=1}^{n} a_{ik}x_k - b_i = 0\,,$$

für $i = 1,\dots,n$; man beachte $a_{jk} = a_{kj}$. Also ist $Ax = b$. Q.E.D.

Wir halten fest, dass der Gradient von Q in einem Punkt $y \in \mathbb{R}^n$ gegeben ist durch

$$\operatorname{grad} Q(y) = \tfrac{1}{2}(A + A^T)y - b = Ay - b. \tag{6.2.31}$$

(Dies ist gerade der „Defekt“ im Punkt y.) Die sog. „Abstiegsverfahren“ bestimmen nun ausgehend von einem geeigneten Startvektor $x^{(0)} \in \mathbb{R}^n$ eine Folge von Iterierten x^t, $t \in \mathbb{N}$, durch

$$x^{t+1} = x^t + \alpha_t r^t. \tag{6.2.32}$$

Dabei sind die r^t vorgegebene oder auch erst im Verlauf der Iteration berechnete "Abstiegsrichtungen", und die "Schrittweiten" $\alpha_t \in \mathbb{R}$ sind durch die Vorschrift bestimmt (sog. "line search"):

$$Q(x^{t+1}) = \min_{\alpha\in\mathbb{R}} Q(x^t + \alpha r^t). \tag{6.2.33}$$

Wegen

$$\frac{d}{d\alpha}Q(x^t + \alpha r^t) = \operatorname{grad}Q(x^t + \alpha r^t)\cdot r^t = (Ax^t - b, r^t) + \alpha(Ar^t, r^t)$$

ist notwendig

$$\alpha_t = -\frac{(g^t, r^t)}{(Ar^t, r^t)}, \quad g^t := Ax^t - b = \mathrm{gradQ(x^t)}\,.$$

Definition 6.3: *Das allgemeine Abstiegsverfahren bestimmt ausgehend von einem Startwert $x^0 \in \mathbb{R}^n$ eine Folge von Iterierten $x^t \in \mathbb{R}^n$, $t = 1, 2, \dots$ nach der Vorschrift:*

$$\begin{aligned} &\textit{Gradient } g^t = Ax^t - b, \quad \textit{Abstiegsrichtung } r^t,\\ &\alpha_t = -\frac{(g^t, r^t)}{(Ar^t, r^t)}, \quad x^{t+1} = x^t + \alpha_t r^t. \end{aligned}$$

Praktisch günstiger ist die folgende Schreibweise, bei der man eine Matrix-Vektor-Multiplikation spart, wenn man den Vektor Ar^t abspeichert:

Startwerte:	$x^0 \in \mathbb{R}^n, \quad g^0 := Ax^0 - b$
für $t \geq 0$:	$g^t = Ax^t - b, \quad$ Abstiegsrichtung $\quad r^t$
	$\alpha_t = -\frac{(g^t, r^t)}{(Ar^t, r^t)}, \quad x^{t+1} = x^t + \alpha_t r^t, \quad g^{t+1} = g^t + \alpha_t Ar^t.$

Unter Verwendung der Notation $\|y\|_B := (By,y)^{1/2}$ gilt

$$2Q(y) = \|Ay-b\|^2_{A^{-1}} - \|b\|^2_{A^{-1}} = \|y-x\|^2_A - \|x\|^2_A, \tag{6.2.34}$$

d. h.: Die Minimierung des Funktionals $Q(\cdot)$ ist äquivalent zur Minimierung der Defektnorm $\|Ay-b\|_{A^{-1}}$ bzw. der Fehlernorm $\|y-x\|_A$.

6.2.1 Gradienten-Verfahren

Die verschiedenen Abstiegsverfahren unterscheiden sich im Wesentlichen durch die jeweilige Wahl der Abstiegsrichtungen r^t. Die einfachste Möglichkeit wäre, die Richtungen r^t zyklisch die kartesischen Einheitsvektoren $\{e^1,\dots,e^n\}$ durchlaufen zu lassen. Die so erhaltene iterative Methode wird „Koordinatenrelaxation" genannt; sie ist im Wesenlichen äquivalent zum Gauß-Seidel-Verfahren (Übungsaufgabe). Naheliegender ist die Wahl der Richtung des stärksten Abfalls von $Q(\cdot)$ im Punkt x^t als Suchrichtung:

$$r^t = -\mathrm{gradQ(x^t)} = -\mathrm{g^t}. \tag{6.2.35}$$

Definition 6.4: *Das „Gradientenverfahren" bestimmt eine Folge von Iterierten $x^t \in \mathbb{R}^n$ gemäß der Vorschrift:*

$$\begin{aligned} &\textit{Startwerte:} && x^0\in\mathbb{R}^n, \quad g^0 := Ax^0-b \\ &\textit{für } t\ge 0: && \alpha_t = \tfrac{\|g^t\|^2}{(Ag^t,g^t)} \\ &&& x^{t+1} = x^t-\alpha_t g^t, \quad g^{t+1} = g^t-\alpha_t Ag^t. \end{aligned}$$

Im Falle $(Ag^t,g^t) = 0$ ist notwendig auch $g^t = 0$, d. h.: Die Iteration kann nur mit $Ax^t = b$ abbrechen, d. h.: x^t ist dann Lösung des Gleichungssystems.

Satz 6.7 (Gradientenverfahren): *Ist die Matrix $A \in \mathbb{R}^{n\times n}$ positiv definit, so konvergiert das Gradientenverfahren für jeden Startvektor $x^0 \in \mathbb{R}^n$ gegen die Lösung des Gleichungssystems $Ax = b$.*

Beweis: Wir führen das sog. „Fehlerfunktional" ein

$$E(y) := \|y-x\|^2_A = (y-x, A[y-x]), \quad y\in\mathbb{R}^n,$$

und setzen zur Abkürzung $e^t := x^t - x$. Mit diesen Bezeichnungen gilt dann

$$\begin{aligned} \frac{E(x^t)-E(x^{t+1})}{E(x^t)} &= \frac{(e^t,Ae^t)-(e^{t+1},Ae^{t+1})}{(e^t,Ae^t)} \\ &= \frac{(e^t,Ae^t)-(e^t-\alpha_t g^t, A[e^t-\alpha_t g^t])}{(e^t,Ae^t)} \\ &= \frac{2\alpha_t(e^t,Ag^t)-\alpha_t^2(g^t,Ag^t)}{(e^t,Ae^t)} \end{aligned}$$

und folglich, wegen $Ae^t = Ax^t - Ax = Ax^t - b = g^t$,

$$\frac{E(x^t) - E(x^{t+1})}{E(x^t)} = \frac{2\alpha_t\|g^t\|^2 - \alpha_t^2(g^t, Ag^t)}{(g^t, A^{-1}g^t)} = \frac{\|g^t\|^4}{(g^t, Ag^t)(g^t, A^{-1}g^t)}.$$

Für die positiv definite Matrix A gilt

$$\lambda\|y\|^2 \le (y, Ay) \le \Lambda\|y\|^2, \quad \Lambda^{-1}\|y\|^2 \le (y, A^{-1}y) \le \lambda^{-1}\|y\|^2,$$

mit $\lambda = \lambda_{\min}(A)$ und $\Lambda = \lambda_{\max}(A)$. Im Falle $x^t \neq x$, d. h. $E(x^t) \neq 0$ und $g^t \neq 0$, erschließt man damit

$$\frac{\|g^t\|^4}{(g^t, Ag^t)(g^t, A^{-1}g^t)} \ge \frac{\|g^t\|^4}{\Lambda\|g^t\|^2\,\lambda^{-1}\|g^t\|^2} = \frac{\lambda}{\Lambda},$$

bzw.

$$E(x^{t+1}) \le \{\,1 - \kappa^{-1}\,\}\, E(x^t), \quad \kappa := \text{cond}_{\text{nat}}(\text{A}).$$

Wegen $0 < 1 - 1/\kappa < 1$ konvergiert somit für jedes $x^0 \in \mathbb{R}^n$ das Fehlerfunktional $E(x^t) \to 0$ $(t \to \infty)$, d. h.: $x^t \to x$ $(t \to \infty)$. Q.E.D.

Für eine verschärfte Abschätzung der Konvergenzgeschwindigkeit des Gradientenverfahrens benötigen wir das folgende Resultat von Kantorowitsch:

Hilfssatz 6.4 (Lemma von Kantorowitsch): *Für die positiv definite Matrix $A \in \mathbb{R}^n$ mit kleinstem Eigenwert λ und größtem Eigenwert Λ gilt*

$$4\,\frac{\lambda\Lambda}{(\lambda - \Lambda)^2} \le \frac{\|y\|^4}{(y, Ay)(y, A^{-1}y)}, \quad \forall\, y \in \mathbb{R}^n. \tag{6.2.36}$$

Beweis: Seien $\lambda = \lambda_1 \le \ldots \le \lambda_n = \Lambda$ die Eigenwerte von A und $\{w_1, \ldots, w_n\}$ eine zugehörige Orthonormalbasis von Eigenvektoren. Ein beliebiger Vektor $y \in \mathbb{R}^n$ gestattet die Entwicklung $y = \sum_{i=1}^n y_i w_i$ mit den Koeffizienten $y_i = (y, w_i)$. Dann gilt

$$\frac{\|y\|^4}{(y, Ay)(y, A^{-1}y)} = \frac{(\sum_{i=1}^n y_i^2)^2}{(\sum_{i=1}^n \lambda_i y_i^2)\,(\sum_{i=1}^n \lambda_i^{-1} y_i^2)} = \frac{1}{(\sum_{i=1}^n \lambda_i\zeta_i)\,(\sum_{i=1}^n \lambda_i^{-1}\zeta_i)} = \frac{\varphi(\zeta)}{\psi(\zeta)}$$

mit den Bezeichnungen

$$\zeta = (\zeta_i)_{i=1,\ldots,n}, \quad \zeta_i = y_i^2(\sum_{i=1}^n y_i^2)^{-1},$$

$$\psi(\zeta) = \sum_{i=1}^n \lambda_i^{-1}\zeta_i, \quad \varphi(\zeta) = (\sum_{i=1}^n \lambda_i\zeta_i)^{-1}.$$

Da die Funktion $f(\lambda) = \lambda^{-1}$ konvex ist, folgt aus $0 \le \zeta_i \le 1$ und $\sum_{i=1}^n \zeta_i = 1$, dass gilt:

$$\sum_{i=1}^n \lambda_i^{-1}\zeta_i \ge \Big(\sum_{i=1}^n \lambda_i\zeta_i\Big)^{-1}.$$

Wir setzen $g(\lambda) := (\lambda_1 + \lambda_n - \lambda)/(\lambda_1\lambda_n)$.

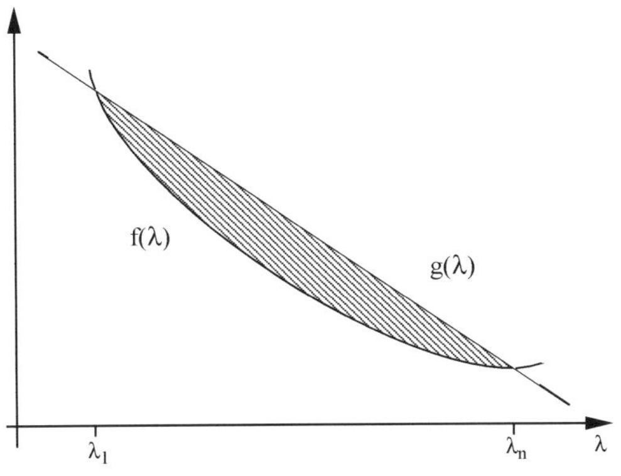

Abbildung 6.2: *Skizze zu Beweis des Lemma von Kantorowitsch*

Offenbar liegt $\varphi(\zeta)$ für alle Argumente ζ stets auf der Kurve $f(\lambda)$, und $\psi(\zeta)$ liegt stets zwischen den Kurven $f(\lambda)$ und $g(\lambda)$ (schraffierter Bereich). Folglich gilt

$$\frac{\varphi(\zeta)}{\psi(\zeta)} \ge \min_{\lambda_1\le\lambda\le\lambda_n} \frac{f(\lambda)}{g(\lambda)} = \frac{f([\lambda_1+\lambda_n]/2)}{g([\lambda_1+\lambda_n]/2)} = \frac{4\lambda_1\lambda_n}{(\lambda_1+\lambda_n)^2}.$$

Q.E.D.

Satz 6.8 (Fehlerabschätzung): *Für das Gradientenverfahren gilt die Fehlerabschätzung*

$$\|x^t - z\|_A \le \Big(\frac{1-1/\kappa}{1+1/\kappa}\Big)^t \|x^0 - z\|_A, \quad t \in \mathbb{N}, \tag{6.2.37}$$

mit der Spektralkonditionszahl $\kappa = \mathrm{cond}_2(A) = \Lambda/\lambda$ *von* A.

Beweis: Im Beweis von Satz 6.7 wurde die folgende Identität gezeigt:

$$E(x^{t+1}) = \Big\{1 - \frac{\|g^t\|^4}{(g^t, Ag^t)\,(g^t, A^{-1}g^t)}\Big\} E(x^t).$$

Diese ergibt mit der Ungleichung von Kantorowitsch

$$E(x^{t+1}) \le \Big\{1 - 4\frac{\lambda\Lambda}{(\lambda+\Lambda)^2}\Big\} E(x^t) = \Big(\frac{\lambda-\Lambda}{\lambda+\Lambda}\Big)^2 E(x^t).$$

Daraus folgt dann durch sukzessive Anwendung

$$\|x^t - x\|_A^2 \le \Big(\frac{\lambda - \Lambda}{\lambda + \lambda}\Big)^{2t} \|x^0 - x\|_A^2, \quad t \in \mathbb{N}.$$

Q.E.D.

Der Beziehung

$$\begin{aligned} (g^{t+1}, g^t) &= (g^{(t)} - \alpha_t A g^t, g^t) \\ &= \|g^t\|^2 - \alpha_t (A g^t, g^t) = 0. \end{aligned} \tag{6.2.38}$$

entnehmen wir, dass die Abstiegsrichtungen $r^t = -g^t$ des Gradientenverfahrens in jeweils direkt aufeinanderfolgenden Schritten orthogonal sind. Dagegen kann g^{t+2} weit von Orthogonalität zu g^t abweichen. Dies führt zu einem stark oszillatorischen Konvergenzverhalten des Gradientenverfahrens besonders bei Matrizen A mit weit auseinander liegenden Eigenwerten. Dies bedeutet etwa in Fall $n = 2$, dass das Funktional $Q(\cdot)$ stark exzentrische Niveaulinien hat, und sich die Iterierten in einem Zickzackkurs der Lösung annähern (siehe Abb. 6.2.1).

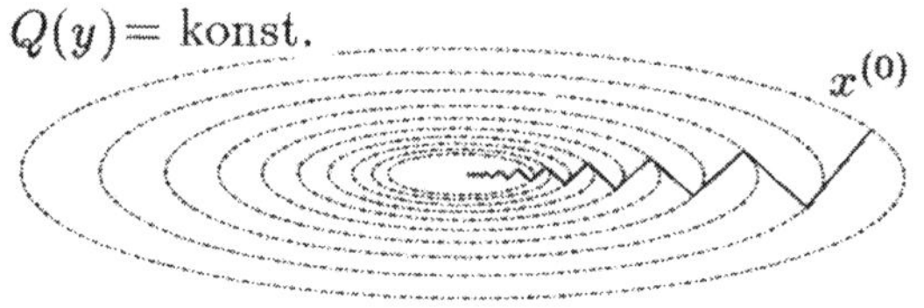

Abbildung 6.3: *Oszillierende Konvergenz des Gradientenverfahrens*

6.2.2 CG-Verfahren

Das Gradientenverfahren nutzt die Struktur des quadratischen Funktionals $Q(\cdot)$, d. h. die Verteilung der Eigenwerte der Matrix A, nur lokal von einem Schritt zum nächsten aus. Es wäre günstiger, wenn bei der Wahl der Abstiegsrichtungen auch die bereits gewonnenen Informationen über die globale Struktur von $Q(\cdot)$ berücksichtigt würde, d. h. wenn etwa die Abstiegsrichtungen paarweise orthogonal wären. Dies ist die Grundidee des „Verfahrens der konjugierten Richtungen" („conjugate gradient method"; kurz „CG-Verfahren") nach Hestenes[2] und Stiefel[3] (1992), welches sukzessive eine Folge von Abstiegsrichtungen $d^{(t)}$ erzeugt, die bzgl. des Skalarprodukts $(\cdot,\cdot)_A$ orthogonal sind („A-orthogonal").

[2]Magnus R. Hestenes (1906–1991): US-Amerikanischer Mathematiker; arbeitete am National Bureau of Standards (NBS)und an der University of California at Los Angeles (UCLA); Beiträge zur Optimierung und Kontrolltheorie und zur Numerischen Linearen Algebra.

[3]Eduard Stiefel (1909–1978): Schweizer Mathematiker; seit 1943 Professor für Angewandte Mathematik an der ETH Zürich; wichtige Beiträge zu Topologie, Gruppentheorie, Numerische Lineare Algebra (CG-verfahren) und Approximationstheorie sowie zur Himmelsmechanik.

Zur Herleitung des CG-Verfahrens verwenden wir den Ansatz

$$B_t := \text{span}\{d^0, \cdots, d^{t-1}\} \tag{6.2.39}$$

mit einem noch zu bestimmenden linear unabhängigen Satz von Vektoren d^i und suchen die Iterierten in der Form

$$x^t = x^0 + \sum_{i=0}^{t-1} \alpha_i d^i \in x^0 + B_t \tag{6.2.40}$$

so zu bestimmen, dass

$$Q(x^t) = \min_{y \in x^0 + B_t} Q(y) \quad \leftrightarrow \quad \|Ax^t - b\|_{A^{-1}} = \min_{y \in x^0 + B_t} \|Ay - b\|_{A^{-1}}. \tag{6.2.41}$$

Durch Nullsetzten der Ableitungen von $Q(\cdot)$ nach den α_i sehen wir, dass dies äquivalent ist zu den sog. „Galerkin[4]-Gleichungen“:

$$(Ax^t - b, d^i) = 0\,, \quad i = 0, \dots, t-1. \tag{6.2.42}$$

bzw. in Kurzschreibweise $Ax^t - b = g^t \perp B_t$.

Bemerkung 6.1: Es sei bemerkt, dass (6.2.42) nicht von der Symmetrie der Matrix A abhängt. Ausgehend von dieser Beziehung lassen sich auch CG-artige Verfahren für unsymmetrische und sogar indefinite Gleichungssysteme ableiten. Diese werden allgemein „Projektionsverfahren“ genannt.

Setzt man den obigen Ansatz für x^t in die Orthogonalitätsbedingung (6.2.42) ein, so erhält man ein reguläres Gleichungssystem für die Koeffizienten $\alpha_i\,(i = 0, \dots, t-1)$. Es sei nochmals daran erinnert, dass die Galerkin-Gleichungen (6.2.42) äquivalent sind zur Minimierung der Defektnorm $\|Ax^t - b\|_{A^{-1}}$ oder der Fehlernorm $\|x^t - x\|_A$ über $x^0 + B_t$. Eine natürliche Wahl für B_t sind die sog. Krylow[5]-Räume

$$B_t = K_t(d^0; A) := \text{span}\{d^0, Ad^0, \dots, A^{t-1}d^0\}, \tag{6.2.43}$$

mit einem Vektor d^0, etwa $d^0 := b - Ax^0$ zu irgend einem Startvektor x^0. Dies ist motiviert durch die Beobachtung, dass aus $A^t d^0 \in K_t(d^0; A)$ notwendig $-g^t = b - Ax^t = d^0 + A(x^0 - x^t) \in d^0 + AK_t(d^0; A) \in K_t(d^0; A)$ folgt. Wegen $g^t \perp K_t(d^0; A)$ impliziert dies dann $g^t = 0$ gemäß Konstruktion.

Das CG-Verfahren erzeugt nun Abstiegsrichtungen, die eine A-orthogonale Basis des Krylow-Raumes $K_t(d^0; A)$ bilden. Dazu wird induktiv vorgegangen: Ausgehend von ei-

---

[4]Boris Grigorievich Galerkin (1871–1945): Russischer Bauingenieur und Mathematiker; Professor in St. Petersburg; Beiträge zur Struktur-Mechanik, insbesondere zur Plattentheorie.

[5]Aleksei Nikolaevich Krylov (1863–1945): Russischer Mathematiker; Professor an der Sov. Akademie der Wissensch. in St. Petersburg; Beiträge zu Fourier-Analysis und Differentialgleichungen, Anwendungen in der Schiffstechnik.

nem Startpunkt x^0 mit „Residuum“ (negative „Defekt“) $d^0 = b - Ax^0$ seien Iterierte x^i und zugehörige Abstiegsrichtungen $d^i (i = 0, ..., t-1)$ bereits bestimmt, so dass $\{d^0, ..., d^{t-1}\}$ eine A-orthogonale Basis von $K_t(d^0; A)$ ist. Zur Konstruktion des nächsten $d^t \in K_{t+1}(d^0; A)$ mit der Eigenschaft $d^t \perp_A K_t(d^0; A)$ machen wir den Ansatz

$$d^t = -g^t + \sum_{j=0}^{t-1} \beta_j^{t-1} d^j \;\in\; K_{t+1}(d^0; A) \tag{6.2.44}$$

Dabei wird o.B.d.A. angenommen, dass $g^t = Ax^t - b \notin K_t(d^0; A)$ ist, da andernfalls $g^t = 0$ bzw. $x^t = x$ wäre. Dann gilt für $i = 0, ..., t-1:$

$$(d^t, Ad^i) = (-g^t, Ad^i) + \sum_{j=0}^{t-1} \beta_j^{t-1} (d^j, Ad^i) = (-g^t + \beta_i^{t-1} d^i, Ad^i)\,. \tag{6.2.45}$$

Für $i < t-1$ ist $(g^t, Ad^i) = 0$ wegen $Ad^i \in K_t(d^0; A)$ und demnach $\beta_i^{t-1} = 0$. Für $i = t-1$ führt die Bedingung

$$0 = (-g^t, Ad^{t-1}) + \beta_{t-1}^{t-1} (d^{t-1}, Ad^{t-1}) \tag{6.2.46}$$

zu den Formeln

$$\beta_{t-1} := \beta_{t-1}^{t-1} = \frac{(g^t, Ad^{t-1})}{(d^{t-1}, Ad^{t-1})}, \quad d^t = -g^t + \beta_{t-1} d^{t-1}. \tag{6.2.47}$$

Die nächsten Iterierten x^{t+1} und $g^{t+1} = Ax^{t+1} - b$ sind dann bestimmt durch

$$\alpha_t = -\frac{(g^t, d^t)}{(d^t, Ad^t)}, \quad x^{t+1} = x^t + \alpha_t d^t, \quad g^{t+1} = g^t + \alpha_t A d^t\,. \tag{6.2.48}$$

Dies sind die Rekursionsformeln des klassischen CG-Verfahrens. Nach Konstruktion gilt

$$(d^t, Ad^i) = (g^t, d^i) = 0, \quad i \le t-1\,, \quad (g^t, g^{t-1}) = 0. \tag{6.2.49}$$

Damit folgern wir, dass

$$\|g^t\|^2 = (d^t - \beta_{t-1} d^{t-1}, -g^{t+1} + \alpha_t A d^t) = \alpha_t (d^t, Ad^t), \tag{6.2.50}$$

$$\|g^{t+1}\|^2 = (g^t + \alpha_t A d^t, g^{t+1}) = \alpha_t (Ad^t, g^{t+1}). \tag{6.2.51}$$

Dies gestattet einige Vereinfachungen in den Formeln, nämlich

$$\alpha_t = \frac{\|g^t\|^2}{(d^t, Ad^t)}, \quad \beta_t = \frac{\|g^{t+1}\|^2}{\|g^t\|^2}, \tag{6.2.52}$$

solange die Iteration nicht mit $g^t = 0$ abbricht.

Definition 6.5: *Das CG-Verfahren bestimmt eine Folge von Iterierten $x^t \in \mathbb{R}^n$ gemäß der Vorschrift:*

$$\begin{array}{ll} \textit{Startwerte:} & x^0 \in \mathbb{R}^n\,, \quad d^0 = -g^0 = b - Ax^0, \\ \textit{für } t \geq 0: & \alpha_t = \frac{\|g^t\|^2}{(d^t, Ad^t)}, \quad x^{t+1} = x^t + \alpha_t d^t, \quad g^{t+1} = g^{(t)} + \alpha_t A d^t, \\ & \beta_t = \frac{\|g^{(t+1)}\|^2}{\|g^{(t)}\|^2}, \quad d^{t+1} = -g^{t+1} + \beta_t d^t. \end{array}$$

Nach Konstruktion erzeugt das CG-Verfahren eine Folge von Abstiegsrichtungen d^t, welche automatisch paarweise A-orthogonal sind. Dies impliziert, dass die Vektoren $d^0, \dots, d^t$ jeweils linear unabhängig sind, und dass folglich gilt:

$$\operatorname{span}\{d^0, \dots, d^{n-1}\} = \mathbb{R}^n. \tag{6.2.53}$$

Wir fassen die bisher abgeleiteten Eigenschaften des CG-Verfahrens in dem folgendem Satz zusammen:

Satz 6.9 (CG-Verfahren): *Das CG-Verfahren bricht für jeden Startvektor $x^0 \in \mathbb{R}^n$ (bei rundungsfreier Rechnung) nach spätestens n Schritten mit $x^{t_n} = x$ ab. Dabei gilt in jedem Schritt*

$$Q(x^t) = \min_{\alpha \in \mathbb{R}} Q(x^{t-1} + \alpha d^{t-1}) = \min_{y \in x^0 + K_t} Q(y) \tag{6.2.54}$$

mit $\quad K_t := \operatorname{span}\{d^0, \dots, d^{t-1}\}$.

Das CG-Verfagren gehört also im Gegensatz zum Gradientenverfahren eigentlich zur Klasse der „direkten“ Verfahren. In der Praxis wird sie jedoch wie ein iteratives Verfahren angewendet, da

1. aufgrund von Rundungsfehlern die Richtungen d^t nicht wirklich A-orthogonal sind, und die Iteration nicht abbricht;
2. bei großen Matrizen auch mit deutlich weniger als n Iterationsschritten schon brauchbare Näherungen erzielbar sind.

Zur Vorbereitung des Hauptsatzes über die Konvergenzgeschwindigkeit des CG-Verfahrens beweisen wir zunächst den folgenden Hilfssatz.

Hilfssatz 6.5 (Polynomiale Normschranke): *Für ein Polynom $p \in P_t$, $p(0) = 1$, gelte auf einer Menge $S \subset \mathbb{R}$, welche alle Eigenwerte von A enthält,*

$$\sup_{\mu \in S} |p(\mu)| \leq M. \tag{6.2.55}$$

Dann gilt

$$\|x^t - x\|_A \leq M \|x^0 - x\|_A. \tag{6.2.56}$$

Beweis: Unter Beachtung der Beziehung

$$\|x^t - x\|_A = \min_{y\in x^0+K_t} \|y - x\|_A,$$

$$K_t = \mathrm{span}\{d^0, \dots, d^{t-1}\} = \mathrm{span}\{A^0 g^{(0)}, \dots, A^{t-1} g^0\}$$

finden wir

$$\|x^t - x\|_A = \min_{p\in P_{t-1}} \|x^0 - x + p(A) g^0\|_A.$$

Wegen $g^0 = Ax^0 - b = A(x^0 - x)$ folgt weiter

$$\begin{aligned}\|x^t - x\|_A &= \min_{p\in P_{t-1}} \|[I + Ap(A)](x^0 - x)\|_A \\ &\le \min_{p\in P_{t-1}} \|I + Ap(A)\|_A \, \|x^0 - x\|_A \le \min_{p\in P_t,\, p(0)=1} \|p(A)\|_A \, \|x^0 - x\|_A,\end{aligned}$$

mit der von $\|\cdot\|_A$ erzeugten natürlichen Matrizennorm $\|\cdot\|_A$. Für beliebiges $y \in \mathbb{R}^n$ gilt mit einer Orthonormalbasis $\{w_1, \dots, w_n\}$ aus Eigenvektoren von A:

$$y = \sum_{i=1}^n \gamma_i w_i\,, \qquad \gamma_i = (y, w_i),$$

und folglich

$$\|p(A)y\|_A^2 = \sum_{i=1}^n \lambda_i p(\lambda_i)^2 \gamma_i^2 \le M^2 \sum_{i=1}^n \lambda_i \gamma_i^2 = M^2 \, \|y\|_A^2.$$

Dies impliziert

$$\|p(A)\|_A = \sup_{y\in\mathbb{R}^n,\, y\neq 0} \frac{\|p(A)y\|_A}{\|y\|_A} \le M$$

und damit die Behauptung. Q.E.D.

Satz 6.10 (CG-Konvergenz): *Für das CG-Verfahren gilt die Fehlerabschätzung*

$$\|x^t - x\|_A \le 2\Big(\frac{1 - 1/\sqrt{\kappa}}{1 + 1/\sqrt{\kappa}}\Big)^t \|x^0 - x\|_A\,, \qquad t \in \mathbb{N}\,, \tag{6.2.57}$$

mit der Spektralkonditionszahl $\kappa = \mathrm{cond}_2(A) = \Lambda/\lambda$ *von* A. *Zur Reduzierung des Anfangsfehlers um den Faktor* ε *sind höchstens*

$$t(\varepsilon) \le \tfrac{1}{2}\sqrt{\kappa}\, \ln(2/\varepsilon) + 1 \tag{6.2.58}$$

Iterationsschritte erforderlich.

Beweis: Setzt man $S := [\lambda, \Lambda]$ in Hilfssatz 6.5, so folgt

$$\|x^t - x\|_A \le \min_{p\in P_t,\, p(0)=1} \Big\{ \sup_{\lambda\le\mu\le\Lambda} |p(\mu)| \Big\} \|x^0 - x\|_A\,.$$

Dies ergibt die Behauptung, wenn wir zeigen können, dass

$$\min_{p\in P_t,\, p(0)=1} \Big\{ \sup_{\lambda\le\mu\le\Lambda} |p(\mu)| \Big\} \le 2\Big(\frac{1-\sqrt{\lambda/\Lambda}}{1+\sqrt{\lambda/\Lambda}}\Big)^t.$$

Dabei handelt es sich um ein Problem der Bestapproximation mit Polynomen bzgl. der Maximumnorm (Tschebyscheff-Approximation). Die Lösung $\bar p$ ist gegeben durch

$$\bar p(\mu) = T_t\Big(\frac{\Lambda+\lambda-2\mu}{\Lambda-\lambda}\Big)\, T_t\Big(\frac{\Lambda+\lambda}{\Lambda-\lambda}\Big)^{-1},$$

mit dem t-ten Tschebyscheff-Polynom T_t auf $[-1,1]$. Dabei ist

$$\sup_{\lambda\le\mu\le\Lambda} \bar p(\mu) = T_t\Big(\frac{\Lambda+\lambda}{\Lambda-\lambda}\Big)^{-1}.$$

Aus der Darstellung

$$T_t(\mu) = \tfrac{1}{2}\big[\big(\mu+\sqrt{\mu^2-1}\big)^t + \big(\mu-\sqrt{\mu^2-1}\big)^t\big], \qquad \mu\in[-1,1],$$

für die Tschebyscheff-Polynome folgt über die Identität

$$\frac{\kappa+1}{\kappa-1} + \sqrt{\Big(\frac{\kappa+1}{\kappa-1}\Big)^2 - 1} = \frac{\kappa+1}{\kappa-1} + \frac{2\sqrt{\kappa}}{\kappa-1} = \frac{(\sqrt{\kappa}+1)^2}{\kappa-1} = \frac{\sqrt{\kappa}+1}{\sqrt{\kappa}-1}$$

die Abschätzung nach unten

$$T_t\Big(\frac{\Lambda+\lambda}{\Lambda-\lambda}\Big) = T_t\Big(\frac{\kappa+1}{\kappa-1}\Big) = \frac{1}{2}\Big[\Big(\frac{\sqrt{\kappa}+1}{\sqrt{\kappa}-1}\Big)^t + \Big(\frac{\sqrt{\kappa}-1}{\sqrt{\kappa}+1}\Big)^t\Big] \ge \frac{1}{2}\Big(\frac{\sqrt{\kappa}+1}{\sqrt{\kappa}-1}\Big)^t.$$

Also wird

$$\sup_{\lambda\le\mu\le\Lambda} \bar p(\mu) \le 2\Big(\frac{\sqrt{\kappa}-1}{\sqrt{\kappa}+1}\Big)^t,$$

was (6.2.57) impliziert. Zur Herleitung von (6.2.58) fordern wir

$$2\Big(\frac{\sqrt{\kappa}-1}{\sqrt{\kappa}+1}\Big)^{t(\varepsilon)} < \varepsilon$$

bzw.

$$t(\varepsilon) > \ln\Big(\frac{2}{\varepsilon}\Big) \ln\Big(\frac{\sqrt{\kappa}+1}{\sqrt{\kappa}-1}\Big)^{-1}.$$

Wegen

$$\ln\frac{x+1}{x-1} = 2\Big\{\frac{1}{x} + \frac{1}{3}\frac{1}{x^3} + \frac{1}{5}\frac{1}{x^5} + \dots\Big\} \ge \frac{2}{x}$$

ist dies erfüllt für $t(\varepsilon) \ge \frac{1}{2}\sqrt{\kappa}\,\ln(2/\varepsilon)$. Q.E.D.

Wegen $\kappa = \mathrm{cond}_{\mathrm{nat}}(A) > 1$ ist $\sqrt{\kappa} < \kappa$. Da die Funktion $f(\lambda) = (1-\lambda^{-1})\,(1+\lambda^{-1})^{-1}$ für $\lambda > 0$ streng monoton wachsend ist $(f'(\lambda) > 0)$, folgt:

$$\frac{1-1/\sqrt{\kappa}}{1+1/\sqrt{\kappa}} < \frac{1-1/\kappa}{1+1/\kappa},$$

d. h.: Die Methode der konjugierten Richtungen sollte schneller konvergieren als das Gradientenverfahren. Dies ist auch praktisch der Fall. Beide Verfahren konvergieren offenbar umso schneller, je näher die Kondition $\text{cond}_{\text{nat}}(\text{A})$ bei 1 liegt. Ist aber $\Lambda \gg \lambda$, was in der Praxis leider häufig der Fall ist, konvergiert auch die Methode der konjugierten Richtungen nur sehr langsam. Eine Beschleunigung der Konvergenz kann durch sog. „Vorkonditionierung“ erreicht werden, die wir im Folgenden beschreiben werden.

6.2.3 Allgemeinere CG-Verfahren und Vorkonditionierung

Unsymmetrische Systeme

Zur Lösung allgemeiner Gleichungssysteme $Ax = b$ mit einer regulären, aber nicht notwendig positiv definiten Matrix $A \in \mathbb{R}^n$ mit Hilfe des CG-Verfahrens kann man etwa zu dem äquivalenten System

$$A^TAx = A^Tb \tag{6.2.59}$$

mit der positiv definiten Matrix A^TA übergehen. Hierauf angewendet, schreibt sich das CG-Verfahren wie folgt:

$$\begin{array}{ll}
\text{Startwerte:} & x^0 \in \mathbb{R}^n, \quad d^0 = A^T(b - Ax^0) \\
\text{für } t \geq 0: & \alpha_t = \frac{\|g^t\|^2}{\|Ad^t\|^2}, \quad (g^t = A^TAx - A^Tb) \\
& x^{t+1} = x^t + \alpha_t d^t, \quad g^{t+1} = g^t + \alpha_t A^TAd^t \\
& \beta_t = \frac{\|g^{t+1}\|^2}{\|g^t\|^2}, \quad d^{t+1} = -g^{t+1} + \beta_t d^t .
\end{array}$$

Die Konvergenzgeschwindigkeit ist dabei charakterisiert durch $\kappa(A^TA)$. Das ganze Verfahren beruht offenbar auf der Minimierung des Funktionals

$$Q(y) := \tfrac{1}{2}(A^TAy, y) - (A^Tb, y) = \|Ay - b\|^2 - \tfrac{1}{2}\|b\|^2, \tag{6.2.60}$$

d. h. der Minimierung der Residuumsnorm $\|Ay - b\|$, daher der Name „MINRES-Verfahren”. Da $\kappa(A^TA) \sim \kappa(A)^2$ ist, muss man mit einer recht langsamen Konvergenz des CG-Verfahrens für nicht symmetrische Systeme rechnen. Andere CG-artige Verfahren for unsymmetrische Matrizen mit i. Allg. besseren Konvergenzeigenschaften sind das „GMRES-“ und das „BiCGstab-Verfahren“ (s. die Literatur über Numerische Lineare Algebra).

Vorkonditionierung, PCG-Verfahren

Offensichtlich funktioniert das CG-Verfahren um so besser, je näher die Kondition der Matrix A bei Eins liegt:

$$\kappa(A) = \frac{\lambda_{\max}(A)}{\lambda_{\min}(A)} \geq 1. \tag{6.2.61}$$

Daher wird eine „Vorkonditionierung“ vorgenommen, d. h.: Das System $Ax = b$ wird in ein äquivalentes umgeformt, $\tilde{A}\tilde{x} = \tilde{b}$, dessen Matrix $\tilde{A}$ besser konditioniert ist. Sei C eine symmetrische, positiv definite Matrix, welche sich als Produkt darstellen lässt,

$$C = KK^T \tag{6.2.62}$$

mit einer regulären Matrix K. Das System $Ax = b$ wird dann in der folgenden äquivalenten Form geschrieben:

$$\underbrace{K^{-1}A\,(K^T)^{-1}}_{\tilde{A}}\,\underbrace{K^Tx}_{\tilde{x}} = \underbrace{K^{-1}b}_{\tilde{b}}. \tag{6.2.63}$$

Das CG-Verfahren wird nun auf das System $\tilde{A}\tilde{x} = \tilde{b}$ angewendet. Die Idee dabei ist, die Matrix C so zu wählen, dass $\kappa(\tilde{A}) \ll \kappa(A)$ wird. Die Beziehung

$$(K^T)^{-1}\tilde{A}K^T = (K^T)^{-1}K^{-1}A(K^T)^{-1}K^T = C^{-1}A \tag{6.2.64}$$

zeigt, dass bei der Wahl $C = uivA$ die Matrix $\tilde{A}$ ähnlich zu I, d. h. $\kappa(\tilde{A}) = \kappa(I) = I$ wäre. Folglich wird man C als möglichst gute Approximation von A wählen, wobei natürlich die Zerlegung $C = KK^T$ mit möglichst einfach zu invertierendem Faktor K bekannt sein muss. Das CG-Verfahren sieht dann wie folgt aus:

Startwerte: $\tilde{x}^{(0)} \in \mathbb{R}^n, \quad \tilde{d}^0 = -\tilde{g}^0 = \tilde{b} - \tilde{A}\tilde{x}^0$

für $t \geq 0$: $\alpha_t = \frac{\|\tilde{g}^t\|^2}{(\tilde{d}^t, \tilde{A}\tilde{d}^t)}$

$\tilde{x}^{t+1} = \tilde{x}^t + \alpha_t\tilde{d}^t, \quad \tilde{g}^{t+1} = \tilde{g}^t + \alpha_t\tilde{A}\tilde{d}^t$

$\beta_t = \frac{\|\tilde{g}^{t+1}\|^2}{\|\tilde{g}^t\|^2}, \quad \tilde{d}^{t+1} = -\tilde{g}^{t+1} + \beta_t\tilde{d}^t.$

Diesen Algorithmus schreibt man üblicherweise bezogen auf die ursprüngliche Matrix A und erhält so das sog. „PCG-Verfahren“ („Preconditioned PC method“).

Definition 6.6: *Das PCG-Verfahren mit (regulärer) Vorkonditionierungsmatrix* $C = KK^T$ *bestimmt eine Folge von Iterierten* $x^t \in \mathbb{R}^n$ *gemäß der Vorschrift:*

Startwerte: $x^0 \in \mathbb{R}^n, \quad g^0 = Ax^0 - b, \quad C\rho^0 = g^0, \quad d^0 = -\rho^0$

für $t \geq 0$*:* $\alpha_t = \frac{(g^t, \rho^t)}{(d^t, Ad^t)}, \quad x^{t+1} = x^t + \alpha_t d^t, \quad g^{t+1} = g^t + \alpha_t Ad^{(t)}$

$C\rho^{t+1} = g^{t+1}$

$\beta_t = \frac{(g^{t+1}, \rho^{t+1})}{(g^t, \rho^t)}, \quad d^{t+1} = -\rho^{t+1} + \beta_t d^t.$

Beim PCG-Verfahren ist in jedem Iterationsschritt ist also ein lineares Gleichungssystem mit der Koeffizientenmatrix $C = KK^T$ zu lösen. Dies bedingt, dass K etwa eine Dreiecksmatrix oder ähnliches sein sollte, so dass die Lösung von $C\rho^t = g^t$ durch einfaches Vorwärts- und Rückwärtseinsetzen erfolgen kann.

Beispiel 6.2: Wir listen einige einfache in der Praxis gebrauchliche Vorkonditionierungen für das CG-Verfahren.

a) Skalierung: Mit der üblichen Zerlegung $A = D + L + R,\ \ R = L^T$ wird gesetzt:

$$C = D\,,\ K = D^{1/2} \quad \text{Skalierungsmatrix}$$
$$\tilde{A} = D^{-1/2} A D^{-1/2} \ \Rightarrow\ \tilde{a}_{ii} = 1 \quad (1 \le i \le n).$$

Die Skalierung bewirkt, dass die Elemente von A auf etwa gleiche Größenordnung gebracht werden. Dies reduziert die Kondition, denn es gilt folgender Satz: *Der kleinste (größte) Eigenwert einer symmetrischen, positiv definiten Matrix ist höchstens (mindestens) so groß wie das kleinste (größte) Diagonalelement, und die Kondition der Matrix ist mindestens so groß wie der Quotient aus dem größten und dem kleinsten Diagonalelement.*

b) SSOR-Vorkonditionierung: Mit einem Parameter ω wird gesetzt

$$C = (D + \omega L) D^{-1} (D + \omega R) = (\underbrace{D^{1/2} + \omega L D^{-1/2}}_{K})(\underbrace{D^{1/2} + \omega D^{-1/2} R}_{K^T}).$$

Offenbar besitzt die Dreiecksmatrix K dieselbe schwache Besetzung wie A. Pro Iterationsschritt erfordert das so vorkonditionierte Verfahren etwa doppelt so viel Aufwand wie das einfache CG-Verfahren. Dagegen gilt für die Modellmatrix (vgl. Abschnitt 6.3) bei optimaler Wahl des Parameters ω (i. a. nicht leicht zu bestimmen!)

$$\kappa(\tilde{A}) = \sqrt{\kappa(A)}.$$

c) ICCG-Vorkonditionierung (**I**ncomplete **C**holesky **C**onjugate **G**radient): Die symmetrische, positiv definite Matrix A besitzt eine Cholesky-Zerlegung $A = LL^T$ mit einer unteren Dreiecksmatrix

$$L = \begin{bmatrix} l_{11} & & 0 \\ \vdots & \ddots & \\ l_{n1} & \cdots & l_{nn} \end{bmatrix}.$$

Die Elemente von L sind bestimmt durch die Rekursionsformeln

$$l_{ii} = [\, a_{ii} - \sum_{k=1}^{i-1} l_{ik}^2 \,]^{1/2}, \quad i = 1, \dots, n,$$
$$l_{ji} = [a_{ji} - \sum_{k=1}^{i-1} l_{jk} l_{ik}]/l_{ii}, \quad j = i+1, \dots, n.$$

Die Matrix L hat i. Allg. innerhalb der Hülle von A von Null verschiedene Elemente, erfordert also in der Regel weit mehr Speicherplatz als A selbst. Dies wird jedoch dadurch ausgeglichen, dass man nur eine „unvollständige Cholesky-Zerlegung“ vornimmt, d. h.: Im

Cholesky-Algorithmus werden einige der l_{ji} willkürlich Null gesetzt, z. B.:

$$\tilde{l}_{ji} = 0\,, \quad \text{wenn} \quad a_{ji} = 0. \tag{6.2.65}$$

Dies ergibt dann eine Zerlegung

$$A = \tilde{L}\tilde{L}^T + E \tag{6.2.66}$$

mit einer unteren Dreiecksmatrix $\tilde{L} = (\tilde{l}_{ij})_{i,j=1,\dots,n}$, welche eine ähnliche (dünne) Besetzungsstruktur wie A besitzt. Man spricht vom „ICCG(0)-Verfahren", wenn (6.2.65) gefordert wird. Werden im Fall einer Bandmatrix A weitere p Nebendiagonalen mit von Null verschiedenen Elementen in $\tilde{L}$ hinzugefügt bzw. weggestrichen, so nennt man dies „ICCG(+p)- bzw. ICCG(-p)-Verfahren". Zur Vorkonditionierung verwendet das ICCG-Verfahren die Matrix

$$C = KK^T = \tilde{L}\tilde{L}^T. \tag{6.2.67}$$

Obwohl keine strenge theoretische Begründung für den Erfolg dieses Ansatzes vorliegt, so zeigen doch numerische Tests an Modellproblemen, welchen Einfluß diese Konditionierung auf die Verteilung der Eigenwerte der Matrix $\tilde{A}$ hat. Zwar wird die Konditionszahl $\kappa(\tilde{A})$ nicht deutlich kleiner als $\kappa(A)$, doch die Eigenwerte von $\tilde{A}$ häufen sich im Gegensatz zu denen von A stark bei $\lambda = 1$. Dies bewirkt, wie eine feinere Analyse in (6.2.55) zeigt, eine deutliche Beschleunigung der Konvergenz.

6.3 Ein Modellproblem

Wir wollen im Folgenden die Leistungsfähigkeit der bisher untersuchten Verfahren zur approximativen Lösung großer linearer Gleichungssysteme anhand eines Modellproblems vergleichen. Dazu betrachten wir zunächst das sog. „1. Randwertproblem des Laplace[6]-Operators"

$$\begin{aligned} -\frac{\partial^2 u}{\partial x^2}(x,y) - \frac{\partial^2 u}{\partial y^2}(x,y) &= f(x,y) \quad \text{für } (x,y) \in \Omega \\ u(x,y) &= 0 \quad \text{für } (x,y) \in \partial\Omega, \end{aligned} \tag{6.3.68}$$

auf dem Einheitsquadrat $\Omega = (0,1) \times (0,1) \subset \mathbb{R}^2$. Die Lösung $u = u(x,y)$ beschreibt u. a. die Auslenkung einer (idealisierten) elastischen Membran, die über dem Bereich $\bar{\Omega}$ horizontal gespannt und mit einer Kraftdichte f vertikal belastet wird. Eine Lösung ist i. Allg. nicht geschlossen angebbar, so dass man sich numerisch eine Näherungslösung verschafft. Dazu wird zunächst das Gebiet Ω mit einem Quadratgitter überdeckt.

[6]Pierre Simon Marquis de Laplace (1749–1827): Französischer Mathematiker und Astronom; Professor in Paris; begründete u.a. die Wahrscheinlichkeitsrechnung.

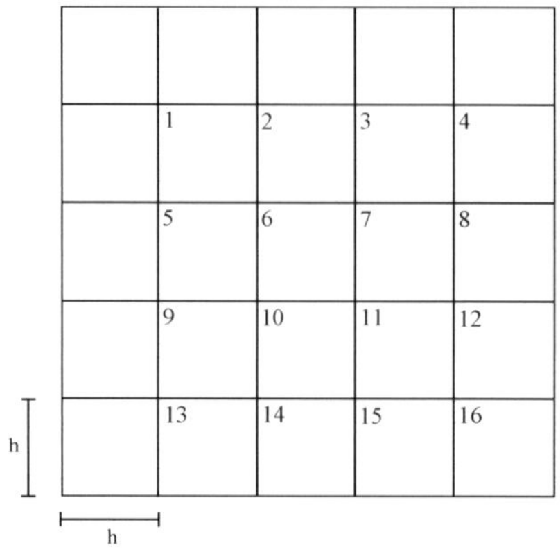

$h = \frac{1}{m+1}$ Gitterweite

$n = m^2$ Anzahl der gesuchten Knotenwerte

Abbildung 6.4: *Zur „5-Punkte-Diskretisierung" des Modellproblems*

Die „inneren" Gitterpunkte werden zeilenweise durchnumeriert. Ersetzt man dann in der obigen Differentialgleichung die 2. Ableitungen durch die entsprechenden zentralen Differenzenquotienten 2. Ordnung (sog. „5-Punkte-Differenzendiskretisierung") und fordert die Gleichung nur in den inneren Gitterpunkten, so erhält man die Beziehungen

$$-h^{-2}\{u(x+h,y) - 2u(x,y) + u(x-h,y) + u(x,y+h) - 2u(x,y) + u(x,y-h)\} \cong f(x,y)$$

Durch Berücksichtigung der Randbedingung $u(x,y) = 0$ für $(x,y) \in \partial\Omega$ wird dies äquivalent zu dem linearen Gleichungssystem

$$Ax = b \qquad (6.3.69)$$

für den Vektor $x \in \mathbb{R}^n$ der unbekannten Knotenwerte

$$x_i \sim u(P_i)\,, \quad P_i \ \text{ Gitterpunkt.}$$

Die Matrix hat die uns schon bekannte Gestalt (Modellmatrix)

$$A = \left.\begin{bmatrix} B & -I & & \\ -I & B & -I & \\ & -I & B & \ddots \\ & & \ddots & \ddots \end{bmatrix}\right\} n \qquad B = \left.\begin{bmatrix} 4 & -1 & & \\ -1 & 4 & -1 & \\ & -1 & 4 & \ddots \\ & & \ddots & \ddots \end{bmatrix}\right\} m$$

mit der $m \times m$-Einheitsmatrix I. Die rechte Seite ist

$$b = h^2(f(P_1), \dots, f(P_n))^T.$$

Die Matrix A ist

- eine dünn besetzte Bandmatrix mit der Bandbreite $2m+1$;
- symmetrisch, irreduzibel;
- schwach diagonal dominant und positiv definit;
- derartig, dass die Theorie für das SOR-Verfahren anwendbar ist.

Die Eigenwerte und zugehörigen Eigenvektoren von A lassen sich explizit angeben. Für $k,l=1,\dots,m$ ergibt sich $(h=1/(m+1))$:

$$\begin{aligned}\lambda_{kl} &= 4-2\,(\cos(kh\pi)+\cos(lh\pi))\\ w^{kl} &= (\sin(ikh\pi)\,\sin(jlh\pi))_{i,j=1,\dots,m}.\end{aligned}$$

Also ist (für $h \ll 1$)

$$\begin{aligned}\Lambda := \lambda_{\max} &= 4-4\,\cos\,(1-h)\pi\;\approx\;8\\ \lambda := \lambda_{\min} &= 4-4\,\cos\,(h\pi)=4-4\left(1-\tfrac{1}{2}\pi^2h^2+O(h^4)\right)\;\approx\;2\pi^2h^2\end{aligned}$$

und somit

$$\kappa := \mathrm{cond}_{\mathrm{nat}}(\mathrm{A}) \approx \frac{4}{\pi^2\mathrm{h}^2} \tag{6.3.70}$$

Die Eigenwerte der Jacobi-Matrix $J=-D^{-1}(L+R)$ sind

$$\mu_{kl}=\tfrac{1}{2}\,(\cos(kh\pi)+\cos(lh\pi))\qquad(k,l=1,\dots,m)$$

Folglich wird

$$\mu_{\max}=\cos(h\pi)=1-\tfrac{1}{2}\pi^2h^2+O(h^4),$$

bzw.

$$\rho := \mathrm{spr(J)}=\mu_{\max}\;\approx\;1-\tfrac{1}{2}\pi^2\mathrm{h}^2. \tag{6.3.71}$$

Für die Iterationsmatrizen H_1 und $H_{\omega_{\mathrm{opt}}}$ des Gauß-Seidel-Verfahrens und des optimalen SOR-Verfahrens gilt dann

$$\mathrm{spr(H_1)}=\rho^2=1-\pi^2\mathrm{h}^2+\mathrm{O(h^4)},$$

$$\mathrm{spr(H_{\omega_{opt}})}=\frac{1-\sqrt{1-\rho^2}}{1+\sqrt{1-\rho^2}}=\frac{1-\pi\mathrm{h}+\mathrm{O(h^2)}}{1+\pi\mathrm{h}+\mathrm{O(h^2)}}=1-2\,\pi\mathrm{h}+\mathrm{O(h^2)}\,.$$

Wir kommen nun zum Leistungsvergleich der verschiedenen Verfahren. Um den Anfangsfehler $\|x^0-x\|_2$ durch Anwendung der Fixpunktiterationen um den Faktor $\varepsilon \ll 1$ zu reduzieren, sind etwa

$$T(\varepsilon)\approx\frac{\ln(\varepsilon)}{\ln(\mathrm{spr(B)})},\qquad B=I-C^{-1}A\quad\text{Iterationsmatrix,}$$

Iterationsschritte erforderlich. Es ergibt sich somit

$$\begin{aligned} T_J(\varepsilon) &\sim \frac{\ln(\varepsilon)}{\ln(1-\frac{1}{2}\pi^2h^2)} \sim 2\frac{\ln(1/\varepsilon)}{\pi^2h^2} = \frac{2}{\pi^2}n\ \ln(1/\varepsilon), \\ T_{GS}(\varepsilon) &\sim \frac{\ln(\varepsilon)}{\ln(1-\pi^2h^2)} \sim \frac{\ln(1/\varepsilon)}{\pi^2h^2} = \frac{1}{\pi^2}n\ \ln(1/\varepsilon), \\ T_{SOR}(\varepsilon) &\sim \frac{\ln(\varepsilon)}{\ln(1-2\pi h)} \sim \frac{\ln(1/\varepsilon)}{2\pi h} = \frac{1}{2\pi}\sqrt{n}\ \ln(1/\varepsilon). \end{aligned}$$

Das Gradientenverfahren und das CG-Verfahren benötigen zur Reduzierung des Anfangsfehlers $\|x^0 - x\|_2$ um den Faktor $\varepsilon \ll 1$ die folgenden Iterationszahlen:

$$\begin{aligned} T_G(\varepsilon) &= \frac{1}{2}\kappa\ \ln(2/\varepsilon) \sim \frac{2}{\pi^2h^2}\ \ln(1/\varepsilon) \sim \frac{2}{\pi^2}n\ \ln(1/\varepsilon), \\ T_{CG}(\varepsilon) &= \frac{1}{2}\sqrt{\kappa}\ \ln(2/\varepsilon) \sim \frac{1}{\pi h}\ \ln(2/\varepsilon) \sim \frac{1}{\pi}\sqrt{n}\ \ln(2/\varepsilon). \end{aligned}$$

Wir sehen, dass das Jacobi-Verfahren und das Gradientenverfahren ungefähr gleich schnell sind. Das CG-Verfahren ist zwar nur halb so schnell wie das „optimale“ SOR-Verfahren, erfordert aber nicht die Bestimmung eines optimalen Iterationsparameters ω_{opt}.

Für die spezielle rechte Seite $f(x,y) = 2\pi^2\sin(\pi x)\sin(\pi y)$ ist die exakte Lösung der obigen Randwertaufgabe gerade $u(x,y) = \sin(\pi x)\sin(\pi y)$ und für den Diskretisierungsfehler der Differenzenapproximation gilt:

$$\max_{P_i} |u(P_i) - x_i| = \frac{\pi^2}{12}h^2 + O(h^4). \tag{6.3.72}$$

Zur Erzielung einer Genauigkeit von $\varepsilon = 10^{-4}$ (vier Stellen) ist also die Gitterweite

$$h \sim \frac{\sqrt{12}}{\pi}10^{-2} \sim 10^{-2}$$

erforderlich. Die Anzahl von Unbekannten ist dann $n \sim 10^4$. Für die Spektralradien bzw. Konditionszahlen der betrachteten Iterationsverfahren und für die Anzahl der Iterationsschritte, die zur Erzielung einer Fehlergröße von etwa 10^{-4} erforderlich sind, ergibt sich in diesem Fall $(\ln(1/\varepsilon) \sim 10)$:

$$\begin{aligned} &\text{spr(J)} \sim 0{,}9995 && T_{\text{J}}(\varepsilon) \sim 20.000 \\ &\text{spr}(\text{H}_1) \sim 0{,}999 && T_{\text{GS}}(\varepsilon) \sim 10.000 \\ &\text{spr}(\text{H}_{\omega*}) \sim 0{,}9372 && T_{\text{SOR}}(\varepsilon) \sim 160 \\ &\text{cond}_{\text{nat}}(\text{A}) \sim 5.000 && T_G(\varepsilon) \sim 20.000, \quad T_{\text{CG}}(\varepsilon) \sim 340 \end{aligned}$$

Zum Vergleich der Effizienz der Iterationsverfahren muss natürlich auch der Aufwand pro Iterationsschritt berücksichtigt werden. Für die Anzahl „OP“ der arithmetischen Operationen (1 Multiplikation + 1 Addition) pro Iterationsschritt gilt

$$\mathrm{OP_J} \approx \mathrm{OP_{H_1}} \approx \mathrm{OP_{H_\omega}} \approx 6\,\mathrm{n}\,,$$
$$\mathrm{OP_G} \approx \mathrm{OP_{CG}} \approx 10\,\mathrm{n}\,.$$

Als Endresultat finden wir, dass zur Bestimmung der Lösung des durch Diskretisierung der Randwertaufgabe (6.3.68) entstehenden $(n \times n)$-Gleichungssystems $Ax = b$ das Jacobi-Verfahren, das Gauß-Seidel-Verfahren und das Gradientenverfahren $O(n^2)$ a. Op. benötigen. Zur Lösung des Gleichungssystems $Ax = b$ mit einem direkten Verfahren würde man das Cholesky-Verfahren verwenden. Bei Berücksichtigung der speziellen Struktur der Modellmatrix erfordert dies $O(n^2) = O(m^2 n)$ a. Op. zur Berechnung der Zerlegung $A = LL^T$ und weitere $O(n^{3/2}) = O(mn)$ a. Op. für Vorwärts- und Rückwärtseinsetzen. Damit scheint das direkte Verfahren z. B. dem Gauß-Seidel-Verfahren überlegen zu sein. Es ist jedoch zu berücksichtigen, dass letzteres nur $O(n)$ Speicherplätze benötigt im Gegensatz zu den $O(n^{3/2}) = O(mn)$ für das Cholesky-Verfahren. In den letzten Jahren wurden sehr effiziente Verfahren zur Lösung von Problemen des obigen Typs entwickelt, welche „komplexitäts-optimal“ sind, d. h: die n Unbekannten mit $O(n)$ a. Op. berechnen.

6.4 Übungsaufgaben

Übung 6.1: Für die Matrizen

$$A_1 = \begin{bmatrix} 2 & -1 & 2 \\ 1 & 2 & -2 \\ 2 & 2 & 2 \end{bmatrix}, \qquad A_2 = \begin{bmatrix} 5 & 5 & 0 \\ -1 & 5 & 4 \\ 2 & 3 & 8 \end{bmatrix},$$

untersuche man, ob das Jacobi- und das Gauß-Seidel-Verfahren für die Gleichungssysteme $A_i x = b$ $(i = 1, 2)$ konvergiert. (Hinweis: Man wende die Konvergenzkriterien von oben an bzw. schätze den Spektralradius ab.)

Übung 6.2: Das Gleichungssystem

$$\begin{bmatrix} 3 & -1 \\ -1 & 3 \end{bmatrix} \begin{bmatrix} x_1 \\ x_2 \end{bmatrix} = \begin{bmatrix} -1 \\ 1 \end{bmatrix}$$

soll mit dem Jacobi- und dem Gauß-Seidel-Verfahren gelöst werden. Wieviele Iterationen sind jeweils ungefähr erforderlich, um den Iterationsfehler $\|x^t - x\|_2$ um den Faktor 10^{-6} zu reduzieren? (Hinweis: Man verwende die Fehlerabschätzung von oben.)

Übung 6.3: Zur Lösung des linearen (2×2)-Gleichungssystems

$$\begin{bmatrix} 1 & -a \\ -a & 1 \end{bmatrix} x = b, \quad x, b \in \mathbb{R}^2,$$

sei das folgende Iterationsverfahren angesetzt

$$\begin{bmatrix} 1 & 0 \\ -\omega a & 1 \end{bmatrix} x^t = \begin{bmatrix} 1-\omega & \omega a \\ 0 & 1-\omega \end{bmatrix} x^{t-1} + \omega b, \qquad \omega \in \mathbb{R}.$$

a) Für welche $a \in \mathbb{R}$ ist diese Methode mit $\omega = 1$ konvergent?

b) Man bestimme für $a = 0.5$ den Wert

$$\omega \in \{0.8, 0.9, 1.0, 1.1, 1.2, 1.3, 1.4\},$$

für den der Spektralradius der Iterationsmatrix B_ω minimal wird und skizziere den Graphen der Funktion $f(\omega) = \text{spr}(B_\omega)$.

Übung 6.4: Man zeige, dass die oben angegebenen beiden Definitionen der "Irreduzibilität" einer Matrix $A \in \mathbb{R}^{n\times n}$ äquivalent sind.
(Hinweis: Die Definition der „Nichtzerlegbarkeit" des Gleichungssystems in einer Form

$$PAP^T = \tilde{A} = \begin{bmatrix} \tilde{A}_{11} & 0 \\ \tilde{A}_{12} & \tilde{A}_{22} \end{bmatrix}, \quad \tilde{A}_{11} \in \mathbb{R}^{p\times p}, \quad \tilde{A}_{22} \in \mathbb{R}^{q\times q}, \quad n = p + q,$$

lässt sich auch wie folgt ausdrücken: Es gibt keine (nicht-triviale) Partitionierung $\{J, K\}$ von $N_n = \{1, \dots, n\}$, $J \cup K = N_n$, $J \cap K = \emptyset$, so dass $a_{jk} = 0$ für $j \in J$, $k \in K$.)

Übung 6.5 (Praktische Aufgabe): Man betrachte das lineare Gleichungssystem $A_n x = b$ mit der $(n \times n)$-Blockmatrix ($n = m^2$, $h := (m+1)^{-1}$)

$$A_n = \begin{bmatrix} B_m & -I_m & & \\ -I_m & B_m & \ddots & \\ & \ddots & \ddots & -I_m \\ & & -I_m & B_m \end{bmatrix} \in \mathbb{R}^{n\times n}, \qquad B_m = \begin{bmatrix} 4 & -1 & & \\ -1 & 4 & \ddots & \\ & \ddots & \ddots & -1 \\ & & -1 & 4 \end{bmatrix} \in \mathbb{R}^{m\times m}$$

mit der Einheitsmatrix $I_m \in \mathbb{R}^{m\times m}$ und dem Vektor $b = h^2(1, \dots, 1)^T \in \mathbb{R}^n$. Man schreibe ein Programm zur Lösung dieses Gleichungssystems mit Hilfe

a) des Jacobi-Verfahrens;

b) des Gauß-Seidel-Verfahrens;

c) des SOR-Verfahrens mit „optimalem" Relaxationsparameter ω_{opt} gemäß der oben angegebenen Theorie:

$$1 < \omega_{\text{opt}} = \frac{2}{1 + \sqrt{1 - \text{spr}(J)^2}} < 2, \qquad \text{spr}(J) = \cos(h\pi) < 1.$$

Als Startvektoren verwende man jeweils $x^0 = 0$ und als Abbruchkriterium

$$\frac{\|Ax^t - b\|_\infty}{\|x^t\|_\infty} \le 10^{-8} \qquad \text{oder} \qquad t_{\max} \le 20000.$$

Für $m = 2^k$, $k = 1, \ldots, 6$, vergleiche man das Konvergenzverhalten dieser Verfahren. (Das Programm soll möglichst sparsam im Speicherverbrauch sein!)

7 Eigenwertaufgaben

Im Folgenden betrachten wir quadratische Matrizen $A \in \mathbb{K}^{n\times n}$ mit Elementen aus $\mathbb{K} = \mathbb{R}$ oder $\mathbb{K} = \mathbb{C}$.

Definition 7.1: *(i) Eine Zahl $\lambda \in \mathbb{C}$ ist „Eigenwert" von A, wenn es einen zugehörigen „Eigenvektor" $w \in \mathbb{C}^n$, $w \neq 0$, gibt mit $Aw = \lambda w$. Die Eigenwerte sind gerade die Nullstellen des „charakteristischen Polynoms" χ_A von A*

$$\chi_A(z) = \det(A - zI) = (-1)^n z^n + b_1 z^{n-1} + \ldots + b_n.$$

Es gibt genau n (ihrer Vielfachheit als Nullstelle entsprechend oft gezählte) Eigenwerte in $\mathbb{C}$, welche sich unabhängig voneinander bestimmen lassen.

(ii) Man spricht vom „partiellen Eigenwertproblem", wenn nur einzelne Eigenwerte (etwa der kleinste oder der größte) und gegebenenfalls die zugehörigen Eigenvektoren gesucht sind, und vom „vollständigen Eigenwertproblem", wenn alle Eigenwerte und eventuell zugehörige Eigenvektoren berechnet werden sollen.

Ist ein Eigenwert λ bekannt, so erhält man die zugehörigen Eigenvektoren als Lösung des homogenen Gleichungssystems $(A - \lambda I)\, w = 0$. Umgekehrt bestimmt ein Eigenvektor w eindeutig den zugehörigen Eigenwert etwa durch den sog. „Rayleigh[1]-Quotienten"

$$\lambda = \frac{(Aw, w)_2}{\|w\|_2^2}.$$

Dabei bezeichnen wieder $(\cdot,\cdot)_2$ das euklidische Skalarprodukt und $\|\cdot\|_2$ die zugehörige Vektornorm. Im Folgenden stellen wir einige Tatsachen und Definitionen der linearen Algebra zusammen: Das charakteristische Polynom einer Matrix $A \in \mathbb{K}^{n\times n}$ besitzt mit seinen paarweise verschiedenen Nullstellen λ_i (den Eigenwerten von A) die Darstellung

$$\chi_A(z) = \prod_{i=1}^{m} (z - \lambda_i)^{\sigma_i}, \qquad \sum_{i=1}^{m} \sigma_i = n.$$

Die Eigenvektoren zum Eigenwert λ_i bilden einen Unterraum von $\mathbb{C}^n$, den sog. „geometrischen Eigenraum" zu λ_i, mit der Dimension $\rho_i = \dim(\mathrm{Kern}(A - \lambda_i I))$. Es heißen σ_i die „algebraisch" und ρ_i die „geometrische" Vielfachheit von λ_i. Es ist stets $\rho_i \leq \sigma_i$.

Beispiel 7.1: Die Bedeutung der folgenden Matrizen $C_m(\lambda)$ liegt darin, dass aus ihnen die sog. „Jordansche[2] Normalform" einer Matrix A aufgebaut ist (siehe Abschnitt 7.3):

[1] John William Strutt (Lord Rayleigh) (1842–1919): Englischer Mathematiker und Physiker; forschte zunächst als (adliger) Privatgelehrter, 1879-1884 Professor für experimentelle Physik in Cambridge; fundamentale Beiträge zur theoretischen Physik: Streutheorie, Akustik, Elektro-Magnetismus, Gasdynamik.

[2] Marie Ennemond Camille Jordan (1838–1922): Französischer Mathematiker; Professor in Paris; Beiträge zur Algebra, Gruppentheorie, Analysis und Topologie.

$$C_m(\lambda) = \begin{bmatrix} \lambda & 1 & & & 0 \\ & \lambda & 1 & & \\ & & \ddots & \ddots & \\ & & & \lambda & 1 \\ 0 & & & & \lambda \end{bmatrix} \in \mathbb{K}^{m\times m}, \quad \text{Eigenwerte:} \quad \lambda \in \mathbb{C}$$

$$\chi_{C_m(\lambda)}(z) = (\lambda - z)^m \quad \Rightarrow \quad \sigma = m, \quad \mathrm{Rang}(\mathrm{C_m}(\lambda) - \lambda \mathrm{I}) = \mathrm{m} - 1 \quad \Rightarrow \quad \rho = 1\,.$$

Der naheliegende Weg zur Berechnung der Eigenwerte einer Matrix $A \in \mathbb{K}^{n\times n}$ wäre die Bestimmung der Koeffizienten ihres charakteristischen Polynoms $p_A(z)$ und die anschließende Berechnung der Nullstellen von $\chi_A(z)$ mit einem geeigneten numerischen Verfahren. Dieses Vorgehen ist jedoch i. Allg. nicht angeraten, da die Nullstellenbestimmung bei Polynomen ein hochgradig schlecht konditioniertes Problem ist, obwohl das ursprüngliche Eigenwertproblem, wie wir sehen werden, meist gut konditioniert ist.

Beispiel 7.2: Sei $A \in \mathbb{R}^{20\times 20}$ symmetrisch mit Eigenwerten $\lambda_j = j\,,\ j = 1,\dots,20$:

$$\chi_A(z) = \prod_{j=1}^{20} (z - j) = z^{20} \underbrace{-210}_{b_1} z^{19} + \dots + \underbrace{20!}_{b_{20}}$$

Der Koeffizient b_1 sei gestört: $\tilde{b}_1 = -210 + 2^{-23} \sim -210{,}000000119\dots$,

$$\text{relativer Fehler} \quad \left| \frac{\tilde{b}_1 - b_1}{b_1} \right| \sim 10^{-10}.$$

Das gestörte Polynom $\tilde{\chi}_A(z)$ hat dann u. a. die Wurzeln: $\lambda_\pm \sim 16{,}7 \pm 2{,}8i$.

Über das charakteristische Polynom werden die Eigenwerte nur für sehr einfach strukturierte Matrizen berechnet, bei denen dies möglich ist, ohne die Koeffizienten von $\chi_A(z)$ auszurechnen. Dies sind u. a. „Tridiagonalmatrizen“ und allgemeiner sog. „Hessenberg[3] -Matrizen“.

Tridiagonalmatrix

$$\begin{bmatrix} a_1 & b_1 & & \\ c_2 & \ddots & \ddots & \\ & \ddots & & b_{n-1} \\ & & c_n & a_n \end{bmatrix}$$

Hessenberg-Matrix

$$\begin{bmatrix} a_{11} & \cdots & & a_{1n} \\ a_{21} & \ddots & & \vdots \\ & \ddots & & a_{n-1,n} \\ 0 & & a_{n,n-1} & a_{nn} \end{bmatrix}$$

[3]Karl Adolf Hessenberg (1904–1959): Deutscher Elektroingenieur; arbeitete zunächst an der TU Darmstadt und dann bei AEG; Dissertation „Die Berechnung der Eigenwerte und Eigenlösungen linearer Gleichungssysteme“, TU Darmstadt 1942.

7.1 Konditionierung des Eigenwertproblems

Hilfssatz 7.1 (Stabilität): *Seien $A, B \in \mathbb{K}^{n\times n}$ beliebige Matrizen und $\|\cdot\|$ eine natürliche Matrizennorm. Dann gilt für jeden Eigenwert λ von A, der nicht zugleich auch Eigenwert von B ist, die Beziehung*

$$\|(\lambda I - B)^{-1}(A-B)\| \geq 1. \tag{7.1.1}$$

Beweis: Ist w Eigenvektor zum Eigenwert λ von A, so folgt aus der Identität

$$(A-B)\,w = (\lambda I - B)\,w,$$

wenn λ kein Eigenwert von B ist,

$$(\lambda I - B)^{-1}(A-B)\,w = w.$$

Also ist

$$1 \leq \sup_{x\in\mathbb{K}^n\setminus\{0\}} \frac{\|(\lambda I - B)^{-1}(A-B)\,x\|}{\|x\|} = \|(\lambda I - B)^{-1}(A-B)\|,$$

was zu zeigen war. Q.E.D.

Als Folgerung aus Hilfssatz 7.1 erhalten wir zunächst den wichtigen Einschließungssatz von Gerschgorin[4] (1931).

Satz 7.1 (Satz von Gerschgorin): *Alle Eigenwerte einer Matrix $A \in \mathbb{K}^{n\times n}$ liegen in der Vereinigung der sog. „Gerschgorin-Kreise“*

$$K_j := \Big\{ z \in \mathbb{C} : |z - a_{jj}| \leq \sum_{k=1,k\neq j}^{n} |a_{jk}| \Big\}, \quad j = 1,\dots,n. \tag{7.1.2}$$

Sind die Mengen $U \equiv \cup_{i=1}^m K_{j_i}$ und $V \equiv \overline{\cup_{j=1}^n K_j \setminus U}$ disjunkt, so liegen in U genau m und in V genau $n-m$ Eigenwerte von A (mehrfache Eigenwerte ihrer algebraischen Vielfachheiten entsprechend oft gezählt).

Beweis: (i) Wir setzen $B \equiv D = \mathrm{diag}(a_{jj})$ in Hilfssatz 7.1 und nehmen die „maximale Zeilensumme“ als natürliche Matrizennorm. Damit folgt dann für $\lambda \neq a_{jj}$:

$$\|(\lambda I - D)^{-1}(A-D)\|_\infty = \max_{j=1,\dots,n} \frac{1}{|\lambda - a_{jj}|} \sum_{k=1,k\neq j}^{n} |a_{jk}| \geq 1,$$

d. h.: λ liegt in einem der Gerschgorin-Kreise.

[4]Semyon Aranovich Gershgorin (1901–1933): Russischer Mathematiker; seit 1930 Professor in Leningrad (St. Petersburg); arbeitete über Algebra, Funktionenthorie, Differentialgleichungen und Numerik.

(ii) Zum Beweis der zweiten Behauptung setzen wir $A_t \equiv D + t(A-D)$. Offenbar liegen genau m Eigenwerte von $A_0 = D$ in U und $n-m$ Eigenwerte in V . Dasselbe folgt dann auch für $A_1 = A$, da die Eigenwerte von A_t stetige Funktionen von t sind. Q.E.D.

Der Satz von Gerschgorin liefert sehr viel genauere Informationen über die Lage der Eigenwerte λ von A als die uns schon bekannte grobe Abschätzung $|\lambda| \le \|A\|_\infty$. Die Matrizen A und A^T haben dieselben Eigenwerte. Durch Anwendung von Satz 7.1 auf A^T erhält man oft eine weitere Verschärfung der Abschätzung für die Eigenwerte.

Beispiel 7.3:

$$A = \begin{bmatrix} 1 & 0.1 & -0.2 \\ 0 & 2 & 0.4 \\ -0.2 & 0 & 3 \end{bmatrix} \qquad \|A\|_\infty = 3.2\,, \quad \|A\|_1 = 3.6.$$

$$\begin{aligned} K_1 &= \{z \in \mathbb{C} : |z-1| \le 0.3\} & K_1^T &= \{z \in \mathbb{C} : |z-1| \le 0.2\} \\ K_2 &= \{z \in \mathbb{C} : |z-2| \le 0.4\} & K_2^T &= \{z \in \mathbb{C} : |z-2| \le 0.1\} \\ K_3 &= \{z \in \mathbb{C} : |z-3| \le 0.2\} & K_3^T &= \{z \in \mathbb{C} : |z-3| \le 0.6\} \end{aligned}$$

$$|\lambda_1 - 1| \le 0.2\,, \quad |\lambda_2 - 2| \le 0.1\,, \quad |\lambda_3 - 3| \le 0.2$$

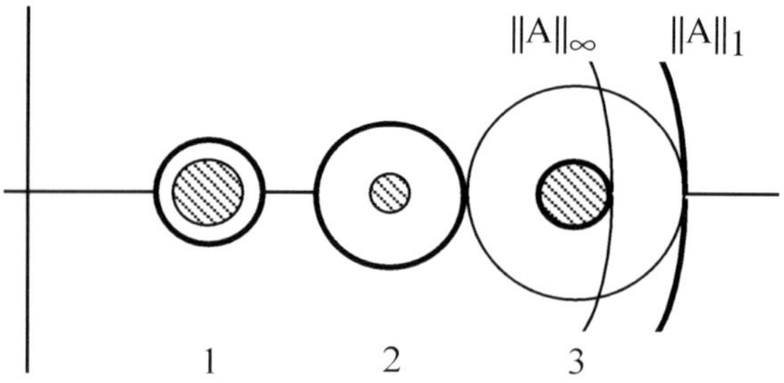

Abbildung 7.1: Gerschgorin-Kreise

Weiter erhalten wir mit Hilfssatz 7.1 den folgenden Stabilitätssatz:

Satz 7.2 (Stabilitätssatz): *Sei $A \in \mathbb{K}^{n\times n}$ eine Matrix, zu der es n linear unabhängige Eigenvektoren $\{w_1, \dots, w_n\}$ gibt, und sei $B \in \mathbb{K}^{n\times n}$ eine zweite Matrix. Dann gibt es zu jedem Eigenwert $\lambda(B)$ von B einen Eigenwert $\lambda(A)$ von A, so dass mit der Matrix $W = [w_1, \dots, w_n]$ gilt:*

$$|\lambda(A) - \lambda(B)| \le \mathrm{cond}_2(\mathrm{W})\, \|\mathrm{A} - \mathrm{B}\|_2\,. \tag{7.1.3}$$

Beweis: Die Eigenwertgleichungen $Aw^{(i)} = \lambda_i(A)w^{(i)}$ lassen sich in der Form $AW = W \cdot \mathrm{diag}(\lambda_i(A))$ schreiben mit der regulären Matrix $W = [w_1, \dots, w_n]$. Also ist

$$A = W\,\mathrm{diag}(\lambda_i(A))\,W^{-1},$$

d. h.: A ist "ähnlich" zu der Diagonalmatrix $\Lambda = \mathrm{diag}(\lambda_i(A))$. Wenn $\lambda = \lambda(B)$ nun kein Eigenwert von A ist, so gilt

$$\begin{aligned}\|(\lambda I - A)^{-1}\|_2 &= \|W(\lambda I - \Lambda)^{-1}W^{-1}\|_2\\ &\le \|W^{-1}\|_2\|W\|_2\|(\lambda I - \Lambda)^{-1}\|_2\\ &= \mathrm{cond}_2(W)\max_{i=1,\dots,n}|\lambda - \lambda_i(A)|^{-1}.\end{aligned}$$

Hilfssatz 7.1 ergibt dann die Behauptung. Q.E.D.

Für hermitesche Matrizen $A \in \mathbb{K}^{n\times n}$ existiert eine Orthonormalbasis des $\mathbb{K}^n$ von Eigenvektoren, so dass die Matrix W in Satz 7.2 als unitär angenommen werden kann: $W\bar{W}^T = I$. In diesem Fall gilt dann:

$$\mathrm{cond}_2(W) = \|\bar{W}^T\|_2\,\|W\|_2 = 1. \tag{7.1.4}$$

Wir fassen die gefundenen Ergebnisse zusammen.

Regel 7.1: *Das Eigenwertproblem hermitescher Matrizen ist gut konditioniert, während das allgemeine Eigenwertproblem je nach Größe von* $\mathrm{cond}_2(W)$ *beliebig schlecht konditioniert sein kann.*

7.2 Iterative Verfahren

Im Folgenden betrachten wir ein iteratives Verfahren zur Lösung des partiellen Eigenwertproblems einer Matrix $A \in \mathbb{K}^{n\times n}$.

Definition 7.2: *Die „Potenzmethode" nach v. Mises*[5] *erzeugt ausgehend von einem Startvektor* $z^0 \in \mathbb{C}^n$ *mit* $\|z^0\| = 1$ *eine Folge von Iterierten* $z^t \in \mathbb{C}^n$, $t = 1, 2, \dots$, *durch*

$$\tilde{z}^t = Az^{t-1}, \quad z^t = \frac{\tilde{z}^t}{\|\tilde{z}^t\|}. \tag{7.2.5}$$

[5] *Richard von Mises (1883–1953): Östereichischer Mathematiker; Professor für Angewandte Mathematik und Mechanik in Straßburg (1909-1918), in Dresden und dann Gründer des neuen Instituts für Angewandte Mathematik in Berlin (1919-1933), danach Emigration in die Türkei (Istambul) und schließlich in die USA (1938); Professor an der Harward University; wichtige Beiträge zur theoretischen Strömungsmechanik (Einführung des „Spannungstensors"), Aerodynamik, Numerik, Statistik und Wahrscheinlichkeitstheorie.*

Für einen beliebigen Index $k \in \{1,\dots,n\}$ (etwa den der „maximalen“ Komponente von z^t) wird gesetzt

$$\lambda^t := \frac{(Az^t)_k}{z^t_k}. \tag{7.2.6}$$

Zur Normierung wird üblicherweise $\|\cdot\| = \|\cdot\|_\infty$ oder $\|\cdot\| = \|\cdot\|_2$ verwendet. Zur Analyse dieses Verfahrens nehmen wir an, dass die Matrix A „diagonalisierbar“, d. h. ähnlich zu einer Diagonalmatrix, ist. Dies ist, äquivalent dazu, dass A eine Basis von Eigenvektoren $\{w_1,\dots,w_n\}$ besitzt (Übungsaufgabe). Diese Eigenvektoren w_i seien normiert. Wir nehmen weiter an, dass der Startwert z^0 eine nichttriviale Komponente bzgl. w_n besitzt. Dies ist keine wesentliche Einschränkung, da aufgrund des unvermeidbaren Rundungsfehlers dieser Fall im Verlauf der Iteration sicher einmal eintritt

Satz 7.3 (Potenzmethode): *Die Matrix A sei diagonalisierbar und ihr betragsgrößter Eigenwert sei separiert von den anderen Eigenwerten, d. h.: $|\lambda_n| > |\lambda_i|,\ i \neq n$. Ferner habe der Startvektor z^0 eine nichttriviale Komponente bzgl. des zugehörigen Eigenvektors w_n. Dann gibt es Zahlen $\sigma_t \in \mathbb{C},\ |\sigma_t| = 1$, so dass*

$$\|z^t - \sigma_t w_n\| \to 0 \quad (t \to \infty), \tag{7.2.7}$$

und es gilt

$$\lambda^t - \lambda_n = O\Big(\Big|\frac{\lambda_{n-1}}{\lambda_n}\Big|^t\Big) \quad (t \to \infty). \tag{7.2.8}$$

Beweis: Sei $z^0 = \sum_{i=1}^n \alpha_i w_i$ die Basisdarstellung der Startvektoren. Für die Iterierten z^t gilt

$$z^t = \frac{\tilde z^t}{\|\tilde z^t\|} = \frac{Az^{t-1}}{\|Az^{t-1}\|} = \frac{A\tilde z^{t-1}}{\|\tilde z^{t-1}\|}\,\frac{\|\tilde z^{t-1}\|}{\|A\tilde z^{t-1}\|} = \dots = \frac{A^t z^0}{\|A^t z^0\|}.$$

Ferner ist

$$A^t z^0 = \sum_{i=1}^n \alpha_i \lambda_i^t w_i = \lambda_n^t \alpha_n \Big\{ w_n + \sum_{i=1}^{n-1} \frac{\alpha_i}{\alpha_n}\Big(\frac{\lambda_i}{\lambda_n}\Big)^t w_i \Big\}$$

und folglich wegen $|\lambda_i/\lambda_n| < 1,\ i = 1,\dots,n-1$,

$$A^t z^0 = \lambda_n^t \alpha_n \{w_n + o(1)\} \quad (t \to \infty).$$

Dies ergibt

$$z^t = \frac{\lambda_n^t \alpha_n \{w_n + o(1)\}}{|\lambda_n^t \alpha_n|\,\|w_n + o(1)\|} = \underbrace{\frac{\lambda_n^t \alpha_n}{|\lambda_n^t \alpha_n|}}_{=:\,\sigma_t} w_n + o(1).$$

Die Iterierten z^t konvergieren also gegen $\mathrm{span}\{w_n\}$. Weiter gilt (wegen $\alpha_n \neq 0$)

$$\lambda^t = \frac{(Az^t)_k}{z_k^t} = \frac{(A^{t+1}z^0)_k}{\|A^t z^0\|}\frac{\|A^t z^0\|}{(A^t z^0)_k}$$
$$= \frac{\lambda_n^{t+1}\{\alpha_n w_{n,k} + \sum_{i=1}^{n-1}\alpha_i\big(\frac{\lambda_i}{\lambda_n}\big)^{t+1} w_{i,k}\}}{\lambda_n^t\{\alpha_n w_{n,k} + \sum_{i=1}^{n-1}\alpha_i\big(\frac{\lambda_i}{\lambda_n}\big)^t w_{i,k}\}} = \lambda_n + O\Big(\Big|\frac{\lambda_{n-1}}{\lambda_n}\Big|^t\Big) \quad (t\to\infty).$$

Q.E.D.

Die Konvergenz der Potenzmethode ist um so besser, je mehr der betragsgrößte Eigenwert λ_n von den übrigen betragsmäßig separiert ist. Der Konvergenzbeweis lässt sich verallgemeinern für diagonalisierbare Matrizen, bei denen der betragsgrößte Eigenwert zwar mehrfach sein kann, aber $|\lambda_n| = |\lambda_i|$ notwendig $\lambda_n = \lambda_i$ impliziert. Für noch allgemeinere Matrizen ist die Konvergenz nicht mehr gesichert.

Bei hermiteschen Matrizen erhält man im Rahmen der Potenzmethode bessere Eigenwertnäherungen mit Hilfe des Rayleigh-Quotienten:

$$\lambda^t := (Az^t, z^t), \quad \|z^t\| = 1. \tag{7.2.9}$$

In diesem Fall kann $\{w_1, \dots, w_n\}$ als Orthonormalsystem gewählt werden, so dass gilt:

$$\lambda^t = \frac{(A^{t+1}z^0,\, A^t z^0)}{\|A^t z^0\|^2} = \frac{\sum_{i=1}^n |\alpha_i|^2 \lambda_i^{2t+1}}{\sum_{i=1}^n |\alpha_i|^2 \lambda_i^{2t}}$$
$$= \frac{\lambda_n^{2t+1}\,\{|\alpha_n|^2 + \sum_{i=1}^{n-1}|\alpha_i|^2\big(\frac{\lambda_i}{\lambda_n}\big)^{2t+1}\}}{\lambda_n^{2t}\,\{|\alpha_n|^2 + \sum_{i=1}^{n}|\alpha_i|^2(\lambda_i|\lambda_n)^{2t}\}} = \lambda_n + O\Big(\Big|\frac{\lambda_{n-1}}{\lambda_n}\Big|^{2t}\Big).$$

Die Konvergenz der Eigenwertnäherungen ist hier also doppelt so schnell wie im nicht hermiteschen Fall. Für die praktische Rechnung ist die einfache Potenzmethode nur bedingt brauchbar, da sie schlecht konvergiert, wenn $|\lambda_{n-1}/\lambda_n| \sim 1$ ist, und auch nur den betragsgrößten Eigenwert liefert.

Eine Weiterentwicklung der Potenzmethode ist die sog. „Inverse Iteration" nach Wielandt[6]. Hier wird davon ausgegangen, dass man bereits eine gute Näherung $\tilde\lambda$ für einen Eigenwert λ_k der Matrix A kennt (durch Einschließungssätze oder andere Verfahren), so dass gilt:

$$|\lambda_k - \tilde\lambda| \ll |\lambda_i - \tilde\lambda|, \quad i = 1, \dots, n, \quad i \neq k. \tag{7.2.10}$$

Im Falle $\tilde\lambda \neq \lambda_k$ hat $(A - \tilde\lambda I)^{-1}$ die Eigenwerte $\mu_i = (\lambda_i - \tilde\lambda)^{-1}$, $i = 1, \dots, n$, und es gilt:

$$\Big|\frac{1}{\lambda_k - \tilde\lambda}\Big| \gg \Big|\frac{1}{\lambda_i - \tilde\lambda}\Big|, \quad i = 1, \dots, n, \quad i \neq k. \tag{7.2.11}$$

[6]Helmut Wielandt (1910–2001): Deutscher Mathematiker; Professor in Mainz (1946-1951) und Tübingen (1951-1977); Beiträge zu Gruppentheorie, Lineare Algebra und Matrix-Theorie.

Definition 7.3: *Die sog. „inverse Iteration“ besteht in der Anwendung der Potenzmethode auf die Matrix* $(A-\tilde{\lambda}I)^{-1}$ *mit einer a priori Schätzung* $\tilde{\lambda}$ *zum gesuchten Eigenwert* λ_k *. Ausgehend von einem Startvektor* z^0 *werden Iterierte* z^t *bestimmt als Lösungen der Gleichungssysteme*

$$(A - \tilde{\lambda}I)\tilde{z}^t = z^{t-1}, \quad z^t = \frac{\tilde{z}^t}{\|\tilde{z}^t\|}, \quad t = 1, 2, \dots . \tag{7.2.12}$$

Die zugehörige Eigenwertnäherung wird bestimmt durch

$$\mu^t := \frac{z_k^t}{((A - \tilde{\lambda}I)z^t)_k}, \quad ((A - \tilde{\lambda}I)z^t)_k \neq 0, \tag{7.2.13}$$

oder im symmetrischen Fall wieder mit Hilfe des Rayleigh-Quotienten.

Aufgrund der Aussagen über die Potenzmethode liefert die inverse Iteration also für eine diagonalisierbare Matrix jeden Eigenwert, zu dem bereits eine hinreichend gute Näherung bekannt ist.

Beispiel 7.4: Wir wollen die eben beschriebenen Verfahren auf die Modellmatrix aus Abschnitt 6.3 anwenden. Zur Bestimmung der Schwingungsformen und Frequenzen einer über dem Bereich $\bar{\Omega}$ gespannten Membran (Trommel) hat man das Eigenwertproblem des Laplace-Operators

$$\begin{aligned} -\frac{\partial^2 w}{\partial x^2}(x,y) - \frac{\partial^2 w}{\partial y^2}(x,y) &= \mu w(x,y) \quad \text{für} \quad (x,y) \in \Omega, \\ w(x,y) &= 0 \quad \text{für} \quad (x,y) \in \partial\Omega, \end{aligned} \tag{7.2.14}$$

zu lösen. Man kann zeigen, dass dieses Problem eine abzählbar unendliche Folge von reellen, positiven Eigenwerten besitzt. Der kleinste von diesen $\mu_{\min} > 0$, beschreibt gerade den Grundton der Trommel und die zugehörige Eigenfunktion $w_{\min}$ die zugehörige Grundschwingungsform. Die Diskretisierung dieses Problems mit Hilfe des oben schon eingeführten 5-Punkte-Differenzenapproximation führt auf eine Matrizeneigenwertaufgabe

$$Az = \lambda z, \quad \lambda = h^2\mu \tag{7.2.15}$$

mit derselben Blocktridiagonalmatrix A wie beim Randwertproblem. Unter Verwendung der Bezeichnungen des Abschnitts 6.3 lassen sich deren Eigenwerte explizit angeben durch

$$\lambda_{kl} = 4 - 2(\cos(kh\pi) + \cos(lh\pi)), \quad k, l = 1, \dots, m.$$

Von Interesse ist nun offenbar insbesondere der kleinste Eigenwert $\lambda_{\min}$ von A, der mit $h^{-2}\lambda_{\min} \approx \mu_{\min}$ eine Approximation zum kleinsten Eigenwert des Ausgangsproblems

(3.2.9) liefert. Für $\lambda_{\min}$ und den darauffolgenden Eigenwert $\lambda^* > \lambda_{\min}$ gilt offenbar

$$\begin{aligned}\lambda_{\min} &= 4 - 4\cos(h\pi) = 2\pi^2h^2 + O(h^4),\\ \lambda^* &= 4 - 2(\cos(2h\pi) + \cos(h\pi)) = 5\pi^2h^2 + O(h^4).\end{aligned}$$

Zur Berechnung von $\lambda_{\min}$ könnte die inverse Iteration (mit Shift $\lambda = 0$) verwendet werden. Dies erfordert in jedem Iterationsschritt die Lösung eines Gleichungssystems

$$Az^t = z^{t-1} \tag{7.2.16}$$

Für die zugehörige Eigenwertnäherung

$$\lambda^t = \frac{(Az^t, z^t)}{\|z^t\|^2} \tag{7.2.17}$$

gilt dann mit dem auf $\lambda_{\min}$ folgenden Eigenwert $\lambda^* > \lambda_{\min}$ die Konvergenzaussage

$$|\lambda^t - \lambda_{\min}| \approx (\lambda_{min}/\lambda^*)^{2t} \approx (0,4)^{2t}, \tag{7.2.18}$$

d. h.: Die Konvergenzgeschwindigkeit ist unabhängig von der Gitterweite h bzw. der Dimension $n = m^2 \approx h^{-2}$ der Matrix A. Allerdings müsste zur Erzielung einer vorgegebenen Genauigkeit für die Approximation $\mu^t = h^{-2}\lambda^t$ die Toleranz mit h^{-2} skaliert werden, was wiederum eine logarithmische h-Abhängigkeit der erforderlichen Iterationszahl einführt.

$$t(\varepsilon) \approx \frac{\ln(\varepsilon h^2)}{\ln(0,4)} \approx \ln(n). \tag{7.2.19}$$

Dieser Weg zur Berechnung von $\mu_{\min}$ wäre damit sehr aufwendig, wenn die Lösung der Probleme (3.2.11) etwa mit Hilfe des PCG-Verfahrens auf maximale Genauigkeit erfolgen würde. Zur Aufwandsreduktion könnte man die Abbruchgenauigkeit der CG-Iteration am Anfang niedrig ansetzen und sie erst im Laufe der äußeren Iteration sukzessive erhöhen.

7.3 Reduktionsmethoden

Wir rekapitulieren einige für das Folgende wichtigen Eigenschaften „ähnlicher" Matrizen.

Definition 7.4: *Zwei Matrizen $A, B \in \mathbb{C}^{n\times n}$ heißen „ähnlich", in Symbolen $A \sim B$, wenn es eine reguläre Matrix $T \in \mathbb{C}^{n\times n}$ gibt, so dass gilt:*

$$A = T^{-1}BT. \tag{7.3.20}$$

Wegen

$$\begin{aligned}\det(A - zI) &= \det(T^{-1}[B - zI]T)\\ &= \det(T^{-1})\det(B - zI)\det(T) = \det(B - zI)\end{aligned} \tag{7.3.21}$$

haben ähnliche Matrizen A, B dasselbe charakteristische Polynom und folglich dieselben Eigenwerte. Ist λ ein Eigenwert von A mit Eigenvektor w, so ist wegen

$$Aw = T^{-1}BTw = \lambda w$$

offenbar Tw ein Eigenvektor von B zum Eigenwert λ. algebraische und geometrische Vielfachheiten von Eigenwerten ähnlicher Matrizen stimmen also überein. Es liegt nun nahe, eine gegebene Matrix A durch eine Folge von Ähnlichkeitstransformationen

$$A = A^{(0)} = T_1^{-1}A^{(1)}T_1 = Q \ldots = T_i^{-1}A^{(i)}T_i = \ldots \tag{7.3.22}$$

auf eine Form zu bringen, für welche Eigenwerte und zugehörige Eigenvektoren leicht zu bestimmen sind. Dies ist die Vorgehensweise der sog. „Reduktionsmethoden“. Wir geben dazu (ohne Beweis) eine Reihe von grundlegenden Resultaten an:

Satz 7.4 (Jordansche Normalform): *Die Matrix $A \in \mathbb{C}^{n\times n}$ habe die (paarweise verschiedenen) Eigenwerte λ_i, $i = 1, \ldots, m$, mit Vielfachheiten σ_i und ρ_i. Dann gibt es Zahlen $r_k^{(i)} \in \mathbb{N}$ $k = 1, \ldots, \rho_i$, $\sigma_i = r_1^{(i)} + \ldots + r_{\rho_i}^{(i)}$, so dass A ähnlich ist zu einer Jordanschen Normalform*

$$J_A = \begin{bmatrix} C_{r_1^{(1)}}(\lambda_1) & & & & & & 0 \\ & \ddots & & & & & \\ & & C_{r_{\rho_1}^{(1)}}(\lambda_1) & & & & \\ & & & \ddots & & & \\ & & & & C_{r_1^{(m)}}(\lambda_m) & & \\ & 0 & & & & \ddots & \\ & & & & & & C_{r_{\rho_m}^{(m)}}(\lambda_m) \end{bmatrix}.$$

Die Zahlen $r_k^{(i)}$ sind dabei bis auf die Reihenfolge eindeutig bestimmt.

Lässt man als Ähnlichkeitstransformation nur solche mit unitären Matrizen zu, so gilt der folgende Satz von Schur[7]:

Satz 7.5 (Schursche Normalform): *Die Matrix $A \in \mathbb{C}^{n\times n}$ habe die (ihrer algebraischen Vielfachheiten entsprechend oft gezählten) Eigenwerte λ_i, $i = 1, \ldots, n$. Dann gibt*

[7]Issai Schur (1875–1941): Russisch-Deutscher Mathematiker; Professor in Bonn (1911-1916) und in Berlin (1916-1935), wo er eine berühmte mathematische Schule begründete; wegen seiner jüdischen Herkunft verfolgt emmigrierte er 1939 nach Palestina; fundamentale Arbeiten insbesondere zur Darstellungstheorie von Gruppen und zur Zahlentheorie.

es eine unitäre Matrix $U \in \mathbb{C}^{n\times n}$ *, mit der gilt:*

$$\bar{U}^T AU = \begin{bmatrix} \lambda_1 & & * \\ & \ddots & \\ 0 & & \lambda_n \end{bmatrix}. \tag{7.3.23}$$

Ist $A \in \mathbb{C}^{n\times n}$ *hermitesch,* $A^T = \bar{A}$, *so ist auch* $\bar{U}^T AU$ *hermitesch. Folglich sind hermitesche Matrizen* $A \in \mathbb{C}^{n\times n}$ *stets„'unitär-ähnlich" zu einer Diagonalmatrix,* $\bar{U}^T AU = \mathrm{diag}(\lambda_i)$ *, d. h. „diagonalisierba".*

Hilfssatz 7.2 (Diagonalisierbarkeit): *Für eine Matrix* $A \in \mathbb{C}^{n\times n}$ *sind die folgenden Aussagen äquivalent:*

(i) A *ist diagonalisierbar.*

(ii) Es gibt eine Basis des $\mathbb{C}^n$ *aus Eigenvektoren von* A.

(iii) Für alle Eigenwerte von A *ist die algebraische gleich der geometrischen Vielfachheit.*

Beweis: Übungsaufgabe. Q.E.D.

Die direkte Transformation einer gegebenen Matrix auf Normalform ist i. Allg. nur bei vorheriger Kenntnis der Eigenvektoren in *endlich* vielen Schritten möglich. Daher transformiert man in der Praxis eine Matrix zunächst nur in eine einfachere Form (z. B. Hessenberg-Form) und wendet auf diese dann andere Verfahren an:

$$A = A^{(0)} \to A^{(1)} = T_1^{-1} A^{(0)} T_1 \to \dots A^{(m)} = T_m^{-1} A^{(m-1)} T_m.$$

Die Transformationsmatrizen T_i sollten dabei explizit durch die Elemente von $A^{(i-1)}$ angebbar sein. Ferner sollte das Eigenwertproblem der Matrix $A^{(i)} = T_i^{-1} A^{(i-1)} T_i$ nicht wesentlich schlechter konditioniert sein als das von $A^{(i-1)}$.

Sei $\|\cdot\|$ eine natürliche Matrizennorm zur Vektornorm $\|\cdot\|$ auf $\mathbb{C}^n$. Für zwei ähnliche Matrizen $B \sim A$ gilt dann

$$B = T^{-1} AT, \quad B + \delta B = T^{-1}(A + \delta A) T, \quad \delta A = T \delta B T^{-1},$$

bzw.

$$\|B\| \le \mathrm{cond(T)}\, \|\mathrm{A}\|, \quad \|\delta \mathrm{A}\| \le \mathrm{cond(T)}\, \|\delta \mathrm{B}\|.$$

Folglich ist

$$\frac{\|\delta A\|}{\|A\|} \le \mathrm{cond(T)}^2 \frac{\|\delta \mathrm{B}\|}{\|\mathrm{B}\|}. \tag{7.3.24}$$

Für große $\mathrm{cond(T)} \gg 1$ werden also kleine Änderungen in B die Eigenwerte unter Umständen wesentlich stärker verfälschen als solche in A. Um die Gutartigkeit der Reduktionsmethode zu garantieren, hat man wegen

$$\mathrm{cond(T) = cond(T_1 \dots T_m) \le cond(T_1) \cdot \ \dots \ \cdot cond(T_m)}$$

die Matrizen T_i so zu wählen, dass $\mathrm{cond(T_i)}$ nicht zu groß wird. Dies ist insbesondere bei den folgenden drei Typen von Transformationen der Fall:

a) Drehungen:

$$T = \begin{bmatrix} 1 &&&&&&&&& \\ & \ddots &&&&&&&& \\ && 1 &&&&&&& \\ &&& \cos(\varphi) &&&& -\sin(\varphi) && \\ &&&& 1 &&&&& \\ &&&&& \ddots &&&& \\ &&&&&& 1 &&& \\ &&& \sin(\varphi) &&&& \cos(\varphi) && \\ &&&&&&&& 1 & \\ &&&&&&&&& \ddots & \\ &&&&&&&&&& 1 \end{bmatrix} \implies \mathrm{cond_{nat}(T) = 1.}$$

b) Spiegelungen (Householder-Transformationen):

$$T = I - 2u\bar{u}^T \implies \mathrm{cond_{nat}(T) = 1.}$$

Die Householder-Transformationen sind *unitär* und folglich ist ihre Spektralkondition gleich $\mathrm{cond_{nat}(T) = 1}$.

c) Eliminationen

$$T = \begin{bmatrix} 1 &&&&& \\ & \ddots &&&& \\ && 1 &&& \\ && l_{i+1,i} & 1 && \\ && \vdots && \ddots & \\ && l_{n,i} &&& 1 \end{bmatrix}, \quad |l_{jk}| \le 1 \implies \mathrm{cond_\infty(T) \le 4.}$$

Im Folgenden betrachten wir nun das Eigenwertproblem reeller Matrizen. Die Grundlage des sog. „Householder-Verfahrens“ ist der folgende Satz:

Satz 7.6 (Hessenberg-Normalform): *Zu jeder Matrix $A \in \mathbb{R}^{n\times n}$ existiert eine Folge von Householder-Matrizen T_i, $i = 1, \dots, n-2$, so dass TAT^T mit $T = T_{n-2} \dots T_1$ eine Hessenberg-Matrix ist. Für symmetrisches A ist TAT^T eine Tridiagonalmatrix.*

Beweis: $A = [a_1, \dots, a_n]$, a_k Spaltenvektoren von A. Im ersten Schritt wird $u_1 = (0, u_{12}, \dots, u_{1n})^T \in \mathbb{R}^n$, $\|u_1\|_2 = 1$, so bestimmt, dass mit $T_1 = I - 2u_1u_1^T$ gilt:

$$T_1 a_1 \in \operatorname{Span}\{e_1, e_2\}$$

Damit gilt dann

$$A^{(1)} = T_1 A T_1 = \underbrace{\left[\begin{array}{c|c} a_{11} & a_{12} \;\; \dots \;\; a_{1n} \\ \hline //// & * \\ \cline{1-1} 0 & \end{array}\right]}_{T_1 A} \underbrace{\left[\begin{array}{c|c} 1 & 0 \;\; \dots \\ \hline 0 & * \\ \vdots & \end{array}\right]}_{T_1^T} = \left[\begin{array}{c|c} a_{11} & * \\ \hline //// & \\ \cline{1-1} 0 & \tilde{A}^{(1)} \end{array}\right].$$

Im nächsten Schritt wendet man eine analoge Prozedur auf die reduzierte Matrix $\tilde{A}^{(1)}$ an. Nach $n-2$ Schritten erhält man so eine Matrix $A^{(n-2)}$, welche offenbar Hessenberg-Gestalt hat. Mit A ist auch $A^{(1)} = T_1 A T_1$ symmetrisch und folglich auch $A^{(n-2)}$. Dann ist $A^{(n-2)}$ als symmetrische Hessenberg-Matrix eine Tridiagonalmatrix. Q.E.D.

Für eine symmetrische Matrix $A \in \mathbb{R}^{n \times n}$ erfordert das Householder-Verfahren zur Reduktion von A auf Tridiagonalform $\frac{2}{3}n^3 + O(n^2)$ a. Op.. Zur Reduktion einer allgemeinen Matrix auf Hessenberg-Form sind $\frac{5}{3}n^3 + O(n^2)$ a. Op. erforderlich. In diesem Fall erweist sich die folgende Methode von Wilkinson als günstiger; sie erfordert nur etwa halb soviele Operationen. Zur Reduktion einer Matrix $A \in \mathbb{R}^{n \times n}$ auf Hessenberg-Form werden dabei Ähnlichkeitstransformationen mit Eliminationsmatrizen

$$E_{p-1} = \begin{array}{c} \\ \left[\begin{array}{cccccc} 1 & & & & & \\ & \ddots & & & & \\ & & 1 & & & \\ & & l_{p+1,p} & 1 & & \\ & & \vdots & & \ddots & \\ & & l_{np} & & & 1 \end{array}\right] \end{array} \begin{array}{c} \\ \\ \\ p \\ \\ \\ \\ \end{array} , \quad E_{p-1}^{-1} = \left[\begin{array}{cccccc} 1 & & & & & \\ & \ddots & & & & \\ & & 1 & & & \\ & & -l_{p+1,p} & 1 & & \\ & & \vdots & & \ddots & \\ & & -l_{np} & & & 1 \end{array}\right] p$$

(Spalte p jeweils über der Spalte mit dem Eintrag 1 bzw. $l_{p+1,p}$ markiert.)

und Permutationsmatrizen

$$P_{pq} = \begin{bmatrix} 1 & & & & & & & & \\ & \ddots & & & & & & & \\ & & 1 & & & & & & \\ & & & 0 & \cdots & 1 & & & \\ & & & & 1 & & & & \\ & & & \vdots & \ddots & \vdots & & & \\ & & & & & 1 & & & \\ & & & 1 & \cdots & 0 & & & \\ & & & & & & 1 & & \\ & & & & & & & \ddots & \\ & & & & & & & & 1 \end{bmatrix} \begin{matrix} \\ \\ \\ p \\ \\ \\ \\ q \\ \\ \\ \\ \end{matrix}, \qquad P_{pq}^{-1} = P_{pq},$$

(Spalten p und q markiert)

verwendet:

$$A^{(i)} = T_i^{-1} A^{(i-1)} T_i\,, \quad T_i = P_{p_i q_i} E_{p_i}. \tag{7.3.25}$$

Wie wir schon bei der Analyse der Gauß-Elimination (mit Spaltenpivotierung) gesehen haben, bewirkt die Multiplikation $E_p^{-1}A$ bzw. AE_p die Subtraktion des l_{jp}-fachen ($j = p+1,\dots,n$) der p-ten Zeile von der j-ten Zeile von A bzw. die Addition des l_{jp}-fachen der j-ten Spalte zur p-ten Spalte von A. Die Multiplikation $P_{pq}A$ bzw. AP_{pq} bewirkt die Vertauschung der p-ten mit der q-ten Zeile bzw. der p-ten mit der q-ten Spalte. Die Matrizen P_{pq} sind offenbar unitär und haben folglich die Kondition $\mathrm{cond_{nat}(P_{pq})} = 1$. Die Eliminationsmatrizen E_p haben zwar eine günstige Kondition, $\mathrm{cond_\infty(E_p)} \le 4$, doch zerstören sie die eventuell vorhandene Symmetrie von A

Satz 7.7 (Reduktion auf Hessenbergmatrix): *Zu jeder Matrix $A \in \mathbb{R}^{n\times n}$ existiert eine Folge von Permutations- und Eliminationsmatrizen $P_{i+1,q_i}E_i$, $i = 1,\dots,n-2$, so dass $T^{-1}AT$ mit $T = P_{2,q_1}E_1 \cdots P_{n-1,q_{n-2}}E_{n-2}$ eine Hessenberg-Matrix ist.*

Beweis: Die Permutationsmatrizen P_{i+1,q_i} dienen allein der Stabilisierung des Eliminationsprozesses durch Spaltenpivotierung; dadurch wird garantiert, daß stets $|l_{j,p_i}| \le 1$ ist. Im ersten Schritt ermittelt man zunächst das Pivotelement in der 1-sten Spalte

$$|a_{p_1 1}| = \max_{j=2,\dots,n} |a_{j1}|,$$

und vertauscht die 2-te mit der p_1-ten Zeile sowie die 2-te mit der p_1-ten Spalte:

$$A' := P_{2p_1} A P_{2p_1}.$$

Dann werden durch den Eliminationsschritt die Elemente in der 1-sten Spalte unterhalb von a'_{21} annuliert: $A'' := E_1^{-1} P_{2p_1} A P_{2p_1}$ mit

$$E_1^{-1} = \begin{bmatrix} 1 & & & & \\ & 1 & & & \\ & -l_{32} & 1 & & \\ & \vdots & & \ddots & \\ & -l_{n2} & & & 1 \end{bmatrix}, \quad l_{j2} = \frac{a'_{j1}}{a'_{21}}, \quad j = 3, \ldots, n.$$

Die Ähnlichkeitstransformation erfordert noch die Multiplikation mit E_1 von rechts:

$$A^{(1)} = A'' E_1 = \left[\begin{array}{c|ccc} a'_{11} & a'_{12} & \cdots & a'_{1n} \\ a'_{21} & a'_{22} & \cdots & a'_{2n} \\ \hline 0 & & * & \end{array}\right]$$

Dies bewirkt eine Addition von Vielfachen der k-ten Spalten, $k = 3, \ldots, n$, zur 2-ten Spalte, d. h.: Die Elemente der 1-ten Spalte werden nicht mehr verändert. Nach $n-2$ solcher Transformationen erhält man eine zu A ähnliche Hessenberg-Matrix. Q.E.D.

Das älteste Verfahren zur Reduktion einer gegebenen (hier reell symmetrischen) Matrix auf Tridiagonalform stammt von Givens[8] (1958). Es verwendet Drehmatrizen der Form

$$U_{pq} = \begin{array}{c} \\ \begin{bmatrix} 1 & & & & & & & & & \\ & \ddots & & & & & & & & \\ & & 1 & & & & & & & \\ & & & \cos(\alpha) & & \cdots & & \sin(\alpha) & & \\ & & & & 1 & & & & & \\ & & & \vdots & & \ddots & & \vdots & & \\ & & & & & & 1 & & & \\ & & & -\sin(\alpha) & & \cdots & & \cos(\alpha) & & \\ & & & & & & & & 1 & \\ & & & & & & & & & \ddots & \\ & & & & & & & & & & 1 \end{bmatrix} \end{array} \begin{array}{c} \\ \\ \\ p \\ \\ \\ \\ q \\ \\ \\ \\ \end{array} .$$

(Spalten p und q oben markiert.)

Dieser Algorithmus benötigt aber etwa doppelt so viele a. Op. wie die Methode von Householder, so dass wir hier nicht weiter darauf eingehen.

[8]James Wallace Givens, 1910–1993: US-Amerikanischer Mathematiker: arbeitete am Oak Ridge National Laboratory; bekannt durch die nach ihm benannte Matrixtransformation „Givens-Rotation" („Computation of plane unitary rotations transforming a general matrix to triangular form", SIAM J. Anal. Math. 6, 26-50, 1958).

7.4 Tridiagonal- und Hessenberg-Matrizen

Im Folgenden behandeln wir Verfahren zur Lösung des Eigenwertproblems symmetrischer Tridiagonalmatrizen und von Hessenberg-Matrizen, die durch Anwendung einer Reduktionsmethode aus einer allgemeinen Matrix erzeugt werden.

7.4.1 LR- und QR-Verfahren

Sei $A \in \mathbb{R}^{n\times n}$ zunächst eine beliebige Matrix. Wir betrachten zwei iterative Verfahren zur Lösung des vollständigen Eigenwertproblems von A:

(I) Das „LR-Verfahren" nach Rutishauser[9] (1958) erzeugt ausgehend von $A^{(1)} := A$ eine Folge von Matrizen $A^{(t)}$, $t \in \mathbb{N}$, durch die Vorschrift

$$A^{(t)} = L^{(t)}R^{(t)} \ (LR\text{-Zerlegung}), \qquad A^{(t+1)} := R^{(t)}L^{(t)}. \tag{7.4.26}$$

Wegen

$$A^{(t+1)} = R^{(t)}L^{(t)} = [L^{(t)}]^{-1}\underbrace{L^{(t)}R^{(t)}}_{=\,A^{(t)}}L^{(t)}$$

sind alle Iterierten $A^{(t)}$ ähnlich zu A und haben somit dieselben Eigenwerte. Unter geeigneten Voraussetzungen an A lässt sich zeigen, dass

$$\lim_{t\to\infty} A^{(t)} = \lim_{t\to\infty} R^{(t)} = \begin{bmatrix} \lambda_1 & & * \\ & \ddots & \\ 0 & & \lambda_n \end{bmatrix}, \quad \lim_{t\to\infty} L^{(t)} = I, \tag{7.4.27}$$

wobei λ_i die Eigenwerte von A sind.

Das LR-Verfahren erfordert in jedem Schritt die Berechnung einer LR-Zerlegung und ist folglich viel zu aufwendig für allgemeine vollbesetzte Matrizen. Bei Hessenberg-Matrizen ist der Aufwand jedoch vertretbar. Der schwerwiegende Nachteil des LR-Verfahrens ist die notwendige Voraussetzung der Existenz der LR-Zerlegungen $A^{(t)} = L^{(t)}R^{(t)}$. Hat man nur $P^{(t)}A^{(t)} = L^{(t)}R^{(t)}$ mit einer Permutationsmatrix $P^{(t)} \neq I$, so braucht keine Konvergenz vorzuliegen.

(II) Das „QR-Verfahren" nach Francis[10] (1961) gilt als das derzeit effizienteste zur Lösung des Eigenwertproblems von Hessenberg-Matrizen. Zur Umgehung der Hauptschwierigkeit beim LR-Verfahren liegt es nahe, eine analoge Iteration mit Hilfe der stets existierenden

[9] Heinz Rutishauser (1918–1970): Schweizer Mathematiker und Informatiker; seit 1962 Professor an der ETH Zürich; Beiträge zu Numerische Lineare Algebra (LR-Verfahren: Solution of eigenvalue problems with the LR transformation, Appl. Math. Ser. nat. Bur. Stand. 49, 47-81(1958).) und Analysis sowie zu Grundlagen der Computer-Arithmetik.

[10] John F. G. Francis (1934–): Englischer Informatiker; arbeitete in mehreren Industriefirmen; bekannt durch den von ihm gefundenen „QR-Algorithmus" zur Eigenwertberechnung: „The QR transformation. A unitary analogue to the LR transformation", Computer J. 4, 265-271 (1961/1962).

QR-Zerlegung anzusetzen:

$$A^{(t)} = Q^{(t)}R^{(t)}, \quad A^{(t+1)} := R^{(t)}Q^{(t)}, \quad t \in \mathbb{N}, \tag{7.4.28}$$

wobei $Q^{(t)}$ unitäre und $R^{(t)}$ rechte obere Dreiecksmatrizen mit positiven Diagonalelementen sind. Die QR-Zerlegung wird etwa mit Hilfe des Householder-Verfahrens vorgenommen. Auch hier kommt aus Ökonomiegründen nur eine Anwendung auf einfach strukturierte Matrizen wie Hessenberg-Matrizen in Frage. Wegen

$$A^{(t+1)} = R^{(t)}Q^{(t)} = Q^{(t)^T} \underbrace{Q^{(t)}R^{(t)}}_{=A^{(t)}} Q^{(t)}$$

sind wieder alle Iterierten $A^{(t)}$ ähnlich zu A. Zum Nachweis der Konvergenz des QR-Verfahrens benötigen wir den folgenden Hilfssatz:

Hilfssatz 7.3: *Es seien* $E^{(t)} \in \mathbb{R}^{n\times n}$, $t \in \mathbb{N}$, *reguläre Matrizen mit* $\lim E^{(t)} = I$ *und* $E^{(t)} = Q^{(t)}R^{(t)}$ *zugehörige QR-Zerlegungen. Dann gilt notwendig*

$$\lim_{t\to\infty} Q^{(t)} = I = \lim_{t\to\infty} R^{(t)}. \tag{7.4.29}$$

Beweis: Wegen

$$\|E^{(t)} - I\|_2 = \|Q^{(t)}R^{(t)} - Q^{(t)}Q^{(t)^T}\|_2 = \|R^{(t)} - Q^{(t)^T}\|_2 \to 0$$

konvergiert $q_{jk}^{(t)} \to 0 \; (t \to \infty)$, $j < k$. Dies erzwingt wegen

$$I = Q^{(t)}Q^{(t)^T} = \begin{bmatrix} \square & & \to & 0 \\ & \square & * & \\ & & \ddots & \\ & * & \square & \\ & & & \square \end{bmatrix} \begin{bmatrix} \square & & & & \\ & \square & & * & \\ & * & \ddots & & \\ & & & \square & \\ \to & 0 & & & \square \end{bmatrix}$$

notwendig

$$q_{jj}^{(t)} \to \pm 1, \quad q_{jk}^{(t)} \to 0 \quad (t \to \infty), \quad j > k.$$

Also konvergiert $Q^{(t)} \to \mathrm{diag}(\pm 1)$ (t $\to \infty$). Wegen

$$Q^{(t)}R^{(t)} = E^{(t)} \to I \quad (t \to \infty), \quad r_{jj} > 0$$

ist also $\lim_{t\to\infty} Q^{(t)} = I$. Dann ist aber auch

$$\lim_{t\to\infty} R^{(t)} = \lim_{t\to\infty} Q^{(t)^T} E^{(t)} = I,$$

was zu zeigen war. Q.E.D.

Satz 7.8 (QR-Algorithmus): *Die Eigenwerte der Matrix* $A \in \mathbb{R}^{n\times n}$ *seien betragsmäßig separiert:* $|\lambda_1| > |\lambda_2| > \ldots > |\lambda_n|$. *Dann gilt für die durch das QR-Verfahren erzeugten Matrizen* $A^{(t)} = (a_{jk}^{(t)})_{j,k=1,\ldots,n}$ *:*

$$\{\lim_{t\to\infty} a_{jj}^{(t)} \mid j = 1,\ldots,n\} = \{\lambda_1,\ldots,\lambda_n\}. \tag{7.4.30}$$

Beweis: Es gilt

$$\begin{aligned} A^{(t+1)} &= R^{(t)}Q^{(t)} = Q^{(t)^T} \underbrace{Q^{(t)}R^{(t)}}_{=A^{(t)}} Q^{(t)} = \\ &= \ldots = [Q^{(1)}\ldots Q^{(t)}]^T A \underbrace{[Q^{(1)}\ldots Q^{(t)}]}_{=:P^{(t)}} \end{aligned}$$

Die normierten Eigenvektoren w_i, $\|w_i\| = 1$, zu den Eigenwerten λ_i sind linear unabhängig. Die Matrix $W = [w_1,\ldots,w_n]$ ist also regulär und genügt der Beziehung $AW = W\Lambda$ mit der Diagonalmatrix $\Lambda = \operatorname{diag}(\lambda_i)$. Folglich gilt

$$A = W\Lambda W^{-1}.$$

Sei $QR = W$ die QR-Zerlegung von W und $LS = PW^{-1}$ eine LR-Zerlegung von PW^{-1} (P geeignete Permutationsmatrix). Wir betrachten im Folgenden den Fall $P = I$. Es ist

$$\begin{aligned} A^t &= [W\Lambda W^{-1}]^t = W\Lambda^t W^{-1} = W\Lambda^t LS = W[\Lambda^t L(\Lambda^{-1})^t]\Lambda^t S \\ &= W \begin{bmatrix} 1 & & 0 \\ & \ddots & \\ l_{jk}\left(\frac{\lambda_j}{\lambda_k}\right)^t & & 1 \end{bmatrix} \Lambda^t S = W[I + N^{(t)}]\Lambda^t S \\ &= QR[I + N^{(t)}]\Lambda^t S = Q[R + RN^{(t)}]\Lambda^t S, \end{aligned}$$

und somit

$$A^t = Q[I + RN^{(t)}R^{-1}]R\Lambda^t S.$$

Da die Eigenwerte λ_i betragsmäßig der Größe nach geordnet sind, ist $|\lambda_j/\lambda_k| < 1,\ j > k$, d. h.

$$N^{(t)} \to 0\,, \quad RN^{(t)}R^{-1} \to 0 \quad (t \to \infty).$$

Für die QR-Zerlegungen $I + RN^{(t)}R^{-1} = \tilde{Q}^{(t)}\tilde{R}^{(t)}$ folgt dann nach Hilfssatz 7.3

$$\tilde{Q}^{(t)} \to I\,, \quad \tilde{R}^{(t)} \to I \quad (t \to \infty).$$

Weiter ist

$$A^t = Q\tilde{Q}^{(t)}[\tilde{R}^{(t)}R\Lambda^t S]$$

offenbar eine QR-Zerlegung von A^t (mit nicht notwendig positiven Diagonalelementen von R !). Aus

$$\underbrace{Q^{(1)}\dots Q^{(t)}}_{=P^{(t)}}\ \underbrace{R^{(t)}\dots R^{(1)}}_{=:\,S^{(t)}} = \underbrace{Q^{(1)}\dots Q^{(t-1)}}_{=P^{(t-1)}}\ A^{(t)}\ \underbrace{R^{(t-1)}\dots R^{(1)}}_{=:\,S^{(t-1)}}$$

$$= P^{(t-1)}\ \underbrace{[P^{(t-1)^T}\,A\,P^{(t-1)}]}_{\text{s. Beweisbeginn}}\,S^{(t-1)}$$

$$= A\,P^{(t-1)}S^{(t-1)}$$

folgt

$$P^{(t)}S^{(t)} = AP^{(t-1)}S^{(t-1)} = \ldots = A^{t-1}P^{(1)}S^{(1)} = A^t\,.$$

Also ist $P^{(t)}S^{(t)} = A^t$ eine zweite QR-Zerlegung von A^t (mit positiven Diagonalelementen von R!). Es gibt folglich Diagonalmatrizen $D^{(t)} = \mathrm{diag}(\pm 1)$, so dass

$$P^{(t)} = Q\,\underbrace{\tilde{Q}^{(t)}D^{(t)}}_{=:\,T^{(t)}}, \qquad (|t_{jk}^{(t)}|)_{j,k=1,\ldots,n} \to I \quad (t \to \infty).$$

Damit finden wir, dass

$$\begin{aligned} A^{(t+1)} &= P^{(t)^T}AP^{(t)} = [QT^{(t)}]^TAQT^{(t)} = T^{(t)^T}Q^TAQT^{(t)} \\ &= T^{(t)^T}R\Lambda R^{-1}T^{(t)} \quad (\text{wegen } W^{-1}AW = \Lambda \Leftrightarrow R^{-1}Q^TAQR = \Lambda). \\ &= T^{(t)^T}\begin{bmatrix} \lambda_1 & & * \\ & \ddots & \\ 0 & & \lambda_n \end{bmatrix}\tilde{Q}^{(t)}D^{(t)}. \end{aligned}$$

Wegen $\tilde{Q}^{(t)} \to I\ (t \to \infty)$ konvergiert also

$$D^{(t)}A^{(t+1)}D^{(t)} \to \begin{bmatrix} \lambda_1 & & * \\ & \ddots & \\ 0 & & \lambda_n \end{bmatrix} \quad (t \to \infty).$$

Besitzt W^{-1} keine LR-Zerlegung, so erscheinen die Eigenwerte λ_i nicht mehr betragsmäßig der Größe nach geordnet. Q.E.D.

Die Konvergenzgeschwindigkeit des QR-Verfahrens wird bestimmt durch die Größen

$$\left|\frac{\lambda_j}{\lambda_k}\right| < 1, \quad j > k,$$

d. h.: Die Konvergenz ist um so schneller, je besser die Eigenwerte von A betragsmäßig separiert sind. Für positiv definite Matrizen kann man zeigen, dass das QR-Verfahren doppelt so schnell konvergiert wie das entsprechende LR-Verfahren; es benötigt jedoch pro Iterationsschritt auch etwa die doppelte Anzahl von Operationen. Unter gewissen Bedingungen kann für da QR-Verfahren sogar *kubische* Konvergenz erreicht werden, d. h.: $|\lambda^{(t)} - \lambda| \leq c|\lambda^{(t-1)} - \lambda|^3$. Wie das LR-Verfahren wendet man das QR-Verfahren nur auf bereits reduzierte Matrizen an, für die eine QR-Zerlegung leichter zu berechnen ist: Hessenberg-Matrizen, symmetrische Tridiagonalmatrizen oder allgemeiner Bandmatrizen der Bandbreite $2m+1 \ll n$. Dies ist gerechtfertigt aufgrund der folgenden Aussage:

Hilfssatz 7.4: *Ist A eine Hessenberg-Matrix (oder eine symmetrische $2m+1$-Bandmatrix), so gilt dasselbe für alle vom QR-Algorithmus erzeugten Matrizen $A^{(t)}$.*

Praktische Erfahrungen zeigen, dass das QR-Verfahren in Verbindung mit der Reduktionsmethode für moderat große Matrizen ($n \leq 10^5$) allen anderen bekannten Verfahren zur Lösung des vollständigen Eigenwertproblems überlegen ist. Für sehr große Eigenwertaufgaben der Dimension $n = 10^5 - 10^8$, wie sie z. B. in der hydrodynamischen Stabilitätstheorie und der Molekulardynamik/Quantenmechanik auftreten verwendet man spezielle, struktur-ausnutzende Varianten der Projektionsmethoden („Krylov-Raum-Nethoden“) aus dem vorigen Kapitel.

7.4.2 Verfahren der Sturmschen Kette

Wir stellen zum Abschluss noch ein klassisches Verfahren vor zur stabilen, *direkten* Berechnung der Eigenwerte einer symmetrischen (unzerlegbaren) Tridiagonalmatrix $A \in \mathbb{R}^{n\times n}$ aus ihrem charakteristischen Polynom P_A. Sei also $A \in \mathbb{R}^{n\times n}$ eine symmetrische Tridiagonalmatrix mit $b_i \neq 0$, $i = 1, \dots, n-1$:

$$A = \begin{bmatrix} a_1 & b_1 & & 0 \\ b_1 & & \ddots & \\ & \ddots & \ddots & b_{n-1} \\ 0 & & b_{n-1} & a_n \end{bmatrix}.$$

Zur Berechnung des charakteristischen Polynoms $p_A(z)$ dienen die Rekursionsformeln

$$\begin{aligned} &p_0(z) = 1\,, \quad p_1(z) = a_1 - z\,, \\ &p_i(z) = (a_i - z)\,p_{i-1}(z) - b_{i-1}^2 p_{i-2}(z), \quad i = 2, \dots, n. \end{aligned}$$

Die Polynome $p_i \in P_i$ sind gerade die i-ten Hauptminoren von $\det(A - zI)$, d. h.: $p_n = p_A$. Um dies einzusehen, entwickle man den $(i+1)$-ten Hauptminor nach der $(i+1)$-ten Spalte:

$$\begin{bmatrix} a_1 - z & b_1 & & & & \\ b_1 & \ddots & \ddots & & & \\ & \ddots & & & & \\ & & & b_{i-1} & & \\ & & b_{i-1} & a_i - z & b_i & \\ & & & b_i & a_{i+1} - z & \ddots \\ & & & & \ddots & \ddots \end{bmatrix} = \underbrace{(a_{i+1} - z)p_i(z) - b_i^2 p_{i-1}(z)}_{=:\, p_{i+1}(z)}$$

$$\qquad\qquad i-1 \qquad i \qquad i+1$$

Es ist oft nützlich, die Ableitung p'_A zu kennen (z. B. bei der Anwendung des Newton-Verfahrens). Diese erhält man durch die Rekursionsformeln

$$\begin{aligned} q_0(z) &= 0\,, \quad q_1(z) = -1 \\ q_i(z) &= -p_{i-1}(z) + (a_i - z)q_{i-1}(z) - b_{i-1}^2 q_{i-2}(z)\,, \quad i = 2, \dots, n\,, \\ q_n &= p'_A\,. \end{aligned}$$

Hat man eine Nullstelle λ von p_A, d. h. einen Eigenwert von A bestimmt, so erhält man einen zugehörigen Eigenvektor durch $w(\lambda)$, wobei

$$w(z) = \begin{bmatrix} w_0(z) \\ \vdots \\ w_{n-1}(z) \end{bmatrix}, \qquad \begin{aligned} w_0(z) &\equiv 1 \quad (b_n := 1) \\ w_i(z) &:= \frac{(-1)^i p_i(z)}{b_1 \dots b_i}, \quad i = 1, \dots, n\,. \end{aligned} \tag{7.4.31}$$

Um dies zu verifizieren, berechnet man $(A - zI)\,w(z)$. Für $i = 1, \dots, n-1$ $(b_0 := 0)$ ist

$$\begin{aligned} & b_{i-1}w_{i-2}(z) + a_i w_{i-1}(z) + b_i w_i(z) - z\,w_{i-1}(z) = \\ &= b_{i-1}(-1)^{i-2}\frac{p_{i-2}(z)}{b_1 \dots b_{i-2}} + a_i(-1)^{i-1}\frac{p_{i-1}(z)}{b_1 \dots b_{i-1}} + b_i(-1)^i\frac{p_i(z)}{b_1 \dots b_i} - z(-1)^{i-1}\frac{p_{i-1}(z)}{b_1 \dots b_{i-1}} \\ &= b_{i-1}^2(-1)^{i-2}\frac{p_{i-2}(z)}{b_1 \dots b_{i-1}} + a_i(-1)^{i-1}\frac{p_{i-1}(z)}{b_1 \dots b_{i-1}} + (-1)^i\frac{(a_i - z)\,p_{i-1}(z) - b_{i-1}^2 p_{i-2}(z)}{b_1 \dots b_{i-1}} \\ &\quad - z(-1)^{i-1}\frac{p_{i-1}(z)}{b_1 \dots b_{i-1}} = 0. \end{aligned}$$

Für $i = n$ ist $(b_n := 1)$

$$\begin{aligned} b_{n-1}w_{n-2}(z) + a_n w_{n-1}(z) - z\,w_{n-1}(z) &= \\ &= b_{n-1}(-1)^{n-2}\frac{p_{n-2}(z)}{b_1 \dots b_{n-2}} + (a_n - z)(-1)^{n-1}\frac{p_{n-1}(z)}{b_1 \dots b_{n-1}} \\ &= -b_{n-1}^2(-1)^{n-1}\frac{p_{n-2}(z)}{b_1 \dots b_{n-1}} + (a_n - z)(-1)^{n-1}\frac{p_{n-1}(z)}{b_1 \dots b_{n-1}} \\ &= (-1)^{n-1}\frac{p_n(z)}{b_1 \dots b_{n-1}} = -w_n(z)\,. \end{aligned}$$

Wir finden also

$$(A - zI)w(z) = \begin{bmatrix} 0 \\ \vdots \\ 0 \\ -w_n(z) \end{bmatrix}. \tag{7.4.32}$$

Für einen Eigenwert λ von A ist $w_n(\lambda) = \text{konst.} \cdot p_A(\lambda) = 0$, d. h.

$$(A - \lambda I)\, w\,(\lambda) = 0.$$

Ableitung der Identität (7.4.32) ergibt

$$[(A - zI)w(z)]' = -w(z) + (A - zI)w'(z) = \begin{bmatrix} 0 \\ \vdots \\ 0 \\ -w_n'(z) \end{bmatrix}.$$

Wir setzen $z = \lambda$ mit einem Eigenwert λ von A und multiplizieren mit $-w(\lambda)$:

$$\begin{aligned} 0 \ &< \ \|w(\lambda)\|_2^2 - (\underbrace{[A - \lambda I]w(\lambda)}_{=0}, w'(\lambda)) \\ &= \ w_{n-1}(\lambda)w_n'(\lambda) = -\frac{p_{n-1}(\lambda)p_n'(\lambda)}{b_1^2 \dots b_{n-1}^2}. \end{aligned}$$

Folglich ist $p_n'(\lambda) \neq 0$, d. h. wir haben allgemein:

(S1) *Alle Nullstellen von p_n sind einfach.*

(S2) *Für jede Nullstelle λ von p_n gilt*

$$p_{n-1}(\lambda)p_n'(\lambda) < 0.$$

Weiter gilt

(S3) *Für jede reelle Nullstelle ζ von p_{i-1} ist*

$$p_i(\zeta)p_{i-2}(\zeta) < 0\,, \quad i = 2, \dots, n;$$

denn in diesem Fall ist $p_i(\zeta) = -b_{i-1}^2 p_{i-2}(\zeta)$ und wäre $p_i(\zeta) = 0$, so folgte der Widerspruch

$$0 = p_i(\zeta) = p_{i-1}(\zeta) = p_{i-2}(\zeta) = \dots = p_0(\zeta) = 1.$$

Schließlich gilt trivialerweise

(S4) $p_0 \neq 0$ *hat keinen Vorzeichenwechsel.*

Definition 7.5: *Eine Folge von Polynomen* $p = p_n, p_{n-1}, \dots, p_0$ *(oder allgemeiner stetiger Funktionen* $f_n, f_{n-1}, \dots, f_0$ *) mit den Eigenschaften (S1)-(S4) heißt eine „Sturmsche*[11] *Kette“ von* p.

Die vorausgegangene Überlegung hat also zu folgendem Resultat geführt:

Satz 7.9 (Sturmsche Kette): *Sei* $A \in \mathbb{R}^{n\times n}$ *eine symmetrische, unzerlegbare Tridiagonalmatrix. Dann bilden die Hauptminoren* $p_i(z)$ *der Matrix* $A - zI$ *eine Sturmsche Kette des charakteristischen Polynoms* $p_A(z) = p_n(z)$ *von* A.

Der Wert der Existenz einer Sturmschen Kette zu einem Polynom p beruht auf dem folgenden Resultat:

Satz 7.10 (Intervallschachtelung): *Es sei* p *ein Polynom und* $p = p_n, p_{n-1}, \dots, p_0$ *eine zugehörige Sturmsche Kette. Dann ist die Anzahl der reellen Nullstellen von* p *in einem Intervall* $[a,b]$ *gleich* $N(b) - N(a)$, *wobei* $N(\zeta)$ *die Anzahl der Vorzeichenwechsel der Kette* $p_n(\zeta), \dots, p_0(\zeta)$ *bezeichnet.*

Beweis: Wir betrachten die Zahl der Vorzeichenwechsel $N(a)$ für wachsendes a. $N(a)$ bleibt konstant, solange a keine Nullstelle eines der p_i passiert. Sei nun a Nullstelle eines der p_i; wir unterscheiden zwei Fälle:

(i) Fall $p_i(a) = 0$ für $i \neq n$: In diesem Fall ist $p_{i+1}(a) \neq 0$, $p_{i-1}(a) \neq 0$. Die Vorzeichen von $p_j(a)$, $j \in \{i-1, i, i+1\}$ zeigen daher für genügend kleines $h > 0$ ein Verhalten, das durch eines der zwei folgenden Tableaus skizziert werden kann:

	$a-h$	a	$a+h$
$i-1$	$-$	$-$	$-$
i	$+/-$	0	$-/+$
$i+1$	$+$	$+$	$+$

	$a-h$	a	$a+h$
$i-1$	$+$	$+$	$+$
i	$+/-$	0	$-/+$
$i+1$	$-$	$-$	$-$

In jedem Fall ist $N(a-h) = N(a) = N(a+h)$, und die Anzahl der Vorzeichenwechsel ändert sich nicht.

(ii) Fall $p_n(a) = 0$: In diesem Fall kann das Verhalten von $p_j(a)$, $j \in \{n-1, n\}$, durch eines der folgenden beiden Tableaus beschrieben werden (wegen (S2)):

	$a-h$	a	$a+h$
n	$-$	0	$+$
$n-1$	$-$	$-$	$-$

	$a-h$	a	$a+h$
n	$+$	0	$-$
$n-1$	$+$	$+$	$+$

[11] *Jacques Charles Franois Sturm (1803–1855): Französisch-Schweizer Mathematiker; Professor an der École Polytechnique in Paris seit 1840; Beiträge zur Mathematischen Physik, Differentialgleichungen, („Sturm-Liouville-Problem“) und Differentialgeometrie.*

Also ist $N(a-h) = N(a) = N(a+h) - 1$, d. h.: Beim Passieren einer Nullstelle von p_n kommt genau ein Vorzeichenwechsel hinzu. Für $a < b$ gibt daher $N(b) - N(a) = N(b+h) - N(a-h)$, $h > 0$ genügend klein, die Anzahl der Nullstellen von p_n im Intervall $[a-h, b+h]$ an. Da h beliebig klein gewählt werden kann, folgt die Behauptung. Q.E.D.

Satz 7.10 führt auf ein einfaches „Bisektionsverfahren" zur Bestimmung der Nullstellen des charakteristischen Polynoms p_A einer symmetrischen, irreduziblen Tridiagonalmatrix $A \in \mathbb{R}^{n\times n}$. Offenbar besitzt A nur reelle, einfache Eigenwerte $\lambda_1 < \lambda_2 < \cdots < \lambda_n$. Für $x \to -\infty$ besitzt die Kette

$$\begin{aligned} &p_0(x) = 1, \quad p_1(x) = a_1 - x \\ &i = 2, \dots, n: \quad p_i(x) = (a_i - x)p_{i-1}(x) - b_i^2 p_{i-2}(x), \end{aligned}$$

die Vorzeichenverteilung $+, \dots, +$; also ist $N(x) = 0$. Folglich gibt $N(\zeta)$ gerade die Anzahl der Nullstellen λ von p_A mit $\lambda < \zeta$ an. Für die Eigenwerte λ_i von A gilt also:

$$\lambda_i < \zeta \quad \Longleftrightarrow \quad N(\zeta) \geq i. \tag{7.4.33}$$

Zur Bestimmung des i-ten Eigenwertes λ_i startet man mit einem Intervall $[a_0, b_0]$, das λ_i sicher enthält, z. B.: $a_0 < \lambda_1 < \lambda_n < b_0$. Dann halbiert man sukzessiv das Intervall und testet mit Hilfe der Sturmschen Kette, in welchem der beiden neuen Teilintervalle λ_i liegt, d. h.: Man bildet für $t = 0, 1, 2, \dots$:

$$\mu_t := \frac{a_t + b_t}{2}, \qquad \begin{aligned} a_{t+1} &:= \begin{cases} a_t, & \text{falls } N(\mu_t) \geq i \\ \mu_t, & \text{falls } N(\mu_t) < i \end{cases} \\ b_{t+1} &:= \begin{cases} \mu_t, & \text{falls } N(\mu_t) \geq i \\ b_t, & \text{falls } N(\mu_t) < i \end{cases} \end{aligned} \tag{7.4.34}$$

Teilintervalle λ_i liegt, d. h.: Man bildet für $t = 0, 1, 2, \dots$: Es gilt dann stets $\lambda_i \in [a_{t+1}, b_{t+1}]$,

$$[a_{t+1}, b_{t+1}] \subset [a_t, b_t], \quad |a_{t+1} - b_{t+1}| = \tfrac{1}{2}|a_t - b_t|,$$

und a_t konvergiert monoton wachsend, b_t monoton fallend gegen λ_i. Dies Verfahren ist zwar langsam, aber sehr robust (geringe Rundungsfehleranfälligkeit) und gestattet die Bestimmung eines jeden beliebigen Eigenwertes unabhängig von den übrigen.

7.5 Übungsaufgaben

Übung 7.1: a) Man zeige, dass sich jedes Skalarprodukt $(\cdot,\cdot)$ auf dem $\mathbb{K}^n$ bzgl. des euklidischen Skalarprodukts $(\cdot,\cdot)_2$ mit einer hermiteschen, positiv definiten Matrix $A \in \mathbb{K}^{n\times n}$ in der Form

$$(x, y) = (Ax, y)_2, \quad x, y \in \mathbb{K},$$

darstellen lässt.

b) Man zeige, dass eine positiv definite Matrix $A \in \mathbb{C}^{n\times n}$ notwendig auch hertmitesch ist, d. h.: $A = \bar{A}^T$. Dies ist i. Allg. nicht richtig für reelle Matrizen $A \in \mathbb{R}^{n\times n}$, d. h.: Für reelle Matrizen geht die Definition von „positiv definit“ gewöhnlich zusammen mit der Voraussetzung „symmetrisch“.

Übung 7.2: Man zeige, dass in einer zusammenhängenden Vereinigung von k Gerschgorin-Kreisen einer Matrix $A \in \mathbb{C}^{n\times n}$ (disjunkt zu allen anderen $n-k$ Kreisen) genau k Eigenwerte von A liegen (ihrer algebraischen Vielfachheiten entsprechend oft gezählt). Dies impliziert, dass eine solche Matrix mit paarweise disjunkten Gerschgorin-Kreisen genau n einfache Eigenwerte hat und folglich diagonalisierbar ist.

Übung 7.3: Sei $A \in \mathbb{K}^{n\times n}$ ($\mathbb{K} = \mathbb{R}$ oder $\mathbb{K} = \mathbb{C}$) eine hermitesche Matrix.

(i) Man zeige, dass Eigenvektoren zu unterschiedlichen Eigenwerten $\lambda_1(A)$ und $\lambda_2(A)$ orthogonal zu einander sind. Ist das auch richtig für nicht-hermitesche aber „normale“ Matrizen, d. h.: $\bar{A}^T A = A\bar{A}^T$?

(ii) Man zeige die Beziehungen

$$\lambda_{\min}(A) = \min_{x\in\mathbb{K}^n\setminus\{0\}} \frac{(Ax,x)_2}{\|x\|_2^2} \le \max_{x\in\mathbb{K}^n\setminus\{0\}} \frac{(Ax,x)_2}{\|x\|_2^2} = \lambda_{\max}(A),$$

wobei $\lambda_{\min}(A)$ und $\lambda_{\max}(A)$ die minimalen und maximalen (reallen) Eigenwerte von A sind. (Hinweis: Eine hermitesche Matrix besitzt bekanntlich eine ONB von Eigenvektoren.)

Übung 7.4: Der Beweis der Konvergenz der Potenzmethode für eine symmetrische, positiv definite Matrix $A \in \mathbb{R}^{n\times n}$ basierte auf der Identität

$$\lambda^t = (Az^t, z^t)_2 = \frac{(\lambda_n)^{2t+1}\left\{|\alpha_n|^2 + \sum_{i=1}^{n-1} |\alpha_i|^2 \left(\frac{\lambda_i}{\lambda_n}\right)^{2t+1}\right\}}{(\lambda_n)^{2t}\left\{|\alpha_n|^2 + \sum_{i=1}^{n-1} |\alpha_i|^2 \left(\frac{\lambda_i}{\lambda_n}\right)^{2t}\right\}} = \lambda_{\max} + \mathcal{O}\left(\left|\frac{\lambda_{n-1}}{\lambda_{\max}}\right|^{2t}\right),$$

wobwi $\lambda_i \in \mathbb{R}$, $i = 1,\dots,n$, die Eigenwerte von A sind, $\{w^i,\ i = 1,\dots,n\}$ eine zugehörige ONB von Eigenvektoren und α_i die Koeffizienten in der Entwicklung des Startvektors $z^0 = \sum_{i=1}^n \alpha_i w^i$. Man zeige, dass im Falle $\alpha_n \ne 0$ in dieser Identität der Fehlerterm rechts gleichmßig bzgl. der Dimension n von A beschränkt ist, aber linear mit $|\lambda_n|$ wächst.

Übung 7.5: Jede Matrix $A \in \mathbb{C}^{n\times n}$ besitzt eine QR-Zerlegung $A = QR$ mit einer unitären Matrix $Q = [q^1,\dots,q^n]$ und einer oberen Dreiecksmatrix $R = (r_{ij})_{i,j=1}^n$. Diese Zerlegung ist, wie man sich leicht klar macht, nicht eindeutig bestimmt. Man zeige, dass für reguläres A die QR-Zerlegung eindeutig bestimmt ist, wenn zusätzlich $r_{ii} \in \mathbb{R}_+$, $i = 1,\dots,n$, gefordert wird. (Hinweis: Die QR-Zerlegung von A liefert eine Cholesky-Zerlegung von $\bar{A}^T A$.)

Übung 7.6: Sei A eine Hessenberg-Matrix oder eine symmetrische Tridiagonalmatrix. Man zeige, dass dasselbe gilt für alle durch den QR-Algorithmus erzeugten Iterierte A^t

$$A^0 := A,$$
$$A^{t+1} := R^t Q^t \quad \text{mit} \quad A^t = Q^t R^t, \quad t \geq 0.$$

8 Lineare Optimierung

8.1 Lineare Programme

„Lineares Programm“ ist die historisch begründete Bezeichnung für lineare Optimierungsaufgaben vom folgenden Typ:

Beispiel 8.1: Eine Fabrik kann zwei Typen A und B eines Produkts unter folgenden Bedingungen herstellen:

Produkt	Typ A	Typ B	maximal möglich
Stück pro Tag	x_1	x_2	100 Stück
Arbeitszeit pro Stück	4	1	160 Stunden
Kosten pro Stück	20	10	1100 DM
Gewinn pro Stück	120	40	? DM

Wie müssen x_1 und x_2 gewählt werden, damit der Gewinn maximal wird? Dabei muss offenbar der lineare Ausdruck

$$Q(x_1, x_2) := 120x_1 + 40x_2$$

zu einem Maximum gemacht werden unter den linearen Nebenbedingungen

$$\begin{aligned} x_1 + \quad x_2 &\le 100 \\ 4x_1 + \quad x_2 &\le 160 \quad , \quad x_1 \ge 0\,, \quad x_2 \ge 0. \\ 20x_1 + 10x_2 &\le 1100 \end{aligned} \tag{8.1.1}$$

Dies ist ein lineares Programm in sog. „Standardform“.

Beispiel 8.2: Die Produktion von 7 Zuckerfabriken soll so auf 300 Verbrauchsorte verteilt werden, daß der Bedarf befriedigt wird und die Transportkosten minimiert werden.

Fabrik	$F_j \ (j = 1, \dots, 7)$,	Verbrauchsort	$G_k \ (k = 1, \dots, 300)$
Produktion	a_j (pro Monat) ,	Verbrauch	r_k (pro Monat)

transportierte Menge $F_j \to G_k \ : \ x_{j,k}$, Kosten $c_{j,k}$ (pro Einheit).

Es sei vorausgesetzt, dass Bedarf und Produktionsmenge gleich sind, d. h.:

$$\sum_{k=1}^{300} r_k = \sum_{j=1}^{7} a_j.$$

Zu minimieren sind die Gesamtkosten

$$Q(x_{1,1},\ldots,x_{7,300}) := \sum_{j=1}^{7}\sum_{k=1}^{300} c_{j,k}x_{j,k}$$

unter den Nebenbedingungen $x_{j,k} \geq 0$ und

$$\sum_{j=1}^{7} x_{j,k} = r_k \quad (k=1,\ldots,300), \qquad \sum_{k=1}^{300} x_{j,k} = a_j \quad (j=1,\ldots,7).$$

Diese beiden Aufgabenstellungen lassen sich in folgenden allgemeinen Rahmen einordnen: (Für einen Vektor $x = (x_1,\ldots,x_n)^T$ bedeutet die Schreibweise $x \geq 0$, dass alle Komponenten $x_i \geq 0$ sind.) Für $1 \leq m \leq n$ seien eine Matrix $A \in \mathbb{R}^{m\times n}$ vom Rang m sowie Vektoren $b \in \mathbb{R}^m$, $b \geq 0$, und $c \in \mathbb{R}^n$ gegeben.

Definition 8.1: *Als „lineares Programm in Normalform“ (oder auch „kanonischer“ Form), abgekürzt „LP“, bezeichnet man die Aufgabe, unter den Gleichungsnebenbedingungen und Vorzeichenbedingungen*

$$Ax = b, \quad x \geq 0$$

ein Minimum der Zielfunktion $Q(x) := c^T x$ *zu bestimmen.*

Anders ausgedrückt sucht ein lineares Programm im „zulässigen Bereich“

$$M := \{x \in \mathbb{R}^n \mid Ax = b, \quad x \geq 0\} \tag{8.1.2}$$

ein $x^* \in M$ zu bestimmen, so dass

$$c^T x^* = \min_{x\in M} c^T x. \tag{8.1.3}$$

Zur Einordnung der obigen Beispiele in diesen Rahmen können folgende Umformungen herangezogen werden:

- Ein Ungleichung mit $\geq$ wird durch Multiplikation mit -1 in eine mit $\leq$ überführt.
- Eine Ungleichung $a_1x_1 + \ldots + a_nx_n \leq \beta$ wird durch Einführung einer sog. „Schlupfvariablen“ y in eine Gleichung und eine Vorzeichenbedingung überführt:

$$a_1x_1 + \ldots + a_nx_n + y = \beta, \quad y \geq 0.$$

- Für jede Gleichung $a_1x_1 + \ldots + a_nx_n = \beta$ kann (eventuell nach Multiplikation mit -1) stets $\beta \geq 0$ vorausgesetzt werden.
- Fehlt für eine Variable, etwa für x_1, die Vorzeichenbedingung, so wird x_1 durch die Differenz $y_1 - y_2$ zweier neuer Variablen ersetzt, und man fordert $y_1 \geq 0$, $y_2 \geq 0$.

- Gleichungen, die Linearkombinationen anderer Gleichungen sind, werden weggelassen, so dass für die Matrix $A \in \mathbb{R}^{m \times n}$ stets Rang $A = m$ angenommen werden kann.
- Wegen $\max c^T x = -\min(-c^T x)$ kann man alle linearen Programme auf die Bestimmung eines Minimums zurückführen.

Der zulässige Bereich M eines LP ist der Durchschnitt einer linearen Mannigfaltigkeit mit Halbräumen und folglich abgeschlossen. Weiter ist M *„konvex"*:

$$x, y \in M \Longrightarrow \lambda x + (1 - \lambda)\, y \in M \quad \forall\, \lambda \in [0, 1].$$

Ist $M = \emptyset$, so besitzt das LP keine Lösung. Im Fall $M \neq \emptyset$ existiert immer eine Lösung, wenn M beschränkt (und damit kompakt) ist; für unbeschränktes M braucht keine Lösung zu existieren.

Beispiel 8.3: In einfachen Fällen lassen sich lineare Programme graphisch lösen: Der zulässige Bereich M in Beispiel 1 (Standardformulierung) ist der Durchschnitt von 5 Halbebenen des $\mathbb{R}^2$, deren Begrenzungsgeraden durch die Gleichungen

$$\begin{aligned} x_1 \geq 0, \quad x_2 &\geq 0, \\ x_1 + x_2 &= 100 \\ 4x_1 + x_2 &= 160 \\ 20x_1 + 10x_2 &= 1100 \end{aligned}$$

gegeben sind:

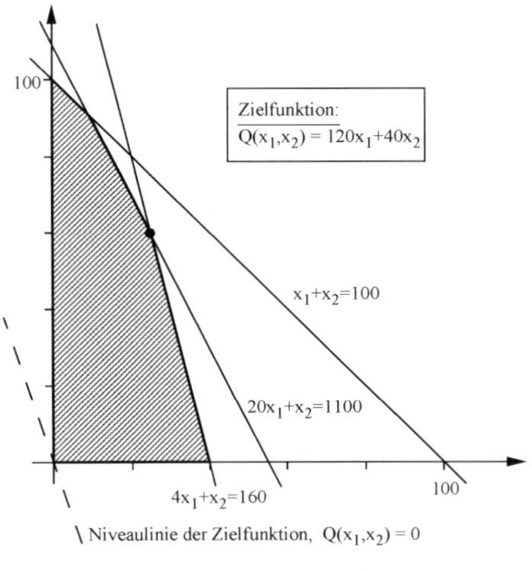

Abbildung 8.1: *Grafische Lösung eines Linearen Programms*

Parallelverschiebung der Niveaulinie bis an den Rand von M ergibt als maximalen Wert den der Niveaulinie durch den Punkt (x_1^*, x_2^*):

$$\left.\begin{array}{rcl} 4x_1^* + x_2^* & = & 160 \\ 20x_1^* + 10x_2^* & = & 1100 \end{array}\right\} \Longrightarrow \begin{array}{rcl} x_2^* & = & 60 \\ x_1^* & = & 25 \end{array},$$

$$Q_{\max} = 120x_1^* + 40x_2^* = 5400.$$

Der optimale Punkt ist in diesem Fall eine Ecke des Polygongebiets M. Dies ist kein Zufall und wird sich als wesentlicher Punkt bei der Behandlung allgemeinerer Probleme dieses Typs erweisen. Die maximal mögliche Stückzahl von $x_1 + x_2 = 100$ wird unter dem Kriterium der Gewinnmaximierung also nicht erreicht; dafür wird die zur Verfügung stehende Arbeitszeit voll genutzt.

Wir betrachten im Folgenden die linearen Programmierungsaufgaben stets in Normalform. Zunächst studieren wir die Struktur der Lösungsmenge eines LP.

Definition 8.2: *Ein Vektor $x \in M$ heißt „Ecke“ (oder„Extremalpunkt“) der zulässigen Menge M, wenn er keine Darstellung*

$$x = \lambda x^{(1)} + (1-\lambda)x^{(2)}$$

mit $x^{(1)}$, $x^{(2)} \in M$, $x^{(1)} \neq x^{(2)}$, mit einem $\lambda \in (0,1)$ zulasst. Für $x \in M$ setzen wir $I(x) := \{i \in \{1,\dots,n\} \,|\, x_i > 0\}$. Weiter bezeichnen wir im Folgenden mit a_k die Spaltenvektoren der Matrix A.

Hilfssatz 8.1 (Sekantensatz): *Sind für ein $x \in M$ die Spaltenvektoren in*

$$B(x) := \{\, a_k \,|\, k \in I(x) \,\} \tag{8.1.4}$$

linear abhängig, so besitzt x eine Darstellung

$$x = \tfrac{1}{2}\,(x^{(1)} + y) \tag{8.1.5}$$

mit $x^{(1)}$, $y \in M$ und $I(x^{(1)}) \subsetneqq I(x)$.

Beweis: O.B.d.A. sei $I(x) = \{1,\dots,k\}$, so dass

$$\sum_{i=1}^{k} x_i a_i = b.$$

Ist $B(x)$ linear abhängig, so gibt es Zahlen d_i, $i = 1,\dots,k$, nicht alle Null, so dass

$$\sum_{i=1}^{k} d_i a_i = 0.$$

Der Vektor

$$x(\lambda) = (x_1 + \lambda d_1, \dots, x_k + \lambda d_k, \underbrace{0,\dots,0}_{n-k})^T$$

erfüllt dann für jedes $\lambda \in \mathbb{R}$ die Gleichung $Ax(\lambda) = b$. Wegen $x_i > 0$, $i = 1, \ldots, k$, ist für hinreichend kleines $|\lambda|$ auch $x(\lambda) \geq 0$ und somit $x(\lambda) \in M$. Lässt man nun λ ausgehend von Null wachsen oder fallen, so gelangt man in einem der beiden Fälle zu einem λ^*, für das mindestens eine der Komponenten $x_i(\lambda^*)$, $i = 1, \ldots, k$, verschwindet. Ferner ist $x(\lambda) \in M$ für $|\lambda| \leq |\lambda^*|$. Mit $x^{(1)} = x(\lambda^*)$ und $y = x(-\lambda^*)$ gilt dann $x = \frac{1}{2}(x^{(1)} + y)$ und $I(x^{(1)}) \subsetneq I(x)$. Q.E.D.

Hilfssatz 8.2 (Eckensatz): *Ein Vektor $x \in M$ ist genau dann Ecke, wenn die Spaltenvektoren in $B(x)$ linear unabhängig sind.*

Beweis: Aus Hilfssatz 8.1 folgt, dass für eine Ecke $x \in M$ notwendig $B(x)$ linear unabhängig sein muß. Sei nun $B(x)$ linear unabhängig, aber $x \in M$ keine Ecke, d. h. $x = \lambda x^{(1)} + (1-\lambda)x^{(2)}$ mit $x^{(1)}, x^{(2)} \in M$, $x^{(1)} \neq x^{(2)}$, $\lambda \in (0,1)$. Dann impliziert $x_i = 0$ auch $x_i^{(1)} = x_i^{(2)} = 0$, so daß gilt:

$$\sum_{i \in I(x)} x_i^{(1)} a_i = \sum_{i \in I(x)} x_i^{(2)} a_i = b.$$

Wegen $x^{(1)} \neq x^{(2)}$ ist also $B(x)$ linear abhängig im Widerspruch zur Annahme. Q.E.D.

Definition 8.3: *Wegen Rang $A = m$ besteht $B(x)$ für eine Ecke $x \in M$ aus höchstens m Vektoren. Ist für eine Ecke $x \in M$ aber* dim *$B(x) < m$, so heißt x „entartete Ecke"; in diesem Fall kann $B(x)$ zu einer Basis $\hat{B}(x)$ aus Spaltenvektoren von A ergänzt werden. In jedem Fall heißt eine solche Basis $\hat{B}(x)$ „Basis zur Ecke x ".*

Durch eine Basis ist eine Ecke $x \in M$ über das Gleichungssystem $Ax = b$ eindeutig bestimmt. Andererseits gibt es höchstens

$$\binom{n}{m} = \frac{n!}{m!(n-m)!}$$

Systeme von m linear unabhängigen Spaltenvektoren der Matrix A, d. h. Ecken von M.

Hilfssatz 8.3 (Eckenlösung): *Besitzt das LP eine Lösung $x \in M$, so gibt es eine Ecke $x^* \in M$, die ebenfalls Lösung ist.*

Beweis: Ist x selbst keine Ecke, so wenden wir Hilfssatz 8.1 an, d. h.: Das Minimum von $c^T x$ wird im Mittelpunkt $x = \frac{1}{2}(x^{(1)} + y)$ der Verbindungsgeraden zwischen $x^{(1)}$ und y angenommen. Folglich ist $c^T x$ dort konstant, d. h.: $x^{(1)}$ ist auch Lösung, aber mit $I(x^{(1)}) \subsetneq I(x)$. Auf diese Weise erreicht man in endlich vielen Schritten eine Ecke von M (im Extremfall $\tilde{x} = 0$. Q.E.D.

8.2 Der Simplex-Algorithmus

Im Folgenden entwickeln wir den sog. „Simplex-Algorithmus“ nach G. B. Dantzig[1] (1947) zur Lösung von Linearen Programmen. Wir verwenden weiter die Bezeichnungen des vorherigen Abschnitts. Sei x^0 eine Ecke des zulässigen Bereichs M der kanonischen Programmierungsaufgabe

$$Ax = b\,, \qquad x \geq 0\,, \qquad c^T x = \min!$$

mit zugehöriger Basis $\hat{B}(x^0) = \{\, a_i\,,\, i \in I^0 \,\}\,, I^0 \supseteq I(x^0)$. Dann gilt

$$\sum_{i \in I^0} x_i^0\, a_i = b. \tag{8.2.6}$$

Für ein beliebiges $x \in M$ ist $Ax = b$ und folglich

$$\sum_{i \in I^0} \{x_i - x_i^0\} a_i = -\sum_{i \notin I^0} x_i a_i.$$

(Die Schreibweise $i \notin I^0$ bedeutet $i \in \{1, \dots, n\} \setminus I^0$.) Wegen der linearen Unabhängigkeit von $\hat{B}(x^0)$ kann nach den Differenzen $x_i - x_i^0$ aufgelöst werden, und man erhält Gleichungen der Form

$$x_i = \sum_{k \notin I^0} \alpha_{ik} x_k + x_i^0\,, \quad i \in I^0. \tag{8.2.7}$$

Der zugehörige Zielfunktionswert

$$c^T x = c^T x^0 + c^T (x - x^0) = c^T x^0 + \sum_{i \in I^0} c_i (x_i - x_i^0) + \sum_{i \notin I^0} c_i x_i.$$

ergibt sich nach Substitution von $x_i - x_i^0\ (i \in I^0)$ in der Form

$$c^T x = \sum_{k \notin I^0} \gamma_k x_k + c^T x^0 \tag{8.2.8}$$

$$\gamma_k = \sum_{i \in I^0} \alpha_{ik} c_i + c_k\,, \quad k \notin I^0. \tag{8.2.9}$$

Die Gleichungsnebenbedingung und die Zielfunktion $c^T x$ sind offenbar (bzgl. der Basis $\hat{B}(x^0)$) durch das folgende $(m+1) \times (n-m+1)$-Gleichungssystem wiedergegeben:

[1] George B. Dantzig (1914–2005): US-Amerikanischer Mathematiker; entwickelte 1947 den Simplex-Algorithmus wärend seiner Tätigkeit in einem Forschungslabor der U.S. Air Force; s. sein Buch „Lineare Programmierung und Erweiterungen“, Springer 1966 (Übersetzung aus dem Englischen); seit 1966 Professor an der Stanford University.

$$\begin{aligned} x_i &= \sum_{k\notin I^0} \alpha_{ik} x_k + x_i^0, \quad i \in I^0 \\ c^T x &= \sum_{k\notin I^0} \gamma_k x_k + c^T x^0. \end{aligned} \tag{8.2.10}$$

Die Komponenten x_i, $i \in I^0$, und der zugehörige Zielfunktionswert z eines Vektors $x \in \mathbb{R}^n$ sind durch Vorgabe von $x_k \geq 0\ (k \notin I^0)$ in (8.2.10) eindeutig bestimmt. Gilt dabei $x_i \geq 0\,(i \in I^0)$, so ist $x \in M$. Für die speziellen Werte $x_k = 0\,(k \notin I^0)$ ergibt sich gerade die Ausgangsecke x^0.

Wir betrachten nun die umgekehrte Situation, dass der zulässige Bereich M gerade aus denjenigen Vektoren $x \geq 0$ besteht, deren Komponenten einem System der Gestalt (8.2.10) genügen, mit gewissen Zahlen $x_i^0 \geq 0\ (i \in I^0)$. Dann ist der Vektor $x^0 \in \mathbb{R}^n$ mit den Komponenten $x_i^0\ (i \in I^0)$, $x_i^0 = 0\ (i \notin I^0)$ automatisch Ecke von M, denn er erfüllt offensichtlich (8.2.10), d. h.: $Ax^0 = b$, und jede Darstellung $x^0 = \lambda x + (1-\lambda)\tilde{x}$ mit $x, \tilde{x} \in M$, $0 < \lambda < 1$ impliziert zunächst notwendig $x_k = \tilde{x}_k = x_k^0\,(k \notin I^0)$ und damit auch $x_i = \tilde{x}_i = x_i^0\,(i \in I^0)$.

Das System (8.2.10) charakterisiert also zu einer festen Ecke x^0 bzw. der zugehörigen Basis $\hat{B}(x^0)$ den zulässigen Bereich M. Der Simplex-Algorithmus sucht nun eine (zu x^0 benachbarte) Ecke x^1 von M, wobei möglichst $c^T x^1 < c^T x^0$ gelten soll. Der zugehörige Basiswechsel in der Darstellung (8.2.10) wird mit Hilfe des schon betrachteten „Gauß-Jordan-Algorithmus" bewerkstelligt (s. Kapitel 4.2). Der Vollständigkeit halber rekapitulieren wir im Folgenden den Gauß-Jordan-Algorithmus. Dieser dient zur Lösung linearer Gleichungssysteme $Ax = y$ mit $A \in \mathbb{R}^{m\times n}$, $x \in \mathbb{R}^n$, $y \in \mathbb{R}^m$, durch sukzessiven Austausch der Komponenten von x gegen solche von y. Ist ein Matrixelement $a_{pq} \neq 0$, so kann die p-te Gleichung nach x_q aufgelöst werden:

$$x_q = -\frac{a_{p1}}{a_{pq}} x_1 - \ldots - \frac{a_{p,q-1}}{a_{pq}} x_{q-1} + \frac{1}{a_{pq}} y_p - \frac{a_{p,q+1}}{a_{pq}} x_{q+1} - \ldots - \frac{a_{pn}}{a_{pq}} x_n .$$

Durch Substitution von x_q in den anderen Gleichungen

$$a_{j1}x_1 + \ldots + a_{j,q-1}x_{q-1} + a_{jq}\boxed{x_q} + a_{j,q+1}x_{q+1} + \ldots + a_{jn}x_n = y_j$$

erhält man für $j = 1, \ldots, m,\ j \neq p$:

$$\left[a_{j1} - \frac{a_{jq}a_{p1}}{a_{pq}}\right] x_1 + \ldots + \left[a_{j,q-1} - \frac{a_{jq}a_{p,q-1}}{a_{pq}}\right] x_{q-1} + \frac{a_{jq}}{a_{pq}} y_p +$$

$$+ \left[a_{j,q+1} - \frac{a_{jq}a_{p,q+1}}{a_{pq}}\right] x_{q+1} + \ldots + \left[a_{jn} - \frac{a_{jq}a_{pn}}{a_{pq}}\right] x_n = y_j .$$

Das Resultat ist ein zum Ausgangssystem äquivalentes System

$$\tilde{A}\begin{bmatrix} x_1 \\ \vdots \\ y_p \\ \vdots \\ x_n \end{bmatrix} = \begin{bmatrix} y_1 \\ \vdots \\ x_q \\ \vdots \\ y_m \end{bmatrix}, \tag{8.2.11}$$

wobei die Elemente der Matrix $\tilde{A}$ wie folgt bestimmt sind:

- Pivotelement: $\tilde{a}_{pq} = \frac{1}{a_{pq}}$,
- Pivotzeile: $\tilde{a}_{pk} = -\frac{a_{pk}}{a_{pq}}, \quad k = 1, \ldots, n, \quad k \neq q$,
- Pivotspalte: $\tilde{a}_{jq} = \frac{a_{jq}}{a_{pq}}, \quad j = 1, \ldots, m, \quad j \neq p$,
- sonstige: $\tilde{a}_{jk} = a_{jk} - a_{jq}\frac{a_{pk}}{a_{pq}}, \quad \begin{matrix} j = 1, \ldots, m, & j \neq p \\ k = 1, \ldots, n, & k \neq q. \end{matrix}$

Gelingt es, durch Fortsetzung des Verfahrens alle Komponenten von x durch solche von y zu ersetzen, so hat man eine explizite Darstellung der Lösung von $Ax = y$. Im Fall $m = n$ ergibt sich so auch die Inverse A^{-1}, allerdings i. Allg. mit vertauschten Zeilen und Spalten. Bei der Festlegung des Pivotelementes empfiehlt es sich aus Stabilitätsgründen, unter allen in Frage kommenden a_{pq} jeweils eines von möglichst großem Betrag zu wählen. Für ein quadratisches Gleichungssystem mit regulärer Koeffizientenmatrix A ist das Gauß-Jordan-Verfahren zur Berechnung von A^{-1} stets durchführbar.

Beispiel 8.4:

$$\begin{bmatrix} 1 & 2 & 1 \\ -3 & -5 & -1 \\ -7 & -12 & -2 \end{bmatrix} \begin{bmatrix} x_1 \\ x_2 \\ x_3 \end{bmatrix} = \begin{bmatrix} y_1 \\ y_2 \\ y_3 \end{bmatrix}$$

Austauschschritte: $\boxed{\cdot}$ Pivotelement

x_1	x_2	x_3	
1	2	1	y_1
−3	−5	−1	y_2
−7	$\boxed{-12}$	−2	y_3

x_1	y_3	x_3	
−1/6	−1/6	$\boxed{2/3}$	y_1
−1/12	5/12	−5/6	y_2
−7/12	−1/12	−1/6	x_2

x_1	y_3	y_1	
1/4	1/4	3/2	x_3
$\boxed{-1/8}$	3/8	−1/4	y_2
−5/8	−1/8	−1/4	x_2

y_2	y_3	y_1	
−2	1	1	x_3
−8	3	−2	x_1
5	−2	1	x_2

$$\text{Inverse:} \quad \begin{bmatrix} -2 & -8 & 3 \\ 1 & 5 & -2 \\ 1 & -2 & 1 \end{bmatrix}.$$

Der Simplex-Algorithmus besteht aus zwei „Phasen". In Phase I wird eine Ausgangsecke x^0 konstruiert und das zugehörige *Tableau* erstellt:

	$x_k \ (k \notin I^0)$	
x_i $(i \in I^0)$	$\alpha_{ik} \ (i \in I^0,\ k \notin I^0)$	x_i^0 $(i \in I^0)$
z	$\gamma_k \ (k \notin I^0)$	$c^T x^0$

In Phase II werden dann unter Verwendung des Gauß-Jordan-Algorithmus Basiswechsel vollzogen, wobei der Zielfunktionswert jeweils möglichst stark verkleinert wird. Wir beginnen mit der Beschreibung dieses Basisaustausches.

Phase II (Basisaustausch)

1. Gilt $\gamma_i \geq 0 \, (i \notin I^0)$, so folgt für beliebige Vorgabe von $x_i \geq 0 \, (i \notin I^0)$, d. h.: für beliebige Punkte $x \in M$, stets

$$z = \sum_{k \notin I^0} \gamma_k x_k + c^T x^0 \geq c^T x^0,$$

d. h. Die Startecke x^0 ist bereits optimal.

2. Gibt es ein $q \notin I^0$ mit $\gamma_q < 0$, so sind zwei Fälle zu unterscheiden:

(a) Im Falle $\alpha_{iq} \geq 0 \, (i \in I^0)$ erhält man durch Vorgabe von $x_q := \lambda$, $\lambda \in \mathbb{R}_+$ und $x_k = 0 \, (k \notin I^0,\ k \neq q)$ Vektoren $x \in M$,

$$x_i = \alpha_{iq}\lambda + x_i^0 \geq 0,$$

mit Zielfunktionswert

$$z = \gamma_q \lambda + c^T x^0 \to -\infty \quad (\lambda \to \infty).$$

Die Aufgabe ist also unlösbar.

(b) Gibt es Indizes $p \in I^0$ mit $\alpha_{pq} < 0$, so wird die Variable x_q gegen eine noch auszuwählende x_p ausgetauscht. Die Elemente des Tableaus sind dabei gemäß dem Gauß-Jordan-Algorithmus wie folgt zu transformieren:

Pivotelement: $\qquad \alpha_{pq} \to \alpha'_{qp} = \dfrac{1}{\alpha_{pq}};$

Pivotspalte:	$\alpha_{iq} \to \alpha'_{ip} = \dfrac{\alpha_{iq}}{\alpha_{pq}}$	$(i \in I^0 \setminus \{p\})$;
$(\gamma_q \to \gamma_p)$	$\gamma_q \to \gamma'_p = \dfrac{\gamma_q}{\alpha_{pq}}$;	
Pivotzeile:	$\alpha_{pk} \to \alpha'_{qk} = -\dfrac{\alpha_{pk}}{\alpha_{pq}}$	$(k \notin I^0,\ k \neq q)$;
$(x_p \to x_q)$	$x_p^0 \to x_q^1 = -\dfrac{x_p^0}{\alpha_{pq}}$;	
sonstige:	$\alpha_{ik} \to \alpha'_{ik} = \alpha_{ik} - \dfrac{\alpha_{iq}\alpha_{pk}}{\alpha_{pq}}$;	
$(x_k \to x_k,\ x_i \to x_i)$	$x_i^0 \to x_i^1 = x_i^0 - \dfrac{\alpha_{iq}x_p^0}{\alpha_{pq}}$,	$\gamma_k \to \gamma'_k = \gamma_k - \dfrac{\gamma_q\alpha_{pk}}{\alpha_{pq}}$;
	$c^Tx^0 \to c^Tx^1 = c^Tx^0 - \dfrac{\gamma_q x_p^0}{\alpha_{pq}}$.	

Auswahlregel (R): *Der Index* $p \in I^0$ *wird dabei gemäß der folgenden Regel ausgewählt:*

$$\alpha_{pq} < 0\,, \quad \frac{x_p^0}{\alpha_{pq}} = \max_{\alpha_{iq}<0, i\in I^0} \frac{x_i^0}{\alpha_{iq}}. \tag{8.2.12}$$

Satz 8.1 (Simplex-Algorithmus): *Wird der Basisaustausch gemäß der Regel* (R) *vorgenommen, so ist der Vektor* $x^1 \in \mathbb{R}^n$ *mit den Komponenten* $x_i^1 > 0$ $(i \in I^1 := [I^0 \setminus \{p\}] \cup \{q\})$, $x_i^1 = 0$ $(i \notin I^1)$ *wieder eine Ecke von* M *mit der zugehörigen Basis*

$$\hat{B}(x^1) = \Big[\hat{B}(x^0) \setminus \{a_p\}\Big] \cup \{a_q\}, \tag{8.2.13}$$

und es gilt $c^Tx^1 \le c^Tx^0$. *Im Falle* $x_p^0 > 0$ *ist sogar* $c^Tx^1 < c^Tx^0$.

Beweis: Wegen $\alpha_{pq} < 0$ folgt $x_q^1 = -x_p^0/\alpha_{pq} \ge 0$. Ist weiter $\alpha_{iq} \ge 0$, so folgt $x_i^1 = x_i^0 - \alpha_{iq}x_p^0/\alpha_{pq} \ge 0$. Im Falle $\alpha_{iq} < 0$ gilt ebenfalls wegen der Auswahlregel (R):

$$\frac{x_i^1}{\alpha_{iq}} = \frac{x_i^0}{\alpha_{iq}} - \frac{x_p^0}{\alpha_{pq}} \le 0 \qquad \Longrightarrow \qquad x_i^1 \ge 0..$$

Nach dem oben gesagten ist x^1 also Ecke von M. Q.E.D.

Der Eckenaustausch nach (2b) kann solange fortgesetzt werden, bis Fall (1) oder Fall (2a) eintritt. Eine *nicht* entartete Ecke kann dabei nie ein zweites Mal erreicht werden, da ihr Austausch je zu einer Verkleinerung des Zielfunktionswertes führt. Das Auftreten entarteter Ecken wird weiter unten diskutiert werden. Hier könnten sich (theoretisch) im Laufe des Verfahrens verschiedene Basen zu einer entarteten Ecke zyklisch wiederholen, so dass der Algorithmus nicht abbricht.

Beispiel 8.5: Beispiel 8.1.1 aus Abschnitt 8.1 erhält nach Einführung von Schlupfvariablen x_3, x_4, x_5 die Form

$$-120x_1 - 40x_2 = \min!\,, \quad x_i \geq 0\,, \quad i = 1, \ldots, 5,$$

$$\begin{array}{rcrcrcrcrcl} x_1 & + & x_2 & + & x_3 & & & & & = & 100 \\ 4x_1 & + & x_2 & + & & + & x_4 & & & = & 160 \\ 20x_1 & + & 10x_2 & & & & & + & x_5 & = & 1100 \end{array}$$

Offensichtlich ist $x^0 = (0, 0, 100, 160, 1100)^T$ eine *nicht* entartete Ecke mit der Basis

$$B(x^0) = \{a_3, a_4, a_5\} = \left\{ \begin{pmatrix} 1 \\ 0 \\ 0 \end{pmatrix}, \begin{pmatrix} 0 \\ 1 \\ 0 \end{pmatrix}, \begin{pmatrix} 0 \\ 0 \\ 1 \end{pmatrix} \right\}.$$

Das Ausgangstableau ist also:

I	x_1	x_2	$x_6 = 1$	x_i^0/α_{iq}
x_3	-1	-1	100	-100
x_4	$\boxed{-4}$	-1	160	-40
x_5	-20	-10	1100	-55
z	$\boxed{-120}$	-40	0	

Fall (2b)

Wahl $q = 1$ (oder $q = 2$)

Regel (R) $\Longrightarrow p = 4$.

Eckentausch (Pivotelement α_{41})

II	x_4	x_2	$x_6 = 1$	x_i^0/α_{iq}
x_3	$1/4$	$-3/4$	60	-80
x_1	$-1/4$	$-1/4$	40	-160
x_5	5	$\boxed{-5}$	300	-60
z	30	$\boxed{-10}$	-4800	

Fall (2b)

Wahl $q = 2$

Regel (R) $\Longrightarrow p = 5$.

Eckentausch (Pivotelement α_{52})

III	x_4	x_5	$x_6 = 1$
x_3	$-1/2$	$-3/20$	15
x_1	$-1/2$	$1/20$	25
x_2	1	$-1/5$	60
z	20	2	-5400

Fall (1)

Eckenlösung $x^3 = (25, 60, 15, 0, 0)^T$

Extremwert $z = -5400$.

Wie wir schon gesehen haben, wird der maximale Gewinn von 5400 DM erreicht, wenn 25 Produkte des Typs A und 60 des Typs B hergestellt werden.

Bemerkung 8.1: Zur Kontrolle der Rechnung sollten die Größen $\gamma_k \, (k \notin I^0)$ zusätzlich auch aus der folgenden Formel berechnet werden:

$$\gamma_k = \sum_{i \in I^0} \alpha_{ik} c_i + c_k. \tag{8.2.14}$$

Phase I (Konstruktion einer Startecke)

Wir diskutieren nun die Phase I des Simplexalgorithmus, d. h. die Konstruktion einer Ausgangsecke x^0. Im Falle eines in Standardform gegebenen Programms mit $b \geq 0$ ist dies, wie obiges Beispiel zeigt, sehr einfach:

$$\text{(I)} \qquad c^T x = \max!\,, \quad Ax \leq b\,, \quad x \geq 0. \tag{8.2.15}$$

Durch Einführung von Schlupfvariablen $v \in \mathbb{R}^m$ geht (I) in die kanonische Form über:

$$(\tilde{\text{I}}) \qquad \tilde{c}^T \tilde{x} = \min!\,, \quad \tilde{A}\tilde{x} = \tilde{b}\,, \quad \tilde{x} \geq 0, \tag{8.2.16}$$

mit

$$\tilde{A} = [A, I_m]\,, \quad \tilde{b} = b\,, \quad \tilde{c} = (-c, 0_m)^T, \quad \tilde{x} = (x, v)^T.$$

Wegen $b \geq 0$ ist der Vektor $\tilde{x}^0 = (0_n, \tilde{b}) \in \mathbb{R}^{n+m}$ automatisch eine Ecke von $\tilde{M}$, denn die zugehörigen Spaltenvektoren von $\tilde{A}$ bilden gerade die Einheitsmatrix I_m.

Ist die Programmierungsaufgabe in kanonischer Form gestellt,

$$\text{(II)} \qquad c^T x = \min!\,, \quad Ax = b\,, \quad x \geq 0, \tag{8.2.17}$$

oder ist in (I) $b \geq 0$ nicht erfüllt, so ist i. Allg. keine Ecke von M (oft nicht einmal ein zulässiger Vektor) ersichtlich. Zu ihrer Konstruktion betrachte man das Hilfsproblem (o.B.d.A.: $\tilde{b} \geq 0$)

$$(\tilde{\text{II}}) \qquad \tilde{c}^T \tilde{x} = \min!\,, \quad \tilde{A}\tilde{x} = \tilde{b}\,, \quad \tilde{x} \geq 0, \tag{8.2.18}$$

mit $v \in \mathbb{R}^m$,

$$\tilde{A} = [A, I_m]\,, \quad \tilde{b} = b\,, \quad \tilde{c} = (0_n, 1, \dots, 1)^T, \quad \tilde{x} = (x, v)^T.$$

Hier ist mit $\tilde{x}^0 = (0_n, \tilde{b})$ eine Ausgangsecke von $\tilde{M}$ bekannt. Wegen $\tilde{x} \geq 0$ auf M besitzt das Hilfsproblem stets eine Lösung $\tilde{x}^* = (x^*, v^*)$, die man mit Hilfe des Simplex-Algorithmus bestimmen kann. Ist $v^* = 0$, so liefern die ersten n Komponenten der Lösung $\tilde{x}^*$ eine Ausgangsecke des ursprünglichen LP:

$$x_i^0 := \tilde{x}_i^*\,, \quad i = 1, \dots, n. \tag{8.2.19}$$

Im Fall $v_i^* > 0$ für ein i muß $M = \emptyset$ sein, d. h.: Das LP besitzt keine Lösung. Mit dem Simplex-Algorithmus kann also auch die Frage nach der Lösbarkeit des LP entschieden werden.

Nach den bisherigen Überlegungen ist der Simplex-Algorithmus (mit der Auswahlregel (R)) grundsätzlich geeignet zur Lösung linearer Programmierungsaufgaben, bzw. zur Entscheidung ihrer Unlösbarkeit, vorausgesetzt, es treten keine entarteten Ecken auf. Das Erscheinen einer entarteten Ecke x^1 ist dadurch gekennzeichnet, dass im vorangehenden Austauschschritt das Kriterium (R) nicht zu einem eindeutigen Index $p \in I^0$ führt:

$$x^1 \quad \textit{nicht}\ \text{entartet} \iff \begin{array}{l} \exists!\, p \in I^0 : \alpha_{pq} < 0 \\ \frac{x_p^0}{\alpha_{pq}} = \max\limits_{\alpha_{iq}<0} \frac{x_i^0}{\alpha_{iq}}; \end{array}$$

andernfalls folgte mit $x_p^0/\alpha_{pq} = x_{p'}^0/\alpha_{p'q}$

$$\left.\begin{array}{lcl} x_p^1 &=& x_p^0 - \alpha_{pq}x_p^0/\alpha_{pq} = 0 \\ x_{p'}^1 &=& x_{p'}^0 - \alpha_{p'q}x_p^0/\alpha_{pq} = 0 \end{array}\right\} \iff \begin{array}{l} x^1 \text{ hat weniger als } m \\ \text{positive Komponenten.} \end{array}$$

Tritt im Verlaufe des Simplexverfahrens eine entartete Ecke x^0 auf, so kann es passieren, daß für den Index $p \in I^0$ gerade $x_p^0 = 0$ ist. Dann bewirkt der Austauschschritt offenbar keine Veränderung des Vektors x^0, insbesondere also keine Reduzierung des Zielfunktionswertes, sonderen nur den Übergang zu einer anderen Basis zur Ecke x^0. Wiederholt sich dann dieselbe Basis zyklisch, so führt das Verfahren nicht zum Ziel. Obwohl in der Praxis häufig entartete Ecken auftreten, sind derartige Zyklen noch nicht beobachtet worden (nur bei eigens zu diesem Zweck konstruierten pathologischen Beispielen). Für Belange der Praxis erscheint der Simplex-Algorithmus mit der Auswahlregel (R) (ergänzt um eine geeignete Regel für den Fall einer entarteten Ecke) als hinreichend robust. Vom theoretischen Standpunkt ist diese Situation aber unbefriedigend, und man sucht nach einer Auswahlregel, mit der der Algorithmus garantiert zum Ziel führt.

Definition 8.4 (Lexikographische Ordnung): *Ein Vektor $u \in \mathbb{R}^n$ heißt „lexikographisch positiv“, $u \overset{\rightarrow}{>} 0$, wenn $u \neq 0$ ist und die erste nicht verschwindende Komponente positiv ist. Ein Vektor $u \in \mathbb{R}^n$ heißt „lexikographisch kleiner (größer)“ als ein $v \in \mathbb{R}^n$, wenn $v-u \overset{\rightarrow}{>} 0$ ($u-v \overset{\rightarrow}{>} 0$). Damit ist auf dem $\mathbb{R}^n$ eine “Ordnung” erklärt.*

Der Simplex-Algorithmus sei gestartet mit einer Ecke x^{start} mit der Basis $\hat{B}(x^{\text{start}}) = \{a_1, \dots, a_m\}$ (gegebenenfalls nach Umbenennung der Variablen). Damit ist $I^{\text{start}} = \{1, \dots, m\}$. Zur Einführung einer erweiterten Auswahlregel werden die Parameter α_{ik} und γ_k auch für $k \in I^{\text{start}}$ erklärt durch

$$\alpha_{ik} := -\delta_{ik}, \quad \gamma_k := 0, \quad i, k \in I^{\text{start}},$$

Hilfssatz 8.4: *Für die durch die Darstellungen*

$$a_i = \sum_{k \in I^0} c_{ik} a_k, \quad i \in \{1, \dots, n\} \tag{8.2.20}$$

eindeutig bestimmten Zahlen c_{ik} gilt:

$$c_{ki} = -\alpha_{ik}, \quad k \in \{1, \dots, n\}, \quad i \in I^{\text{start}}. \tag{8.2.21}$$

Beweis: Für $i, k \in I^{\text{start}}$ ist nach Definition

$$\alpha_{ik} = -\delta_{ki} = -c_{ki}.$$

Sei nun $x \in M$ beliebig. Dann gilt

$$\sum_{i \in I^{\text{start}}} \{x_i - x_i^0\} a_i = - \sum_{i \notin I^{\text{start}}} x_i a_i = - \sum_{i \notin I^{\text{start}}} x_i \sum_{k \in I^{\text{start}}} c_{ik} a_k = - \sum_{i \in I^{\text{start}}} \Big(\sum_{k \notin I^{\text{start}}} c_{ki} x_k \Big) a_i$$

und folglich wegen der linearen Unabhängigkeit von $\hat{B}(x^0)$

$$x_i - x_i^0 = - \sum_{k \notin I^{\text{start}}} c_{ki} x_k \,, \quad i \in I^{\text{start}}.$$

Da die α_{ik} in der Darstellung (8.2.10) eindeutig bestimmt sind, ergibt sich notwendig $c_{ki} = -\alpha_{ik}$ $(k \in I^{\text{start}})$. Q.E.D.

Sei nun x^0 eine im Verlaufe des Verfahrens erreichte Ecke und $q \in I^0$ der Austauschindex. Zur Bestimmung des Index $p \in I^0$ bilde man für alle $r \in I^0$ mit

$$\frac{x_r^0}{\alpha_{rq}} = \max_{\alpha_{jq} < 0} \frac{x_j^0}{\alpha_{jq}}, \quad \alpha_{rq} < 0, \tag{8.2.22}$$

die Vektoren

$$u^r = \left(\frac{x_r^0}{\alpha_{rq}}, -\frac{\alpha_{r1}}{\alpha_{rq}}, \dots, -\frac{\alpha_{rm}}{\alpha_{rq}} \right)^T \in \mathbb{R}^{m+1}.$$

Auswahlregel ($\tilde{\text{R}}$)**:** *Der Index $p \in I^0$ wird dann als derjenige mit der Eigenschaft (8.2.22) gewählt, so dass u^p der lexikographisch größte unter den u^r ist.*

Im Falle, dass der „maximale“ Index in (8.2.22) eindeutig bestimmt ist, stimmt die Auswahlregel ($\tilde{\text{R}}$) offenbar mit (R) überein. Ansonsten ist durch ($\tilde{\text{R}}$) eindeutig ein $p \in I^0$ festgelegt; denn gäbe es keines, so wären für zwei $p, p' \in I^0$ die Vektoren u^p, $u^{p'}$ identisch. Dies bedeutete aber, dass die quadratische Matrix $(\alpha_{ik})_{i \in I^0, k=1,\dots,m}$ zwei zueinander proportionale Zeilen hätte und somit singulär wäre. Nach Hilfssatz 8.4 wäre dann auch $(c_{ik})_{i=1,\dots,m, k \in I^0}$ singulär im Widerspruch zur linearen Unabhängigkeit der Vektoren in $\hat{B}(x^0)$ und $\hat{B}(x^{\text{start}})$.

Der Ecke x^0 ordnen wir nun den folgenden Vektor zu:

$$v^0 = (c^T x^0, c_1 - \gamma_1, \dots, c_m - \gamma_m)^T \in \mathbb{R}^{m+1}$$

Hilfssatz 8.5 (Reduktionssatz): *Beim Eckenaustausch $x^0 \to x^1$ unter der Bedingung der Auswahlvorschrift ($\tilde{\text{R}}$) wird der Vektor v^0 durch einen lexikographisch kleineren Vektoren v^1 ersetzt.*

Beweis: Die Indexmenge I^0 wird ersetzt durch $I^1 = (I^0 \backslash \{p\}) \cup \{q\}$. Die γ_i werden nach den folgenden Regeln transformiert:

$$
\begin{array}{llll}
k \in I^0\,, & k \neq q: & \gamma_k \to \gamma_k - \gamma_q \frac{\alpha_{pk}}{\alpha_{pq}} & \\
& k = q: & \gamma_q \to 0 = \gamma_q - \gamma_q \frac{\alpha_{pq}}{\alpha_{pq}} & \\
k \not\in I^0\,, & k \neq p: & \gamma_k \to 0 & \\
& k = p: & \gamma_p \to \gamma_q \frac{1}{\alpha_{pq}} = \gamma_p - \gamma_q \frac{\alpha_{pp}}{\alpha_{pq}} & (\gamma_p = 0\,,\ \alpha_{pp} = -1).
\end{array}
$$

Ferner gilt: $\quad c^T x^0 \to c^T x^0 - \gamma_k \frac{x_p^0}{\alpha_{pq}}\,.$

Für den zur neuen Ecke x^1 gehörenden Vektor $v^1 \in \mathbb{R}^{m+1}$ gilt also:

$$
v^1 = v^0 - \gamma_q \begin{bmatrix} x_p^0/\alpha_{pq} \\ -\alpha_{p1}/\alpha_{pq} \\ \vdots \\ -\alpha_{pm}/\alpha_{pq} \end{bmatrix} = v^0 - \gamma_q u^p.
$$

Da $\gamma_q < 0$, $\alpha_{pq} < 0$ bleibt zu zeigen, dass der Vektor $w^p = (x_p^0, -\alpha_{p1}, \dots, -\alpha_{pm})^T \in \mathbb{R}^{m+1}$ lexikographisch positiv ist. Dies geschieht durch Induktion bzgl. der Zahl der durchgeführten Verfahrensschritte.

(i) Die zur Ausgangsecke x^{start} gehörenden Vektoren w^k $(k = 1, \dots, m)$ sind trivialerweise lexikographisch positiv, denn es ist $x_k^0 \geq 0$ und $-\alpha_{ki} = \delta_{ki}$ $(i = 1, \dots, m)$.

(ii) Sei x^0 eine im Verlaufe des Verfahrens auftretende Ecke, und alle zu x^0 gebildeten Vektoren w^k $(k \in I^0)$ seien lexikographisch positiv. Beim Übergang von x^0 zur Ecke x^1 ergeben sich die zugehörigen Vektoren $\tilde{w}^k$ $(k \in I^1)$ wie folgt:

$$
\begin{aligned}
k \in I^1\,,\ k \neq q: \quad w^k &= \Big(x_k^0 - \frac{\alpha_{kq} x_p^0}{\alpha_{pq}}, -\alpha_{k1} + \frac{\alpha_{kq}\alpha_{p1}}{\alpha_{pq}}, \dots, -\alpha_{km} + \frac{\alpha_{kq}\alpha_{pm}}{\alpha_{pq}}\Big)^T \\
&= w^k - \frac{\alpha_{kq}}{\alpha_{pq}} w^p \\
k = q: \quad \tilde{w}^q &= \Big(\frac{x_p^0}{\alpha_{pq}}, +\frac{\alpha_{p1}}{\alpha_{pq}}, \dots, +\frac{\alpha_{pm}}{\alpha_{pq}}\Big)^T = -\frac{1}{\alpha_{pq}} w^p.
\end{aligned}
$$

Hieraus entnehmen wir mit der Induktionsannahme:

$$
\begin{array}{lll}
k \in I^1\,,\ k \neq q: & \text{a)} & \alpha_{kq} \geq 0 \Longrightarrow \tilde{w}^k = w^k + \left|\frac{\alpha_{kq}}{\alpha_{pq}}\right| w^p \overset{\rightarrow}{>} 0\,, \\
& \text{b)} & \alpha_{kq} < 0 \Longrightarrow \text{Auswahlregel } (\tilde{R}) : \ u^p \overset{\rightarrow}{>} u^k \\
& & \Longrightarrow \tilde{w}^k = \alpha_{kq} u^k - \frac{\alpha_{kq}}{\alpha_{pq}} \alpha_{pq} u^p \overset{\rightarrow}{>} 0\,, \\
k = q: & & \tilde{w}^q = \left|\frac{1}{\alpha_{pq}}\right| w^p \overset{\rightarrow}{>} 0\,.
\end{array}
$$

Dies vervollständigt den Beweis. Q.E.D.

Wir fassen die Ergebnisse der bisherigen Überlegungen zusammen:

Satz 8.2 (Erweiterter Simplex-Algorithmus): *Unter der obigen Voraussetzung an die Ausgangsecke liefert der Simplex-Algorithmus mit der Auswahlregel* $(\tilde{\mathrm{R}})$ *in endlich vielen Schritten eine Lösung des kanonischen Problems* (II) *oder die Bestätigung seiner Unlösbarkeit.*

Beweis: Nach Hilfssatz 8.5 kann aufgrund der Auswahlregel $(\tilde{\mathrm{R}})$ keine Basis von Spaltenvektoren von A zweimal auftreten, denn durch die Ecke x^0 und eine zugehörige Basis $\hat{B}(x^0)$ ist der Vektor v^0 eindeutig bestimmt. Zyklen werden also vermieden. Q.E.D.

8.3 Übungsaufgaben

Übung 8.1: Man bringe die folgenden Optimierungsaufgaben in die kanonische Form eines „linearen Programms“:

a)
$$\begin{aligned} Q(x) := x_1 + x_2 + x_3 \to \min! \\ x_1 \ge 0,\quad x_2 \ge 0,\quad x_1 + 2x_2 \le 5, \\ x_2 + x_3 \le 0, \\ 3x_2 - 4x_3 \le 1. \end{aligned}$$

b)
$$\begin{aligned} Q(x) := |x_1| + |x_2| + |x_3| \to \min! \\ x_1 + x_2 \le 1, \\ 2x_1 + x_3 \le 3. \end{aligned}$$

Übung 8.2: Man löse die folgende Optimierungsaufgabe grafisch:

$$\begin{aligned} Q(x) := 2x_1 + x_2 \to \min! \\ x_1 \ge 0,\quad x_2 \ge 0,\quad -2x_1 + x_2 \le -2, \\ x_1 - 2x_2 \le 2, \\ -x_1 - x_2 \le -5. \end{aligned}$$

Ist die Aufgabe lösbar, wenn $Q(x) \to \max!$ gefordert wird?

Übung 8.3: a) Man wende den Gauß-Jordan-Algorithmus auf die folgende 3×3-Matrix an:

$$A = \begin{pmatrix} 1 & 0 & -1 \\ 2 & 2 & 0 \\ 1 & 2 & 1 \end{pmatrix}.$$

Mit Hilfe des Ergebnisses bestimme man alle $y \in \mathbb{R}^3$, für die das Gleichungssystem $Ax = y$ eine Lösung besitzt, sowie die jeweilige Lösungsmenge.

b) Man implementiere den Gauß-Jordan-Algorithmus für allgemeine $m \times n$-Matrizen in einer Programmiersprache eigener Wahl und verifiziere damit die gefundene Lösung zu Teil (a).

Übung 8.4: Man löse die lineare Optimierungsaufgabe

$$\begin{aligned} Q(x) &:= x_1 + 3x_2 + x_3 \to \max!\\ x_i &\geq 0, \quad i = 1, \dots, 5,\\ 5x_1 + 3x_2 &\leq 3,\\ x_1 + 2x_2 + 4x_3 &\leq 4, \end{aligned}$$

mit Hilfe des Simplex-Verfahrens. (Hinweis: Man überführe das System durch Einführung von „Schlupfvarablen“ in Normalform und rate eine Startecke.)

Übung 8.5: Man löse die lineare Optimierungsaufgabe

$$\begin{aligned} Q(x) &:= 4x_1 + x_2 + x_3 \to \min!\\ x_i &\geq 0, \quad i = 1, \dots, 3,\\ 2x_1 + x_2 + 2x_3 &= 4,\\ 3x_1 + 3x_2 + x_3 &= 3, \end{aligned}$$

mit Hilfe des Simplex-Verfahrens. Eine Startecke verschaffe man sich durch die Vorlaufrechnung (Phase I).

Übung 8.6: Man löse das lineare Programm

$$\begin{aligned} Q(x) &:= \tfrac{3}{4}x_1 - 20x_2 + \tfrac{1}{2}x_3 - 6x_4 \to \max!,\\ x_i &\geq 0, \quad i = 1, \dots, 4,\\ \tfrac{1}{4}x_1 - 8x_2 - x_3 + 9x_4 &\leq 0,\\ \tfrac{1}{2}x_1 - 12x_2 - \tfrac{1}{3}x_3 + 3x_4 &\leq 0,\\ x_3 &\leq 1, \end{aligned}$$

mit Hilfe des Simplex-Verfahrens unter Verwendung

a) der Auswahlregel (R), ergänzt um die Vorschrift, dass kleinste mögliche $p \in I^0$ zu wählen;

b) der Auswahlregel $(\tilde{R})$.

In beiden Fällen sei $q \notin I^0$ so bestimmt, dass $\gamma_q = \min\{\gamma_k | \ \gamma_k < 0, \ k \notin I^0\}$, und dass q der kleinste dieser Indizes ist.

c) Man implementiere Phase II des Simplex-Algorithmus für lineare Programme in Normalform für den Fall einer bekannten Startecke $x^{(0)} \in M$ und eines Ausgangstableaus. Man verifiziere damit die unter (a) bzw. (b) gefundene Optimallösung.

A Lösungen der Übungsaufgaben

Im Folgenden sind Lösungen für die am Ende der einzelnen Kapitel formulierten Aufgaben zusammengestellt. Es handelt sich dabei nur um Lösungsvorschäge ohne Anspruch auf Vollständigkeit zur Anregung weiterer eigener Überlegungen.

A.1 Kapitel 1

Lösung A.1.1: Durch einfaches Ausmultiplizieren ergibt sich:

a) $f(h) = 4(h^2+h)^2 - 4h^4 = 4h^4 + 8h^3 + 4h^2 - 4h^4 = O(h^2)$.

b) $g(n) = 4(n^2+n)^2 - 4n^4 = 4n^4 + 8n^3 + 4n^2 - 4n^4 = O(n^3)$.

c) Anwendung der Taylor-Formel ergibt:

$$f(h) = \frac{e^h - e^{-h}}{2h} - 1 = \frac{1}{2h}\int_{-h}^{h}\{e^x - 1\}\,dx = \frac{1}{2h}\int_{-h}^{h}\Big\{x + \frac{x^2}{2}e^\eta\Big\}\,dx = O(h^2).$$

d) Durch Ausmultiplizieren sieht man

$$G_n(x) := \frac{1-e^{-nx}}{1-e^{-x}} = 1 + e^{-x} + e^{-2x} + \cdots + e^{-(n-1)x}$$

und

$$G_n'(x) = -e^{-x} - 2e^{-2x} - \cdots - (n-1)e^{-(n-1)x} \le 0, \quad x \ge 0.$$

Die Funktion $G_n(x)$ ist also monoton fallend und folglich ergibt sich (Regel von l'Hospital):

$$G_n(x) \le G_n(0) = \lim_{x\searrow 0}\frac{1-e^{-nx}}{1-e^{-x}} = n.$$

Dies liefert $g(n) = n = O(n)$.

e) Mit der Regel von l'Hospital erhalten wir für jedes $\alpha > 0$:

$$\lim_{h\to 0} h^\alpha \ln(h) = \lim_{h\to 0}\frac{\ln(h)}{h^{-\alpha}} = \lim_{h\to 0}\frac{h^{-1}}{-\alpha h^{-\alpha-1}} = \lim_{h\to 0}\frac{h^\alpha}{-\alpha} = 0,$$

aber für $\alpha = 0$:

$$\lim_{h\to 0}\ln(h) = \infty.$$

Folglich ist $1/\ln(h) = o(1)$.

Lösung A.1.2: a) Nach Definition der Konditionszahlen gilt mit $f(x_1, x_2) = x_1/x_2$:

$$k_1 = \frac{\partial f}{\partial x_1}\frac{x_1}{f} = \frac{1}{x_2}\frac{x_1 x_2}{x_1} = 1, \quad k_y = \frac{\partial f}{\partial y}\frac{y}{f} = -\frac{x_1}{x_2^2}\frac{x_2^2}{x_1} = -1, \quad \alpha = 1.$$

$$\left|\frac{\Delta x_i}{x_i}\right| \le \varepsilon \ (i=1,2) \quad \Rightarrow \quad \left|\frac{\Delta f}{f}\right| \le 2\varepsilon + o(\varepsilon).$$

Die Division ist also generell gut konditioniert.

b) Analog folgt mit $f(x_1,x_2) = x_1^{x_2} = e^{x_2 \ln(x_1)}$:

$$k_1 = \frac{\partial f}{\partial x_1}\frac{x_1}{f} = x_2 x_1^{x_2-1}\frac{x_1}{x_1^{x_2}} = x_2, \qquad k_2 = \frac{\partial f}{\partial x_2}\frac{x_2}{f} = \ln(x_1) f \frac{x_2}{f} = \ln(x_1)x_2.$$

Die Potenzbildung ist schlecht konditioniert für $x_2 \gg 1$ oder im Fall $x_2 \neq 0$ für $x_1 \ll 1$ oder $x_1 \gg 1$.

Die Operation $f(x) = 1/x$ ist stets gut konditioniert. Die Operation $f(x) = \sqrt{x}$ ist ebenfalls gut konditioniert (Fehlerdämpfung).

Lösung A.1.3: a) Die Konditionionierung der Auswertung der Funktion $f(x)$ ist unabhängig von ihrer Darstellung in der Form $a(x)$ oder $b(x)$:

$$k = \frac{\partial f(x)}{\partial x}\frac{x}{f(x)} = \left|2 - \frac{3x+4x^2}{(1+x)(1+2x)}\right| \approx 2, \quad 0 < |x| \ll 1.$$

Die numerische Aufgabe, $f(x)$ zu berechnen, ist also für Argumente $0 < |x| \ll 1$ gut konditioniert.

b) Der Regel "Schlecht konditionierte Operationen vor gut konditionierten ausführen!" folgend, sollte die Darstellung $b(x)$ verwendet werden. Bei $a(x)$ droht Auslöschung.

Lösung A.1.4: Mit der Maschinengenauigkeit eps gilt für $x, y \in A$:

$$x \oplus y = x, \quad \text{für } |y| \le \frac{|x|}{2}\text{eps}.$$

Dies legt den folgenden Test nahe: $k = 1, 2, 3, \dots$:

$$1 + 2^{-k} = 1 \quad \Rightarrow \quad 2^{1-k} \approx \text{eps}.$$

Z. B. ergibt sich so auf einem (ehemaligen) Atlon PC-Prozessor (1.4 GHz Taktung) unter MATLAB bei Verwendung des Types "double precision" (wie zu erwarten) eps $\approx 2^{-53} \approx 10^{-16}$.

Lösung A.1.5 (Praktische Aufgabe): a) Die Maschinengenauigkeit wird bestimmt aus der Beziehung:

$$x \circledast y = (x * y)(1+\varepsilon), \quad x, y \in A, \ |\varepsilon| \le \text{eps}.$$

Dies legt den folgenden Test nahe: $k = 1, 2, 3, \dots$:

$$1 + 2^{-k} = 1 \quad \Rightarrow \quad 2^{1-k} \approx \text{eps}.$$

Auf einem (alten) Atlon 3500+ Prozessor unter MATLAB ergibt sich so bei Verwendung des Types "double precision" (wie zu erwarten) eps $\approx 2^{-53} \approx 10^{-16}$.

MATLAB-Programm: Bestimmung der Maschinengenauigkeit

```
clear
a = 1.;
c = 1.;
i = 0;
while c ~= 0
   i = i+1
   b = 10^(-i);
   c = a + b;
   c = c - a
end
```

b) Taylor-Summen der Exponentialfunktion

$$e^x \approx T_n(x) = \sum_{k=0}^{n} \frac{x^k}{k!}.$$

Relativer Fehler für $n \in [0, 20]$ für die Argumente $x \in \{10, 1, -1, -10\}$: Die schlechten Ergebnisse für negative x-Werte sind dadurch bedingt, dass für $x = -10$ $e^{-10} \ll 1$ ist. Daher bietet sich in diesem Fall die Auswertung

$$e^{-x} \approx (T_n(x))^{-1}$$

an, welche eine akzeptable Approximation für alle x-Werte liefert.

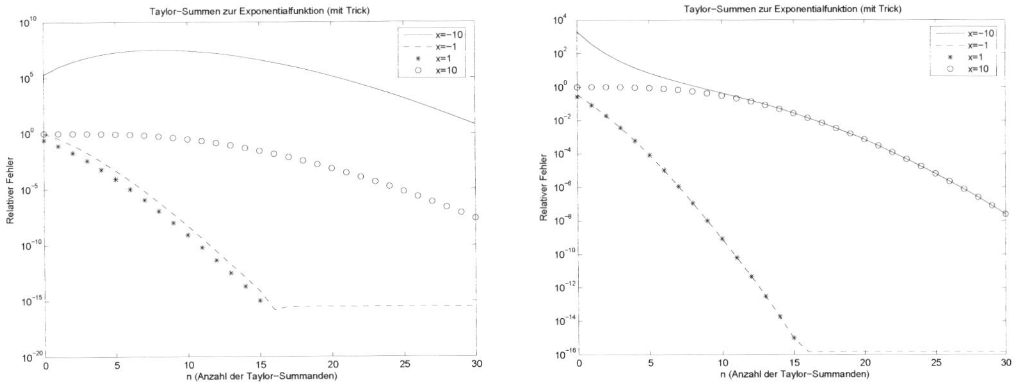

Abbildung A.1: *Relative Fehler der Taylor-Approximation:* $T_n(x)$ *(links),* $T_n(-x)^{-1}$ *(rechts)*

MATLAB-Programme:

a) Normale Taylor-Summe

```
    function erg = taylorsumme(x,n)
% Berechne den Vektor x^k, k=1,...,n:
    N = 0:n;
    X = x.^N;
% Teile die Eintraege durch k!:
    X = X./factorial(N);
% Erhalte das Ergebnis als Summe ueber alle Eintraege:
    erg = sum(X);
    return
```

b) Reziproke Taylor-Summe

```
     function erg = trickytaylorsumme(x, n)
% Berechne den Vektor x^k, k=1,...,n:
     N = 0:n;
     if x<0
        X = (-x).^N;
     else
        X = x.^N;
     end
% Teile die Eintraege durch} k!:
     X = X./factorial(N);
% Erhalte das Ergebnis als Summe ueber alle Eintraege}:
     erg = sum(X);
     if x<0
        erg = 1./erg;
     end
     return
```

c) Relativer Fehler der Taylor-Approximation

```
x = [-10,-1,1,10];
n = 1:20;
for k=1: length(x)
   for i=1:20
   rel(k,i) =  abs(taylorsumme(x(k),i) - exp(x(k)))/exp(x(k));
   end
end
semilogy(n,rel)
xlabel('n (Anzahl der Taylor-Summanden)')
ylabel('Relativer Fehler')
title('Taylor-Summen zur Exponentialfunktion')
legend('x=-10','x=-1','x=1','x=10')
```

Lösung A.1.6: a) Wir setzen $\varphi(x) := \sin(x)$ und finden mit der Taylor-Formel:

$$\varphi(x+h) = \varphi(x) + h\varphi'(x) + \tfrac{1}{2}h^2\varphi''(x) + \tfrac{1}{6}h^3\varphi'''(x) + \tfrac{1}{24}h^4\varphi^{(iv)}(\xi_+),$$
$$\varphi(x-h) = \varphi(x) - h\varphi'(x) + \tfrac{1}{2}h^2\varphi''(x) - \tfrac{1}{6}h^3\varphi'''(x) + \tfrac{1}{24}h^4\varphi^{(iv)}(\xi_-).$$

Dies ergibt

$$\varphi''(x) = \frac{\varphi(x+h) - 2\varphi(x) + \varphi(x-h)}{h^2} + \underbrace{\tfrac{1}{24}h^2\{\varphi^{(iv)}(\xi_+) + \varphi^{(iv)}(\xi_-)\}}_{O(h^2)}.$$

Unter beachtung von $\varphi''(x) = -\sin(x)$ ergibt sich so für $x = 1$:

$$f(h) = \frac{\sin(1+h) - 2\sin(1) + \sin(1-h)}{h^2} + \sin(1) = O(h^2).$$

b) Es gilt

$$c_h := \frac{1}{\ln(h)} \to 0 \quad (h \to 0), \qquad f(h) = \frac{h}{\ln(h)} = c_h h = o(h).$$

Lösung A.1.7: Die Datenfehler sind

$$\frac{|\Delta P|}{P} \le \frac{0,01}{2} \le 0.005, \qquad \frac{|\Delta V|}{V} \le \frac{0,2}{10} \le 0.02, \qquad \frac{|\Delta T|}{T} \le \frac{0,5}{200} \le 0.00025.$$

Mit den Konditionszahlen $k_P = k_V = k_T = 1$ ergibt sich so

$$\left|\frac{\Delta m}{m}\right| \le 0,005 + 0,02 + 0,00025 = 0,02525.$$

Um den relativen Fehler weiter unter 1%, d. h. unter $0,01$, zu drücken, muss die Messung von V verfeinert werden.

Lösung A.1.8: a) Mit dem Ansatz $a(h) = a + ch^\alpha$ ergibt sich

$$\frac{a(h) - a}{a(h/2) - a} = \frac{ch^\alpha}{c(h/2)^\alpha} = 2^\alpha$$

und folglich

$$\alpha = \frac{1}{\log(2)} \log\left(\left|\frac{a(h) - a}{a(h/2) - a}\right|\right).$$

Wenn der Limes a nicht bekannt ist, schreiben wir

$$\frac{a(h) - a(h/2)}{a(h/2) - a(h/4)} = \frac{a(h) - a + a - a(h/2)}{a(h/2) - a + a - a(h/4)} = \frac{ch^\alpha - c(h/2)^\alpha}{c(h/2)^\alpha - c(h/4)^\alpha}$$
$$= \frac{1 - 2^{-\alpha}}{2^{-\alpha} - 4^{-\alpha}} = 2^\alpha$$

und erhalten

$$\alpha = \frac{1}{\log(2)} \log\Big(\Big|\frac{a(h)-a(h/2)}{a(h/2)-a(h/4)}\Big|\Big).$$

b) Für die gegebenen Folgen ergibt sich:

$$\alpha \approx \frac{1}{\log(2)} \log\Big(\Big|\frac{a(h)-a}{a(h/2)-a}\Big|\Big) \approx 1,$$

und

$$\alpha \approx \frac{1}{\log(2)} \log\Big(\Big|\frac{b(h)-b(h/2)}{b(h/2)-b(h/4)}\Big|\Big) \approx 2.$$

Lösung A.1.9: a) Fehlerabschätzung

$$\Big|\frac{\Delta f}{f}\Big| \dot{\le} k\Big|\frac{\Delta x}{x}\Big|, \qquad k = \Big|\frac{df}{dx}\frac{x}{f}\Big| \quad \text{(Konditionszahl)}.$$

$$\begin{aligned} \frac{df}{dx} &= \frac{x\sin(x) - 1 + \cos(x)}{x^2}, \\ k &= \Big|\frac{x\sin(x) - 1 + \cos(x)}{x^2}\,\frac{x^2}{1-\cos(x)}\Big| = \Big|\frac{x\sin(x)}{1-\cos(x)} - 1\Big|. \end{aligned}$$

Also ist die Auswertung von $f(x)$ gut konditioniert für $|x| \ll 1$ und schlecht konditioniert für $|x| \gg 1$.

b) Es gilt die Maschinenoperationsregel $x \circledast y = (x*y)(1+\varepsilon)$ mit $|\varepsilon| \le \text{eps}$. Im Folgenden wird ε als „generische'“ Konstante verwendet, welche variieren kann, aber stets $|\varepsilon| \le \text{eps}$ erfüllt.

Algorithmus A: Nach Voraussetzung ist

$$u = \cos(x)(1+\varepsilon), \quad v = 1 \ominus u, \quad \tilde{f}(x) = v \oslash x,$$

und demnach für $x \neq 0$:

$$\begin{aligned} \tilde{f}(x) &= \frac{v}{x}(1+\varepsilon) = \frac{1-u}{x}(1+\varepsilon)(1+\varepsilon) = \frac{1-\cos(x)(1+\varepsilon)}{x}(1+\varepsilon)(1+\varepsilon) \\ &= \frac{1-\cos(x)}{x}(1+\varepsilon+\varepsilon) - \frac{\cos(x)}{x}\varepsilon + O\Big(\frac{\text{eps}^2}{x}\Big). \end{aligned}$$

Also gilt für $x \neq 0, 2\pi, 4\pi, \ldots$:

$$\Big|\frac{\tilde{f}(x) - f(x)}{f(x)}\Big| = \Big|\varepsilon + \varepsilon - \frac{\cos(x)}{1-\cos(x)}\varepsilon\Big| + O\Big(\frac{\text{eps}^2}{1-\cos(x)}\Big) \to \infty \quad (|x| \to 0).$$

Algorithmus A wird also mit $|x| \to 0$ zunehmend schlechter konditioniert.

Algorithmus B: Umformung

$$f(x) = \frac{1-\cos(x)}{x} = \frac{1-\cos(x)^2}{x(1+\cos(x))} = \frac{\sin(x)^2}{x(1+\cos(x))}.$$

Nach Voraussetzung ist dann wieder

$$u_1 = \sin(x)(1+\varepsilon), \quad u_2 = u_1 \oplus u_1, \quad v_1 = \cos(x)(1+\varepsilon),$$
$$v_2 = 1 \oplus v_1, \quad v_3 = x \odot v_2, \quad \tilde{f} = u_2 \oslash v_3,$$

und demnach

$$\begin{aligned}\tilde{f} &= \frac{u_2}{v_3}(1+\varepsilon) = \frac{u_1 u_1 (1+\varepsilon)}{x v_2 (1+\varepsilon)}(1+\varepsilon)\\ &= \frac{\sin(x)^2(1+\varepsilon)^2(1+\varepsilon)(1+\varepsilon)}{x(1+v_1)(1+\varepsilon)(1+\varepsilon)} = \frac{\sin(x)^2(1+\varepsilon)^2(1+\varepsilon)(1+\varepsilon)}{x(1+\cos(x)(1+\varepsilon))(1+\varepsilon)(1+\varepsilon)}.\end{aligned}$$

Also gilt für $x \in (0, \pi)$:

$$\begin{aligned}\left|\frac{\tilde{f}(x) - f(x)}{f(x)}\right| &= \left|1 - \frac{\sin(x)^2(1+\varepsilon)^2(1+\varepsilon)(1+\varepsilon)}{x(1+\cos(x)(1+\varepsilon))(1+\varepsilon)(1+\varepsilon)} \frac{x(1+\cos(x)}{\sin(x)^2}\right|\\ &= \left|1 - \frac{(1+\varepsilon)^2(1+\varepsilon)(1+\varepsilon)}{1+\varepsilon\frac{\cos(x)}{1+\cos(x)}(1+\varepsilon)(1+\varepsilon)}\right|\\ &\leq \left|1 - \frac{(1+\varepsilon)^2(1+\varepsilon)(1+\varepsilon)}{(1+\varepsilon)(1+\varepsilon)(1+\varepsilon)}\right|\\ &= \left|1 - (1+2\varepsilon+\varepsilon+\varepsilon)\right| + O(\text{eps}^2) = O(\text{eps}).\end{aligned}$$

Algorithmus B ist also insbesondere für $|x| \ll 1$ gut konditioniert.

Lösung A.1.10 (Praktische Aufgabe):

MATLAB-Programm: Auswertung der Taylor-Summe

```
    clear
    n = 3*(1:10);
% Aufgabenteil 1:
    for i=1:length(n)
       fehler1(i) = abs((taylorsumme(-5.5, n(i)) - exp(-5.5))/eps(-5.5);
    end
% Aufgabenteil 2:
    for i=1:length(n)
       fehler2(i) = abs((trickytaylorsumme(-5.5, n(i)) - exp(-5.5))/eps(-5.5);
    end
% Aufgabenteil 3:
    for\; i=1:length(n)
```

```
    fehler3(i) = abs((taylorsumme(-0.5, n(i))^11 - exp(-5.5))/eps(-5.5);
end
semilogy(n, fehler1, n, fehler2, n, fehler3)
legend('Teil 1)', 'Teil 2)', 'Teil 3)')
title('Taylor-Summen zur Exponentialfunktion')
xlabel('n (Anzahl der Taylor-Summanden)')
ylabel('Absoluter Fehler')
```

Auswertung der Approximationen für die Exponentialfunktion ergibt:

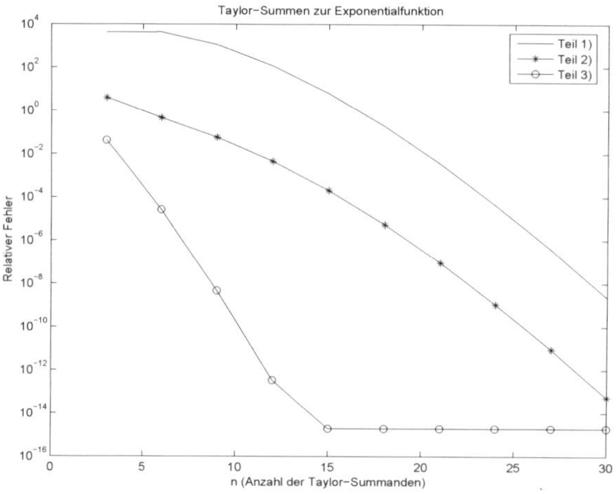

Abbildung A.2: Relative Fehler der Taylor-Approximation: $T_n(x)$

Lösung A.1.11: Das Horner Schema zur Polynomauswertung $p(x) = \sum_{i=0}^m a_i x^i$,

$$a'_n = a_n, \quad a'_k = a_k + x a'_{k+1}, \quad k = n-1, \dots, 0,$$

liefert den Funktionswert $p(x_0) = a'_0$. Formale Anwendung auf das Matrixpolynom

$$p(A) = \sum_{i0}^{m} a_i A^i = (\dots(a_n A + a_{n-1})A + a_{n-2})\dots)A + a_0 I$$

ergibt den Algorithmus:

$$A'_n = a_n I, \qquad k = n-1, \dots, 0: \; A'_k = A'_{k+1} A + a_k I,$$

mit $p(A) = A'_0$. Seine Realisierung in der Form

$$B = a_n I, \qquad k = n-1, \dots, 0: \; C = BA, \; B = C + a_k I, \qquad p(A) = B,$$

erfordert die Speicherung von $A, B, C \in \mathbb{R}^{n\times n}$, $c \in \mathbb{R}^{n+1}$, $b \in \mathbb{R}^n$, d. h.: $3n^2 + O(n)$ Speicherplätze und $n^4 + O(n^2)$ a. Op.

Am Speicherplatz lässt sich durch eine geschicktere Schreibweise des Algorithmus noch etwas verbessern. Seien

$$A = [a_1, \dots, a_n]^T \quad \text{Zeilenvektoren}, \qquad B = [b_1, \dots, b_n] \quad \text{Spaltenvektoren}$$

Damit schreiben wir den Algorithmus in der Form

$$B := a_n I, \qquad k = n-1, \dots, 0,\ j = 1, \dots, n: \ b = \begin{bmatrix} a_i \cdot b_j \\ \vdots \\ a_n \cdot b_j \end{bmatrix} + a_k \begin{bmatrix} \delta_{1j} \\ \vdots \\ \delta_{nj} \end{bmatrix}, \qquad b_j := b,$$

und schließlich $p(A) = B$. Diese Variante erfordert dieselbe Anzahl von a. Op. wie die obige, aber nur $2n^2 + O(n)$ Speicherplätze.

Lösung A.1.12: Durch Taylor-Entwicklung um die Nullstelle $z \neq 0$ erhält man

$$p(\tilde{z}) = p(z) + p'(z)(\tilde{z} - z) + O(|\tilde{z} - z|^2) = p'(z)(\tilde{z} - z) + O(|\tilde{z} - z|^2),$$

und weiter durch Umformung

$$\Big|\frac{\tilde{z} - z}{z}\Big| \le \Big|\frac{p(\tilde{z})}{p'(z)z}\Big| + O(|\tilde{z} - z|^2).$$

Lösung A.1.13: Nach Vorausetzung ist $\tilde{f}(x_i) = f(x_i) + \varepsilon_i$ mit $|\varepsilon_i| \le 10^{-3}|f(x_i)|$ und somit

$$\begin{aligned} \frac{\tilde{f}(x_{i+1}) - \tilde{f}(x_{i-1})}{2h} &= \frac{f(x_{i+1}) + \varepsilon_{i+1} - f(x_{i-1}) - \varepsilon_{i-1}}{2h} \\ &= \frac{f(x_{i+1}) - f(x_{i-1})}{2h} + \frac{\varepsilon_{i+1} - \varepsilon_{i-1}}{2h}. \end{aligned}$$

Da $f(\cdot)$ linear ist, ergibt sich für $\varepsilon_{i+1} = 10^{-3} f(x_{i+1})$ und $\varepsilon_{i-1} = -10^{-3} f(x_{i-1})$ und speziell für $i = 1$:

$$\frac{\tilde{f}(x_{i+1}) - \tilde{f}(x_{i-1})}{2h} = 1 + \frac{f(x_{i+1}) + f(x_{i-1})}{2} = 1 + \frac{1 + 2h + 1}{2} = 1 + 1 + 10^{-3}.$$

Der relative Approximationsfehler ist in diesem Fall also größer als 100%.

Lösung A.1.14 (Praktische Aufgabe): Für die verschiedenen Datensätze $\{a, b, c\}$ ergeben sich die folgenden Ergebnisse:

1. Parameter $\{0, 0, 0\}$: Es gibt unendlich viele Lösungen.
2. Parameter $\{0, 0, 1\}$: Es gibt keine Lösung.

3. Parameter $\{0,1,0\}$: $x_{1/2} = 0$; Genauigkeit: 0.
4. Parameter $\{0,2,1\}$: $x_{1/2} = -0.5$; Genauigkeit: 0.
5. Parameter $\{2,0,0\}$: $x_{1/2} = 0$; Genauigkeit: 0.
6. Parameter $\{2,0,1\}$: Es gibt komplexe Lösungen.
7. Parameter $\{2,0,-4\}$: $x_{1/2} = \pm 1.4142$; Genauigkeit: $1.1102e-16$.
8. Parameter $\{4,2,0\}$: $x_1 = 0,\ x_2 = -0.5$; Genauigkeit: 0.
9. Parameter $\{1,2,-3\}$: $x_1 = 1,\ x_2 = -3$; Genauigkeit: 0.
10. Parameter $\{1,2,1\}$: $x_{1/2} = -1$; Genauigkeit: 0.
11. Parameter $\{1,2,2\}$: Es gibt komplexe Lösungen.
12. Parameter $\{-1,0,0\}$: $x_{1/2} = 0$; Genauigkeit: 0.
13. Parameter $\{-1,0,-1\}$: Es gibt komplexe Lösungen.
14. Parameter $\{-4,0,2\}$: $x_{1/2} = \pm -0.7071$; Genauigkeit: $1.1102e-16$.
15. Parameter $\{-1,2,0\}$: $x_1 = 0,\ x_2 = 2$; Genauigkeit: 0.
16. Parameter $\{-4,8,12\}$: $x_1 = -1,\ x_2 = 3$; Genauigkeit: 0.
17. Parameter $\{-1,2,-1\}$: $x_{1/2} = 1$; Genauigkeit: 0.
18. Parameter $\{-1,2,-5\}$: Es gibt komplexe Lösungen.
19. Parameter $\{2.5 \cdot 10^9, -10^5, 1\}$: $x_{1/2} = 2 \cdot 10^{-5}$; Genauigkeit: **0.76294**.

MATLAB-Programme:

```
% Hauptprogramm
para = [0 0 0 0 2 2 2 4 1 1 1 -1 -1 -4 -1 -4 -1 -1 2.5e9;
        0 0 1 2 0 0 0 2 2 2 2 0 0 0 2 8 2 2 -1.e5;
        0 1 0 1 0 1 -4 0 -3 1 2 0 -1 2 0 12 -1 -5 1];
for i = 1:max(size(para))
   disp([int2str(i),') Parameter:'])
   disp(para(:,i)')
   disp('Loesung: ')
   sol = mitternacht(para(:,i));
   if (isempty(sol))
      disp('Es gibt komplexe Loesungen')
      disp(' ')
      disp(' ')
   elseif (sol == inf)
      disp('Es gibt beliebig viele Loesungen')
      disp(' ')
      disp(' ')
   elseif (sol == -inf)
      disp('Es gibt keine Loesung')
      disp(' ')
      disp(' ')
```

```
    else
        if (checkgenauigkeit(sol, para(:,i)) == 1)
            disp(sol)
            disp('Genauigkeit: ')
            if (length(sol) == 1)
                disp(num2str(genauigkeit(sol,para(:,i))))
            else
                disp([num2str(genauigkeit(sol(1),para(:,i))), '    ',
                num2str(genauigkeit(sol(2),para(:,i)))])
            end
            disp(' ')
            disp(' ')
        else
            disp(['Loesung waere ', num2str(sol), ', aber '])
            if (length(sol) == 1)
                ausgabe = ['Genauigkeit von ',
                num2str(genauigkeit(sol,para(:,i))), ' nicht ausreichend'];
            else
                ausgabe = ['Genauigkeit von ',
                num2str(genauigkeit(sol(1),para(:,i))), ' und ',
                num2str(genauigkeit(sol(2),para(:,i))), ' nicht ausreichend'];
            end
            disp(ausgabe)
            disp(' ')
        end
    end
end

% Genauigkeitstest
function erg = checkgenauigkeit(z,para)
erg = 1;
for i = 1:length(z)
    if (genauigkeit(z(i),para) > 1.e-12)
        erg = 0;
    end
end
return

% Ableitungsberechnung
function erg = dp(x,para)
a = para(1);
b = para(2);
c = para(3);
erg = 2*a*x+b;
return
```

```
% Fehlerschaetzer
function erg = genauigkeit(z,para)
if (z == 0 | dp(z,para) == 0)
    erg = 0;
else
    erg = abs(p(z,para) / (dp(z,para)*z));
end
return

% Loesungsformel
function erg = mitternacht(para)

a = para(1);
b = para(2);
c = para(3);
if (a == 0)
   if (b == 0)
      if (c == 0)
         erg = inf;
      else
         erg = -inf;
      end
   else
      erg = -c/b;
   end
else
   if (b^2 < 4*a*c)
      erg = [];
   elseif (b^2 == 4*a*c)
      erg = -b/(2*a);
   else
      erg = [-b+sqrt(b^2-4*a*c), -b-sqrt(b^2-4*a*c)] / (2*a);
   end
end
return

% Funktionsauswertung
function erg = p(x,para)
a = para(1);
b = para(2);
c = para(3);
erg = a*x^2+b*x+c;
return
```

A.2 Kapitel 2

Lösung A.2.1: 0) Nach Konstruktion habe die Lagrangeschen Polynome den Grad n und die Eigenschaft

$$L_i^{(n)}(x_j) = \delta_{ij}, \quad i,j = 0,\dots,n. \quad \text{(Kronecker-Symbol)}$$

Damit ergibt sich die Implikation

$$\sum_{i=1}^{n} \alpha_i L_i^{(n)}(x) = 0, \quad x \in \mathbb{R}, \quad \Rightarrow \quad 0 = \sum_{i=1}^{n} \alpha_i L_i^{(n)}(x_j) = \alpha_j, \quad j = 0,\dots,n.$$

Also sind die $n+1$ Polynome $\{L_i^{(n)}, i = 0,\dots,n\}$ linear unabhängig und bilden eine Basis des P_n.

i) Das Polynom $q(\cdot) = \sum_{i=0}^{n} L_i^{(n)} \in P_n$ ist in den $n+1$ Stellen $x_i, i = 0,1,\dots,n$, nach Konstruktion gleich dem Polynom $q \equiv 1$. Wegen des Eindeutigkeit des Lagrange-Interpolationspolynoms muss also $q \equiv 1$ sein (Anwendung des Satzes von Rolle).

ii) Das Polynom $p_k(\cdot) = \sum_{i=0}^{n} x_i^k L_i^{(n)} \in P_n$ stimmt in den $n+1$ Stellen x_i mit dem Monom $q(x) = x^k$ überein. Für $k = 1,\dots,n$ ist also wieder wegen der Eindeutigkeit des Lagrange-Interpolationspolynoms $p_k \equiv x^k$ und damit $p_k(0) = 0$.

iii) Im Fall $k = n+1$ ist $p_k(\cdot) = \sum_{i=0}^{n} x_i^{n+1} L_i^{(n)} \in P_n$ das Lagrange-Interpolationspolynom des Monoms $p_{n+1}(x) = x^{n+1}$ zu den $n+1$ Punkten $x_0,\dots,x_n$. Die allgemeine Darstellung des Fehlers bei der Lagrange-Interpolation,

$$f(x) - p(x) = \frac{f^{(n+1)}(\xi_x)}{(n+1)!} \prod_{i=0}^{n} (x - x_i),$$

ergibt angewendet auf die vorliegende Situation:

$$x^{n+1} - p_{n+1}(x) = \frac{1}{(n+1)!} \frac{d^{n+1}x^{n+1}}{dx^{n+1}} \prod_{i=0}^{n} (x - x_i) = \prod_{i=0}^{n} (x - x_i).$$

Also ist wie behauptet

$$p_{n+1}(0) = -\prod_{i=0}^{n} (-x_i) = (-1)^n \prod_{i=n}^{n} x_i.$$

Lösung A.2.2: Die Rekursionsformel des Neville-Algorithmus zur Punktauswertung des Lagrange-Interpolationspolynoms zu den Stützstellen $\{x_0,\dots,x_n\}$ lautet

$$p_{i,i+k}(\xi) = p_{i,i+k-1}(\xi) + \frac{p_{i,i+k-1}(\xi) - p_{i+1,i+k}(\xi)}{\frac{\xi - x_{i+k}}{\xi - x_i} - 1}, \quad i = 0,\dots,n, \ k = 1,\dots,n-i.$$

Der Funktionswert des Interpolationspolynoms ist dann $p_n(\xi) = p_{0,n}(\xi)$. Das Neville-

Schema lautet:

x_i	$p_{i,i}$	$p_{i,i+1}$	$p_{i,i+2}$	$p_{i,i+3}$	$p_{0,4}$
55,7	17,47	19,06	19,46	19,49	19,46
57,7	18,00	19,30	19,50	19,44	
59,3	18,52	19,55	19,39		
62,6	19,93	19,14			
65,6	22,57				

Die Tageslänge am Ort F ist also 19h 27,6m .

Lösung A.2.3: Das Integrationsintervall $[0,\pi]$ sei äquidistant unterteilt mit den Stützstellen $0=x_0<x_1<\ldots<x_n=\pi$ mit $x_i-x_{i-1}=h=\pi/n$. Der Auswertungsfehler in beliebigem $x\in[0,\pi]$ setzt sich zusammen aus dem Interpolationsfehler und dem Rundungsfehler in den zur Interpolation verwendeten Stützwerten $\tilde f(x_i)=f(x_i)+\varepsilon$.

i) Abschätzung des Interpolationsfehlers: Ausgangspunkt ist die Fehlerdarstellung für die kubische Lagrange-Interpolation zu den jeweils vier Stützstellen $\{x_{i-1},x_i,x_{i+1},x_{i+2}\}$:

$$f(x)-p_3(x)=\frac{f^{(iv)}(\xi_x)}{4!}\prod_{j=-1}^{2}(x-x_{i+j}),\quad x\in[x_i,x_{i+1}],\quad i=1,\ldots,n-1.$$

Mit $f^{(iv)}(x)=-8\sin(x)\cos(x)=-4\sin(2x)$ ist $\max_{x\in[0,\pi]}|f^{(iv)}(x)|=4$. Weiter ist

$$\max_{x_i\le x\le x_{i+1}}\prod_{j=-1}^{2}(x-x_{i+j})=\max_{-h/2\le x\le h/2}(x+3h/2)(x+h/2)(x-h/2)(x-3h/2)=\frac{9}{16}h^4,$$

wobei das Maximum in $x=0$ angenommen wird. Damit ergibt sich die Fehlerabschätzung:

$$\max_{x\in[0,\pi]}|f(x)-p_3(x)|\le\frac{4}{4!}\frac{9}{16}h^4=\frac{3}{32}h^4.$$

ii) Abschätzung des Rundungsfehlereinflusses: Aus der Lagrangeschen Darstellung des Interpolationspolynoms folgt

$$\max_{x_i\le x\le x_{i+1}}|p_3(x)-\tilde p_3(x)|\le\sum_{j=-1}^{2}|f(x_{i+j}-\tilde f(x_{i+j})|\max_{x_i\le x\le x_{i+1}}|L^{(3)}_{i+j}(x)|.$$

Etwas Rechnerei ergibt

$$\max_{-h/2\le x\le h/2}\frac{(x^2-h^2/4)(x-3h/2)}{6h^3}\le\frac{1}{12},\quad j=-1,1.$$
$$\max_{-h/2\le x\le h/2}\frac{(x^2-9h^2/4)(x-h/2)}{2h^3}\le 1,\quad j=0,2,$$

und somit

$$\max_{x\in[0,\pi]} |p(x) - \tilde{p}(x)| \leq 4 \max_{x\in[0,\pi]} |f(x_i) - \tilde{f}(x_i)| \leq 4 \cdot 0,5 \cdot 10^{-9}.$$

iii) Für den Gesamtfehler ergibt sich:

$$\max_{0\leq x\leq\pi} |f(x) - \tilde{p}_3(x)| \leq \frac{3}{32}h^4 + 2 \cdot 10^{-9} \approx 10^{-1}h^4 + 2 \cdot 10^{-9}.$$

Für 250 Stützstellen ist $h = \pi/249 \approx 0,01262$ und folglich $h^4 \approx 2,5 \cdot 10^{-8}$. Mit 250 Stützstellen läßt sich die Approximationsgenauigkeit von $5 \cdot 10^{-9}$ also garantieren.

Lösung A.2.4: Es ist $f^{(n+1)}(x) = \lambda^{n+1}e^{\lambda x}$. Aus der Fehlerdarstellung der Lagrange-Interpolation in Punkten $\{x_0,\dots,x_n\}$,

$$f(x) - p_n(x) = \frac{f^{(n+1)}(\xi_x)}{(n+1)!}\prod_{i=0}^{n}(x - x_i),$$

erhält man also in diesem Fall die Abschätzung

$$|e^{\lambda x} - p_n(x)| \leq \frac{|\lambda|^{n+1}e^{\lambda b}}{(n+1)!}(b-a)^{n+1}.$$

Wegen

$$\frac{|\lambda|^n(b-a)^n}{n!} \to 0 \quad (n \to \infty)$$

folgt die behauptete gleichmäßige Konvergenz $\max_{x\in[a,b]} |f(x) - g(x)| \to 0 \ (n \to \infty)$.

Für die „glatte" Funktion $f(x) = (1+x^2)^{-1}$ gilt

$$|f^{(n+1)}(x)| \approx n!,$$

so dass das obige Argument nicht gilt.

Lösung A.2.5: i) Der Beweis der (eindeutigen) Lösbarkeit der Hermite-Interpolationsaufgabe folgt ganz analog wie für die Lagrange-Interpolationsaufgabe mit Hilfe des Satzes von Rolle.

ii) Für $x \in \{x_0,\dots,x_m\}$ gilt die behauptete Restgieddarstellung trivialerweise. Sei also $x \in [a,b] \setminus \{x_0,\dots,x_m\}$. Wir verwenden wieder die Funktionen

$$l(x) := \prod_{i=0}^{m}(x - x_i)^2, \quad c(x) := \frac{f(x) - p(x)}{l(x)}.$$

Die Funktion $F(t) := f(t) - p(t) - c(x)l(t)$ hat $n+2$ Nullstellen im Intervall $[a,b]$, nämlich die $x_i, i = 0,\dots,m$, mit Vielfachheiten 2 und den betrachteten Punkt x. Mit Hilfe des Satzes von Rolle folgt hieraus, daß die $(n+1)$-te Ableitung $F^{(n+1)}$ eine Nullstelle

ξ_x im von den Punkten $\{x, x_0, \dots, x_m\}$ aufgespannten Intervall besitzt, d. h.:

$$0 = F^{(n+1)}(\xi_x) = f^{(n+1)}(\xi_x) - p^{(n+1)}(\xi_x) - c(x)l^{(n+1)}(\xi_x) = f^{(n+1)}(\xi_x) - c(x)(n+1)!.$$

Dies impliziert die behauptete Fehlerdarstellung.

Lösung A.2.6 (Praktische Aufgabe): Die folgenden Bilder zeigen die relativen Fehler der Lagrange-Interpolation der Funktionen $f(x) = (1 + 25x^2)^{-1}$ und $g(x) = \sqrt{|x|}$. Es zeigt sich, dass für $n \to \infty$ keine Konvergenz vorliegt; insbesondere am Intervallrand treten zunehmende Oszillationen auf. Das Problem ist also offenbare nicht das „singuläre" Verhalten von g bei $x = 0$ sondern das Verhalten der höheren Ableitungen von g für $x \to \pm 1$.

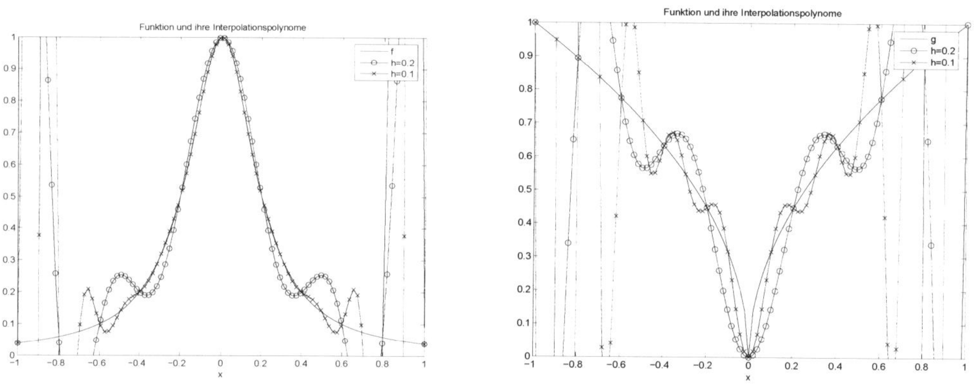

Abbildung A.3: Lagrange-Interpolationspolanome $p_n(x)$ zur Funktion $f(x) = (1 + 25x^2)^{-1}$ (links) und $g(x) = \sqrt{|x|}$ (rechts)

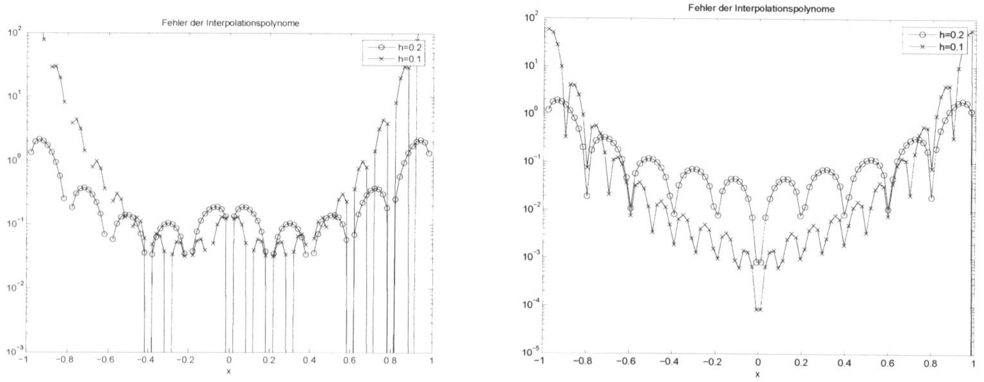

Abbildung A.4: Relativer Fehler der Lagrange-Interpolation zur Funktion $f(x) = (1 + 25x^2)^{-1}$ (links) und $g(x) = \sqrt{|x|}$ (rechts)

MATLAB-Programm:

```
% Hauptprogramm
    clear;
    h = [.2, .1];
%
% Plotte die Funktion:
    figure(1)
    hold off;
    clf;
    fun = 'g';
    x = linspace(-1, 1, 101);
    y1 = feval(fun, x);
    plot(x, y1, 'k-');
%
% Berechne die Interpolationspolynome nach dem Neville-Schema:
    N = length(h);
    y2 = zeros(N,length(x));
    for k = 1:N
       stuetzstellen = -1:h(k):1;
       for i = 1:length(x)
          y2(k,i) = neville(x(i), stuetzstellen, fun);
       end
    end;
%
% Plotte die Interpolationspolynome:
    hold on;
    plot(x, y2(1,:), 'k-o');
    plot(x, y2(2,:), 'k-x');
    title('Funktion und ihre Interpolationspolynome');
    xlabel('x')
    legend(fun, ['h=', num2str(h(1))], ['h=', num2str(h(2))]);
    axis([-1 1 0 1])
    print -deps2 polynome.eps
    figure(2)
    hold off;
    clf;
    fehler = y2;
    for k = 1:N
       fehler(k,:) = abs(y1 - y2(k,:));
    end;
    semilogy(x, fehler(1,:), 'k-o');
    hold on
    semilogy(x, fehler(2,:), 'k-x');
    title('Fehler der Interpolationspolynome');
```

```
      xlabel('x')
      legend(['h=', num2str(h(1))], ['h=', num2str(h(2))])
      print -deps2 fehler.eps

      function erg = f(x);
      erg = 1. ./ (1. + 25*x.^2);
      return

      function erg = neville(x, stuetz, fun);
%
% Berechne das Lagrangepolynom der Funktion fun an der Stelle x mit den
% Stuetzstellen stuetz
      n = length(stuetz);
      p = zeros(n);
      p(:,1) = (feval(fun, stuetz))';
      for i = 2:n
         p(1:n-i+1,i) = p(1:n-i+1,i-1) + (x-stuetz(1:n-i+1))'...
      .* (p(2:n-i+2,i-1) - p(1:n-i+1,i-1)) ./ (stuetz(i:n)...
       - stuetz(1:n-i+1))';
      end
      erg = p(1,n);
```

Lösung A.2.7: (i) Für das quintische Lagrange-Interpolationspolynom $p_5^{(k)} \in P_5$ auf einem der Teilintervalle $I_k = [x_{k-1}, x_k]$, $k = 1, \dots, N$, gilt die Fehlerabschätzung

$$|f(x) - p_5^{(k)}(x)| \le \frac{|f^{(6)}(\xi_x)|}{6!} \prod_{i=0}^{5} (x - x_{k-1} - jh_k/5), \quad \xi_x \in [x_{k-1}, x_k],$$

und somit wegen $|x_k - x_{k-1}| \le h$:

$$\max_{x\in[x_{k-1},x_k]} |f(x) - p_n^{(k)}(x)| \le \frac{h^6}{720} \max_{x\in[x_{k-1},x_k]} |f^{(6)}(x)|.$$

Zusammensetzung dieser „lokalen" Abschätzungen für $k = 1, \dots, N$ ergibt dann die behauptete Abschätzung auf dem ganzen Intervall I.

(ii) Für das quintische Hermite-Interpolationspolynom $p_5^{(k)} \in P_5$ auf einem der Teilintervalle $I_k = [x_{k-1}, x_k]$, $k = 1, \dots, N$ gilt die Fehlerabschätzung

$$|f(x) - p_5^{(k)}(x)| \le \frac{|f^{(6)}(\xi_x)|}{6!} (x - x_{k-1})^3 (x - x_k)^3, \quad \xi_x \in [x_{k-1}, x_k],$$

und somit analog zu eben:

$$\max_{x\in[x_{k-1},x_k]} |f(x) - p_n^{(k)}(x)| \le \frac{h^6}{720} \max_{x\in[x_{k-1},x_k]} |f^{(6)}(x)|.$$

Zusammensetzung dieser „lokalen" Abschätzungen für $k = 1, \dots, N$, ergibt dann wie bei (i) die behauptete Abschätzung auf dem ganzen Intervall I.

Lösung A.2.8: Es ist $f(x) = \cosh(x)$ mit $f'(0.6) \approx 0.63665358\dots$. Aus den Tabellenwerten lassen sich die folgenden zentralen Differenzenquotienten 1. Ordnung bilden (Diese sind wegen ihrer höheren Ordnung den einfachen vorwärts- oder rückwärts genommenen Differenzenquotienten vorzuziehen.):

$$h_0 = 0.08: \quad a(h_0) = \frac{f(0.68) - f(0.52)}{2 \cdot 0.08} = \underline{0.63}73329$$
$$h_1 = 0.04: \quad a(h_1) = \frac{f(0.64) - f(0.56)}{2 \cdot 0.04} = \underline{0.6368}234\,.$$

Der Fehler für den zentralen Differenzenquotienten erlaubt eine Entwicklung nach *geraden* Potenzen von h. Das zugehörige Extrapolationsschema lautet:

$$a_{i,0} = a(h_i), \quad i = 0, 1, 2, \dots$$
$$a_{i,k} = a_{i,k-1} + \frac{a_{i,k-1} - a_{i-1,k-1}}{(h_{i-k}/h_i)^2 - 1}, \quad i = 1, 2, \dots, \quad k = 1, \dots, i.$$

Dies ergibt

$$a_{1,1} = \frac{4a(h_1) - a(h_0)}{3} = \underline{0.6366535}$$

Nach einem Extrapolationsschritt ist die erreichte Genauigkeit der Theorie gemäß $O(h^4)$. Dies entspricht der Bildung des zentralen Differenzenquotienten 4. Ordnung:

$$\frac{-f(x+2h) + 8f(x+h) - 8f(x-h) + f(x-2h)}{12h} = f'(x) + O(h^4).$$

Lösung A.2.9: Für die Extrapolation zulässige Indexfolgen $(n_i)_{i\in\mathbb{N}}$ sind charakterisiert durch die Eigenschaft

$$\sup_{i\in\mathbb{N}} \frac{n_i}{n_{i+1}} \le \gamma < 1.$$

(i) Die Folge $(2i-1)_{i\in\mathbb{N}}$ ist nicht zulässig wegen

$$\sup_{i\in\mathbb{N}} \frac{n_i}{n_{i+1}} = \sup_{i\in\mathbb{N}} \frac{2i-1}{2(i+1)-1} = 1.$$

(ii) Die Folge $(3^i)_{i\in\mathbb{N}}$ ist zulässig wegen

$$\sup_{i\in\mathbb{N}} \frac{3^i}{3^{i+1}} = \frac{1}{3} < 1.$$

(iii) Die Folge $(i^2)_{i\in\mathbb{N}}$ ist nicht zulässig wegen

$$\sup_{i\in\mathbb{N}} \frac{i^2}{(i+1)^2} = 1.$$

Lösung A.2.10: a) i) Wegen $f''(0) = -2$ liegt kein natürlicher, kubischer Spline vor.
ii) Es ist $f(x) = 8 - 4x$ und folglich $f''(0) = f''(2) = 0$. Also liegt ein natürlicher, kubischer Spline vor.
iii) Es ist $f_{|[0,1]} = -x^3/2$ und $f_{|[1,2]} = (x-1)^3 - x^3/2$ und folglich $f''(0) = 0$ und $f''(2) = 0$. Also liegt ein natürlicher, kubischer Spline vor.

b) Die Stützstellen sind $x_0 = 0, x_1 = 1, x_2 = 2$ mit den Stützwerten $y_0 = 0, y_1 = 1, y_2 = 8$. Zur Konstruktion des interpolierenden, kubischen Splines machen wir den Ansatz:

$$s_2(x) = \begin{cases} a_0^{(1)} + a_1^{(1)}(x-1) + a_2^{(1)}(x-1)^2 + a_3^{(1)}(x-1)^3, & 0 \le x \le 1, \\ a_0^{(2)} + a_1^{(2)}(x-1) + a_2^{(2)}(x-1)^2 + a_3^{(2)}(x-1)^3, & 1 \le x \le 2. \end{cases}$$

Die Interpolationsbedingung impliziert: $a_0^{(1)} = y_1 = 1$, $a_0^{(2)} = y_2 = 8$. Berücksichtigung der Randbedingungen ergibt $a_0^{(2)} = 0$. Die Gleichung für $a_2^{(1)}$ (s. Vorlesung) lautet bei Beachtung von $h_1 = h_2 = 1$:

$$h_1 a_2^{(0)} + 2(h_1 + h_2) a_2^{(1)} + h_2 a_2^{(2)} = 3\Big(\frac{y_2 - y_1}{h_2} - \frac{y_1 - y_2}{h_1}\Big),$$

was $a_2^{(1)} = 9/2$ impliziert. Weiter folgt

$$a_3^{(1)} = \frac{a_2^{(1)} - a_2^{(0)}}{3h_1} = \frac{3}{2}, \qquad a_3^{(2)} = \frac{a_2^{(2)} - a_2^{(1)}}{3h_2} = -\frac{3}{2},$$
$$a_1^{(1)} = \frac{y_1 - y_0}{h_1} + \frac{h_1}{3}(2a_2^{(1)} + a_2^{(2)}) = 4, \qquad a_1^{(2)} = \frac{y_2 - y_1}{h_2} + h_2 a_2^{(2)} - h_2^2 a_3^{(2)} = \frac{17}{2}.$$

Hiermit gewinnen wir die Darstellung

$$s_2(x) = \begin{cases} 1 + 4(x-1) + \frac{9}{2}(x-1)^2 + \frac{3}{2}(x-1)^3, & 0 \le x \le 1, \\ 8 + \frac{17}{2}(x-1) - \frac{3}{2}(x-1)^3, & 1 \le x \le 2. \end{cases}$$

Im Fall der inhomogenen Randbedingungen ergibt sich natürlich (wegen der Eindeutigkeit des interpolierenden Splines) $s_2(x) = x^3$.

Lösung A.2.11 (Praktische Aufgabe): Wir setzen $h = 1/n$ und

$$a(h) = \frac{2}{h}\sin(\pi h) = \frac{2}{h}\sum_{i=0}^{\infty} \frac{(\pi h)^{2i+1}}{(2i+1)!},$$

d. h.: Die Funktion $a(h)$ besitzt eine Entwicklung nach geraden Potenzen von h. Es ist

$$c_2 = a(1/2) = 4\sin(\pi/2) = 4$$
$$c_3 = a(1/3) = 6\sin(\pi/3) = 5.1962\ldots$$
$$c_6 = a(1/6) = 12\sin(\pi/6) = 6.$$

Das Extrapolationsschema unter Verwendung der h^2-Entwicklung lautet:

$$a_{k,i} = a_{k-1,i} + \frac{a_{k-1,i} - a_{k-1,i-1}}{(h_{i-k}/h_i)^2 - 1}$$

1/2	4		
1/3	5.1962	6.1532	
1/6	6	6.2679	6.2806

Das Ergebnis der Extrapolation ist $2\pi \approx 6.2806$.

Historische Bemerkungen: Mit Hilfe der Längen des ein- und des umbeschriebenen n-Ecks gilt die Einschließung

$$T_n := n\,\sin(\pi/n) < \pi < n\,\tan(\pi/n) =: U_n.$$

Zur Berechnung dieser Längen kann die folgende Rekursionsformel verwendet werden:

$$T_6 = 6, \qquad T_{2n} = 2\sqrt{2n^2 - n\sqrt{4n^2 - T_n^2}}.$$

- *Archimedes* (282-212 v. Chr.) erhielt mit Hilfe des ein- und des umbeschriebenen 96-Ecks die Einschließung (3 Stellen):

$$3\tfrac{10}{71} < \pi < 3\tfrac{1}{7}.$$

- *Ptolemaios* (150 v. Chr.) fand die Näherung (4 Stellen):

$$\pi \approx 3,141.$$

- *Lin Hui* (263) erhielt mit Hilfe des 3072-Ecks die Näherung (6 Stellen):

$$\pi \approx 3,14159.$$

- *Al-Kasi* (1437) erhielt mit Hilfe des $3 \cdot 2^{28}$-Ecks die Näherung (17 Stellen):

$$\pi \approx 3,1415\,9265\,3589\,7932\,.$$

- *L. van Ceulen* (1600) erhielt mit Hilfe des $3 \cdot 2^{60}$-Ecks die Näherung (35 Stellen):

$$\pi \approx 3,1415\,9265\,3589\,7932\,3846\ldots.$$

- *Huygens* (1654) erhielt mit Hilfe der auf heuzristischem Wege gefundenen „Extrapolationsformel“ $S_n := \frac{1}{3}(4T_n - T_{n/2})$ die Näherung

$$\pi \approx S_{96} = 3,141592\,.$$

Hiermit lassen im Prinzip beliebig gute Näherungen zu π gewinnen.

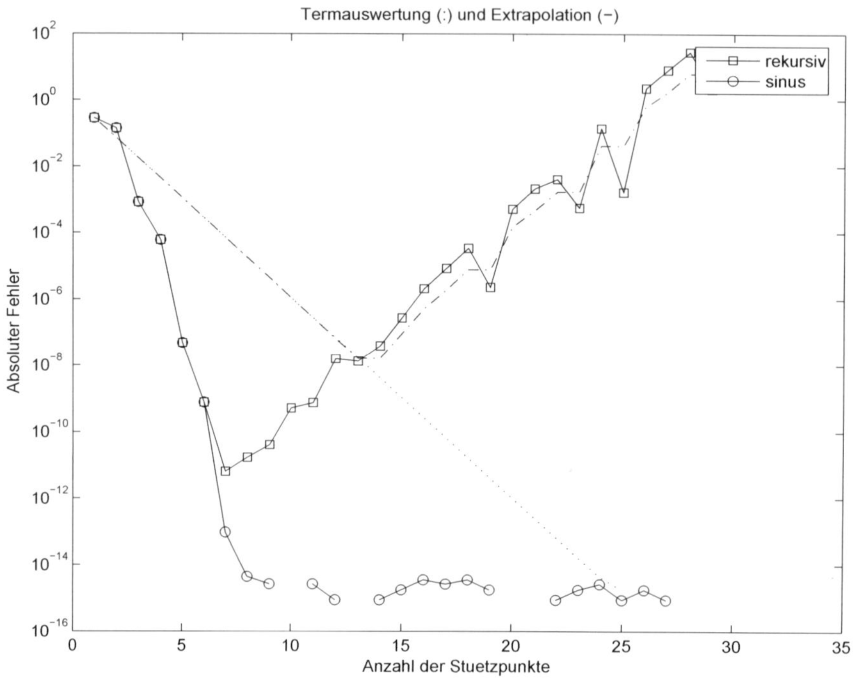

Abbildung A.5: *Fehler der Richardson-Extrapolation zur Berechnung von π auf der Basis der Rekursionsformel und der Polygonzugformel im Vergleich zur direkten Approximation mit diesen Formeln*

MATLAB-Programm:

```
clear
format long
kmax = 30;
n = 6*2.^(0:kmax);
Arek = richardson(n, 'T');
Asin = richardson(n, 'T2');

semilogy(abs(diag(Arek) - 2*pi), 'b')
hold on
semilogy(abs(diag(Asin) - 2*pi), 'r')
semilogy(abs(Arek(:,1) - 2*pi), 'b:')
semilogy(abs(Asin(:,1) - 2*pi), 'r:')
```

```
legend('rekursiv', 'sinus')
xlabel('Anzahl der Stuetzpunkte')
ylabel('Absoluter Fehler')
title('Termauswertung (:) und Extrapolation (-)')


function A = richardson(n, fun)
h = pi./n;
i = length(h);
A = zeros(i);
A(:,1) = feval(fun, n)';
for k = 2:i
  A(k:i,k) = A(k:i, k-1) + (A(k:i, k-1) - A(k-1:i-1, k-1))
  ./ (h(1:i-k+1)'./h(k:i)' - 1);
end
return


function erg = T(n)
erg(1) = 6;
for i=2:length(n)
    erg(i) = 2*sqrt(2*n(i-1)^2 - n(i-1)*sqrt(4*n(i-1)^2 - erg(i-1)^2));
end
return


function erg = T2(n)
erg = 2*n .* sin(pi./n);
return
```

Lösung A.2.12: (i) Für $m \neq n$ ist:

$$\begin{aligned}\int_{-\pi}^{\pi} \cos(mx)\cos(nx)\,dx &= \underbrace{\cos(mx)\frac{1}{n}\sin(nx)\Big|_{-\pi}^{\pi}}_{=0} + \frac{m}{n}\int_{-\pi}^{\pi} \sin(mx)\sin(nx)\,dx \\ &= \underbrace{-\frac{m}{n}\sin(mx)\frac{1}{n}\cos(nx)\Big|_{-\pi}^{\pi}}_{=0} + \frac{m^2}{n^2}\int_{-\pi}^{\pi} \cos(mx)\cos(nx)\,dx\end{aligned}$$

bzw.

$$\left(1 - \frac{m^2}{n^2}\right)\int_{-\pi}^{\pi} \cos(mx)\cos(nx)\,dx = 0.$$

Analog ergibt sich in diesem Fall

$$\int_{-\pi}^{\pi} \cos(kx)\sin(mx)\,dx = 0 = \int_{-\pi}^{\pi} \sin(mx)\sin(nx)\,dx$$

Für $n = m$ gilt:

$$\int_{-\pi}^{\pi} \sin(mx)^2\, dx = \int_{-\pi}^{\pi} \cos(mx)^2\, dx = \int_{-\pi}^{\pi} (1 - \sin(mx)^2)\, dx$$

und folglich

$$\int_{-\pi}^{\pi} \sin(mx)^2\, dx = \int_{-\pi}^{\pi} \cos(mx)^2\, dx = \pi.$$

Die Funktionen $\{\varphi_0, \varphi_k, \psi_k, k = 1, \dots, n\}$ sind also linear unabhängig und bilden somit wegen $\dim(T_n) = 2k + 1$ eine Orthonormalbasis von T_n.

(ii) Die beste Approximation $g \in T_n$ zu $f(x) = x$ ist gegeben durch

$$g(x) = (f, \varphi_0)\varphi_0(x) + \sum_{k=1}^{n} (f, \varphi_k)\varphi_k(x) + \sum_{k=1}^{n} (f, \psi_k)\psi_k(x).$$

Durch Nachrechnen sieht man daß

$$(x, 1) = 0, \qquad (x, \psi_k) = \int_{-\pi}^{\pi} x \cos(kx)\, dx = 0, \quad k = 1, \dots, n,$$
$$(x, \varphi_k) = \int_{-\pi}^{\pi} x \sin(kx)\, dx = -\frac{1}{k} x \cos(kx)\Big|_{-\pi}^{\pi} = \frac{2\pi}{k}(-1)^{k+1}, \quad k = 1, \dots, n.$$

Die beste Approximation ist also

$$g(x) = 2 \sum_{k=1}^{n} \frac{(-1)^{k+1}}{k} \sin(kx).$$

Lösung A.2.13: Wir zeigen zunächst die Orthogonalität der Funtionen $\psi_k(x) := (2k)!/k!\, \varphi_k$. Dabei wird verwendet, dass für $0 \le i < k$ gilt:

$$\frac{d^i}{dx^i}(x^2 - 1)^k \Big|_{-1}^{1} = 0, \qquad (*) \quad \frac{d^{i+k}}{dx^{i+k}}(x^2 - 1)^i \equiv 0.$$

Durch partielle Integration folgt dann für $i < k$:

$$\begin{aligned}
\int_{-1}^{1} \psi_k(x)\psi_i(x)\, dx &= \int_{-1}^{1} \frac{d^k}{dx^k}(x^2-1)^k \frac{d^i}{dx^i}(x^2-1)^i\, dx \\
&= \frac{d^{k-1}}{dx^{k-1}}(x^2-1)^k \frac{d^i}{dx^i}(x^2-1)^i \Big|_{-1}^{1} - \int_{-1}^{1} \frac{d^{k-1}}{dx^{k-1}}(x^2-1)^k \frac{d^{i+1}}{dx^i}(x^2-1)^i\, dx \\
&\;\vdots \\
&= (-1)^k \int_{-1}^{1} (x^2-1)^k \frac{d^{i+k}}{dx^{i+k}}(x^2-1)^i\, dx = 0.
\end{aligned}$$

Dies ist die erste Behauptung. Im Fall $i = k$ gilt

$$\begin{aligned}\int_{-1}^{1} |\psi_k(x)|^2 \, dx &= (-1)^k \int_{-1}^{1} (x^2-1)^k \frac{d^{2k}}{dx^{2k}}(x^2-1)^k \, dx \\ &= (2k)! \int_{-1}^{1} (1-x^2)^k \, dx =: (2k)! \, I_k.\end{aligned}$$

Für das Integral I_k, $k \geq 1$, folgt weiter durch partielle Integration:

$$\begin{aligned}I_k &= \int_{-1}^{1} (1-x^2)^{k-1} \, dx - \frac{1}{2} \int_{-1}^{1} x(1-x^2)^{k-1} 2x \, dx \\ &= I_{k-1} + \frac{1}{2k} x(1-x^2)^k \Big|_{-1}^{1} - \frac{1}{2k} \int_{-1}^{1} (1-x^2)^k \, dx = I_{k-1} - \frac{1}{2k} I_k\end{aligned}$$

bzw.

$$\begin{aligned}I_k &= \frac{2k}{2k+1} I_{k-1} = \ldots = \frac{2k(2k-2) \cdot \ldots \cdot 2}{(2k+1)(2k-1)(2k-3) \cdot \ldots \cdot 3} I_0 \\ &= \frac{2^k k! 2^k k!}{(2k+1)2k(2k-1)(2k-2)(2k-3) \cdot \ldots \cdot 4 \cdot 3 \cdot 2} 2 = \frac{2^{2k+1} k!^2}{(2k+1)!}.\end{aligned}$$

Dies impliziert die zweite Behauptung:

$$\begin{aligned}\|\varphi_k\| &= \frac{k!}{(2k)!} \|\psi_k\| = \frac{k!}{(2k)!} \sqrt{(2k)!} \sqrt{I_k} \\ &= \frac{k!}{(2k)!} \sqrt{(2k)!} \sqrt{\frac{2^{2k+1} k!^2}{(2k+1)!}} = \frac{k!}{(2k)!} \sqrt{(2k)!} \sqrt{\frac{2^{2k+1} k!^2}{(2k)!(2k+1)}} = \frac{k!^2}{(2k)!} \sqrt{\frac{2^{2k+1}}{2k+1}}.\end{aligned}$$

Zum Nachweis der dritten Behauptung schreiben wir mit Hilfe der obigen Beziehung (∗):

$$\begin{aligned}\frac{d^k}{dx^k}(x^2-1)^k \Big|_{x=1} &= \frac{d^{k-1}}{dx^{k-1}} \left(2kx(x^2-1)^{k-1}\right) \Big|_{x=1} \\ &= \frac{d^{k-2}}{dx^{k-2}} \left(2^2 x^2 k(k-1)(x^2-1)^{k-2}\right) \Big|_{x=1} + \frac{d^{k-2}}{dx^{k-2}} \left(2k(x^2-1)^{k-1}\right) \Big|_{x=1} \\ &= \frac{d^{k-3}}{dx^{k-3}} \left(2^3 x^3 k(k-1)(k-2)(x^2-1)^{k-3}\right) \Big|_{x=1} + \ldots \Big|_{x=1} \\ &\ \vdots \\ &= 2^k x^k k! \Big|_{x=1} + \ldots \Big|_{x=1} = 2^k k!\end{aligned}$$

und damit

$$\varphi_k(1) = \frac{k!}{(2k)!} \psi_k(1) = \frac{k!^2}{(2k)!^2} 2^k.$$

Lösung A.2.14: a) Mit Hilfe der Dreiecksungleichung folgt

$$\|x\| = \|x-y+y\| \le \|x-y\| + \|y\|, \qquad \|y\| = \|y-x+x\| \le \|x-y\| + \|x\|$$

und somit $\big|\|x\| - \|y\|\big| \le \|x-y\|$.

b) Die in (a) gezeigte Ungleichung besagt, dass die Funktion $N(\cdot) = \|\cdot\|$ sogar Lipschitz-stetig ist. Zu jedem $\varepsilon \in \mathbb{R}_+$ gilt mit $\delta_\varepsilon := \varepsilon \in \mathbb{R}_+$:

$$\forall x, y \in E,\ \|x-y\| < \delta_\varepsilon \quad \Rightarrow \quad \big|\|x\| - \|y\|\big| \le \|x-y\| < \varepsilon.$$

c) Sei $\{e^1, \dots, e^n\}$ eine Basis von E. Wir betrachte auf E die Norm

$$\|x\|_\infty := \max_{i=1,\dots,n} |\alpha_i|, \qquad x = \sum\nolimits_{i=1}^n \alpha_i e^i \in E,$$

und werden zeigen, dass jede andere Norm $\|\cdot\|$ auf E zu dieser äquivalent ist, was die Behauptung impliziert. Die Funktion $f(\alpha_1, \dots, \alpha_n) := \|x\|$ für $x = \sum_{i=1}^n \alpha_i e^i \in E$ ist wegen (s. Teil a)

$$\begin{aligned} |f(\alpha_1, \dots, \alpha_n) - f(\beta_1, \dots, \beta_n)| &= \big|\|x\| - \|y\|\big| \le \|x-y\| \\ &\le \sum_{i=1}^n |\alpha_i - \beta_i| \|e^i\| \le \gamma \|x-y\|_\infty, \quad \gamma := \sum\nolimits_{i=1}^n \|e^i\|. \end{aligned}$$

stetig (bzgl. der Norm $\|\cdot\|_\infty$. Auf der ebenfalls bzgl. $\|\cdot\|$ beschränkten und abgeschlossenen (und damit nach dem Satz von Bolzano-Weierstraß kompakten) Menge $S := \{x \in E,\ \|x\|_\infty = 1\}$ nimmt sie dann ihr Maximum M und ihr Minimum m an:

$$0 \le m \le f(\alpha, \dots, \alpha_n) \le M, \quad x = \sum\nolimits_{i=1}^n \alpha_i e^i \in S.$$

Dabei ist $m > 0$, da $m = f(\alpha_1, \dots, \alpha_n) = \|x_{\min}\| = 0$ nur für $x_{\min} = 0 \notin S$ möglich ist. Damit folgt schließlich für beliebiges $x \in E$:

$$0 < m \le \Big\| \frac{x}{\|x\|_\infty} \Big\| = \frac{\|x\|}{\|x\|_\infty} = \Big\| \frac{x}{\|x\|_\infty} \Big\| \le M.$$

Lösung A.2.15: Die beste Approximation $p_n \in P_n$ zur Funktion $\sqrt{x} \in C[,1]$ ist charakterisiert durch

$$\int_0^1 (\sqrt{x} - p(x))\varphi(x)\,dx = 0 \quad \forall \varphi \in P_n.$$

(i) Für $p_0 \in P_0$ gilt mit dem Ansatz $p \equiv a_0$:

$$\int_0^1 (\sqrt{x} - a_0)\,dx = 0 \quad \Rightarrow \quad a_0 = \tfrac{2}{3}.$$

(ii) Für $p_1 \in P_1$ gilt mit dem Ansatz $p_1(x) = a_0 + a_1 x$:

$$\int_0^1 (\sqrt{x} - a_0 - a_1 x) x^i \, dx = 0, \quad i = 0,1, \quad \Rightarrow \quad \tfrac{2}{3} = a_0 + \tfrac{1}{2} a_1, \quad \tfrac{2}{5} = \tfrac{1}{2} a_0 + \tfrac{1}{3} a_1.$$

Dies impliziert $p_1(x) = \frac{4}{15} + \frac{4}{5} x$.

(iii) Für $p_2 \in P_2$ gilt mit dem Ansatz $p_2(x) = a_0 + a_1 x + a_2 x^2$:

$$\int_0^1 (\sqrt{x} - a_0 - a_1 x - a_2 x^2) x^i \, dx = 0, \quad i = 0,1,2,$$

bzw. das lineare Gleichungssystem vor und nach Vorwärtselimination:

$$\begin{aligned} a_0 + \tfrac{1}{2} a_1 + \tfrac{1}{3} a_2 &= \tfrac{2}{3}, \\ \tfrac{1}{2} a_0 + \tfrac{1}{3} a_1 + \tfrac{1}{12} a_2 &= \tfrac{2}{5}, \\ \tfrac{1}{3} a_0 + \tfrac{1}{4} a_1 + \tfrac{1}{180} a_2 &= \tfrac{2}{7}. \end{aligned} \quad \Leftrightarrow \quad \begin{aligned} a_0 + \tfrac{1}{2} a_1 + \tfrac{1}{3} a_2 &= \tfrac{2}{3}, \\ \tfrac{1}{12} a_1 + \tfrac{1}{12} a_2 &= \tfrac{1}{15}, \\ \tfrac{1}{180} a_2 &= -\tfrac{1}{315}. \end{aligned}$$

Die Lösung ist $(\frac{54}{315}, \frac{432}{315}, -\frac{180}{315})^T$. Die gesuchte beste Approximation ist also

$$p_2(x) = \tfrac{54}{315} + \tfrac{432}{315} x - \tfrac{180}{315} x^2.$$

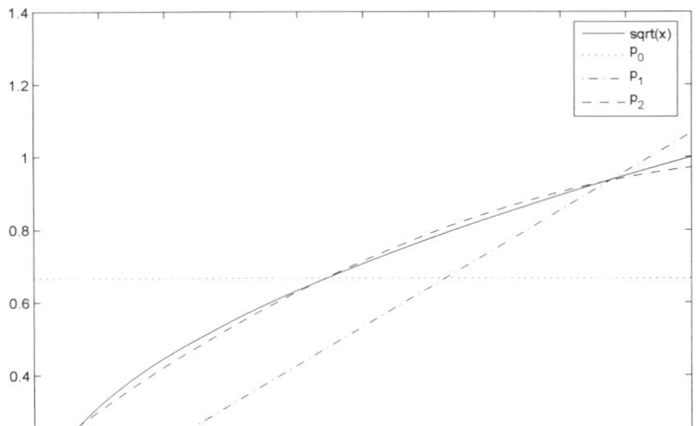

Abbildung A.6: *Gauß-Approximationen in* P_0, P_1, P_2 *der Funktion* $f(x) = \sqrt{x}$ *auf dem Intervall* $[0,1]$.

Lösung A.2.16:

MATLAB-Programm:

```
clear;
x = linspace(-1,1,101);
k = [0,1,2,3,4];
```

```
for i = 1:length(k)
    LL(i,:) = min(max(factorial(2*k(i))/(2^k(i)*factorial(k(i))^2)
    *L(x,k(i)),-1),1);
    TT(i,:) = T(x,k(i));
end
figure(1);
plot(x,LL,'k')
title('Gauss-Legendre-Polynome fuer k=0,..,4')
print -deps2 legendre1.eps
figure(2);
plot(x,TT,'k')
title('Tschebyscheff-Polynome fuer k=0,..,4')
print -deps2 tschebyscheff1.eps
k = [5,6,7,8,9,10];
for i = 1:length(k)
    LL(i,:) = min(max(factorial(2*k(i))/(2^k(i)*factorial(k(i))^2)
    *L(x,k(i)),-1),1);
    TT(i,:) = T(x,k(i));
end
figure(3);
plot(x,LL,'k')
title('Gauss-Legendre-Polynome fuer k=5,..,10')
print -deps2 legendre2.eps
figure(4);
plot(x,TT,'k')
title('Tschebyscheff-Polynome fuer k=5,..,10')
print -deps2 tschebyscheff2.eps

function erg = L(x,k)
if k == 0
    erg = ones(1,length(x));
elseif k == 1
    erg = x;
else
    erg = x .* L(x,k-1);
    erg = erg - (k-1)^2/(4*(k-1)^2-1) .* L(x,k-2);
end
return

function erg = T(x,k)
if k == 0
    erg = ones(1,length(x));
elseif k == 1
    erg = x;
else
```

```
    erg = 2 * (x .* T(x,k-1));
    erg = erg - T(x,k-2);
end
return
```

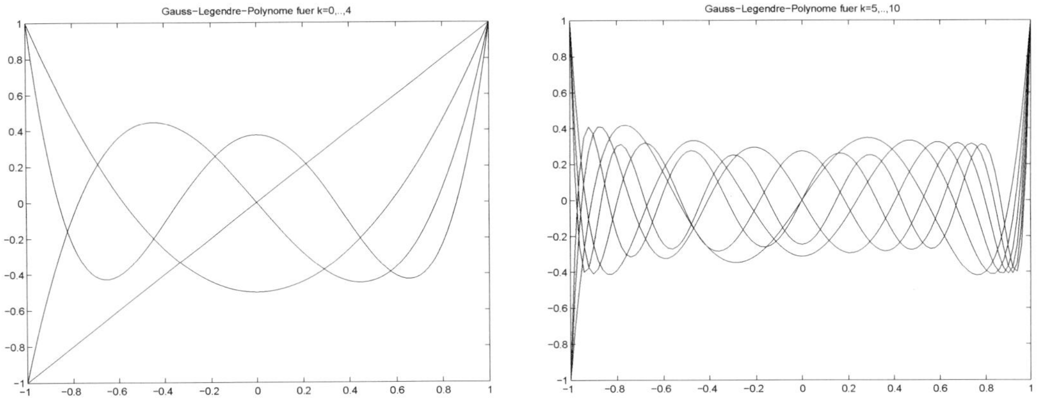

Abbildung A.7: *Gauß-Legendre-Polynome für* $k = 0, \ldots, 4$ *(links) und* $k = 5, \ldots, 10$ *(rechts)*

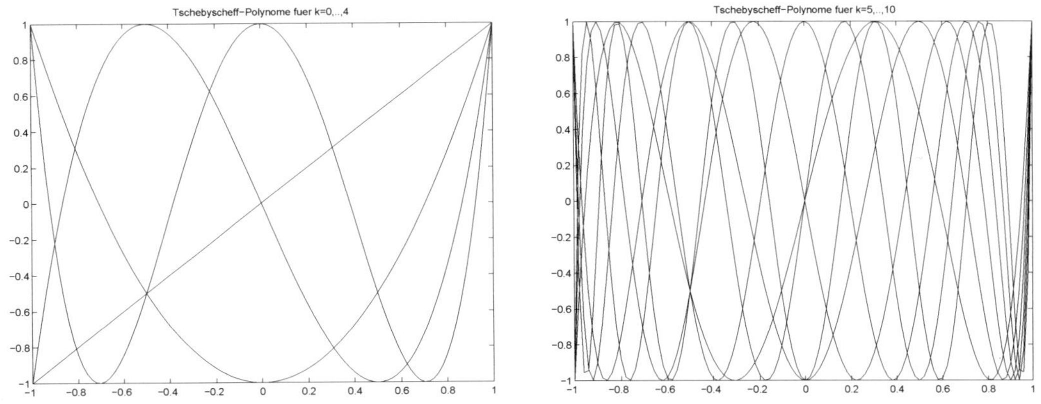

Abbildung A.8: *Tschebyscheff-Polynome für* $k = 0, \ldots, 4$ *(links) und* $k = 5, \ldots, 10$ *(rechts)*

A.3 Kapitel 3

Lösung A.3.1: Zur Anwendung der Fehlerabschätzung für die Newton-Cotes-Formeln sind die entsprechenden Ableitungen des Integranden $f(x)$ abzuschätzen. Es ist

$$f^{(k)}(x) = \frac{d^k}{dx^k}\frac{1}{1+2x} = \frac{(-1)^k 2^k k!}{(1+2x)^{k+1}}, \qquad \max_{x\in[0,1]} |f^{(k)}(x)| = 2^k k!.$$

Die summierte Trapezregel lautet mit Schrittweite $h = (b-a)/N$ und zugehöriger Fehlerdarstellung:

$$I_1^\Sigma(f) = \frac{h}{2}\Big\{f(a) + 2\sum_{i=1}^{N-1} f(x_i) + f(b)\Big\}$$

$$R_1(f) := I(f) - I_1^\Sigma(f) = -\frac{b-a}{12} h^2 f''(\xi), \quad \xi \in [a,b].$$

Für den vorliegenden Fall ergibt dies

$$|R_1(f)| \le \frac{h^2}{12} 8 \le 10^{-8}! \quad \Rightarrow \quad h \le 1.23 \cdot 10^{-4} \quad \approx \quad \mathbf{8131} \text{ Funktionsauswertungen.}$$

Die summierte Simpson-Regel lautet mit Schrittweite $h = (b-a)/N$ und zugehöriger Fehlerdarstellung:

$$I_2^\Sigma(f) = \frac{h}{2}\Big\{f(a) + 2\sum_{i=1}^{N-1} f(x_i) + 4\sum_{i=0}^{N-1} f\big(\tfrac{1}{2}(x_i + x_{i+1})\big) + f(b)\Big\}$$

$$I(f) - I_2^\Sigma(f) = -\frac{b-a}{2880} h^2 f^{(iv)}(\xi), \quad \xi \in [a,b].$$

Für den vorliegenden Fall ergibt dies

$$|R_1(f)| \le \frac{h^4}{2880} 384 \le 10^{-8}! \quad \Rightarrow \quad h \le 1.66 \cdot 10^{-2} \quad \approx \quad \mathbf{121} \text{ Funktionsauswertungen.}$$

Lösung A.3.2: Es wird eine Gauß-Formel zum Integrationsgewicht $\omega(x) = \sqrt{|x|}$ konstruiert. Der Theorie folgend werden zur Erzielung der Ordnung $m = 4$ (d. h. exakte Integration für kubische Polynome) die zuehörigen orthogonalen Polynome bis zum Grad $k = 2$ zum Skalarprodukt

$$(f,g)_\omega = \int_{-1}^{1} f(x) g(x) \sqrt{|x|}\, dx$$

bestimmt. Aus Symmetriegründen gilt $(x,1)_\omega = (x^2, x)_\omega = 0$ und dmait:

$$
\begin{aligned}
&p_0(x) \equiv 1;\\
&p_1(x) = x - \gamma, \quad (p_1, p_0)_\omega = (p_1, 1)_\omega = -\gamma(1,1)_\omega = 0! \;\Rightarrow\; \gamma = 0,\; p_1(x) = x;\\
&p_2(x) = x^2 - \alpha x - \beta, \quad (p_2, p_0)_\omega = (p_2, 1)_\omega = (x^2 - \beta, 1)_\omega = 0! \;\Rightarrow\; \beta = -\tfrac{3}{7};\\
&\qquad (p_2, p_1)_\omega = (p_2, x)_\omega = -\alpha(x,x)_\omega = 0! \;\Rightarrow\; \alpha = 0, \quad p_2(x) = x^2 - \tfrac{3}{7}.
\end{aligned}
$$

Mit den Nullstellen $\lambda_1 = -\sqrt{3/7}$ und $\lambda_2 = \sqrt{3/7}$ von p_2 lautet die gesuchte Quadraturformel:

$$I_1(f) = \alpha_1 f(\lambda_1) + \alpha_2 f(\lambda_2).$$

Die Gewichte α_1 und α_2 ergeben sich nach der allgemeinen Formel

$$
\begin{aligned}
\alpha_1 &= \int_{-1}^{1} \Big(\frac{x-\lambda_2}{\lambda_1-\lambda_2}\Big)^2 \sqrt{|x|}\,dx = \int_{-1}^{1} \frac{x-\lambda_2}{\lambda_1-\lambda_2} \sqrt{|x|}\,dx\\
&= \frac{-1}{2\sqrt{3/7}} \int_{-1}^{1} (-\sqrt{3/7})\sqrt{|x|}\,dx = \frac{1}{2}\int_{-1}^{1} \sqrt{|x|}\,dx = \int_0^1 \sqrt{x}\,dx = \tfrac{2}{3},\\
\alpha_2 &= \;\ldots\; = \tfrac{2}{3}.
\end{aligned}
$$

Wir erhalten somit die folgende Quadraturformel der Ordnung $m = 4$:

$$I_1(f) = \tfrac{2}{3} f(-\sqrt{3/7}) + \tfrac{2}{3} f(\sqrt{3/7}).$$

Lösung A.3.3: Zur Berechnung des Integrals bietet sich die Verwendung einer Gauß-Quadraturformel zum Gewicht $\omega(x) = (1-x^2)^{-1/2}$ an, d. h. einer Gauß-Tschebyscheff-Formel. Die zugehörige Fehlerdarstellung ist:

$$I(f\omega) - I_n(f\omega) = R_n(f\omega) = \frac{2\pi}{2^{2n+2}(2n+2)!} f^{(2n+2)}(\xi), \quad \xi \in (-1,1).$$

Im vorliegenden Fall gilt $|f^{(2n+2)}(\xi)| \le (\pi/2)^{2n+2}$ und folglich

$$
\begin{aligned}
n = 2: &\quad |R_2(f\omega)| \le \frac{2\pi}{2^6 6!}\Big(\frac{\pi}{2}\Big)^6 \approx 2.37 \cdot 10^{-3},\\
n = 3: &\quad |R_3(f\omega)| \le \frac{2\pi}{2^8 8!}\Big(\frac{\pi}{2}\Big)^8 \approx 2.25 \cdot 10^{-5}.
\end{aligned}
$$

Wir verwenden also die Formel für $n = 3$. Ihre Stützstellen und Gewichte sind nach der allgemeinen Formel:

$$\alpha_i = \frac{\pi}{n+1}, \quad \lambda_i = \cos\Big(\frac{\pi}{2}\frac{2i+1}{i+1}\Big), \quad i = 0,\ldots,n.$$

und somit für $n = 3$:

$$\alpha_i = \frac{\pi}{4}, \quad i = 1,\ldots,4, \quad \lambda_0 = -\lambda_3 \approx 0.023879, \quad \lambda_1 = -\lambda_2 \approx 1.48281.$$

Da der Cosinus eine gerade Funktion ist, gilt $\cos(\lambda_0) = \cos(\lambda_3)$ und $\cos(\lambda_1) = \cos(\lambda_2)$. Daher ist

$$I_3(f\omega) = \frac{\pi}{2}\big\{\cos(\tfrac{1}{2}\pi\lambda_0) + \cos(\tfrac{1}{2}\pi\lambda_1)\big\} \approx 0.119285 + 0.8247030 \approx 1.48281.$$

Bemerkung: Man kommt hier wegen der Symmetrie des Integranden mit zwei Funktionsauswertungen aus, also ebensovielen, wie im Fall $n = 2$ erforderlich wären, erzielt aber eine deutlich bessere Genauigkeit.

Lösung A.3.4: Ausgehend von den folgenden Werten des Sinus

x	$\sin(x)$
0	0.00000000000000000
$\frac{1}{16}\pi$	0.19509032201612825
$\frac{1}{8}\pi$	0.38268343236508978
$\frac{3}{16}\pi$	0.55557023301960218
$\frac{1}{4}\pi$	0.70710678118654746
$\frac{5}{16}\pi$	0.83146961230254524
$\frac{3}{8}\pi$	0.92387953251128674
$\frac{7}{16}\pi$	0.98076528040323043
$\frac{1}{2}\pi$	1.00000000000000000

wird zur Schrittweitenfolge $h_i = 2^{-i-1}\pi$, $i = 0, 1, 2, \dots,$ mit

$$\Big(\frac{h_{i-k}}{h_i}\Big)^q = \Big(\frac{2^{-i+k-1}\pi}{2^{-i-1}\pi}\Big)^2 = 2^{2k}$$

die folgende Rekursionsformel ausgewertet:

$$i = 0, 1, 2, \dots : \quad a_{i,0} = a(h_i),$$
$$i = 1, 2, 3, \dots,\ k = 1, 2, 3, \dots, i : \quad a_{ik} = a_{i,k-1} + \frac{a_{i,k-1} - a_{i-1,k-1}}{2^{2k} - 1}.$$

Dann gilt dann für festes k (Spaltenindex des Extrapolationstableaus):

$$a(0) - a_{ik} = O(h_{i-k}^{(k+1)q}) \quad (i \to \infty),$$

Es ergibt sich das Extrapolationstableau

i	$a_{i,0}$	$a_{i,1}$	$a_{i.2}$	$a_{i,3}$
0	0.78539816339744828			
1	0.94805944896851990	1.00227987749221037		
2	0.98711580097277518	1.00013458497419361	0.99999156547299250	
3	0.99678517188616955	1.00000829552396775	0.99999987622728603	1.00000000814402079

Zur Fehlerkontrolle werden zusätzlich die Größen $b_{ik} \equiv 2a_{i+1,k} - a_{ik}$ bestimmt, was zu folgendem Abbruchkriterium führt:

$$|a_{ii} - b_{ii}| < \text{TOL} \quad \Rightarrow \quad \text{STOP}.$$

Es ergibt sich

i	$\|a_{0,0} - b_{0,0}\|$	$\|a_{1,1} - b_{1,1}\|$	$\|a_{2,2} - b_{2,2}\|$
	0.32532257114214	0.00429058503603	0.00001662150859

Der akzeptierte Näherungswert ist also $a_{2,2} = 0.99999156547299250$.

Lösung A.3.5 (Praktische Aufgabe): Es ist

$$I(f) = \int_0^1 \frac{4}{x^2+1}\,dx = \pi\,.$$

Die Schrittweitenfolge für die Extrapolation der summierten Trapezregel nach dem Romberg-Verfahren ist

$$h_i = 2^{-i}, \quad i = 0, 1, 2, \dots, 20.$$

Alternativ wird die theoretisch problematische Folge $h_i = 1/(i+1)$ verwendet. Die extrapolierten Werte $a_{ik} \approx a(0) = I(f)$ werden mit Hilfe der Rekursionsformel berechnet:

$$i = 0, 1, 2, \dots : \quad a_{i,0} = a(h_i)\,,$$

$$i = 1, 2, 3, \dots,\ k = 1, 2, 3, \dots, i : \quad a_{ik} = a_{i,k-1} + \frac{a_{i,k-1} - a_{i-1,k-1}}{(h_{i-k}/h_i)^q - 1}.$$

Dann gilt dann für festes k (Spaltenindex des Extrapolationstableaus):

$$a(0) - a_{ik} = O(h_{i-k}^{(k+1)q}) \quad (i \to \infty),$$

Es wird mit den Parameterwerten $q = 2$ (von der Theorie nahegelegt) und $q = 1$ gerechnet. Zur Fehlerkontrolle werden zusätzlich die folgenden Größen bestimmt:

$$b_{ik} \equiv 2a_{i+1,k} - a_{ik}.$$

Das Abbruchkriterium lautet dann $|a_{ii} - b_{ii}| < \text{TOL} \Rightarrow \text{STOP}$. Das Romberg-Verfahren (h^2-Extrapolation mit Schrittweitenfolge $h_i = 2^{-i}$) ergibt die folgenden Resultate:

i	a_{ii}	i	a_{ii}
0	3.0000000000000000	10	3.1415926535897878
1	3.1333333333333333	11	3.1415926535897887
2	3.1421176470588237	12	3.1415926535897918
3	3.1415857837618737	13	3.1415926535898020
4	3.1415926652777171	14	3.1415926535897767
5	3.1415926536382446	15	3.1415926535897918
6	3.1415926535897203	16	3.1415926535897740
7	3.1415926535897940	17	3.1415926535898406
8	3.1415926535897913	18	3.1415926535898255
9	3.1415926535898024	19	3.1415926535897536

MATLAB-Programm:

```
clear;
clf;
n1 = (1:21);
n2 = 2.^(0:20);
n  = 0:19;
[ext1, krit1] = romberg('f',0,1,n1,1);
figure(1)
semilogy(n,abs(ext1-pi),'k-',n,krit1,'k:')
legend('Fehler', 'Kriterium')
title('Folge 1/i mit linerarer Extrapolation')
print -deps2 plot1.eps
[ext2, krit2] = romberg('f',0,1,n2,1);
figure(2)
semilogy(n,abs(ext2-pi),'k-',n,krit2,'k:')
legend('Fehler', 'Kriterium')
title('Folge 1/2^i mit linerarer Extrapolation')
print -deps2 plot2.eps
[ext3, krit3] = romberg('f',0,1,n1,2);
figure(3)
semilogy(n,abs(ext3-pi),'k-',n,krit3,'k:')
legend('Fehler', 'Kriterium')
title('Folge 1/i mit quadratischer Extrapolation')
print -deps2 plot3.eps
[ext4, krit4] = romberg('f',0,1,n2,2);
figure(4)
semilogy(n,abs(ext4-pi),'k-',n,krit4,'k:')
```

```
legend('Fehler', 'Kriterium')
title('Folge 1/2^i mit quadratischer Extrapolation')
print -deps2 plot4.eps
format long
fid = fopen('ext.txt','wt');
fprintf(fid,'Diagonalfolge bei quadratischer Extrapolation ...
mit Romberg-Folge:\n\n');
fprintf(fid,'%12.16f\n',ext4);
fclose(fid);

function erg = f(x)
erg = 4 ./ (x.^2 + 1);
return

function erg = Trapez(fun, a, b, n)
h = (b-a)/n;
erg = feval(fun,a) + feval(fun,b);
for i=1:n-1;
    erg = erg + 2 * feval(fun,a+i*h);
end
erg = erg / 2 * h;
return

function [ext krit] = romberg(fun, a, b, n, o)
h = (b-a)./n;
A   = zeros(length(n));
for i=1:length(n)
    A(i,1) = Trapez(fun,a,b,n(i));
end
ext(1) = A(1,1);
for k = 2:length(n)
    A(k:i,k) = A(k:i, k-1) + (A(k:i, k-1) - A(k-1:i-1, k-1)) ./ ...
        ((h(1:i-k+1)'./h(k:i)').^o - 1);
   if k < length(n)
       ext(k)  = A(k,k);
       krit(k) = 2 * abs(A(k+1,k) - A(k,k));
       if krit(k) < 1.e-10
%              break;
       end
   end
end
return
```

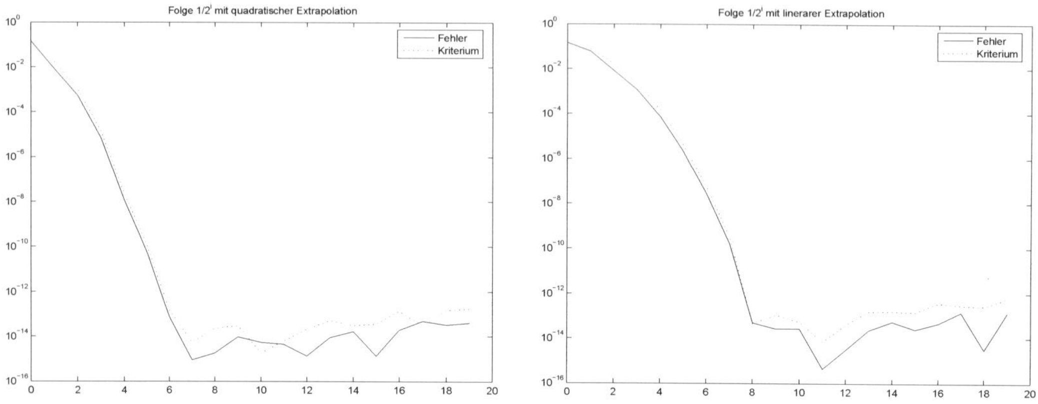

Abbildung A.9: *Extrapolierte Werte* a_{ii} *zur Schrittweitenfolge* $h_i = 2^{-i}$, *mit* h^2*-Extrapolation (links) und mit* h*-Extrapolation (rechts)*

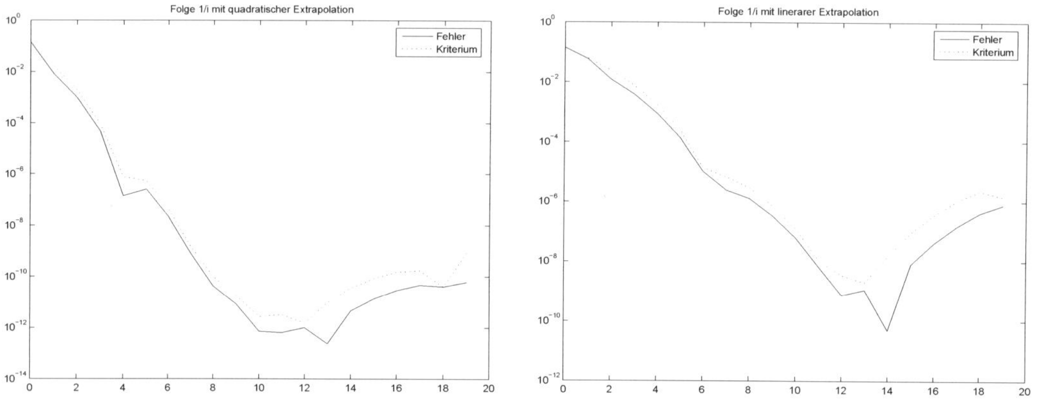

Abbildung A.10: *Extrapolierte Werte* a_{ii} *zur Schrittweitenfolge* $h_i = 1/i$, *mit* h^2*-Extrapolation (links) und mit* h*-Extrapolation (rechts)*

A.4 Kapitel 4

Lösung A.4.1: (i) Es werden die gewünschten Normeigenschaftzen nachgeprüft:

1. Definitheit:

$$\|A\| \geq 0; \quad \|A\| = 0 \quad \rightarrow \quad \|Ax\| = 0 \, \forall x \in \mathbb{K}^n \quad \Rightarrow \quad A = 0.$$

2. Homogenität:

$$\|\alpha A\| = \sup\big\{\|\alpha Ax\|,\, x \in \mathbb{K}^n, \|x\| = 1\big\} = |\alpha| \sup\big\{\|Ax\|,\, x \in \mathbb{K}^n, \|x\| = 1\big\} = |\alpha|\|A\|.$$

3. Subadditivität:

$$\begin{aligned}\|A + B\| &= \sup\big\{\|(A + B)x\|,\, x \in \mathbb{K}^n, \|x\| = 1\big\} \\ &\leq \sup\big\{\|Ax\| + \|Bx\|,\, x \in \mathbb{K}^n, \|x\| = 1\big\} \\ &\leq \sup\big\{\|Ax\|,\, x \in \mathbb{K}^n, \|x\| = 1\big\} + \sup\big\{\|Bx\|,\, x \in \mathbb{K}^n, \|x\| = 1\big\} = \|A\| + \|B\|.\end{aligned}$$

4. Submultiplikativität:

$$\begin{aligned}\|AB\| &= \sup\left\{\frac{\|ABx\|}{\|x\|},\, x \in \mathbb{K}^n, x \neq 0\right\} \\ &= \sup\left\{\frac{\|ABx\|}{\|Bx\|}\frac{\|Bx\|}{\|x\|},\, x \in \mathbb{K}^n, x \neq 0\,, Bx \neq 0\right\} \\ &\leq \sup\left\{\frac{\|Ay\|}{\|y\|},\, y \in \mathbb{K}^n, y \neq 0\right\} \sup\left\{\frac{\|Bx\|}{\|x\|},\, x \in \mathbb{K}^n, x \neq 0\right\} = \|A\|\,\|B\|.\end{aligned}$$

5. Verträglichkeit:

$$\|Ax\| \leq \frac{\|Ax\|}{\|x\|}\|x\| \leq \|A\|\,\|x\|, \qquad x \in \mathbb{K}^n,\ x \neq 0.$$

Also ist $\|\cdot\|$ eine mit der gegebenen Vektornorm verträgliche Matrizennorm.

(ii) Die Quadratsummennorm kann für $n > 1$ wegen

$$\|I\|_{\text{FR}} = \Big(\sum_{i,j=1}^{n} \delta_{ij}^2\Big)^{1/2} = \sqrt{n} \neq 1$$

keine natürliche Matrizennorm sein.

Lösung A.4.2: Die Lösung des Gleichunsgsystems ist $x = (x_1, x_2)^T = (2, 0)^T$ mit $\|x\|_1 = \|x\|_\infty = 2$. Mit der l_p-Vektornorm (hier $p = 1, \infty$) gilt:

$$\frac{\|\delta x\|_p}{\|x\|_p} \leq \frac{\text{cond}_p(A)}{1 - \text{cond}_p(A)\|\delta A\|_p\|A\|_p^{-1}} \left\{\frac{\|\delta b\|_p}{\|b\|_p} + \frac{\|\delta A\|_p}{\|A\|_p}\right\}.$$

mit der zur Vektornorm $\|\cdot\|_p$ gehörenden natürlichen Matrizennorm $\|\cdot\|_p$ und der Konditionszahl

$$\mathrm{cond}_p(A) = \|A\|_p\|A^{-1}\|_p.$$

Die Inverse der Koeffizientenmatrix A ist

$$A^{-1} = \begin{pmatrix} 4/3 & 2/3 \\ 2/3 & -2/3 \end{pmatrix}$$

und somit

$$\begin{aligned} \|A\|_1 = 1,5, \quad \|A^{-1}\|_1 = 2, \quad &\Rightarrow \quad \mathrm{cond}_1(A) = 3, \\ \|A\|_\infty = 1,5, \quad \|A^{-1}\|_\infty = 2 \quad &\Rightarrow \quad \mathrm{cond}_\infty(A) = 3. \end{aligned}$$

Unter der Annahme $|\delta a_{ij}|/|a_{ij}| \leq 0,01$ und $|\delta b_i|/|b_i| \leq 0,03$ gilt

$$\begin{aligned} \|\delta A\|_1 &= \max_{j=1,2}\sum_{i=1}^{2}|\delta a_{ij}| \leq \max_{i,j=1,2}\frac{|\delta a_{ij}|}{|a_{ij}|}\max_{j=1,2}\sum_{i=1}^{2}|a_{ij}| \leq 0,01\,\|A\|_\infty, \\ \|\delta A\|_\infty &= \max_{i=1,2}\sum_{j=1}^{2}|\delta a_{ij}| \leq \max_{i,j=1,2}\frac{|\delta a_{ij}|}{|a_{ij}|}\max_{i=1,2}\sum_{j=1}^{2}|a_{ij}| \leq 0,01\,\|A\|_\infty, \\ \|\delta b\|_1 &= \sum_{i=1}^{2}|\delta b_i| \leq \max_{i=1,2}\frac{|\delta b_i|}{|b_i|}\sum_{i=1}^{2}|b_i| \leq 0,03\,\|b\|_1, \\ \|\delta b\|_\infty &= \max_{i=1,2}|\delta b_i| \leq \max_{i=1,2}\frac{|\delta b_i|}{|b_i|}\max_{i=1}|b_i| \leq 0,03\,\|b\|_\infty, \end{aligned}$$

und folglich für beide Normen $\|\cdot\| = \|\cdot\|_1$ sowie $\|\cdot\| = \|\cdot\|_\infty$:

$$\frac{\|\delta x\|}{\|x\|} \leq \frac{3}{1-3\cdot 0,01}\{0,03+0,01\} \leq \frac{12}{97} \leq 0,124.$$

Die Punktmengen im $\mathbb{R}^2$, in denen die Lösungen $x+\delta x$ des gestörten Systems jeweils liegen sind:

$$\begin{aligned} LS_1 &= \{y\in\mathbb{R}^2,\ \|y-x\|_1 = |y_1-2|+|y_2| \leq 0,248\} \quad \text{(Raute um } x\text{)} \\ LS_\infty &= \{y\in\mathbb{R}^2,\ \|y-x\|_\infty = \max\{|y_1-2|,|y_2|\} \leq 0,248\} \quad \text{(Rechteck um } x\text{)}. \end{aligned}$$

Lösung A.4.3: a) Lösung des Gleichungssystems:

$$\left[\begin{array}{cccc|c} -\frac{1}{2} & 9 & -2 & 1 & 3 \\ -\frac{3}{2} & 30 & -12 & 0 & 3 \\ 1 & -15 & 0 & -4 & 2 \\ 0 & -6 & 18 & 8 & -4 \end{array}\right] \rightarrow \left[\begin{array}{cccc|c} -\frac{1}{2} & 9 & -2 & 1 & 3 \\ 0 & 3 & -6 & -3 & -6 \\ 0 & 3 & -4 & -2 & 8 \\ 0 & -6 & 18 & 8 & -4 \end{array}\right]$$

$$\rightarrow \left[\begin{array}{cccc|c} -\frac{1}{2} & 9 & -2 & 1 & 3 \\ 0 & 3 & -6 & -3 & -6 \\ 0 & 0 & 2 & 1 & 14 \\ 0 & 0 & 6 & 2 & -16 \end{array}\right] \rightarrow \left[\begin{array}{cccc|c} -\frac{1}{2} & 9 & -2 & 1 & 3 \\ 0 & 3 & -6 & -3 & -6 \\ 0 & 0 & 2 & 1 & 14 \\ 0 & 0 & 0 & -1 & -58 \end{array}\right], \quad x = \begin{bmatrix} 414 \\ 12 \\ -22 \\ 58 \end{bmatrix}.$$

b) LR-Zerlegung $A = LR$:

$$A = \begin{bmatrix} -\frac{1}{2} & 9 & -2 & 1 \\ -\frac{3}{2} & 30 & -12 & 0 \\ 1 & -15 & 0 & -4 \\ 0 & -6 & 18 & 8 \end{bmatrix} = \begin{bmatrix} 1 & 0 & 0 & 0 \\ 3 & 1 & 0 & 0 \\ -2 & 1 & 1 & 0 \\ 0 & -2 & 3 & 1 \end{bmatrix} \begin{bmatrix} -\frac{1}{2} & 9 & -2 & 1 \\ 0 & 3 & -6 & -3 \\ 0 & 0 & 2 & 1 \\ 0 & 0 & 0 & -1 \end{bmatrix} = LR.$$

$$\det(A) = (-\tfrac{1}{2}) \cdot 3 \cdot 2 \cdot (-1) = 3.$$

c) Berechnung der Inversen A^{-1} und der Konditionszahl:

$$\left[\begin{array}{cccc|cccc} -\frac{1}{2} & 9 & -2 & 1 & 1 & 0 & 0 & 0 \\ -\frac{3}{2} & 30 & -12 & 0 & 0 & 1 & 0 & 0 \\ 1 & -15 & 0 & -4 & 0 & 0 & 1 & 0 \\ 0 & -6 & 18 & 8 & 0 & 0 & 0 & 1 \end{array}\right] \rightarrow \left[\begin{array}{cccc|cccc} -\frac{1}{2} & 9 & -2 & 1 & 1 & 0 & 0 & 0 \\ 0 & 3 & -6 & -3 & -3 & 1 & 0 & 0 \\ 0 & 0 & 2 & 1 & 5 & -1 & 1 & 0 \\ 0 & 0 & 0 & -1 & -21 & 5 & -3 & 1 \end{array}\right]$$

$$\rightarrow \left[\begin{array}{cccc|cccc} -\frac{1}{2} & 0 & 0 & 0 & -72 & 15 & -14 & 2 \\ 0 & 3 & 0 & 0 & 12 & -2 & 3 & 0 \\ 0 & 0 & 2 & 0 & -16 & 4 & -2 & 1 \\ 0 & 0 & 0 & -1 & -21S & 5 & -3 & 1 \end{array}\right] \rightarrow \left[\begin{array}{cccc|cccc} 1 & 0 & 0 & 0 & 144 & -30 & 28 & -4 \\ 0 & 1 & 0 & 0 & 4 & -2/3 & 1 & 0 \\ 0 & 0 & 1 & 0 & -8 & 2 & -1 & 1/2 \\ 0 & 0 & 0 & 1 & 21 & -5 & 3 & -1 \end{array}\right].$$

$$\mathrm{cond}_\infty(A) = \|A\|_\infty \|A^{-1}\|_\infty = 43,5 \cdot 206 = 8961.$$

Lösung A.4.4: Das Resultat der ersten $k-1$ Eliminationsschritte ist eine Blockmatrix $A^{(k-1)}$ der Form

$$A^{(k-1)} = \left[\begin{array}{c|c} 0 & * \\ \hline 0 & \overline{A}^{k-1} \end{array}\right], \qquad \overline{A}^{k-1} \in \mathbb{R}^{(n-k)\times(n-k)} \text{ positiv definit.}$$

Der k-te Eliminationsschritt lautet dann:

$$a_{ij}^{(k)} = a_{ij}^{(k-1)} - \frac{a_{ik}^{(k-1)} a_{kj}^{(k-1)}}{a_{kk}^{(k-1)}}, \quad i,j = k,\dots,n.$$

(i) Die Hauptdiagonalelemente positiv definiter Matrizen sind positiv: $a_{jj}^{(k-1)} > 0$. Für die Diagonalelemente folgt damit unter Ausnutzung der Symmetrie:

$$a_{ii}^{(k)} = a_{ii}^{(k-1)} - \frac{a_{ij}^{(k-1)} a_{ji}^{(k-1)}}{a_{kk}^{(k-1)}} = a_{ii}^{(k-1)} - \frac{|a_{ij}^{(k-1)}|^2}{a_{kk}^{(k-1)}} \le a_{ii}^{(k-1)}, \quad i = k,\dots,n.$$

(ii) Das maximale Element einer positiv definiten Matrix $\overline{A}^{(k-1)}$ liegt auf der Hauptdiagonalen:

$$\max_{k\le i,j\le n} |a_{ij}^{(k-1)}| \le \max_{k\le i\le n} |a_{ii}^{(k-1)}|.$$

Die im k-ten Schritt erzeugte teilmatrix $\overline{A}^{(k)}$ ist (nach Vorlesung) wieder positiv definit. Das Resultat (i) impliziert also

$$\max_{k\le i,j\le n} |a_{ij}^{(k)}| \le \max_{k\le i\le n} |a_{ii}^{(k)}| \le \max_{k\le i\le n} |a_{ii}^{(k-1)}| \le \max_{k\le i,j\le n} |a_{ij}^{(k-1)}|.$$

Da im k-ten Eliminationsschritt die ersten $k-1$ Zeilen nicht mehr verändert werden, ergibt sich durch Induktion nach $k = 1,\dots,n$:

$$\max_{1\le i,j\le n} |r_{ij}| = \max_{1\le i,j\le n} |a_{ij}^{(n-1)}| \le \max_{1\le i,j\le n} |a_{ij}^{(0)}| \le \max_{1\le i,j\le n} |a_{ij}|.$$

Lösung A.4.5 (Praktische Aufgabe):

MATLAB-Programm:

```
%Berechnung der LR-Zerlegung (ohne Pivotierung)
function [L,R] = LR(A)
[m,n] = size(A);
if (m ~= n)
error('Matrix A ist nicht quadratisch')
end
for k=1:n-1
A(k+1:n,k) = A(k+1:n,k)/A(k,k);
A(k+1:n,k+1:n) = A(k+1:n,k+1:n)-A(k+1:n,k)*A(k,k+1:n);
end
L = eye(n,n) + tril(A,-1);
R = triu(A);

%Hauptprogramm
clear;
for k=1:5
```

```
m=2^k;
%Matrix erstellen
[A]=Laplace_Mat(m);
%LR Zerlegung
[L,R]=LR(A);

%selbstgeschriebene Choleskyzerlegung
[X,Y]=cholesky(L,R);
%selbstgeschriebene Invertierung der Matrix
B=inv_L(X);

%Fehlernormen
AbsErr(k,1)=norm(A-L*R,inf);
AbsErr(k,2)=norm(A-X*Y,inf);
AbsErr(k,3)=norm(eye(m^2)-A*B,inf);
cond_A(k)=norm(A,inf)*norm(B,inf);
end;

%Ausgabe der Fehler
semilogy(2.^(1:5), AbsErr(:,1),'-*k', 2.^(1:5), AbsErr(:,2),'-dk', 2.^(1:5),
    AbsErr(:,3), '-ok');
legend('LR', 'Cholesky', 'Inverse')
title('Absolute Fehler')
xlabel('m (Groesse der Matrix)')
ylabel('Absoluter Fehler')

%Konditionszahl gegen Dimension auftragen
figure;
plot(2.^(1:5), cond_A, 'k');
title('Auftragung Konditionszahl gegen Dimension')
xlabel('m (Groesse der Matrix)')
ylabel('Konditionszahl von A')
clear;

%Funktion zum Aufstellen der Matrix
function [A]=Laplace_Mat(m)
B=4*eye(m);
for i=1:m-1
    B(i+1,i) = -1;
    B(i,i+1) = -1;
end;
A=zeros(m^2);
for i=1:m
    A((i-1)*m+1:i*m,(i-1)*m+1:i*m)=B;
end;
```

```
for i=1:m-1
    A((i-1)*m+1:i*m,i*m+1:(i+1)*m)=-eye(m);
    A(i*m+1:(i+1)*m,(i-1)*m+1:i*m)=-eye(m);
end;
return;

%Funktion, um die Cholesky Zerlegung aus der LR-Zerlegung berechnen
function [X,Y]=cholesky(L,R)
Y=R;
for i=1:length(Y)
    Y(i,:)=Y(i,:)/sqrt(Y(i,i));
end;
X=Y';
return;

%Funktion zur Berechnung der Inversen aus der Choleskyzerlegung
function [B]=inv_L(L)
Z=eye(length(L));
for i=1:length(L)
    Z(i,:)=Z(i,:)/L(i,i);
    for j=i+1:length(L)
        Z(j,:)=Z(j,:)-L(j,i)*Z(i,:);
    end;
end;
B=Z'*Z;
```

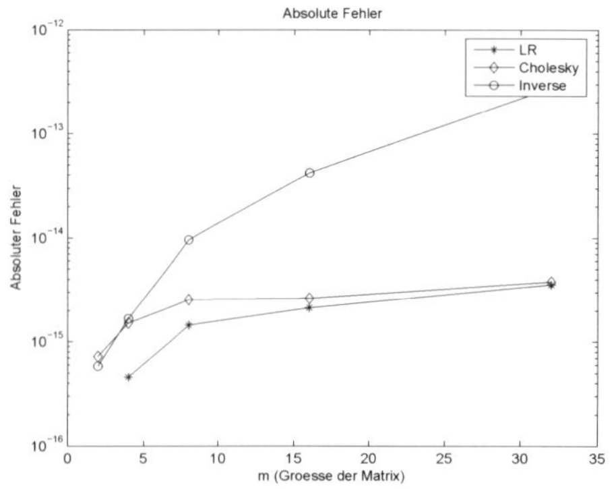

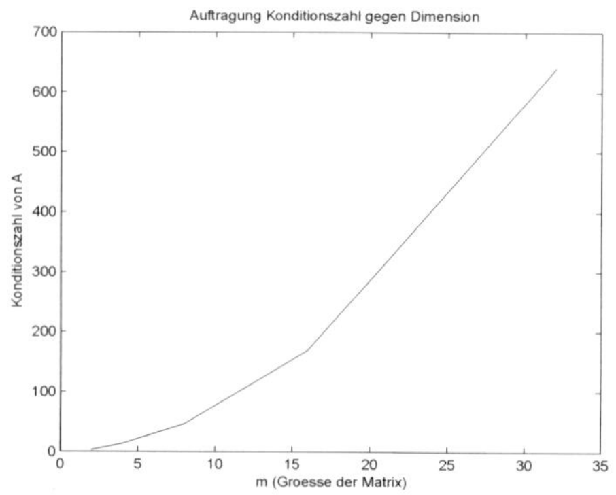

Abbildung A.11: *Residuen-Normen und Kondition in Abhǧangigkeit von* $m \quad (h = 1/m)$

Lösung A.4.6: Seien $\lambda_1, \dots, \lambda_n$ die Eigenwerte der hermiteschen (und positiv semidefiniten) Matrix $\bar{A}^T A$ und $\{w^1, \dots, w^n\}$ ein zugehöriges ONS von Eigenvektoren: $\bar{A}^T Aw = \lambda w^i$. Damit gilt:

$$\|Ax\|_2^2 = (\bar{A}^T Ax, x)_2 = \sum_{i,j=1}^{n} \lambda_i (x, w^i)_2 \overline{(x, w^j)_2} (w^i, w^j)_2 \le \max_{1 \le i \le n} |\lambda_i| \sum_{i=1}^{n} |(x, w^i)_2|^2 = \|x\|_2^2.$$

Es folgt

$$\|A\|_2 = \sup\left\{ \frac{\|Ax\|_2}{\|x\|_2}, x \in \mathbb{K}^n \setminus \{0\} \right\} \le \max_{1\le i\le n} \sqrt{|\lambda_i|}.$$

Andererseits gilt (wegen $\lambda_i \ge 0$):

$$\sqrt{|\lambda_i|} = \sqrt{\lambda_i(w^i, w^i)_2} = \sqrt{(\bar{A}^T A w^i, w^i)_2} = \|Aw^i\|_2 \le \|A\|_2.$$

Lösung A.4.7: (i) Sei

$$\mathcal{L} := \{L \in \mathbb{R}^{n\times n},\ L \text{ reguläre untere Dreiecksmatrix mit } l_{ii} = 1\},$$
$$\mathcal{R} := \{R \in \mathbb{R}^{n\times n},\ L \text{ reguläre obere Dreiecksmatrix}\}.$$

Es sind die folgenden Gruppeneigenschaften bzgl. der Matrizenmultiplikation $\circ$ nachzuweisen:
(G1) Abgeschlossenheit: $L_1, L_2 \in \mathcal{L} \Rightarrow L_1 \circ L_2 \in \mathcal{L}$.
(G2) Assoziativgesetz: $L_1, L_2, L_3 \in \mathcal{L} \Rightarrow L_1 \circ (L_2 \circ L_3) = (L_1 \circ L_2) \circ L_3$.
(G3) Neutrales Element I: $L \in \mathcal{L} \Rightarrow L \circ I = L$.
(G4) Inverse: $L \in \mathcal{L} \Rightarrow \exists L^{-1} \in \mathcal{L}:\ L \circ L^{-1} = I$.

(G1) folgt durch Nachrechnen. (G2) und (G3) folgen aus den Eigenschaften der Matrizenmultiplikation. (G4) sieht man mit der Inversenbestimmung mit simultaner Elimination:

$$\left[\begin{array}{ccc|ccc} 1 & & 0 & 1 & & 0 \\ & \ddots & & & \ddots & \\ 0 & & 1 & * & & 1 \end{array}\right] \Rightarrow L^{-1} = \begin{bmatrix} 1 & & 0 \\ & \ddots & \\ * & & 1 \end{bmatrix} \in \mathcal{L}.$$

Die Gruppe $\mathcal{L}$ ist i. Allg. *nicht* abelsch, wie das folgende 3×3-Beispiel zeigt:

$$\begin{bmatrix} 1&0&0\\1&1&0\\0&0&1 \end{bmatrix}\begin{bmatrix} 1&0&0\\0&1&0\\0&-1&1 \end{bmatrix} = \begin{bmatrix} 1&0&0\\1&1&0\\0&-1&1 \end{bmatrix} \ne \begin{bmatrix} 1&0&0\\2&1&0\\-1&-1&1 \end{bmatrix} = \begin{bmatrix} 1&0&0\\1&1&0\\0&0&1 \end{bmatrix}\begin{bmatrix} 1&0&0\\1&1&0\\-1&-1&1 \end{bmatrix}.$$

Die Argumentation für $\mathcal{R}$ ist analog. Dabei ist die Gruppe $\mathcal{R}$ i. Allg. ebenfalls *nicht* abelsch, wie das folgenden einfache 2×2-Beispiels zeigt:

$$\begin{bmatrix} 1&1\\0&1 \end{bmatrix}\circ\begin{bmatrix} -1&1\\0&1 \end{bmatrix} = \begin{bmatrix} -1&2\\0&1 \end{bmatrix} \ne \begin{bmatrix} -1&0\\0&1 \end{bmatrix} = \begin{bmatrix} -1&1\\0&1 \end{bmatrix}\circ\begin{bmatrix} 1&1\\0&1 \end{bmatrix}.$$

(ii) Zum Nachweis der Eindeutigkeit der LR-Zerlegung seien für eine reguläre Matrix $A \in \mathbb{R}^{n\times n}$ zwei LR-Zerlegungen $A = L_1R_1 = L_2R_2$ gegeben. Dann ist nach (i) $L_1, L_2 \in \mathcal{L}$ sowie $R_1, R_2 \in \mathcal{R}$ und folglich

$$\underbrace{R_1R_2^{-1}}_{\in\mathcal{R}} = \underbrace{L_1^{-1}L_2}_{\in\mathcal{L}} = \operatorname{diag}(d_{ii}).$$

Mit L_1 (und L_2) hat auch die Inverse L_1^{-1} Einsen auf der Hauptdiagonale. Also muss $d_{ii} = 1$ sein, was schließlich $R_1 = R_2$ bzw. $L_2 = L_1$ impliziert.

Lösung A.4.8: Der sog. „Cholesky-Algorithmus“ zur Berechnung der Zerlegungsmatrix

$$\tilde{L} = \begin{bmatrix} \tilde{l}_{11} & & \\ \vdots & \ddots & \\ \tilde{l}_{n1} & \cdots & \tilde{l}_{nn} \end{bmatrix}$$

geht direkt von der Beziehung $A = \tilde{L}\tilde{L}^T$ aus, die man als ein System von $n(n+1)/2$ Gleichungen für die Größen $\tilde{l}_{jk}$, $k \le j$, auffassen kann. Dieses System wird sukzessive nach den Spalten von $\tilde{L}$ aufgelöst. Ausmultiplizieren von

$$\begin{bmatrix} \tilde{l}_{11} & & \\ \vdots & \ddots & \\ \tilde{l}_{n1} & \cdots & \tilde{l}_{nn} \end{bmatrix} \begin{bmatrix} \tilde{l}_{11} & \cdots & \tilde{l}_{n1} \\ & \ddots & \vdots \\ & & \tilde{l}_{nn} \end{bmatrix} = \begin{bmatrix} a_{11} & \cdots & a_{1n} \\ \vdots & & \vdots \\ a_{n1} & \cdots & a_{nn} \end{bmatrix}$$

ergibt in der ersten Spalte von $\tilde{L}$:

$$\tilde{l}_{11}^2 = a_{11}\,, \quad \tilde{l}_{21}\,\tilde{l}_{11} = a_{21}\,, \quad \ldots\,, \quad \tilde{l}_{n1}\,\tilde{l}_{11} = a_{n1}\,,$$

woraus sich

$$\tilde{l}_{11} = \sqrt{a_{11}}\,, \quad j = 2, \ldots, n: \quad \tilde{l}_{j1} = \frac{a_{j1}}{\tilde{l}_{11}}\,,$$

berechnet. Seien nun für ein $i \in \{2, \cdots, n\}$ die Elemente der 1-ten bis $(i-1)$-ten Spalte $\tilde{l}_{jk}$, $k = 1, \ldots, i-1$, $j = k, \ldots, n$, schon bekannt. Dann erhält man aus

$$\tilde{l}_{i1}^2 + \tilde{l}_{i2}^2 + \ldots + \tilde{l}_{i,i-1}^2 + \tilde{l}_{ii}^2 = a_{ii}\,, \quad \tilde{l}_{ii} > 0\,,$$
$$\tilde{l}_{j1}\tilde{l}_{i1} + \tilde{l}_{j2}\tilde{l}_{i2} + \ldots + \tilde{l}_{j,i-1}\tilde{l}_{i,i-1} + \tilde{l}_{ji}\tilde{l}_{ii} = a_{ji}, \quad j = i+1, \ldots, n,$$

bzw.

$$\tilde{l}_{ii} = \sqrt{a_{ii} - \tilde{l}_{i1}^2 - \tilde{l}_{i2}^2 - \ldots - \tilde{l}_{i,i-1}^2}\,,$$
$$\tilde{l}_{ji} = \tilde{l}_{ii}^{-1}\{a_{ji} - \tilde{l}_{j1}\tilde{l}_{i1} - \tilde{l}_{j2}\tilde{l}_{i2} - \ldots - \tilde{l}_{j,i-1}\tilde{l}_{i,i-1}\}, \quad j = i+1, \ldots, n,$$

die Elemente der i-ten Spalte. Nach diesem Algorithmus ergibt sich für die gegebene Matrix:

$$L_{\mathrm{Ch}} = \begin{bmatrix} 2{,}236 & 0 & 0 & 0 \\ -2{,}236 & 1{,}414 & 0 & 0 \\ 0 & -1{,}414 & 4{,}243 & 0 \\ 0 & 0 & -4{,}242 & 1{,}003 \end{bmatrix}.$$

Vorwärteinsetzen und Rückwärtseinsetzen:

$$L_{\rm Ch}y = b \quad \Rightarrow \quad y = \begin{bmatrix} 2,236 \\ -1,415 \\ 4,242 \\ 0.9916 \end{bmatrix}, \qquad L_{\rm Ch}^T x = y \quad \Rightarrow \quad x = \begin{bmatrix} 1,987 \\ 0,9873 \\ 1,988 \\ 0,9886 \end{bmatrix}.$$

Nachkorrektur der Näherungslösung $x^{(0)}$ (Defekt 8-stellig berechnet):

$$d = \begin{bmatrix} 0,0015 \\ -0,0001 \\ 0,0094 \\ 0,0006 \end{bmatrix}$$

Löse defektgleichung $Ak = d$ mit Hilfe der bereits erstellten Cholesky-Zerlegung:

$$L_{\rm Ch}y = d \quad \Rightarrow \quad y = \begin{bmatrix} 0,0007 \\ 0,0010 \\ 0,0025 \\ 0,0112 \end{bmatrix}, \qquad L_{\rm Ch}^T k = y \quad \Rightarrow \quad k = \begin{bmatrix} 0,0128 \\ 0,0125 \\ 0,0118 \\ 0,0112 \end{bmatrix}.$$

Korrekturschritt:

$$x^{(1)} = x^{(0)} + k = \begin{bmatrix} 1,987 \\ 0,9873 \\ 1,988 \\ 0,9886 \end{bmatrix} + \begin{bmatrix} 0,0128 \\ 0,0125 \\ 0,0118 \\ 0,0112 \end{bmatrix} = \begin{bmatrix} 2,000 \\ 0,9998 \\ 2,000 \\ 0,9998 \end{bmatrix}.$$

Lösung A.4.9: Sei A eine Bandmatrix mit $m_l = m_r =: m$. Man mache sich von dieser Situation eine Skizze.
i) Der k-te Eliminationsschritt

$$a_{ij}^{(k)} = a_{ij}^{(k-1)} - \frac{a_{ik}^{(k-1)}}{a_{kk}^{(k-1)}} a_{kj}^{(k-1)}, \quad b_i^{(k)} = b_i^{(k-1)} - \frac{a_{ik}^{(k-1)}}{a_{kk}^{(k-1)}} b_k^{(k-1)}, \quad i,j = k+1,\dots,k+m.$$

erfordert im Wesentlichen m Divisionen und m^2 Multiplikationen und Additionen; also alles zusammen

$$N_{\text{Band-Gauß}} = nm^2 + O(nm) \quad \text{a. Op.}$$

für die $n-1$ Schritte der Vorwärtselimination zur Berechnung der Matrix R und simultan dazu der Matrix L. Für die dünn besetzte Modellmatrix ist $N_{\text{Band-Gauß}} = 10^8 + O(10^6)$ a. Op. im Gegensatz zu $N_{\text{Band-Gauß}} = \frac{1}{3}10^{12} + O(10^8)$ a. Op. für eine entsprechende voll besetzte Matrix.

ii) Ist A noch symmetrische (und positiv definit), so erhält man die Cholesky-Zerlegung aus der LR-Zerlegung durch

$$A = \tilde{L}\tilde{L}^T, \qquad \tilde{L} = LD^{1/2},\ D = \mathrm{diag}(r_{ii}).$$

Wegen der Symmetrie aller entstehenden reduzierten Teilmatrizen brauchen nur die Elemente auf und oberhalb der Hauptdiagonalen berechnet zu werden. Dies reduziert den Aufwand auf $N_{\text{Band-Gauß}} = \frac{1}{2}nm^2 + O(nm)$ a. Op. , d. h. für die Modellmatrix auf $N_{\text{Band-Gauß}} = \frac{1}{2}10^8 + O(10^6)$ a. Op. .

Lösung A.4.10 (Praktische Aufgabe):

MATLAB-Programm:

```
clear
m = 2:2:20;
disp('Laplace:')
for i = 1:length(m)
  Am = A(m(i));
  L1 = mycholesky(Am);
  L2 = chol(Am)';
  disp(['m = ', num2str(m(i)), ': myres = ', num2str(norm(full(Am-L1*L1'),
  inf)), ...
       ', res = ', num2str(norm(full(Am-L2*L2'),inf))]);
  err1(i) = norm(full(Am-L1*L1'),inf);
  err2(i) = norm(full(Am-L2*L2'),inf);
end
clf
semilogy(m, err1, 'k-', 'LineWidth', 2)
hold on
semilogy(m, err2, 'k--', 'LineWidth', 2)
xlabel('m')
ylabel('||A - LL^T||')
title('Laplace Matrix')
legend('meins', 'Matlab')
print -deps2 laplace.eps
m = 2:2:20;
disp('Hilbert:')
for i = 1:length(m)
    Am = hilb(m(i));
    L1 = mycholesky(Am);
    err1(i) = norm(Am-L1*L1', inf);
    try
        L2 = chol(Am)';
        err2(i) = norm(Am-L2*L2', inf);
        disp(['m = ', num2str(m(i)), ': myres = ', num2str(norm(Am-L1*L1',
```

```
        inf)), ...
            ', res = ', num2str(norm(Am-L2*L2', inf))]);
    catch
        err2(i) = 0;
        disp(['m = ', num2str(m(i)), ': myres = ', num2str(norm(Am-L1*L1',
         inf)), ...
            ', Matlabinterne Cholesky-Zerlegung versagt!'])
    end
end
hold off
semilogy(m, err1, 'k-', 'LineWidth', 2)
hold on
semilogy(m, err2, 'k--', 'LineWidth', 2)
xlabel('m')
ylabel('||A - LL^T||')
title('Hilbert Matrix')
legend('meins', 'Matlab')
print -deps2 hilbert.eps

function erg = A(m)
erg = zeros(m^2);
Bm = B(m);
Id = -eye(m);
for i = 1:m
  erg((i-1)*m+1:i*m,(i-1)*m+1:i*m) = Bm;
  if (i < m)
    erg((i-1)*m+1:i*m,i*m+1:(i+1)*m) = Id;
    erg(i*m+1:(i+1)*m,(i-1)*m+1:i*m) = Id;
  end
end
return

function erg = B(m)
erg = 4*eye(m);
erg(2:m,1:m-1) = erg(2:m,1:m-1) - eye(m-1);
erg(1:m-1,2:m) = erg(1:m-1,2:m) - eye(m-1);
return

function erg = B(m)
erg = 4*eye(m);
erg(2:m,1:m-1) = erg(2:m,1:m-1) - eye(m-1);
erg(1:m-1,2:m) = erg(1:m-1,2:m) - eye(m-1);
return

function L = mycholesky(A)
```

```
n = length(A);
L = zeros(n);
% Berechne erste Spalte
L(1,1) = sqrt(A(1,1));
for i = 1:n
  L(i,1) = A(i,1) / L(1,1);
end
% Berechne restliche Spalten
for i = 2:n
  L(i,i) = sqrt(A(i,i) - sum(L(i,1:i).^2));
  for j = i+1:n
    L(j,i) = (A(j,i) - L(j,1:i)*L(i,1:i)')/L(i,i);
  end
end
return
```

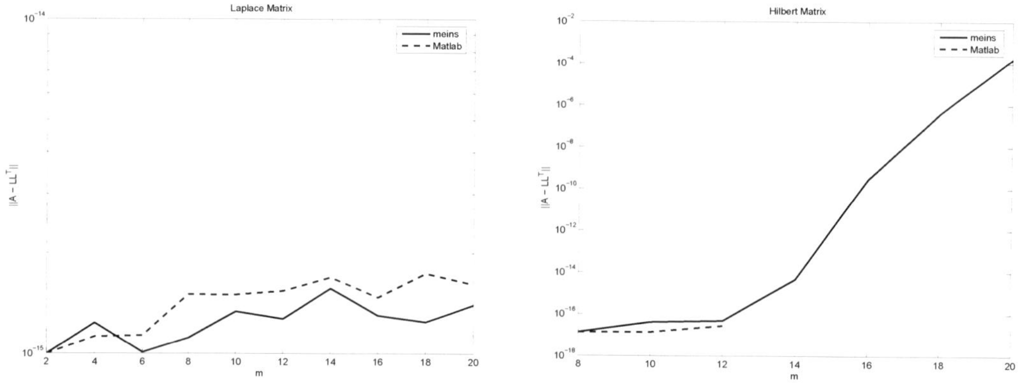

Abbildung A.12: *Residuennorm in Abhġangigkeit von n für die Berechnung der Cholesky-Zerlegung der „Laplace-Matrix“ (oben) und der „Hilbert-Matrix“ (unten)*

Lösung A.4.11: a) Mit Hilfe der Gauß-Elimination wird der Rang der Matrix A mit dem der Matrix $[A|b]$ verglichen:

$$\left[\begin{array}{ccc|c} 1 & 3 & -4 & 1 \\ 3 & 9 & -2 & 1 \\ 4 & 12 & -6 & 1 \\ 2 & 6 & 2 & 1 \end{array}\right] \quad \to \quad \left[\begin{array}{ccc|c} 1 & 3 & -4 & 1 \\ 0 & 0 & 10 & -2 \\ 0 & 0 & 10 & -3 \\ 0 & 0 & 10 & -1 \end{array}\right]$$

Wegen $\operatorname{Rang} A = 2 \neq 3 = \operatorname{Rang}[A|b]$ ist das Gleichungssystem nicht lösbar. Insbesondere hat A nicht den maximal möglichen Rang 3.

b) Das Normalgleichungssystem ist

$$\begin{bmatrix} 1 & 3 & 4 & 2 \\ 3 & 9 & 12 & 6 \\ -4 & -2 & -6 & 2 \end{bmatrix} \begin{bmatrix} 1 & 3 & -4 \\ 3 & 9 & -2 \\ 4 & 12 & -6 \\ 2 & 6 & 2 \end{bmatrix} \begin{bmatrix} x_1 \\ x_2 \\ x_3 \end{bmatrix} = \begin{bmatrix} 1 & 3 & 4 & 2 \\ 3 & 9 & 12 & 6 \\ -4 & -2 & -6 & 2 \end{bmatrix} \begin{bmatrix} 1 \\ 1 \\ 1 \\ 1 \end{bmatrix}.$$

bzw.

$$\begin{bmatrix} 30 & 90 & -30 \\ 90 & 270 & -90 \\ -30 & -90 & 60 \end{bmatrix} \begin{bmatrix} x_1 \\ x_2 \\ x_3 \end{bmatrix} = \begin{bmatrix} 10 \\ 30 \\ -10 \end{bmatrix}.$$

Die Matrix $A^TA \in \mathbb{R}^{3\times 3}$ hat wegen $\operatorname{Rang} A = 2 < 3$ einen eindimensionalen Nullraum und ist damit insbesondere nicht regulär. Elimination ergibt

$$\left[\begin{array}{ccc|c} 30 & 90 & -30 & 10 \\ 90 & 270 & -90 & 30 \\ -30 & -90 & 60 & -10 \end{array}\right] \to \left[\begin{array}{ccc|c} 30 & 90 & -30 & 10 \\ 0 & 0 & 0 & 0 \\ 0 & 0 & 30 & 0 \end{array}\right] \to \left[\begin{array}{ccc|c} 3 & 9 & 0 & 1 \\ 0 & 0 & 0 & 0 \\ 0 & 0 & 1 & 0 \end{array}\right]$$

und somit die allgemeine Lösung $x = (\frac{1}{3} - 3t, t, 0)^T$, $t \in \mathbb{R}$.

c) Das Normalgleichungsssystem ist also lösbar, doch ist die Lösung nicht eindeutig.

d) Da A nicht maximalen Rang hat, ist die Matrix $A^TA \in \mathbb{R}^{3\times 3}$ nicht injektiv und folglich nur positiv semi-definit. Gegenbeispiel: $x = (-3, 1, 0)^T$.

Lösung A.4.12: a) Das kurze Argument geht von dem transformierten System $\tilde{A}x = DAx = Db = \tilde{b}$ aus und bildet die zugehörige Normalgleichung:

$$\tilde{A}^T\tilde{A}x = \tilde{A}^T\tilde{b} \quad \Leftrightarrow \quad (DA)^TDAx = (DA)^TDb \quad \Leftrightarrow \quad A^TD^2Ax = A^TD^2b.$$

b) Das längere Argument wertet die notwenidge Bedingung für ein Minimum der Defektnorm $\|D(Ax-b)\|_2$ aus:

$$\begin{aligned} 0 = \frac{\partial}{\partial x_i}\|D(Ax-b)\|_2^2 &= \frac{\partial}{\partial x_i}\sum_{j=1}^n \Big|d_{jj}\Big(\sum_{k=1}^n a_{jk}x_k - b_j\Big)\Big|^2 \\ &= 2\sum_{j=1}^n d_{jj}\Big(\sum_{k=1}^n a_{jk}x_k - b_j\Big)d_{jj}a_{ji} = 2\sum_{j=1}^n d_{jj}a_{ji}d_{jj}\Big(\sum_{k=1}^n a_{jk}x_k - b_j\Big) \\ &= 2\sum_{j=1}^n a_{ij}^Td_{jj}^2\Big(\sum_{k=1}^n a_{jk}x_k - b_j\Big) = 2(A^TD^2(Ax-b))_i, \quad i = 1,\dots,n. \end{aligned}$$

Dies impliziert gerade die modifizierte Normalgleichung

$$A^T D^2 A x = A^T D^2 b.$$

Lösung A.4.13: 1. Schritt:

$$\tilde{v}_1 = a_1 - \|a_1\|_2 e_1 = \begin{bmatrix} 0 \\ -2 \\ 0 \\ 0 \end{bmatrix} - 2 \begin{bmatrix} 1 \\ 0 \\ 0 \\ 0 \end{bmatrix} = \begin{bmatrix} -2 \\ -2 \\ 0 \\ 0 \end{bmatrix} \quad \Rightarrow \quad v_1 = \frac{1}{\sqrt{2}} \begin{bmatrix} -1 \\ -1 \\ 0 \\ 0 \end{bmatrix}.$$

$$S_1 = I - 2v_1 v_1^T = \begin{bmatrix} 0 & -1 & 0 & 0 \\ -1 & 0 & 0 & 0 \\ 0 & 0 & 1 & 0 \\ 0 & 0 & 0 & 1 \end{bmatrix}, \qquad S_1 A = \begin{bmatrix} 2 & -1 & 0 & 0 \\ 0 & 0 & 0 & -2 \\ 0 & -2 & 1 & 0 \\ 0 & 0 & -2 & 1 \end{bmatrix}.$$

2. Schritt:

$$\tilde{v}_2 = \begin{bmatrix} 0 \\ a_2 - \|a_2\|_2 e_2 \end{bmatrix} = \begin{bmatrix} 0 \\ -2 \\ -2 \\ 0 \end{bmatrix} \Rightarrow v_2 = \frac{1}{\sqrt{2}} \begin{bmatrix} 0 \\ -1 \\ -1 \\ 0 \end{bmatrix}$$

$$S_2 = I - 2v_2 v_2^T = \begin{bmatrix} 1 & 0 & 0 & 0 \\ 0 & 0 & -1 & 0 \\ 0 & -1 & 0 & 0 \\ 0 & 0 & 0 & 1 \end{bmatrix}, \qquad S_2 S_1 A = \begin{bmatrix} 2 & -1 & 0 & 0 \\ 0 & 2 & -1 & 0 \\ 0 & 0 & 0 & 2 \\ 0 & 0 & -2 & 1 \end{bmatrix}.$$

3. Schritt:

$$\tilde{v}_3 = \begin{bmatrix} 0 \\ 0 \\ a_3 - \|a_3\|_2 e_3 \end{bmatrix} = \begin{bmatrix} 0 \\ 0 \\ -2 \\ -2 \end{bmatrix} \Rightarrow v_3 = \frac{1}{\sqrt{2}} \begin{bmatrix} 0 \\ 0 \\ -1 \\ -1 \end{bmatrix}, \quad S_3 = I - 2v_3 v_3^T = \begin{bmatrix} 1 & 0 & 0 & 0 \\ 0 & 1 & 0 & 0 \\ 0 & 0 & 0 & -1 \\ 0 & 0 & -1 & 0 \end{bmatrix}.$$

Das Ergebnis ist:

$$R = S_3 S_2 S_1 A = \begin{bmatrix} 2 & -1 & 0 & 0 \\ 0 & 2 & -1 & 0 \\ 0 & 0 & 2 & -1 \\ 0 & 0 & 0 & -2 \end{bmatrix}, \qquad Q = S_1 S_2 S_3 = \begin{bmatrix} 0 & 0 & 0 & -1 \\ -1 & 0 & 0 & 0 \\ 0 & -1 & 0 & 0 \\ 0 & 0 & -1 & 0 \end{bmatrix}.$$

Lösung A.4.14: Es ergibt sich das überbestimmte Gleichungssystem für die Unbekannten $1/p$ und e/p:

$$Ax = \begin{bmatrix} 1 & -0,63 \\ 1 & -0,39 \\ 1 & -0,12 \\ 1 & 0,31 \\ 1 & 0,59 \end{bmatrix} \begin{bmatrix} 1/p \\ e/p \end{bmatrix} = \begin{bmatrix} 0,1 \\ 0,2 \\ 0,4 \\ 0,77 \\ 1 \end{bmatrix}$$

Das Normalgleichungssystem $A^T Ax = A^T b$ (zweistellige Rechnung)

$$\begin{bmatrix} 5 & -0,2 \\ -0,2 & 1 \end{bmatrix} \begin{bmatrix} 1/p \\ e/p \end{bmatrix} = \begin{bmatrix} 2,5 \\ 0,64 \end{bmatrix}$$

hat die Lösung $1/p = 0.53$, $e/p = 0.74$ bzw. $e = 1,4$, $p = 1,9$. Die Kometenbahn ist also eine Hyperbel.

Lösung A.4.15 (Praktische Aufgabe):

MATLAB-Programm:

```
function [Q,R] = myQR(A)
[m,n] = size(A);
Q = eye(m);
for k = 1:n
   Tmp = Q'*A;
   B = Tmp(k:m,k:n);
   Qtilde = Q1(B);
   Tmp = eye(m);
   Tmp(k:m,k:m) = Qtilde;
   Q = Q * Tmp;
end
R = Q'*A;
return

function erg = Q1(A)
n = length(A);
a1 = A(:,1);
s = sign(A(1,1));
if s==0
    s = 1; end
alpha = -s * norm(a1);
v = a1;
v(1) = v(1) - alpha;
erg = eye(n) - 2*v*v' / (v'*v);
return
```

```
%Teil 1
clear;
A = [ 0  0  0 2; -2  1  0 0; 0 -2  1 0; 0  0 -2 1]
[Q,R] = myQR(A)
%Teil 2
n = [3:15].^2;
for i=1:length(n)
    A = hilb(n(i));
    %QR-Zerlegung
    [Q,R] = myQR(A);
    err1(i) = norm(R'*R-A*A,inf);
    %Cholesky-Zerlegung von A*A ueber eigene LR-Zerlegung
    [LL,RR] = LR(A*A);
    LLL = CHOL(RR)';
    err2(i) = norm(LLL*LLL'-A*A,inf);
end
clf;
semilogy(n,err1,'k-',n,err2,'k--')
xlabel('Dimension')
ylabel('Defektnorm')
title('Cholesky-Zerlegung der Hilbertmatrix')
legend('mit QR-Zerlegung von A', 'mit LR-Zerlegung von A*A',
'Location','NorthWest')
print -depsc2 plot.eps
```

Die Cholesky- und LR-Zerlegungen sind von einer frueheren Aufgabe uebernommen.

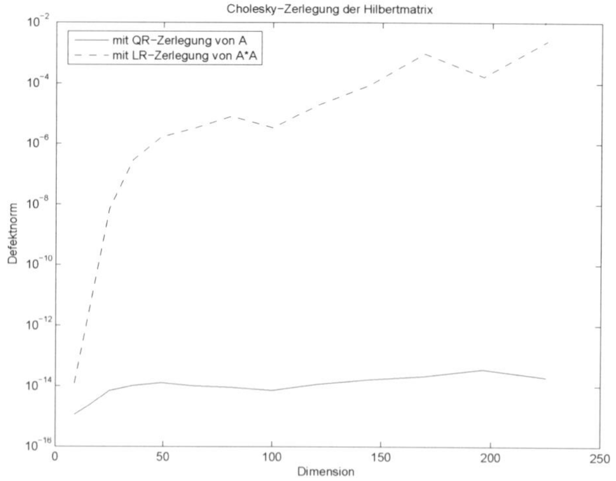

Abbildung A.13: *Residuennorm in Abhqangigkeit von n*

A.5 Kapitel 5

Lösung A.5.1: a) Intervallschachtelung: Ausgehend vom Startintervall $[a_0, b_0] = [2, 4]$ lautet der Intervallschachtelungsalgorithmus:

$$x_t = \frac{1}{2}(a_t + b_t), \quad a_{t+1} := \begin{cases} a_t, & f(a_t)f(x_t) < 0 \\ x_t, & \text{sonst} \end{cases}, \quad b_{t+1} = \begin{cases} x_t, & f(a_t)f(xc_t) < 0 \\ b_t, & \text{sonst} \end{cases}.$$

mit dem Abbruchkriterium:

$$b_t - a_t < 5 \cdot 10^{-6} \quad \text{oder} \quad f(a_t) = 0 \text{ oder } f(b_t) = 0.$$

t	a_t	b_t
1	3,0000000	3,5000000
2	3,0000000	3,2500000
3	3,1250000	3,2500000
4	3,1250000	3,1875000
5	3,1250000	3,1562500
6	3,1406250	3,1562500
7	3,1406250	3,1484375
8	3,1406250	3,1445312
9	3,1406250	3,1425781
10	3,1406250	3,1416015
11	3,1411132	3,1416015
12	3,1413574	3,1416015
13	3,1414784	3,1416015
14	3,1415405	3,1416015
15	3,1415710	3,1416015
16	3,1415863	3,1416015
17	3,1415863	3,1415939
18	3,1415901	3,1415939

b) Fixpunktiteration: Ausgehend vom Startwert $x_0 = 4$ lautet die Fixpunktiteration:

$$x_t = x_{t-1} + f(x_{t-1})$$

mit dem Abbruchkriterium

$$|x_t - x_{t-1}| < 5 \cdot 10^{-6}.$$

t	x_t
1	$3,2431975$
2	$3,4117873$
3	$3,1415926$

c) Newton-Verfahren: Ausgehend vom Startwert $x_0 = 4$ lautet das Newton-Verfahren:

$$x_t = x_{t-1} - \frac{f(x_{t-1}}{f'(x_{t-1}} = x_{t-1} - \tan(x_{t-1})$$

mit dem Abbruchkriterium

$$|f(x_t)| < 5 \cdot 10^{-6}.$$

t	x_t
1	$2,8421787$
2	$3,1508729$
3	$3,1415923$

Die Iterationen (b) und (c) konvergieren kubisch. Zur Erklärung notieren wir:

$$\begin{aligned} g_b'(x) &= 1 + \cos(x) \quad \Rightarrow \quad g_b'(\pi) = 1 + \cos(\pi) = 0. \\ g_b''(x) &= -\sin(x) \quad \Rightarrow \quad g_b''(\pi) = 0. \\ g_c''(x) &= 1 - (\cos(x))^{-2} \quad \Rightarrow \quad g_c''(\pi) = 0. \end{aligned}$$

Lösung A.5.2: Die Ableitung der Fixpunktabbildung g im Fixpunkt lässt sich abschätzen wie folgt:

$$\begin{aligned} &a) \quad g(x) = -\ln(x) \quad \Rightarrow \quad |g'(z)| = \left|\frac{1}{z}\right| \geq \frac{1}{0.6} > 1. \\ &b) \quad g(x) = e^{-x} \quad \Rightarrow \quad |g'(z)| = |e^{-z}| \leq 4e^{-0,5} \approx 0,61 < 1. \\ &c) \quad g(x) = \tfrac{1}{2}(x + e^{-x}) \quad \Rightarrow \quad |g'(z)| = \tfrac{1}{2}|1 - e^{-z}| \leq \tfrac{1}{2}|1 - e^{-0,6}| \approx 0,23 < 1. \end{aligned}$$

Die Iteration (a) divergiert. Die Iterationen (b) und (c) können verwendet werden, wobei (c) die kleinere (lineare) Konvergenzrate besitzt.

Ein Vergleich von (b) und (c) legt die folgende allgemeine Form einer Iterationsvorschrift nahe:

$$(1 + \beta)x_{t+1} = \beta x_t + e^{-x_t}, \quad g(x) = \frac{1}{1 + \beta}(\beta x - e^{-x}).$$

Dafür gilt

$$|g'(z)| = \frac{1}{1 + \beta}|\beta - e^{-z}| = \frac{1}{1 + \beta}|\beta - z|.$$

Die „richtige“ Wahl ist also $\beta = z$.

1. Wähle $\beta = 0,5$, $\beta = 0,6$ oder β als Intervallmittelpunkt $\beta = 0,55$. Dies ergibt

$$|g'(z)| \le 0,071, \quad |g'(z)| \le 0,032, \quad |g'(z)| \le 0,036.$$

2. Wähle β so, dass $g'(0,5) = -g'(0,6)$. Dies ergibt

$$\beta \approx 0,5777, \quad |g'(z)| \le 0,019.$$

Lösung A.5.3: Für $x_t \le \sqrt{a}$ folgt $x_{t+1} \ge x_t$, und für $x_t \ge \sqrt{a}$ folgt $x_{t+1} \le x_1$. Also ergibt sich monotone Konvergenz $x_t \to z \ge 0$ und damit die Beziehung

$$z = \frac{z^3 + 3az}{3z^2 + a} \quad \Rightarrow \quad z = \sqrt{a}.$$

Für die Iterierten gilt

$$x_{t+1} - \sqrt{a} = \frac{x_t^3 + 3ax_t}{3x_t^2 + a} - \sqrt{a} = \frac{(x_t - \sqrt{a})^3}{3x_t^2 + a}$$

und folglich

$$\frac{x_{t+1} - \sqrt{a}}{(x_t - \sqrt{a})^3} = \frac{1}{3x_t^2 + a} \to \frac{1}{4a} \quad (t \to \infty).$$

Die Konvergenz dieser Fixpunktiteration ist also kubisch.

Lösung A.5.4: Wegen der angenommenen Stetigkeit von f' gilt

$$x_t \to z \quad \Rightarrow \quad f'(x_t) \to f'(z) \quad (t \to \infty).$$

Dies impliziert die Beziehung

$$\frac{x_{t+1} - z}{x_t - z} = \frac{x_t - f(x_t)'^{-1} f(x_t) - z}{x_t - z} = 1 - \underbrace{f(x_t)'^{-1}}_{\to f(z)'^{-1}} \underbrace{\frac{f(x_t) - f(z)}{x_t - z}}_{\to f'(z)} \to 0 \quad (t \to \infty).$$

Das Newton-Verfahren konvergiert also super-linear.

Lösung A.5.5 (Praktische Aufgabe): Mit Hilfe der Rekursionsformeln

$$p_{k+1}^{\mathrm{L}}(x) = xp_k^{\mathrm{L}}(x) - \frac{k^2}{4k^2 - 1} p_{k-1}^{\mathrm{L}}(x), \qquad p_{k+1}^{\mathrm{T}}(x) = 2xp_k^{\mathrm{T}}(x) - p_{k-1}^{\mathrm{T}}(x)$$

bestimmt man ausgehend von $p_0^{\mathrm{L}}(x) \equiv p_0^{\mathrm{T}}(x) \equiv 1$ und $p_1^{\mathrm{L}}(x) = p_1^{\mathrm{T}}(x) = x$ die Legendre- und Tschebyscheff-Polynome mit der Normierung $L_k(1) = T_k(1) = 1$ zu

$$L_4(x) = \frac{1}{8}\big(35x^4 - 30x^2 + 3\big), \qquad L_5(x) = \frac{1}{8}\big(63x^5 - 70x^3 + 15x\big),$$

und

$$T_4(x) = 8x^4 - 8x^2 + 1, \qquad T_5(x) = 16x^5 - 20x^3 + 5x.$$

MATLAB-Programm:

```
clear
format long
x0 = Nullstellen('L4', 'DL4', 1);
disp(' ')
disp('Die Nullstellen des Legendre-Polynoms vom Grad 4 sind')
x0
x0 = Nullstellen('T4', 'DT4', 1);
disp(' ')
disp('Die Nullstellen des Tschebyscheff-Polynoms vom Grad 4 sind')
x0
x0 = Nullstellen('L5', 'DL5', 1);
disp(' ')
disp('Die Nullstellen des Legendre-Polynoms vom Grad 5 sind')
x0
x0 = Nullstellen('T5', 'DT5', 1);
disp(' ')
disp('Die Nullstellen des Tschebyscheff-Polynoms vom Grad 5 sind')
x0

function erg = newton(fun, dfun, start, varargin)
tol = 1.e-8;
x = start;
% if (nargin == 4)
%     y = feval(fun, x, varargin{1});
%     dy = feval(dfun, x, varargin{1});
% else
%     y = feval(fun, x);
%     dy = feval(dfun, x);
% end
if (nargin == 4)
    y = ReduzierteFunktion(fun, x, varargin{1});
    dy = ReduzierteAbleitung(dfun, fun, x, varargin{1});
else
    y = feval(fun, x);
    dy = feval(dfun, x);
end
if (abs(dy*x) > 1.e-5)
    err = abs(y/(dy*x));
else
    err = abs(y);
end
n = 1;
disp(sprintf('n = 1:  x = %0.5f, \t y = %0.5g,  \t\t error = %0.5g',
x, y, err))
```

```
while ((err > tol) & (n<100))
    n = n+1;
    x = x - y/dy;
    if (nargin == 4)
        y = ReduzierteFunktion(fun, x, varargin{1});
        dy = ReduzierteAbleitung(dfun, fun, x, varargin{1});
    else
        y = feval(fun, x);
        dy = feval(dfun, x);
    end
    if (abs(dy*x) > 1.e-5)
        err = abs(y/(dy*x));
    else
        err = abs(y);
    end
    disp(sprintf('n = %d:  x = %0.5f, \t y = %0.5e, \t error = %0.5g',
    n, x, y, err));
end
erg = x;
return

function erg = Nullstellen(fun, dfun, x0)
% Suche alle positiven Nullstellen der Funktion fun, nehme an, alle
% Nullstellen laegen links von x0.
erg(1) = newton(fun, dfun, x0);
n = 1;
while (min(erg) > 1.e-6 & n<200)
    n = n + 1;
    disp(' ')
    erg(n) = newton(fun, dfun, erg(n-1)*1.001, erg);
end
% erg = erg(1:length(erg)-1);
if (min(erg) > -1.e-8)
    erg = [erg, -erg(length(erg)-1:-1:1)];
else
    erg = erg(1:length(erg)-1);
    erg = [erg, -erg(length(erg):-1:1)];
end
return
%
function erg = ReduzierteAbleitung(dfun, fun, x, varargin)
erg = feval(dfun, x);
if (nargin == 4)
    f = ReduzierteFunktion(fun, x, varargin{1});
    lf = LinearFaktoren(x, varargin{1});
```

```
    dlf = DLinearFaktoren(x, varargin{1});
    erg = erg - f * dlf;
    if (lf == 0)
        error('Muell!!')
    else
        erg = erg / lf;
    end
end
return

function erg = ReduzierteFunktion(fun, x, varargin)
erg = feval(fun, x);
if (nargin == 3)
    lf = LinearFaktoren(x, varargin{1});
    if (lf == 0)
        error('Muell!!')
    else
        erg = erg / lf;
    end
end
return

function erg = T4(x)
erg = 8*x.^4 - 8*x.^2 + 1;
return

function erg = T5(x)
erg = 16*x.^5 - 20*x.^3 + 5*x;
return

function erg = DL4(x)
erg = .5*(35*x.^3 - 15*x);
return

function erg = DL5(x)
erg = .125*(315*x.^4 - 210*x.^2 + 15);
return

function erg = DLinearFaktoren(x, a)
erg = 0;
for i=1:length(a)
    erg = erg + LinearFaktoren(x, [a(1:i-1), a(i+1:length(a))]);
end
return
```

```
function erg = DT4(x)
erg = 32*x.^3 - 16*x;
return

function erg = DT5(x)
erg = 80*x.^4 - 60*x.^2 + 5;
return

function erg = L4(x)
erg = .125*(35*x.^4 - 30*x.^2 + 3);
return

function erg = L5(x)
erg = .125*(63*x.^5 - 70*x.^3 + 15*x);
return

function erg = LinearFaktoren(x, a)
erg = 1;
for i=1:length(a)
    erg = erg * (x-a(i));
end
return
%---------------------------------------------
```

```
Ergebnisse:

Konvergenzhistorie fuer das 4-te Legendre-Polynom:

n = 1:  x = 1.00000,   y = 1,             error = 0.1
n = 2:  x = 0.90000,   y = 2.07938e-01,   error = 0.038459
n = 3:  x = 0.86539,   y = 2.03342e-02,   error = 0.0048437
n = 4:  x = 0.86120,   y = 2.78402e-04,   error = 6.8512e-05
n = 5:  x = 0.86114,   y = 5.47175e-08,   error = 1.3472e-08
n = 6:  x = 0.86114,   y = 2.22045e-15,   error = 5.4668e-16

n = 1:  x = 0.86200,   y = 4.7302,        error = 0.34859
n = 2:  x = 0.56151,   y = 1.24300e+00,   error = 0.28151
n = 3:  x = 0.40344,   y = 2.61006e-01,   error = 0.13852
n = 4:  x = 0.34756,   y = 2.75394e-02,   error = 0.021424
n = 5:  x = 0.34011,   y = 4.59984e-04,   error = 0.00037828
n = 6:  x = 0.33998,   y = 1.36244e-07,   error = 1.1215e-07
n = 7:  x = 0.33998,   y = 1.20363e-14,   error = 9.9081e-15

n = 1:  x = 0.34032,   y = 3.5759,         error = 1.2763
n = 2:  x = -0.09404,   y = 8.25411e-01,   error = 1.9805
```

```
n = 3:  x = -0.28027,  y = 1.51741e-01,  error = 0.19319
n = 4:  x = -0.33442,  y = 1.28259e-02,  error = 0.016469
n = 5:  x = -0.33992,  y = 1.32710e-04,  error = 0.00017119
n = 6:  x = -0.33998,  y = 1.48150e-08,  error = 1.9112e-08
n = 7:  x = -0.33998,  y = 6.79689e-17,  error = 8.7682e-17

Die Nullstellen des 4-ten Legendre-Polynoms sind (bei Beachtung
der Symmetrie):

x_i =  0.86113631159405  0.33998104358486  -0.33998104358486
      -0.86113631159405
%

Konvergenzhistorie fuer das 5-te Legendre-Polynom:

n = 1:  x = 1.00000,  y = 1,             error = 0.066667
n = 2:  x = 0.93333,  y = 2.13360e-01,  error = 0.025722
n = 3:  x = 0.90933,  y = 2.19645e-02,  error = 0.0034064
n = 4:  x = 0.90623,  y = 3.37416e-04,  error = 5.4167e-05
n = 5:  x = 0.90618,  y = 8.38967e-08,  error = 1.3476e-08
n = 6:  x = 0.90618,  y = 4.66294e-15,  error = 7.4897e-16

n = 1:  x = 0.90709,  y = 6.9019,       error = 0.21793
n = 2:  x = 0.70940,  y = 1.92514e+00,  error = 0.1624
n = 3:  x = 0.59420,  y = 4.43154e-01,  error = 0.079471
n = 4:  x = 0.54698,  y = 5.77915e-02,  error = 0.015109
n = 5:  x = 0.53871,  y = 1.59562e-03,  error = 0.00044821
n = 6:  x = 0.53847,  y = 1.33836e-06,  error = 3.7674e-07
n = 7:  x = 0.53847,  y = 9.44432e-13,  error = 2.6586e-13

n = 1:  x = 0.53901,  y = 6.6096,       error = 0.53384
n = 2:  x = 0.25126,  y = 1.80867e+00,  error = 0.65136
n = 3:  x = 0.08760,  y = 4.29209e-01,  error = 0.81429
n = 4:  x = 0.01627,  y = 6.55586e-02,  error = 0.95514
n = 5:  x = 0.00073,  y = 2.81020e-03,  error = 0.99785
n = 6:  x = 0.00000,  y = 6.03845e-06,  error = 6.0384e-06
n = 7:  x = 0.00000,  y = 2.80934e-11,  error = 2.8093e-11

Die Nullstellen des Legendre-Polynoms vom Grad 5 sind (bei Beachtung
der Symmetrie):

x_i =  0.90617984593866  0.53846931010583  0.00000000000731
      -0.53846931010583  -0.90617984593866
%
```

```
Konvergenzhistorie fuer das 4-te Tschebyscheff-Polynom:

n = 1:  x = 1.00000,   y = 1,             error = 0.0625
n = 2:  x = 0.93750,   y = 1.48560e-01,   error = 0.01394
n = 3:  x = 0.92443,   y = 5.77259e-03,   error = 0.00059534
n = 4:  x = 0.92388,   y = 9.99629e-06,   error = 1.0351e-06
n = 5:  x = 0.92388,   y = 3.01545e-11,   error = 3.1226e-12

n = 1:  x = 0.92480,   y = 10.483,        error = 0.34323
n = 2:  x = 0.60738,   y = 2.72519e+00,   error = 0.26931
n = 3:  x = 0.44381,   y = 5.52756e-01,   error = 0.12312
n = 4:  x = 0.38917,   y = 5.25644e-02,   error = 0.01644
n = 5:  x = 0.38277,   y = 6.82750e-04,   error = 0.00022289
n = 6:  x = 0.38268,   y = 1.20653e-07,   error = 3.941e-08
n = 7:  x = 0.38268,   y = 4.10285e-15,   error = 1.3402e-15

n = 1:  x = 0.38307,   y = 8.0063,         error = 1.2605
n = 2:  x = -0.09978,   y = 1.86512e+00,   error = 2.1107
n = 3:  x = -0.31039,   y = 3.54836e-01,   error = 0.20837
n = 4:  x = -0.37506,   y = 3.34642e-02,   error = 0.020043
n = 5:  x = -0.38258,   y = 4.52100e-04,   error = 0.00027284
n = 6:  x = -0.38268,   y = 8.71635e-08,   error = 5.2608e-08
n = 7:  x = -0.38268,   y = 3.33067e-15,   error = 2.0102e-15

Die Nullstellen des 4-ten Tschebyscheff-Polynoms  sind (bei Beachtung
der Symmetrie)

x_i=  0.92387953251417   0.38268343236509  -0.38268343236509
     -0.92387953251417
%

Konvergenzhistorie fuer das 5-te Tschebyscheff-Polynom:

n = 1:  x = 1.00000,   y = 1,             error = 0.04
n = 2:  x = 0.96000,   y = 1.51243e-01,   error = 0.0089252
n = 3:  x = 0.95143,   y = 6.08389e-03,   error = 0.00039373
n = 4:  x = 0.95106,   y = 1.13201e-05,   error = 7.3562e-07
n = 5:  x = 0.95106,   y = 3.94360e-11,   error = 2.5627e-12

n = 1:  x = 0.95201,   y = 16.257,        error = 0.21131
n = 2:  x = 0.75084,   y = 4.46251e+00,   error = 0.15135
n = 3:  x = 0.63719,   y = 9.80032e-01,   error = 0.067486
n = 4:  x = 0.59419,   y = 1.11245e-01,   error = 0.010567
n = 5:  x = 0.58791,   y = 2.17452e-03,   error = 0.00021723
n = 6:  x = 0.58779,   y = 8.88658e-07,   error = 8.8866e-08
```

```
n = 7:   x = 0.58779,    y = 1.47919e-13,    error = 1.4792e-14

n = 1:   x = 0.58837,    y = 17.045,         error = 0.53122
n = 2:   x = 0.27582,    y = 4.67577e+00,    error = 0.64759
n = 3:   x = 0.09720,    y = 1.11671e+00,    error = 0.80996
n = 4:   x = 0.01847,    y = 1.73721e-01,    error = 0.95282
n = 5:   x = 0.00087,    y = 7.81455e-03,    error = 0.99761
n = 6:   x = 0.00000,    y = 1.86364e-05,    error = 0.99999
n = 7:   x = 0.00000,    y = 1.06891e-10,    error = 1.0689e-10

Die Nullstellen des 5-ten Tschebyscheff-Polynoms sind (bei Beachtung
der Symmetrie)

x_i =   0.95105651629759   0.58778525229248   0.00000000001195
       -0.58778525229248  -0.95105651629759
```

Lösung A.5.6: a) Wir haben

$$X_t = g(X_{t-1}), \qquad g(X) := X(I - AC) + C$$

und folglich

$$\|g(X) - g(Y)\| = \|(X - Y)(I - AC)\| \leq \|X - Y\| \, \|I - AC\|.$$

Also ist g eine Kontraktion unter der Bedingung $\|I - AC\| =: q < 1$. Die zugehörige Fixpunktiteration konvergiert dann für jeden Startwert X_0 Ihr Limes genügt der Beziehung $Z = Z(I - AC) + C$ bzw. $ZAC = C$, was äquivalent mit $ZA = I$ bzw. $Z = A^{-1}$ ist. Die Fixpunktiteration konvergiert also für jeden Startwert $X_0 \in \mathbb{R}^{n\times n}$ gegen die Inverse von A mit der Fehlerabschätzung

$$\|X_t - A^{-1}\| \leq q^t \|X_0 - A^{-1}\|, \quad t \in \mathbb{N}.$$

b) Wir haben

$$X_t = g(X_{t-1}), \qquad g(X) := X(2I - AX)$$

Ein Fixpunkt Z von g erfüllt $Z = Z(2I - AZ)$ bzw. $Z = ZAZ$. Wenn Z regulär ist, folgt $Z = A^{-1}$. Dies ist eine wesentliche Annahme, denn $Z = 0$ ist stets Fixpunkt von g. Zum Nachweis der Konvergenz setzen wir $Z = A^{-1}$ und finden

$$\begin{aligned} X_t - Z &= 2X_{t-1} - X_{t-1}AX_{t-1} - Z \\ &= -X_{t-1}AX_{t-.1} + \underbrace{ZA}_{=I} Y_{t-1} + X_{t-1}\underbrace{AZ}_{=I} - \underbrace{ZA}_{=I} Z \\ &= -(X_{t-1} - Z)A(X_{t-1} - Z). \end{aligned}$$

Dies impliziert

$$\|X_t - Z\| \leq \|A\| \, \|X_{t-1} - Z\|^2.$$

Unter der Bedingung

$$\|X_0 - Z\| < \frac{1}{\|A\|}$$

liegt also quadratische Konvergenz vor:

$$\|A\|\,\|X_t - Z\| \le \big(\|A\|\,\|X_{t-1} - Z\|\big)^2 \le \;\ldots\; \le \big(\|A\|\,\|X_0 - Z\|\big)^{2^t} \to 0 \quad (t \to \infty).$$

Diese Iteration ist gerade das Newton-Verfahren zur Inversenbestimmung.

Bemerkung: Aus dem Kriterium in (a) ergibt sich für den Startwert $X_0 = C$:

$$1 > \|I - AX_0\| = \|A\|\,\|A^{-1} - X_0\| \quad \text{bzw.} \quad \|A^{-1} - X_0\| < \frac{1}{\|A\|},$$

d. h. auch das Kriterium in (b) ist erfüllt.

Lösung A.5.7: Die Funktion $f : \mathbb{R}^2 \to \mathbb{R}^2$ sei definiert durch

$$f_1(x_1, x_2) := x_1^2 + x_2^2 - 2, \quad f_2(x_1, x_2) := x_1^2 - x_2^2 - 1.$$

Ihre Nullstellen sind $(z_1, z_2)^T = \big(\pm\sqrt{3/2}, \pm\sqrt{1/2}\big)^T$.

a) Zum Aufstellen der Newton-Iteration berechnen wir

$$f'(x_1, x_2) = \begin{bmatrix} 2x_1 & 2x_2 \\ 2x_1 & -2x_2 \end{bmatrix}, \qquad f'(x_2, x_2)^{-1} = \frac{-1}{8x_1x_2} \begin{bmatrix} -2x_2 & -2x_2 \\ -2x_1 & 2x_1 \end{bmatrix}$$

und erhalten die folgenden Iterierten:

$$\begin{bmatrix} x_1^{(1)} \\ x_2^{(1)} \end{bmatrix} = \begin{bmatrix} 1 \\ 1 \end{bmatrix} + \frac{1}{8} \begin{bmatrix} -2 & -2 \\ -2 & 2 \end{bmatrix} \begin{bmatrix} 0 \\ -1 \end{bmatrix} = \begin{bmatrix} 1.25 \\ 0.75 \end{bmatrix}$$

$$\begin{bmatrix} x_1^{(2)} \\ x_2^{(2)} \end{bmatrix} = \begin{bmatrix} 1.25 \\ 0.75 \end{bmatrix} + \frac{1}{7.5} \begin{bmatrix} -1.5 & -1.5 \\ -2.5 & 2.5 \end{bmatrix} \begin{bmatrix} 0.125 \\ 0 \end{bmatrix} = \begin{bmatrix} 1.225 \\ 0.7083 \end{bmatrix}.$$

Es ist $\|x^{(2)} - x^{(1)}\|_2 < 2 \cdot 10^{-3}$.

b) Die Iteration lautet

$$x^{(t+1)} = x^{(t)} - Cf(x^{(t)}) =: g(x^{(t)}).$$

Die zugehörige Jacobi-Matrix ist

$$g'(x_1, x_2) = I - \begin{bmatrix} c & c \\ c & -c \end{bmatrix} \begin{bmatrix} 2x_1 & 2x_2 \\ 2x_1 & -2x_2 \end{bmatrix} = \begin{bmatrix} 1 - 4cx_1 & 0 \\ 0 & 1 - 4cx_2 \end{bmatrix},$$

und ihre Norm

$$\|g'(x)\|_\infty = \max\{|1 - 4cx_1|, |1 - 4cx_2|\}.$$

Sei K die $\|\cdot\|_\infty$-Kugel um die Nullstelle $z = \left(\sqrt{3/2}, \sqrt{1/2}\right)^T$ mit $x^{(0)} \in \partial K$. Für $x \in K$ gilt

$$1 \le x_1 \le 1.5, \quad 0.4 \le x_2 \le 1.$$

Wir wählen $c = 1/4$ und erhalten

$$\max_{x\in K} \|g'(x)\|_\infty \le \max\{0.5, 0.6\} = 0.6 =: q.$$

Damit folgt dann

$$\|x^{(t)} - z\|_\infty \le \frac{q^t}{1-q}\|x^{(0)} - z\|_\infty = \frac{(0.6)^t}{0.4} \cdot 0.25 < 2 \cdot 10^{-3}$$

für $t \ge 12$..

Lösung A.5.8: a) Es ist eine Nullstelle der folgenden Funktion zu bestimmen:

$$f(x,\lambda) = \begin{bmatrix} Ax - \lambda x \\ \|x\|_2^2 - 1 \end{bmatrix}.$$

Die zugehörige $(n+1) \times (n+1)$-Jacobi-Matrix ist:

$$f'(x,\lambda) = \begin{bmatrix} A - \lambda I & -x \\ 2x^T & 0 \end{bmatrix}$$

Die Newton-Iteration lautet dann

$$\begin{bmatrix} A - \lambda^{(t)} I & -x^{(t)} \\ 2x^{(t)T} & 0 \end{bmatrix} \begin{bmatrix} \delta x^{(t)} \\ \delta\lambda^{(t)} \end{bmatrix} = - \begin{bmatrix} Ax - \lambda x \\ \|x\|_2^2 - 1 \end{bmatrix}, \quad \begin{bmatrix} x^{(t+1)} \\ \lambda^{(t+1)} \end{bmatrix} = \begin{bmatrix} x^{(t)} \\ \lambda^{(t)} \end{bmatrix} + \begin{bmatrix} \delta x^{(t)} \\ \delta\lambda^{(t)} \end{bmatrix}$$

b) Startwert $(x^{(0)}, \lambda^{(0)})^T = (0, 1.5, 3.5)^T$. Dann ist

$$f(x^{(0)}, \lambda^{(0)}) = \begin{bmatrix} 0 \\ 0.75 \\ 1.25 \end{bmatrix}, \qquad f'(x^{(0)}, \lambda^{(0)}) = \begin{bmatrix} 0.5 & 0 & 0 \\ -1 & 0.5 & -1.5 \\ 0 & 3 & 0 \end{bmatrix}.$$

Der erste Newton-Iterationsschritt lautet also in der Schreibweise der Gauß-Elimination:

$$\left[\begin{array}{ccc|c} 0.5 & 0 & 0 & 0 \\ -1 & 0.5 & -1.5 & -0.75 \\ 0 & 3 & 0 & -1.25 \end{array}\right] \to \left[\begin{array}{ccc|c} 0.5 & 0 & 0 & 0 \\ 0 & 0.5 & -1.5 & -0.75 \\ 0 & 0 & 9 & 3.25 \end{array}\right]$$

mit der Lösung $\delta x_1^{(0)} = 0$, $\delta x_2^{(0)} = -0.4176$, $\delta\lambda^{(0)} = 0.3611$, bzw.

$$x_1^{(1)} = x_1^{(0)} + \delta x_1^{(0)} = 0, \quad x_2^{(1)} = x_2^{(0)} + \delta x_2^{(0)} = 1.0833, \quad \lambda^{(1)} = \lambda^{(0)} + \delta\lambda^{(0)} = 3.8611.$$

Für den zweiten Schritt notieren wir

$$f(x^{(0)},\lambda^{(0)}) = \begin{bmatrix} 0 \\ 0.1505 \\ 0.1736 \end{bmatrix}, \qquad f'(x^{(0)},\lambda^{(0)}) = \begin{bmatrix} 0.1389 & 0 & 0 \\ -1 & 0.1389 & -1.0833 \\ 0 & 2.1667 & 0 \end{bmatrix}.$$

Der zweite Newton-Iterationsschritt lauten dann wieder in der Schreibweise des Gauß-Elimination:

$$\left[\begin{array}{ccc|c} 0.1389 & 0 & 0 & 0 \\ -1 & 0.1389 & -1.0883 & -0.1505 \\ 0 & 2.1667 & 0 & -0.1736 \end{array}\right] \rightarrow \left[\begin{array}{ccc|c} 0.1389 & 0 & 0 & 0 \\ 0 & 0.1389 & -1.0833 & -0.1505 \\ 0 & 0 & 16.9 & 2.1736 \end{array}\right]$$

mit der Lösung $\delta x_1^{(1)} = 0$, $\delta x_2^{(1)} = 0.0801$, $\delta\lambda^{(1)} = 0.1286$, bzw.

$$x_1^{(2)} = x_1^{(1)} + \delta x_1^{(1)} = 0, \quad x_2^{(2)} = x_2^{(1)} + \delta x_2^{(1)} = 1.0032, \quad \lambda^{(2)} = \lambda^{(1)} + \delta\lambda^{(1)} = 3.9897.$$

Die Matrix hat den zweifachen Eigenwert $\lambda = 4$. Ein zugehöriger normierter Eigenvektor ist $x = (0,1)^T$. Die Fehler der Iteration sind also

$$\begin{aligned} &|\lambda^{(0)} - \lambda| \approx 0.5, \quad |\lambda^{(1)} - \lambda| \approx 0.1389, \quad |\lambda^{(2)} - \lambda| \approx 0.0103 \\ &|x_1^{(0)} - x_1| \approx 0, \quad |x_1^{(1)} - x_1| \approx 0, \quad |x_1^{(0)} - x_1| \approx 0 \\ &|x_2^{(0)} - x_1| \approx 0.5, \quad |x_2^{(1)} - x_1| \approx 0.0833, \quad |x_2^{(2)} - x_1| \approx 0.0032. \end{aligned}$$

Das Newton-Verfahren konvergiert offenbar mindestens quadratisch, obwohl die Jacobi-Matrix in der Nullstelle singulär ist:

$$f'(x,\lambda) = \begin{bmatrix} 0 & 0 & 0 \\ -1 & 0 & -1 \\ 0 & 2 & 0 \end{bmatrix}.$$

Lösung A.5.9: (i) Mit der maximalen Spaltensummen gilt

$$\|B\|_1 = \max_{j=1,2,3} \sum_{i=1}^{3} |a_{ij}| = 0.9 < 1.$$

Also ist $\mathrm{spr}(B) \le \|B\|_1 < 1$, was Konvergenz der Fixpunktiteration impliziert. (Man beachte, dass $\|B\|_\infty = 1.4 > 1$.)

(ii) Seien λ_i die Eigenwerte von B. Es ist

$$\prod_{i=1}^{3} \lambda_i = \det(B) = -1.$$

Hieraus folgt, dass für mindestens einen der Eigenwerte $|\lambda| \geq 1$ sein muss. I. Allg. liegt also keine Konvergenz vor, denn ist $x^0 - x$ gerade Eigenvektor zu diesem Eigenwert, so gilt

$$\|x^t - x\| = \|B^t(x^0 - x)\| = \|\lambda^t(x^0 - x)\| = |\lambda|^t \|x^0 - x\| \not\to 0 \quad (t \to \infty).$$

Lösung A.5.10 (Praktische Aufgabe): Die betrachteten Iterationen sind:

$$\begin{aligned} &a) \quad X_t = X_{t-1}(I - AC) + C, \quad t = 1, 2, \ldots, \quad C \in \mathbb{R}^{n\times n} \text{ regulär}, \\ &b) \quad X_t = X_{t-1}(2I - AX_{t-1}), \quad t = 1, 2, \ldots, \end{aligned}$$

Nach Lösungh A.5.6 konvergiert die Iteration (a) mit einer (regulären) Matrix C, für die $\|I - AC\| < 1$ ist, für jeden Startwert X_0, während bei Iteration (b) Konvergenz nur für Startwerte mit

$$\|X_0 - A^{-1}\|_\infty < \frac{1}{\|A\|_\infty} = \frac{1}{4}$$

garantiert ist. Für die Testrechnungen sollen die folgenden Startwerte verwendet werden:

$$a) \quad C = \tfrac{1}{8}I, \ X_0 = C, \qquad b) \quad X_0 = \tfrac{1}{8}I.$$

MATLAB-Programm:

```
clear
for k=2:6
    n = 2^k;
    A = GetA(k);
    X0 = .125 * eye(n);
    disp(' ')
    disp(['k = ', int2str(k)])
    disp('Erste Iterationsvorschrift (a) mit C = ID / 8:')
    C = X0;
    tic
    data2 = Iteration(A, X0, C);
    t = toc;
    disp(['Benoetigte Zeit: ', num2str(t), ',  # Iterationen: ', int2str(length(d

    disp(' ')
    disp('Zweite Iterationsvorschrift (b):')
    tic;
    data1 = Iteration(A, X0);
    t = toc;
    disp(['Benoetigte Zeit: ', num2str(t), ',  # Iterationen: ', int2str(length(d
end

function matrix = GetA(k)
n = 2^k;
```

```
matrix = 2*eye(n);
matrix(2:n,1:n-1) = matrix(2:n,1:n-1) - eye(n-1);
matrix(1:n-1,2:n) = matrix(1:n-1,2:n) - eye(n-1);
return

function data = Iteration(A, X0, varargin)
X = X0;
n = length(X);
fehler = norm(A*X - eye(n), inf);
data = fehler;
k = 0;
while (fehler > 1.e-8  &  k < 1000000)
    k = k+1;
    if (nargin == 2)
        X = IterationsSchritt(A, X);
    elseif (nargin == 3)
        X = IterationsSchritt(A, X, varargin{1});
    end
    fehler = norm(A*X - eye(n), inf);
    data = [data, fehler];
end
return

function X = IterationsSchritt(A, X0, varargin)
X = X0;
n = length(X);
if (nargin == 3)
    % Fhre erste (a) Iterationsvorschrift aus:
    C = varargin{1};
    X = X*(eye(n) - A*C) + C;
elseif (nargin == 2)
    % Fhre zweite (b) Iterationsvorschrift aus:
    X = X*(2*eye(n) - A*X);
end
return
```

Ergebnisse:

```
k = 2
Erste Iterationsvorschrift (a) mit C = ID/8:
Benoetigte Zeit: 0.11103,  # Iterationen: 380

Zweite Iterationsvorschrift (b):
Benoetigte Zeit: 0.025549,  # Iterationen: 10
```

```
k = 3
Erste Iterationsvorschrift (a) mit C = ID/8:
Benoetigte Zeit: 0.35854,  # Iterationen: 1227

Zweite Iterationsvorschrift (b):
Benoetigte Zeit: 0.00235,  # Iterationen: 12

k = 4
Erste Iterationsvorschrift (a) mit C = ID/8:
Benoetigte Zeit: 1.3563,  # Iterationen: 4374

Zweite Iterationsvorschrift (b):
Benoetigte Zeit: 0.003194,  # Iterationen: 14

k = 5
Erste Iterationsvorschrift (a) mit C = ID/8:
Benoetigte Zeit: 8.5067,  # Iterationen: 16475

Zweite Iterationsvorschrift (b):
Benoetigte Zeit: 0.033671,  # Iterationen: 16

k = 6
Erste Iterationsvorschrift (a) mit C = ID/8:
Benoetigte Zeit: 146.1633,  # Iterationen: 63914

Zweite Iterationsvorschrift (b):
Benoetigte Zeit: 0.029058,  # Iterationen: 17
```

A.6 Kapitel 6

Lösung A.6.1: a) Die Jacobi- und Gauß-Seidel-Matrizen von A_1 sind

$$J = -D^{-1}(L+R) = \begin{bmatrix} 0 & 0.5 & -1 \\ -0.5 & 0 & 1 \\ -1 & -1 & 0 \end{bmatrix}, \quad H_1 = -(D+L)^{-1}R = \begin{bmatrix} 0 & 0.5 & -1 \\ 0 & -0.25 & 1.5 \\ 0 & -0.25 & -0.5 \end{bmatrix}$$

Mit den Eigenwerten λ_i von J gilt $\lambda_1\lambda_2\lambda_3 = \det(J) = -1$ und folglich $\mathrm{spr}(J) \geq 1$. Also ist das Jacobi-Verfahren i. Allg. nicht konvergent. Die Matrix H_1 hat das charakteristische Polynom $\chi(\lambda) = -\lambda(\lambda^2 + \frac{3}{4}\lambda + \frac{1}{2})$ und folglich die Eigenwerte $\lambda_1 = 0$, $\lambda_{2/3} = \pm 1/\sqrt{2}$. Also ist $\mathrm{spr}(H_1) < 1$ und folglich das Gauß-Seidel-Verfahren konvergent.

b) Die Matrix A_2 erfüllt das schwache Zeilenkriterioum und ist irreduzibel. Also sind sowohl Jacobi- als auch Gauß-Seidel-Verfahren konvergent.

Lösung A.6.2: Für die allgemeine Fixpunktiteration $x^{t+1} = Bx^t g + c$ gilt im Falle der Konvergenz gegen ein z die asymptotische Fehlerabschätzung

$$\|x^t - z\| \leq \text{spr}(B)^t \|x^0 - z\|.$$

Hieraus ergibt sich die Anzahl der zur Reduzierung des Anfangsfehlers um den Faktor ε erforderlichen Iterationsschritte zu

$$t \approx \frac{\log_{10}(\varepsilon)}{\log_{10}(\text{spr}(B))} + 1.$$

Für Jacobi- und Gauß-Seidel-Matrix gilt

$$J = \begin{bmatrix} 0 & 1/3 \\ 1/3 & 0 \end{bmatrix}, \qquad H_1 = \begin{bmatrix} 0 & -1/3 \\ 0 & 1/9 \end{bmatrix}$$

und somit $\text{spr}(J) = 1/3$ und $\text{spr}(H_1) = 1/9$. Die notwendige Iterationszahlen für das Jacobi- und das Gauß-Seidel-Verfahren ist also (wie von der Theorie vorausgesagt):

$$t_J \approx \frac{6}{\log_{10}(3)} + 1 \approx 13, \qquad t_{H_1} \approx \frac{6}{\log_{10}(9)} + 1 \approx 7 \approx \tfrac{1}{2} t_J.$$

Lösung A.6.3: Zunächst wird die Iterationsmatrix bestimmt. Mit

$$\begin{bmatrix} 1 & 0 \\ -\omega a & 1 \end{bmatrix}^{-1} = \begin{bmatrix} 1 & 0 \\ \omega a & 1 \end{bmatrix}$$

lautet die Iteration

$$x^t = \begin{bmatrix} 1 & 0 \\ \omega a & 1 \end{bmatrix} \begin{bmatrix} 1-\omega & \omega a \\ 0 & 1-\omega \end{bmatrix} x^{t-1} + \omega \begin{bmatrix} 1 & 0 \\ \omega a & 1 \end{bmatrix} b.$$

und folglich

$$B_\omega = \begin{bmatrix} 1-\omega & \omega a \\ \omega a(1-\omega) & \omega^2 a^2 + 1 - \omega \end{bmatrix}.$$

Also ist $\det(B_\omega - \lambda I) = -\lambda\omega^2 a^2 + (1-\omega-\lambda)^2$.

a) Für $\omega = 1$ gilt

$$\det(B_1 - \lambda I) = -\lambda a^2 + \lambda^2 \quad \Rightarrow \quad \text{spr}(B_1) = a^2,$$

d. h.: Konvergenz liegt vor für $|a| < 1$.

b) Im Fall $a = \frac{1}{2}$ ist

$$\lambda_{1,2} = 1 - \omega + \tfrac{1}{8}\omega^2 \pm \tfrac{1}{2}\omega\sqrt{1 - \omega + \tfrac{1}{16}\omega^2}.$$

Die beiden Nullstellen sind reell für $1-\omega+\frac{1}{16}\omega^2 \geq 0$, bzw. $\omega \leq 8-4\sqrt{3} = 1.07179677\ldots$, und sonst komplex. Also:

$$\mathrm{spr}(B_\omega) = \begin{cases} 1-\omega+\frac{1}{8}\omega^2+\frac{1}{2}\omega\sqrt{1-\omega+\frac{1}{16}\omega^2}, & 0 \leq \omega \leq 8-4\sqrt{3}, \\ \omega - 1, \quad 8-4\sqrt{3} < \omega \leq 2. \end{cases}$$

Auswertung dieser Formel ergibt

ω	0.8	0.9	1.0	1.1	1.2	1.3	1.4
$\mathrm{spr}(B_\omega)$	0.476	0.376	0.25	0.1	0.2	0.3	0.4

Der Graph der Funktion $\rho(\omega) := \mathrm{spr}(B_\omega)$, $0 \leq \omega <\leq$, beginnt mit $\rho(0) = 1$, weist im Minimum $\omega_{\mathrm{opt}} := 8-4\sqrt{3}$ eine scharfe Spitze nach unten auf und steigt dann linear bis $\rho(2) = 1$ an.

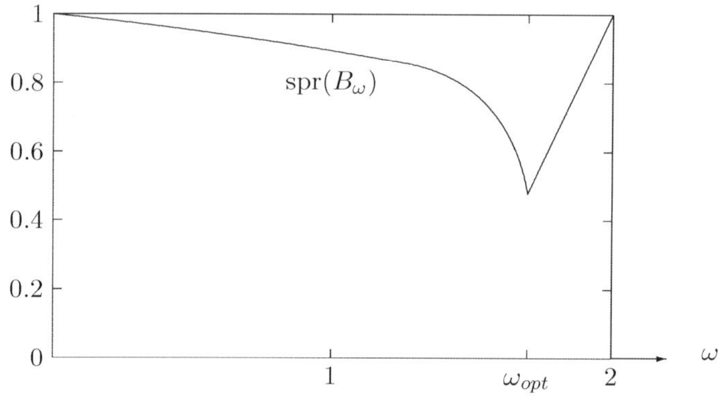

Schematische Darstellung der Abhängigkeit des Spektralradius $\mathrm{spr}(H_\omega)$ *von* $\omega \in [0,2]$

Lösung A.6.4: Wir rekapitulieen die beiden Definitionen von „irreduzibel“:

a) Eine Matrix $A \in \mathbb{R}^{n\times n}$ m heißt „irreduzibel“, wenn es keine Partitionierung J, K von $\{1,\ldots,n\} =: \mathbb{N}_n$ mit $J \cup K = \mathbb{N}_n$ und $J \cap K = \emptyset$ gibt, so dass $a_{jk} = 0$ ist für alle $j \in J$ und alle $k \in K$.

b) Eine Matrix $A \in \mathbb{R}^{n\times n}$ heißt „irreduzibel“, wenn es zu jedem Indexpaar $j,k \in \mathbb{N}_n$ eine Teilmenge $\{i_1,\ldots,i_m\} \in \mathbb{N}_n$ gibt, so dass $a_{j,i_1} \neq 0, a_{i_1,i_2} \neq 0, \ldots, a_{i_{m-1},i_m} \neq 0, a_{i_m,k} \neq 0$.

(i) (a) $\Rightarrow$ (b): Sei A irreduzibel im Sinne von (a). Es sei $i \in \mathbb{N}_n$ irgendein Index. Es bezeichne J die Menge aller Indizes $l \in \mathbb{N}_n$, so dass $a_{i,i_1},\ldots,a_{i_m,l}$ alle $\neq 0$ sind für geeignete $\{i_1,\ldots,i_m\} \in \mathbb{N}_n$. Wir setzen $K := \mathbb{N}_n \setminus J$ und haben zu zeigen, dass $J = \mathbb{N}_n$ bzw. $K = \emptyset$. Falls $a_{il} = 0, l \neq i$, so ist offensichtlich $J = \{i\}$, und wir haben eine Partition im Sinne von (a), so dass für alle $j \in J, k \in K$ gilt $a_{jk} = 0$. Also enthält J noch weitere Elemente. Zu $p \in J$, $p \neq i$, gibt es $\{i_1,\ldots,i_m\} \in \mathbb{N}_n$ mit $a_{i,i_1},\ldots,a_{i_m,p} \neq 0$.

Für beliebiges $q \in K$ müsste wegen $J \cap K = \emptyset$ dann $a_{pq} = 0$ sein. Andererseits wäre A reduzibel gemäß der negation von (a). Also muss K leer sein.

(i) (b) $\Rightarrow$ (a): Sei A irreduzibel im Sinne von (b). Wir nehmen an, $\{J, K\}$ wäre eine zugehörige Partition im Sinne von (b). Dann gibt es zu beliebigen Indixpaaren $\{j, k\} \in J \times K$ eine Teilmenge von Indizes $\{i_1, \dots, i_m\} \in \mathbb{N}_n$, so dass $a_{j,i_1} \neq 0, \dots, a_{i_m,k} \neq 0$. Wegen $a_{j,i_1} \neq 0$ ist dann $i_1 \in J$. Induktiv ergibt sich, dass alle $i_2, \dots, i_m$ zu J gehören, und schließlich wegen $a_{i_m,k} \neq 0$ auch k im Widerspruch zur Annahme über J und K. A ist also auch im Sinne von (a) irreduzibel.

Lösung A.6.5 (Praktische Aufgabe): Das lineare Gleichungssystem $Ax = b$ mit der Modellmatrix aus der Vorlesung und der rechten Seite $b = h^2(1, \dots, 1)^T$ wird mit dem Jacobi-, dem Gauß-Seidel- und dem „optimalen" SOR-Verfahren gelöst. Der Startvektor ist $x^0 = 0$ und das Abbruchkriterium

$$\frac{\|b - Ax^t\|_\infty}{\|x^t\|_\infty} \leq TOL := 10^{-8}.$$

Mit der kanonischen additiven Aufspaltung $A = L + D + R$ haben die drei Iterationsverfahren die folgende Form:

- Jacobi-Verfahren:

$$x^{t+1} = Jx^t + c = -D^{-1}(L + R)x^t + D^{-1}b;$$

- Gauß-Seidel-Verfahren:

$$x^{t+1} = H_1 x^t + c = -(D + L)^{-1}Rx^t + (D + L)^{-1}b;$$

- SOR-Verfahren mit $\omega = \omega_{\text{opt}} = 2\big(1 + \sqrt{1 - \text{spr}(J)^2}\big)^{-1}$ und $\text{spr}(J) = \cos(h\pi) < 1$:

$$x^{t+1} = H_\omega x^t + c = -(D + \omega L)^{-1}[(1 - \omega)D - \omega R]x^t + \omega(D + \omega L)^{-1}b.$$

MATLAB-Programm:

```
clear
tol = 1.e-8;
for k = 1:1
    disp(['k = ', int2str(k)])
    m = 2^k;
    A = GetA(m);
    b = GetB(m);
    start = zeros(m^2, 1);
    omega = 1;
    tic
    [dataj, xj] = loese(A, b, start, 'jacobi', tol);
    tj = toc;
```

```
    disp(['Jacobi:         ', int2str(length(dataj)), ' Schritte in ', ...
        num2str(tj), ' Sekunden, res = ', num2str(dataj(length(dataj)))])
    tic
    [datag, xg] = loese(A, b, start, 'gaussseidel', tol);
    tg = toc;
    disp(['Gauss-Seidel: ', int2str(length(datag)), ' Schritte in ', ...
        num2str(tg), ' Sekunden, res = ', num2str(datag(length(datag)))])
    omega = omegaopt(m);
    tic
    [datas, xs] = loese(A, b, start, 'sor', tol);
    ts = toc;
    disp(['SOR:            ', int2str(length(datas)), ' Schritte in ', ...
        num2str(ts), ' Sekunden, res = ', num2str(datas(length(datas)))])
    disp(' ')
end

function A = GetA(m)
n = m^2;
B = 4*speye(m);
B(2:m,1:m-1) = B(2:m,1:m-1) - speye(m-1);
B(1:m-1,2:m) = B(1:m-1,2:m) - speye(m-1);
for i = 1:m-1
   A((i-1)*m+1:i*m, (i-1)*m+1:i*m) = B;
   A((i-1)*m+1:i*m, i*m+1:(i+1)*m) = -speye(m);
   A(i*m+1:(i+1)*m, (i-1)*m+1:i*m) = -speye(m);
end;
A((m-1)*m+1:m^2, (m-1)*m+1:m^2) = B;
return

function b = GetB(m)
n = m^2;
b = ones(n,1) / (m+1)^2;
return

function [data, x] = loese(A, b, start, vorkonditionierer, tol)
x = start;
r = b - A*x;
res = norm(r, inf);
data = res;
m = round(sqrt(length(A)));
omega = omegaopt(m);
k = 0;
while (res > tol & k < 100000)
    h = feval(vorkonditionierer, A, r, omega)
    x = x + h;
```

```
    r = b - A*x;
    res = norm(r, inf);
    data = [data, rcs];
end
return

function h = jacobi(A, b, omega)
n = length(A);
D = speye(n);
for i = 1:n
    D(i,i) = A(i,i);
end
h = zeros(n,1);
h = b ./ diag(D);
return

function h = gaussseidel(A, b, omega)
n = length(A);
DL = sparse(n,n);
for i = 1:n
    DL(i:n,i) = A(i:n,i);
end
h = zeros(n,1);
for i = 1:n
    h(i) = (b(i) - DL(i,1:i-1)*h(1:i-1)) / DL(i,i);
end
return

function h = sor(A, b, omega)
n = length(A);
DL = speye(n);
for i = 1:n
    DL(i,i) = A(i,i)/omega;
    DL(i+1:n,i) = A(i+1:n,i);
e
h = zeros(n,1);
for i = 1:n
    h(i) = (b(i) - DL(i,1:i-1)*h(1:i-1)) / DL(i,i);
end
return

function erg = omegaopt(m)
rho = cos(pi/(m+1));
erg = 2 / (1 + sqrt(1-rho^2));
return
```

Konvergenzresultate mit Jacobi-, Gauß-Seidel- und optimalem SOR-Verfahren für die Modellmatrix wachsender Dimension n (MATLAB-Implementierung)

		Jacobi		Gauß-Seidel		SOR(ω_{opt})	
m	$n = m^2$	# Iter.	Sek.	# Iter.	Sek.	# Iter.	Sek.
3	9	87	0.01	46	0.03	19	0.02
7	49	276	0.06	140	0.28	34	0.08
15	225	924	1.58	464	5.47	59	0.72
31	961	3001	66.83	1602	171.35	106	12.7
63	3969	—	—	—	—	—	—

Konvergenzresultate mit Jacobi-, Gauß-Seidel- und optimalem SOR-Verfahren für die Modellmatrix wachsender Dimension n (C++ Implementierung)

		Jacobi		Gauß-Seidel		SOR(ω_{opt})	
m	$n = m^2$	# Iter.	Sek.	# Iter.	Sek.	# Iter.	Sek.
3	9	63	0	32	0	15	0
7	49	273	0	136	0	34	0
15	225	1110	0.02	555	0.02	69	0
31	961	4458	0.47	2229	0.32	139	0.03
63	3969	17849	6.89	8925	4.79	279	0.18

A.7 Kapitel 7

Lösung A.7.1: a) Sei $\{e^1,\dots,e^n\}$ eine kartesische Basis des $\mathbb{K}^n$. Für Vektoren

$$x = \sum_{i=1}^n x_i e^i, \quad y = \sum_{j=1}^n y_j e^j$$

gilt dann

$$(x,y) = \sum_{i,j=1}^n x_i y_j (e^i, e^j) = (Ax, y)_2$$

mit der Matrix $A := \big((e^i,e^j)\big)_{i,j=1}^n$. Die Matrix A ist offensichtlich symmetrisch und auch positiv definit:

$$(Ax,x)_2 = \sum_{i,j=1}^n x_i x_j (e^i, e^j) = (x,x) > 0, \quad x \neq 0.$$

b) Sei $A \in \mathbb{C}^{n\times n}$ positiv definit, d. h.: $\bar{x}^T Ax \in \mathbb{R}_+,\ x \in \mathbb{C}^n$. Dann ist A notwendig hermitesch, da für beliebige $x, y \in \mathbb{C}$ gilt:

$$\begin{aligned}
(\overline{x+y})^T A(x+y) \in \mathbb{R} \quad &\Longrightarrow \quad \bar{x}^T Ax + \bar{y}^T Ay + (\bar{x}^T Ay + \bar{y}^T Ax) \in \mathbb{R},\\
(\overline{x+iy})^T A(x+iy) \in \mathbb{R} \quad &\Longrightarrow \quad \bar{x}^T Ax + \bar{y}^T Ay + i\,(\bar{x}^T Ay - \bar{y}^T Ax) \in \mathbb{R}.
\end{aligned}$$

Für $x = e_i$ und $y = e_j$ ergibt sich also $a_{ij} + \bar{a}_{ji} \in \mathbb{R}$ und $i(a_{ij} - \bar{a}_{ji}) \in \mathbb{R}$, d. h.:

$$\begin{aligned}
&\mathrm{Re}(a_{ji} + a_{ij}) + i\mathrm{Im}(a_{ji} + a_{ij}) \in \mathbb{R},\\
&i\mathrm{Re}(a_{ji} - a_{ij}) + \mathrm{Im}(a_{ji} - a_{ij}) \in \mathbb{R}.
\end{aligned}$$

Also ist $a_{ij} = \mathrm{Re}\, a_{ij} + i\mathrm{Im}\, a_{ij} = \mathrm{Re}\, a_{ji} - i\mathrm{Im}\, a_{ji} = \mathrm{Re}\, \bar{a}_{ji} + i\mathrm{Im}\, \bar{a}_{ji} = \bar{a}_{ji}$.
Bem.: Das obige Argument verwendet im Wesentlichen nur, dass $\bar{x}^T Ax \in \mathbb{R},\ x \in \mathbb{C}^n$ und nicht die eigentliche Definitheit von A.

Lösung A.7.2: Wir verwenden ein sog. „Deformationsargument“. Für $t \in [0,1]$ wird die folgende Matrixfunktion definiert:

$$A(t) = (1-t)\mathrm{diag}_{i=1,\dots,n}(a_{ii}) + t\,A.$$

Offensichtlich ist $A(0)$ eine Diagonalmatrix mit Eigenwerten $\lambda_i(0) = a_{ii}$. Die Entwicklung des i-ten Eigenwerts $\lambda_i(t)$ ist eine stetige Funktion in t. Dies folgt aus der Tatsache, dass die Nullstelle eines Polnoms $p_\alpha(t)$ (in diesem Fall das charakteristische Polynom der Matrix $A(t)$ lokal beliebig oft differenzierbar nach den Koeffizienten des Polynoms ist - eine direkte Folgerung aus dem Satz über implizite Funktionen angewendet auf $p(\alpha, t) = p_\alpha(t)$ (unter besonderer Behandlung mehrfacher Nullstellen). Ferner haben die Gerschgorin-Kreise von $A(t),\ 0 \le t \le 1$, alle dieselben Mittelpunkte a_{ii}, nur die Radien wachsen monoton für wachsendes t. Daher impliziert der Einschließungsatz von Gerschgorin, dass das Bild der Funktion $t \to \lambda_i(t)$ vollständig in der Vereinigung aller Gerschgorin-Kreise von $A(1)$ liegt und folglich wegen seiner Stetigkeit auch vollständig in der zusammenhängenden Komponente, welche a_{ii} enthält.

Lösung A.7.3: (i) Seien λ_1 und λ_2 zwei Eigenwerte und zugehörigen Eigenvektorenh v^1 und v^2. Es gilt:

$$0 = (v^1, Av^2) - (v^1, Av^2) = (v^1, Av^2) - (Av^1, v^2) = (\lambda_2 - \lambda_1)(v^1, v^2).$$

Also muss im Falle $\lambda_1 \neq \lambda_2$ notwendig $(v^1, v^2) = 0$ sein.

Diese Aussage ist auch richtig für „normale“ (komplexe) Matrizen und ist ein Spezialfall des sog. „Spektralsatzes“ für „normale“Operatoren im Hilbert-Räumen.

(ii) Sei v ein Eigenvektor zu dem maximalen Eigenwert $\lambda_{\max}(A)$ von A. Es gilt dann:

$$\max_{x\in\mathbb{K}^n\setminus\{0\}} \frac{(Ax,x)_2}{\|x\|_2^2} \ge \frac{(Av,v)_2}{\|v\|_2^2} = \lambda_{\max}(A),$$

Umgekehrt existiert für beliebiges $x \in \mathbb{K}^n \setminus \{0\}$ eine Entwicklung $x = \sum_i x_i v^i$ mit einer ONB $\{v^i\}$ von Eigenvektoren, so dass:

$$\frac{(Ax,x)_2}{\|x\|_2^2} = \frac{(A\sum_i x_i v^i, \sum_i x_i v^i)_2}{\|x\|_2^2} = \frac{\sum_i \lambda_i x_i^2}{\sum_i x_i^2} \leq \lambda_{\max}(A).$$

Die entsprechende Aussage für $\lambda_{\min}(A)$ ergibt sich mit Hilfe eines analogen Arguments. Die Beziehung $\lambda_{\min}(A) \leq \lambda_{\max}(A)$ ist offensichtlich.

Lösung A.7.4: Es gilt $z^0 = \sum_{i=1}^n \alpha_i w^i$ und $z^t = \|A^t z^0\|_2^{-1} A^t z^0$ und folglich:

$$\begin{aligned}
\lambda^t = (Az^t, z^t)_2 &= \frac{(A^{t+1}z^0, A^t z^0)_2}{\|A^t z^0\|_2^2} = \frac{\sum_{i=1}^n |\alpha_i|^2 \lambda_i^{2t+1}}{\sum_{i=1}^n |\alpha_i|^2 \lambda_i^{2t}} \\
&= \frac{(\lambda_n)^{2t+1}\left\{|\alpha_n|^2 + \sum_{i=1}^{n-1} |\alpha_i|^2 \left(\frac{\lambda_i}{\lambda_n}\right)^{2t+1}\right\}}{(\lambda_n)^{2t}\left\{|\alpha_n|^2 + \sum_{i=1}^{n-1} |\alpha_i|^2 \left(\frac{\lambda_i}{\lambda_n}\right)^{2t}\right\}} \\
&= \lambda_n \frac{|\alpha_n|^2 + \sum_{i=1}^{n-1} |\alpha_i|^2 \left(\frac{\lambda_i}{\lambda_n}\right)^{2t} + \sum_{i=1}^{n-1} |\alpha_i|^2 \left(\frac{\lambda_i}{\lambda_n}\right)^{2t}\left(\frac{\lambda_i}{\lambda_n} - 1\right)}{|\alpha_n|^2 + \sum_{i=1}^{n-1} |\alpha_i|^2 \left(\frac{\lambda_i}{\lambda_n}\right)^{2t}} \\
&= \lambda_n + \lambda_n \frac{\sum_{i=1}^{n-1} |\alpha_i|^2 \left(\frac{\lambda_i}{\lambda_n}\right)^{2t}\left(\frac{\lambda_i}{\lambda_n} - 1\right)}{|\alpha_n|^2 + \sum_{i=1}^{n-1} |\alpha_i|^2 \left(\frac{\lambda_i}{\lambda_n}\right)^{2t}} =: \lambda_n + \lambda_n E_t.
\end{aligned}$$

Der Fehlerterm rechts kann wie folgt abgeschätz werden:

$$|E_t| \leq \left(\frac{\lambda_{n-1}}{\lambda_n}\right)^{2t} \frac{\sum_{i=1}^{n-1} |\alpha_i|^2}{|\alpha_n|^2} = \left(\frac{\lambda_{n-1}}{\lambda_n}\right)^{2t} \frac{\|z^0\|_2^2}{|\alpha_n|^2}.$$

Also ist:

$$|\lambda^t - \lambda_n| \leq |\lambda_n| \frac{\|z^0\|_2^2}{|\alpha_n|^2} \left(\frac{\lambda_{n-1}}{\lambda_n}\right)^{2t}.$$

Lösung A.7.5: Sei $A = \tilde{Q}\tilde{R}$ eine beliebige QR-Zerlegung von A. Wir definieren eine unitäre Matrix $H := \operatorname{diag}(h_i) \in \mathbb{C}^{n\times n}$ durch $h_i := \frac{\bar{r}_{ii}}{|r_{ii}|}$ und setzen $R = H\tilde{R}$, $Q = \tilde{Q}\bar{H}$.

Nun ist $\bar{A}^T A = \bar{R}^T \bar{Q}^T Q R = \bar{R}^T R$ die Cholesky-Zerlegung der reellen, symmetrischen und positiv definiten Matrix $\bar{A}^T A$. Da die Cholesky-Zerlegung (mit positiver Diagonale) infeutig bestimmt ist, folgt R is unique und damit auch $Q = AR^{-1}$.

Lösung A.7.6: Es genügt, die folgenden beiden Aussagen über die QR-Iteration zu zeigen; die Behauptung folgt dann durch Induktion:

1. Sei A eine Hessenberg-Matrix und $A = QR$ ihre QR-Zerlegung. Dann ist $\tilde{A} = RQ$ ebenfalls eine Hessenberg-Matrix.

2. Sei A eine symmetrische Matrix und $A = QR$ ihre QR-Zerlegung. Dann ist $\tilde{A} = RQ$ ebenfalls symmetrisch.

Die QR-Zerlegung einer Hessenberg-Matrix A kann geschrieben werden in der Form

$$G_{n-1}G_{n-2}\cdots G_1 A = R$$

mit

$$G_i = \begin{pmatrix} I_{i-1} & & 0 \\ & \tilde{G}_i & \\ 0 & & I_{n-i-1} \end{pmatrix},$$

und aeiner orthogonalen Komponente $\tilde{G}_i \in \mathbb{R}^{2\times 2}$, welche die linke untere Nebendiagonalelement des Blocks

$$\tilde{G}_i \begin{pmatrix} *_{i,i} & *_{i,i+1} \\ a_{i+1,i} & a_{i+1,i+1} \end{pmatrix} = \begin{pmatrix} * & * \\ 0 & * \end{pmatrix}.$$

eliminiert. Neben der Elimination des Elements $a_{i+1,i}$ agiert die orthogonale Matrix G_i nur auf dem rechten oberen Teil der Zwischenmatrix. Daher ist R eine obere Dreiecksmatrix und es gilt

$$\tilde{A} = RQ = RG_1^T G_2^T \cdots G_{n-1}^T.$$

Analog ergibt sich durch Induktion, dass Multiplikation mit G_i^T von rechts höchstens ein nichttriviales Element in der unteren Nebendiagonale an der Position $*_{i+1,i}$ erzeugt. Also ist $\tilde{A}$ in der Tat eine Hessenberg-Matrix.

Sei nun A eine symmetrische Matrix. Es gilt $QR = A = A^T = R^T Q^T$ und folglich $R = Q^T R^T Q^T$. Wir sehen also, dass

$$\tilde{A} = RQ = Q^T R^T Q^T Q = (RQ)^T = \tilde{A}^T.$$

A.8 Kapitel 8

Lösung A.8.1: Eine lineare Optimierungsaufgabe in kanonischer Form hat die Gestalt: Suche $x \in \mathbb{R}^n$ mit

$$Q(x) = c^T \cdot x \longrightarrow \min!,$$

$$x \geq 0, \ Ax = b,$$

mit vorgegebenen $c \in \mathbb{R}^n$, $b \in \mathbb{R}^m$ und $A \in \mathbb{R}^{m\times n}$.

a) 1. Version: Aufspalten von x_3 in einen positiven und negativen Anteil $x_3^+ - x_3^-$ mit $x_3^+ \geq 0$, $x_3^- \geq 0$ und Einführen dreier Schlupfvariablen x_4, x_5 und x_6 werden die Ungleichungen in Gleichungen überführt:

$$Q(x) = x_1 + x_2 + x_3^+ - x_3^- \to \min!, \quad x \geq 0,$$

$$\begin{array}{rcrcrcrcrcrcl} x_1 & + & 2x_2 & & & & & + & x_4 & & & & = 5 \\ & & x_2 & + & x_3^+ & - & x_3^- & & & + & x_5 & & = 0 \\ & & 3x_2 & - & 4x_3^+ & + & 4x_3^- & & & & & + x_6 & = 1 \end{array}$$

2. Version: Die Ungleichungen $x_2 \geq 0$ und $x_2 + x_3 \leq 0$ implizieren $x_3 \leq 0$. Durch Substitution $x_3 \to -x_3$ erhält man die Bedingung $x \geq 0$. Durch Einführen von Schlupfvariablen x_4, x_5 und x_6 erhält man äquivalentes System letztendlich

$$Q(x) = x_1 + x_2 - x_3 \to \min!, \quad x \geq 0,$$

$$\begin{array}{rcrcrcrcrcl} x_1 & + & 2x_2 & & & + & x_4 & & & & = 5 \\ & & x_2 & - & x_3 & & & + & x_5 & & = 0 \\ & & 3x_2 & + & 4x_3 & & & & & + x_6 & = 1 \end{array}$$

b) Aufspalten von x_i in $x_i^+ - x_i^-$ mit der Bedingung $x_i^\pm \geq 0$, sowie Einführen zweier Schlupfvariablen für die Ungleichungen liefert:

$$Q(x) = x_1^+ + x_1^- + x_2^+ + x_2^- + x_3^+ + x_3^- \to \min!, \quad x \geq 0,$$

$$\begin{array}{rcrcrcrcrcrcrcl} x_1^+ & - & x_1^- & + & x_2^+ & - & x_2^- & & & & & + & x_4 & & = 1, \\ 2x_1^+ & - & 2x_1^- & & & & & + & x_3^+ & - & x_3^- & & & + x_5 & = 3. \end{array}$$

Lösung A.8.2: Lösung ist der Schnittpunkt der Geraden (Man zeichne eine Skizze.)

$$\begin{aligned} -2x_1 + x_2 &= -2, \\ -x_1 - x_2 &= -5. \end{aligned}$$

Dieser ist $(x_1^*, x_2^*) = (7/3, 8/3)$ mit $Q_{\min} = 22/3$.

Die Aufgabe ist für $Q(x) \to \max!$ offensichtlich nicht lösbar.

Lösung A.8.3: a) Gauß-Jordan-Algorithmus:

$$\begin{array}{cccc} x_1 & x_2 & x_3 & \\ 1 & 0 & -1 & y_1 \\ \mathbf{2} & 2 & 0 & y_2 \\ 1 & 2 & 1 & y_3 \end{array} \quad \to \quad \begin{array}{cccc} y_2 & x_2 & x_3 & \\ 1/2 & -1 & -1 & y_1 \\ 1/2 & -1 & 0 & x_1 \\ 1/2 & \mathbf{1} & 1 & y_3 \end{array} \quad \to \quad \begin{array}{cccc} y_2 & y_3 & x_3 & \\ 1 & -1 & 0 & y_1 \\ 1 & -1 & 1 & x_1 \\ -1/2 & 1 & -1 & x_2 \end{array}$$

Die Matrix A hat Rang 2, da der Algorithmus nach dem zweiten Schritt abbricht. Aus der ersten Zeile erschließt man, dass das Gleichungssystem $Ax = y$ genau dann lösbar ist, wenn $y_2 + y_3 = y_1$ gilt. Aus den beiden übrigen Zeilen ergibt sich, dass dann $(y_2 - y_3, 1/2y_2 + y_3, 0)$ eine Lösung ist und der Kern von $(1, -1, 1)$ erzeugt wird.

Lösung A.8.4: Durch Einführen zweier Schlupfvariablen x_4 und x_5 überführt man das Optimierungsproblem in Normalform:

$$Q(x) = c^T \cdot x \to \min!, \quad x \geq 0, \quad Ax = b, \qquad \text{mit}$$

$$c = \begin{pmatrix} -1 & -3 & -1 & 0 & 0 \end{pmatrix}, \qquad A = \begin{pmatrix} 5 & 3 & 0 & 1 & 0 \\ 1 & 2 & 4 & 0 & 1 \end{pmatrix}, \qquad b = \begin{pmatrix} 3 \\ 4 \end{pmatrix}.$$

Dank der beiden Schlupfvariablen ist das Raten einer Startecke einfach: $x^0 = (0,0,0,3,4)^T$ mit Basis $\hat{B}(x^0) = \{a_4, a_5\}$. (Es ist $x^0 \geq 0$ und $Ax = b$. Weiterhin ist $\hat{B}(x^0)$ linear unabhängig.) Das Starttableau ist

	x_1	x_2	x_3	
x_4	-5	-3	0	$x_4^0 = 3$
x_5	-1	-2	-4	$x_5^0 = 4$
	$\gamma_1 = -1$	$\gamma_2 = -3$	$\gamma_3 = -1$	$c^T \cdot x^0 = 0$

Es liegt Fall 2b vor. Wir wählen $q = 2$ und nach der Auswahlregel (R) $p = 4$:

	x_1	x_4	x_3	
x_2	$-5/3$	$-1/3$	0	$x_2^1 = 1$
x_5	$7/3$	$2/3$	-4	$x_5^1 = -2$
	$\gamma_1 = 4$	$\gamma_2 = 1$	$\gamma_3 = -1$	$c^T \cdot x^1 = -3$

Es liegt Fall 2b vor. Wir wählen $q = 3$ (da γ_3 negativ) und nach Auswahlregel (R) $p = 5$.

	x_1	x_4	x_5	
x_2		$*$		$x_2^2 = 1$
x_3				$x_3^2 = 1/2$
	$\gamma_1 = 41/12$	$\gamma_2 = 5/6$	$\gamma_3 = 1/4$	$c^T \cdot x^1 = -7/2$

Hier bricht nun der Simplexalgorithmus ab. Als Eckenlösung ergibt sich also $x^3 = (0, 1, 1/2, 0, 0)^T$ mit $Q(x^3) = -7/2$.

Lösung A.8.5: Das lineare Programm liegt in Normalform vor:

$$Q(x) = c^T \cdot x \to \min!, \quad x \geq 0, \quad Ax = b,$$

mit

$$c = (4, 1, 1)^T, \quad A = \begin{pmatrix} 2 & 1 & 2 \\ 3 & 3 & 1 \end{pmatrix}, \quad b = \begin{pmatrix} 4 \\ 3 \end{pmatrix}$$

Da keine Startecke ersichtlich ist löst man zunächst das folgende Hilfsproblem: Durch Einführen zweier zusätzlicher Freiheitsgrade $v = (x_4, x_5)$ wird die Starteckensuche in ein äquivalentes Optimierungsproblem überführt:

$$x_4 + x_5 \to \min!, \quad x \geq 0, \quad \begin{pmatrix} A & I_2 \end{pmatrix} \begin{pmatrix} x \\ v \end{pmatrix} = b.$$

Dank der beiden Schlupfvariablen ist das Raten einer Startecke einfach: $x^0 = (0, 0, 0, 4, 3)^T$ mit Basis $\hat{B}(x^0) = \{a_4, a_5\}$. (Es ist $x^0 \geq 0$ und $Ax = b$. Weiterhin ist $\hat{B}(x^0)$ linear unabhängig.) Das Starttableau ist

	x_1	x_2	x_3	
x_4	-2	-1	-2	$x_4^0 = 4$
x_5	$[\mathbf{-3}]$	-3	-1	$x_5^0 = 3$
	$\gamma_1 = -5$	$\gamma_2 = -4$	$\gamma_3 = -3$	$\tilde{c}^T \cdot x^0 = 7$

Es liegt Fall 2b vor. Wir wählen $q = 1$ und nach der Auswahlregel (R) $p = 5$:

	x_5	x_4	x_3	
x_4	$2/3$	1	$[\mathbf{-4/3}]$	$x_4^1 = 2$
x_1	$-1/3$	-1	$-1/3$	$x_1^1 = 1$
	$\gamma_1 = 5/3$	$\gamma_2 = 1$	$\gamma_3 = -4/3$	$\tilde{c}^T \cdot x^1 = 2$

Es liegt Fall 2b vor. Wir wählen $q = 3$ (da γ_3 negativ) und nach Auswahlregel (R) $p = 4$.

	x_5	x_2	x_4	
x_3	$1/2$	$3/4$	$-3/4$	$x_3^2 = 3/2$
x_1	$-1/2$	$-5/4$	$1/4$	$x_1^2 = 1/2$
	$\gamma_1 = 1$	$\gamma_2 = 0$	$\gamma_3 = 1$	$\tilde{c}^T \cdot x^1 = 0$

Eine Startecke des ursprünglichen Problems ist demnach

$$x^0 = (1/2, 0, 3/2).$$

Das zugehörige Starttableau ergibt sich direkt aus obigem finalen Tableau durch Streichen der Spalten für x_4 und x_5:

	x_2	
x_3	$3/4$	$x_3^0 = 3/2$
x_1	$[\mathbf{-5/4}]$	$x_1^0 = 1/2$
	$\gamma = -13/4$	$c^T \cdot x^1 = 7/2$

Fall 2b mit $q = 2$ und nach Auswahlregel (R) $p = 1$:

	x_1	
x_3	$-3/5$	$x_3^1 = 9/5$
x_2	$-4/5$	$x_2^1 = 2/5$
	$\gamma = 13/5$	$c^T \cdot x^1 = 11/5$

Die Optimierungsaufgabe wird durch die Eckenlösung $x^* = (0, 2/5, 9/5)$ mit dem Wert $Q(x^*) = -11/5$ gelöst.

Lösung A.8.6: Überführt auf Normalform lautet die Optimierungsaufgabe:
Suche $x \in \mathbb{R}^7$:

$$c^T \cdot x \to \min!, \quad x \geq 0, \quad Ax = b$$

mit

$$c = (-3/4, 20, -1/2, 6, 0, 0, 0)^T$$

$$A = \begin{pmatrix} 1/4 & -8 & -1 & 9 & 1 & 0 & 0 \\ 1/2 & -12 & -1/2 & 3 & 0 & 1 & 0 \\ 0 & 0 & 1 & 0 & 0 & 0 & 1 \end{pmatrix}, \quad b = \begin{pmatrix} 0 \\ 0 \\ 1 \end{pmatrix}.$$

Eine Ausgangsecke ist $x^0 = (0_4, b)^T \in \mathbb{R}^7$.

a) Löse mit Simplexverfahren mittels Regel (R) + minimales $p \in I^0$. Das q sei so bestimmt, dass γ_q minimal ist.

	x_1	x_2	x_3	x_4	
x_5	$[\mathbf{-1/4}]$	8	1	-9	$x_5^0 = 0$
x_6	$-1/2$	12	$1/2$	-3	$x_6^0 = 0$
x_7	0	0	-1	0	$x_7^0 = 1$
γ	$-3/4$	20	$-1/2$	6	$c^T \cdot x^0 = 0$

(I) Auswahl: $q = 1$, $p = 5$

	x_5	x_2	x_3	x_4	
x_1	-4	32	4	-36	$x_1^1 = 0$
x_6	2	$[\mathbf{-4}]$	$-3/2$	15	$x_6^1 = 0$
x_7	0	0	-1	0	$x_7^1 = 1$
γ	3	-4	$-7/2$	33	$c^T \cdot x^0 = 0$

(II) Auswahl: $q = 2$, $p = 6$

	x_5	x_6	x_3	x_4	
x_1	12	−8	[**−8**]	84	$x_1^2 = 0$
x_2	1/2	−1/4	−3/8	15/4	$x_2^2 = 0$
x_7	0	0	−1	0	$x_7^2 = 1$
γ	1	1	−2	18	$c^T \cdot x^0 = 0$

(III) Auswahl: $q = 3$, $p = 1$

	x_5	x_6	x_1	x_4	
x_3	3/2	−1	−1/8	21/2	$x_3^3 = 0$
x_2	−1/16	1/8	3/64	[**−3/16**]	$x_2^3 = 0$
x_7	−3/2	1	1/8	−21/2	$x_7^3 = 1$
γ	−2	3	1/4	−3	$c^T \cdot x^0 = 0$

(IV) Auswahl: $q = 4$, $p = 2$

	x_5	x_6	x_1	x_2	
x_3	[**−2**]	6	5/2	−56	$x_3^3 = 0$
x_4	−1/3	2/3	1/4	−16/3	$x_4^3 = 0$
x_7	2	−6	−5/2	56	$x_7^3 = 1$
γ	−1	1	−1/2	16	$c^T \cdot x^0 = 0$

(V) Auswahl: $q = 4$, $p = 2$

	x_3	x_6	x_1	x_2	
x_5	−1/2	3	5/4	−28	$x_5^3 = 0$
x_4	1/6	[**−1/3**]	1/6	4	$x_4^3 = 0$
x_7	−1	0	0	0	$x_7^3 = 1$
γ	1/2	−2	−7/4	44	$c^T \cdot x^0 = 0$

(VI) Auswahl: $q = 6$, $p = 4$

	x_3	x_4	x_1	x_2	
x_5	1	−9	−1/4	8	$x_5^0 = 0$
x_6	1/2	−3	−1/2	12	$x_6^0 = 0$
x_7	−1	0	0	0	$x_7^0 = 1$
γ	−1/2	6	−3/4	20	$c^T \cdot x^0 = 0$

Endlosschleife!

b) Löse mit Simplexverfahren mittels Regel $(\tilde{R})$. Das q sei so bestimmt, dass γ_q minimal ist.

	x_1	x_2	x_3	x_4	
x_5	−1/4	8	1	−9	$x_5^0 = 0$
x_6	[**−1/2**]	12	1/2	−3	$x_6^0 = 0$
x_7	0	0	−1	0	$x_7^0 = 1$
γ	−3/4	20	−1/2	6	$c^T \cdot x^0 = 0$

(I) Auswahl: $q = 1$, $r = 6$

	x_6	x_2	x_3	x_4	
x_5	1/2	2	3/4	−15/2	$x_5^1 = 0$
x_1	−2	24	1	−6	$x_1^1 = 0$
x_7	0	0	[**−1**]	0	$x_7^1 = 1$
γ	3/2	2	−5/4	21/2	$c^T \cdot x^0 = 0$

(II) Auswahl: $q = 3$, $7 = 7$

	x_3	x_4	x_1	x_2	
x_5	$1/2$	2	$-3/4$	$-15/2$	$x_5^2 = 3/4$
x_1	-2	24	-1	-6	$x_1^2 = 1$
x_3	0	0	-1	0	$x_3^2 = 1$
γ	$3/2$	2	$5/4$	$21/2$	$c^T \cdot x^0 = \mathbf{-5/4}$

Optimales Tableau!

Wir haben die Eckenlösung $x^2 = (1, 0, 1, 0, 3/4, 0, 0)^T$ mit $Q(x^2) = -5/4$ gefunden.

Index

FSC
www.fsc.org
MIX
Papier | Fördert
gute Waldnutzung
FSC® C083411

Kolibri 360 GmbH
Ferdinand-Jühlke-Straße 7
99095 Erfurt, Deutschland
produktsicherheit@kolibri360.de

Druck:
CPI Druckdienstleistungen GmbH
im Auftrag der
Kolibri 360 GmbH
Ferdinand-Jühlke-Str. 7
99095 Erfurt